Sonderabdrücke aus der zweiten Auflage von „Pauls Grundriss der germanischen Philologie".

Amira, K. v., Grundriss des germanischen Rechts. Mit Register. Der zweiten verbesserten Auflage zweiter Abdruck. VI, 184 S. 1901. M. 4.—, in Lwd. geb. M. 5,—.

Behaghel, Otto, Geschichte der deutschen Sprache. Mit einer Karte. Der zweiten verbesserten Auflage dritter Abdruck, IV und (I. Band) S. 650—780 und 9 S. Register. 1905. M. 4.—, in Lwd. geb. M. 5.—.

Brandl, A., Geschichte der englischen Literatur. (In Vorbereitung.)

Bremer, O., Ethnographie der germanischen Stämme. Zweiter Abdruck. Mit 6 Karten. XII, 225 S. 1904. M. 6.—, geb. M. 7.—.

Jellinghaus, Hermann, Geschichte der mittelniederdeutschen Literatur. IV, 56 S. 1902. M. 1.50.

Kluge, Friedrich, Vorgeschichte der altgermanischen Dialekte. Mit einem Anhang: Geschichte der gotischen Sprache. Der zweiten verbesserten Auflage zweiter Abdruck. XV und (I. Band) S. 323—517 und 10 S. Register. 1906. M. 4.50, in Lwd. geb. M. 5.50.

— — Geschichte der englischen Sprache. Mit Beiträgen von D. Behrens und E. Einenkel. Der zweiten verbesserten Auflage zweiter Abdruck. Mit einer Karte. VI und (I. Band) S. 926—1148 und 14 S. Register. 1904. M. 5.50, in Lwd. geb. M. 6.50.

Koegel, Rudolf, und **Wilhelm Bruckner,** Geschichte der althoch- und altniederdeutschen Literatur. IV, 132 S. 1901. M. 3.—, in Lwd. geb. M. 4.—.

Luick, K., Geschichte der heimischen englischen Versarten. III, 40 S. 1905. M. 1.—.

Mogk, Eugen, Germanische Mythologie. VI, 177 S. 1898. M. 4.50, in Lwd. geb. M. 5.50.

— — Geschichte der norwegisch-isländischen Literatur. Mit Register. VIII, 386 S. 1903. M. 9.—, in Lwd. geb. M. 10.—.

Noreen, Adolf, Geschichte der nordischen Sprachen. IV und (I. Band) S. 518—649 und 7 S. Register. 1898. M. 4.—, geb. M. 5.—.

Paul, Hermann, Geschichte der germanischen Philologie. IV und (I. Band) S. 9—158 und 23 S. Register. 1897. M. 4.—.

— — Methodenlehre der germanischen Philologie. IV und (I. Band) S. 159—247. 1897. M. 2.—.

— — Deutsche Metrik. III, 102 S. 1905. M. 2.50.

Schück, H., Geschichte der schwedisch-dänischen Literatur. 17 S. 1904. M. —.60.

Siebs, Th., Geschichte der friesischen Literatur. IV, 34 S. 1902. M. 1.—.

Sievers, E., Altgermanische Metrik. 2. verbesserte Auflage, durchgesehen von Friedrich Kauffmann und Hugo Gering. 48 S. 1905. M. 1.—.

Symons, B., Germanische Heldensage. Mit Register. Der 2. verbesserten Auflage 2. Abdruck. VII, 137 S. 1906. M. 3.50, in Lwd. geb. M. 4.50.

Vogt, Friedrich, Geschichte der mittelhochdeutschen Literatur. Der zweiten verbesserten Auflage zweiter Abdruck. VIII, 202 S. 1906. M. 4.50, in Lwd. gebd. M. 5.50.

te Winkel, Jan, Geschichte der niederländischen Sprache. Mit einer Karte. IV und (I. Band) S. 781—925 und 6 S. Register. 1898. M. 5.—.

— — Geschichte der niederländischen Literatur. IV, 102 S. 1902. M. 2.50, in Lwd. geb. M. 3.50.

GESCHICHTE

DER

MITTELHOCHDEUTSCHEN LITERATUR

VON

FRIEDRICH VOGT.

DER ZWEITEN VERBESSERTEN UND VERMEHRTEN AUFLAGE
ZWEITER ABDRUCK.

Sonderabdruck aus der zweiten Auflage von Pauls Grundriss
der germanischen Philologie.

STRASSBURG.
KARL J. TRÜBNER.
1906.

M. DuMont-Schauberg, Strassburg.

ERKLÄRUNG DER ABKÜRZUNGEN.

Aarbøger oder Aarb. = Aarbøger for Nordisk Oldkyndighed og Historie. Kopenhagen 1866 ff.
A. Ball. a. S.[3] = Ancient Ballads and Songs, ed. J. Ritson. 3. Ed. 1877.
Abh. = Abhandlungen.
Abt. = Abteilung.
Acta fenn. = Acta societatis scientiarum fennicae, Helsingfors 1842 ff.
AdB oder ADBiogr. = Allgemeine deutsche Biographie hrsg. durch die historische Commission bei der Münchener Ak. d. Wissenschaften. Leipz. 1875. ff.
AdGr., vgl. Holtzmann.
adän. = altdänisch.
adj. = adjectivum.
adv. = adverbium.
ae. = altenglisch (angelsächsisch).
AfdA = Anzeiger der Zeitschrift für deutsches Altertum und deutsche Literaturgeschichte.
afranz. = altfranzösisch.
afries. = altfriesisch.
ags. = angelsächsisch.
agutn. = altgutnisch (gotländisch).
ahd. = althochdeutsch.
Ahd. Gl. = Die althochdeutschen Glossen, gesammelt von Steinmeyer und Sievers.
air. = altirisch.
aisl. = altisländisch.
al. = alemannisch.
Ald.Ed. = The Aldine Edition of the British Poets and Poetical Works of Geoffrey Chaucer, ed. R. Morris. New edition.
altd. = altdeutsch.
Altd. Bl. = Altdeutsche Blätter von Haupt und Hoffmann. Leipz. 1835—40.
Altert. = Altertumskunde.
Alv. = Alvíssmál.
AM. = Arne-Magnæanus(-a) (vgl. I, S. 28).
Am. Journ. Philol. = American Journal of Philology.
amd. = altmitteldeutsch.
Amm. = Ammianus Marcellinus.
an. = altnordisch.
andd. = altniederdeutsch.
Andr. = Andreas (ags. Gedicht).
A. N. E. D. = Murray, A new English Dictionary.
Angl. oder Anglia = Anglia, Zeitschrift für englische Philologie, hrsg. von Wülker. Halle 1878 ff.
Annaler = Annaler for nordisk Oldkyndighed (og Historie). Kopenhagen 1836 ff.
Ann. f. Oldk. = dasselbe.
Ant. tidskr. = Antiquarisk Tidskrift udg. af det K. Nordiske Oldskriftselskab. Kopenhagen 1843—64.
Ant. tidskr. f. Sv. = Antiqvarisk Tidskrift för Sverige utg. genom Bror Emil Hildebrand. Stockholm 1864 ff.
Antrop sekt. = Antropologiske sektionens tidskrift. Stockholm 1878 ff.
Anz. f. d. Vorzeit = Anzeiger der Kunde für deutsche Vorzeit (vgl. I, S. 106).
Arch. = Archiv, *für sich* = Archiv für das Studium der neueren Sprachen.
Ark. f. nord. Fil. = Arkiv for Nordisk Filologi. Christiania 1883 ff.
aruss. = altrussisch.
asl. = altslavisch.
aslov. = altslovenisch.
bair. = bairisch.
Bannatyne Ms. = The Bannetyne Manuscript, compiled by George Bannatyne 1568.
BB. *oder*
B. Beitr. = Beiträge zur Kunde der indogermanischen Sprachen, hrsg. von A. Bezzenberger, Gött. 1877 ff.
Beitr., s. PBB.
Ber. = Berichte.
Beow. = Beowulf.
Böddeker = Altenglische Dichtungen des Ms. Harley 2253, hrsg. v. Böddeker 1878.
Brit. P. = The Works of the British Poets from Chaucer to Cowper by Johnson and Chalmers.
Brugmann = Brugmann, Grundriss der vergleichenden Grammatik der indogermanischen Sprachen. Strassb. 1886 ff.
Bsk. = Biskupa Sögur gefnar út af hinu íslenska bókmentafélagí. Kop. 1858. 78.
Cass. Gl. = Casseler Glossen.
Chaucer stud. = ten Brink, Chaucer Studien zur Geschichte seiner Entwicklung und zur Chronologie seiner Schriften I. 1870.
Child. Pop. Ball. = The English and Scottish Popular Ballads, ed. by Child. 1882 ff.
Chra = Christiania.
Chron. Scot. Poet. = Chronicle of Scottish Poetry ed. J. Sibbald 1802.
C. Jur. SG = Corpus juris Sveo-Gotorum antiqui, ed. Schlyter.
CN = Carmina Norrœna ed. Th. Wisén. Lund 1886.
Collier Engl. Dr. Poet.[2] = Collier, The History of English Dramatic Poetry. 2. Ed. 1879.
Corp. Inscr. = Corpus Inscriptionum latinarum.
Cpb = Corpus poeticum boreale ed. by G. Vigfússon and Y. Powel. Oxf. 1883.
DA *oder* DAK = Müllenhoff, Deutsche Altertumskunde.

Danm. gamle Folk. = Danmarks gamle Folkeviser, udg. af. Sv. Grundtvig 1853 –83.
DGr.=Deutsche Grammatik.
DHS = Deutsche Heldensagen.
Diemer D. Ged. = Deutsche Gedichte des 11. und 12. Jahrhs. hrsg. von Diemer, Wien 1849.
Diez = Diez, Etymologisches Wörterbuch der romanischen Sprachen.
DHB = Deutsches Heldenbuch, Berlin 1866—1870.
d. Hist. Tidsskr. = Historisk tidsskrift udg. af den danske historiske forening Kop. 1840 ff.
Dipl. = Diplomatarium.
Diss. = Dissertation.
DM = Die deutschen Mundarten, hrsg. von Frommann.
DWb. = Deutsches Wörterbuch von J. und W. Grimm etc., Berlin 1854 ff.
EEP = Ellis, On Early English Pronunciation.
EETS = Early English Text Society.
EFS = Siebs, Zur Geschichte der englisch-friesischen Sprache. Halle 1889.
engl. = englisch.
Ep. = Epinaler Glossen.
Erl. Beitr. = Erlanger Beiträge zur englischen Philologie 1889 ff.
EScotTS = Early Scottish Text Society.
EStud. = Englische Studien, hrsg. von E. Kölbing. Heilbronn-Leipzig 1877 ff.
EtWb = Etymologisches Wörterbuch.
Eyrb. = Eyrbyggjasaga.
Fáfm. = Fáfnismál.
FAS=Fornaldar sögur Nordrlanda, útgefnar af Rafn. Kop. 1829—30.
Finl. nat. o. folk. = Bidrag till kännedom af Finlands natur ock folk utg. af Finska vetenskaps-societeten. Helsingfors 1858 ff.
Finsk tidskr. = Finsk tidskrift, Helsingfors.
Firm. oder Firmenich = Germaniens Völkerstimmen, hrsg. von Firmenich. Berlin.
Flbk. = Flateyjarbók, vgl. Ftb.
FMS = Fornmanna Sögur, Kop. 1825—37.
Forns., s. Fs.
Forsch. = Forschungen.
frz. = französisch.
Fs. = Fornsögur hrsg. von Vigfússon u. Möbius. Leipz. 1860.
FSS = Fornsögur Sudrlanda utg. af Cederschiöld. Lund 1877—9.
Ftb = Flateyjarbók, hrsg. v. Vigfússon u. Unger. Christiania 1860—68.
GdDL = Geschichte der deutschen Literatur.
GDS = J. Grimm, Geschichte der deutschen Sprache.[2] 1853.
germ. = germanisch.
Germ. = Germania, Vierteljahrsschrift für deutsche Altertumskunde, hrsg. v. Pfeiffer etc., Stuttgart — Wien 1856 ff.
Germ. Abh.=Germanistische Abhandlungen, hrsg. v. K. Weinhold u. F. Vogt.
Germ. Stud.=Germanistische Studien hrsg. v. Bartsch. Wien 1872. 5.
Ges. = Gesellschaft.
ges. = gesammelt.
Gesch. = Geschichte.
Geschbl.=Geschichtsblätter.
Gl. = Glossen, *speziell* = Die althochdeutschen Glossen, gesammelt von Steinmeyer und Sievers. Berl. 1879 ff.
Goedeke = Goedeke, Grundriss zur Geschichte der deutschen Dichtung, Hannover—Dresden 1859 bis 1881. [2]Dresden 1884 ff.
got. = gotisch.
Gött. gel. A. = Göttinger gelehrte Anzeigen.
gr. = griechisch.
Graff = Graff, Althochdeutscher Sprachschatz. Berlin 1834—42.
Grág. = Grágás.
Gram. = Grammatik.
Grdf. = Grundform.
Grein B. = Grein, Bibliothek der angelsächsischen Poesie 1857—63.
griech. = griechisch.
Grim. = Grimnismál.
Grundtvig, Utsigt = G., Utsigt over den nordiske Oldtids heroiske Digtning. Kop. 1867.
Guđrkv. = Gudrúnarkviđa.
Gulb. = Gulaþingsbók.
Hagen Germ. = Germania, hrsg. von F. H. v. d. Hagen. Berlin 1836—53.
HartstorneAMTale=Ancient Metrical Tales ed. Hartstorne 1829.
Háv. = Hávnmál.
Hazlitt, Rem. = Remains of the Early Popular Poetry of England ed. Hazlitt. 1864.
HB = Heldenbuch.
hd. = hochdeutsch.
Hds. = W. Grimm, Die deutsche Heldensage [2]Berl. 1867.
Heimskr. = Heimskringla.
Hel. = Heliand.
Helg. Hj. = Helgakviđa Hjǫrvarđsonar.
Helg. Hb. = Helgakviđa Hundingsbana.
Herrigs Archiv = Archiv für das Studium der neueren Sprachen und Litteraturen, hrsg. von Herrig. Braunschweig 1846 ff.
HH = Helgakviđa Hundingsbana.
Hkr. = Heimskringla.
Hms.=Heilagra manna sögur udg. af Unger. Christiania 1877.
Hmskr. = Heimskringla.
HoES = Sweet, History of English Sounds. [2]Oxford 1888.
Holtzmann AdGr = Altdeutsche Grammatik von Ad. Holtzmann. Leipzig 1870. 75.
hrsg. = herausgegeben.
Hs. = Handschrift.
Hss. = Handschriften.
Hyndl. = Hyndluljóđ.
HZ., s. ZfdA.
IF = Indogermanische Forschungen, hrsg. v. Streitberg.
indog. = indogermanisch.
ir. = irisch.
IS = Islendinga sögur. Kop. 1843—47.
isl. = isländisch.
Islenzk. Fornkv. = Islenzk Fornkvæđi, ved Grundvig og Sigurđsson. Kop. 1854.
Isl. S., s. IS.
KBeitr. = Beiträge zur vergleichenden Sprachforschung, hrsg. v. Kuhn und Schleicher. Berlin 1858-76.
Kbh. = Kjøbenhavn (Kopenhagen).
kelt. = keltisch.
kent. = kentisch.
KHM = Kinder- und Hausmärchen, gesammelt durch die Brüder Grimm.
KLg = Koegel, Geschichte der deutschen Literatur, Strassburg 1894. 7.

Kl. Schr. = Kleine Schriften.
Koberstein = Kobersteins Geschichte der deutschen Nationallitteratur. Fünfte Aufl. von Bartsch. Leipz. 1872—73.
Koberstein[6] = Sechste Aufl. 1884.
Kock Fsv ljudl = A. Kock, Studier i fornsvensk ljudlära. Lund 1882—6.
Krit. Vjschr. = Kritische Vierteljahrsschrift für Gesetzgebung und Rechtswissenschaft.
KZs = Zeitschrift für vergleichendeSprachforschung, hrsg. von Ad. Kuhn etc. Berlin 1852 ff.
L. = Lex.
Lachm. Schr. = Lachmann, Kleinere Schriften zur deutschen Philologie.
Laing, Sel. Rem.[2] = Select Remains of the Ancient Popular and Romance Poetry of Scotland ed. by Laing. 2 Ed. 1885.
lat. = lateinisch.
Laxd. = Laxdœlasaga.
LB = Lesebuch.
lett. = lettisch.
Lexer = Mittelhochdeutsches Handwörterbuch von Lexer Leipz. 1869—78.
Lex. poet. = Egilsson, Lexicon poeticum antiquae linguae septentrionalis.
LG = Literaturgeschichte.
lit. = litauisch.
Lit. = Literatur.
Lit. Centralbl. = Literarisches Centralblatt herausg. von Zarncke.
Literaturbl. = Literaturblatt für germanische und romanische Philologie hrsg. von Behaghel und Neumann. Heilbronn—Leipzig 1880 ff.
Lit. Ver. = Publicationen des literarischen Vereins in Stuttgart.
Lok(a)s. = Lokasenna.
L. Sal. = Lex Salica.
LL = Leges.
MA = Mittelalter.
MF. = Minnesangs Frühling hrsg. von Lachmann und Haupt.
Mahlow AEO = Mahlow, Die langen Vokale A E O in den indogerm. Sprachen. Berl. 1879.
Maurer Altn. = K. Maurer, Über die Ausdrücke: altnordische, altnorwegische und isländische Sprache (Abh. d bayr. Akad. d. Wiss. I. Cl., XI. Bd. II. Abt. S. 457—706) München 1867.
me. = mittelenglisch.
MG. s. Mon. Germ.
mhd. = mittelhochdeutsch.
Mhd. Wb. = Mittelhochdeutsches Wörterbuch von Müller u. Zarncke. Leipz. 1854—61.
mlat. = mittellateinisch.
mnd. = mittelniederdeutsch.
mnl. — mittelniederländisch.
Mod. Lang. Not. = Modern Language Notes.
Mon. Germ. = Monumenta Germaniae historica.
MS = Sammlung von Minnesingern aus dem schwäbischen Zeitpunkte (hrsg. v. Bodmer) Zürich 1758. 9.
Ms. = Manuscript.
MSD = Denkmäler deutscher Poesie und Prosa aus dem VIII.—XII. Jahrhundert, hrsg. v. Müllenhoff und Scherer. Zweite Aufl. 1873. [3]1892.
MSH = Minnesinger hrsg. von F. H. v. d. Hagen. Leipz. 1838.
MU = Morphologische Untersuchungen auf dem Gebiete der indogermanischen Sprachen von Osthoff und Brugmann. Leipzig 1878 ff.
Myth. = J. Grimm, Deutsche Mythologie. Vierte Ausg., besorgt von E. H. Meyer. Berl. 1875—8.
n. = neutrum.
NArkiv, s. Ark. f. nord. Fil.
nd. = niederdeutsch.
ndl. = niederländisch.
ne. = neuenglisch.
Ned. = Nederlandsch.
NEDict. = Murray, A new English Dictionary.
NenZ = Noord en Zuid, Culemborg 1876 ff.
NF = neue Folge.
nhd. = neuhochdeutsch.
nHist. tidsskr. = Historisk tidsskrift udg. af norske historiske forening. Kristiania 1871 ff.
nl. = niederländisch.
nnd. = neuniederdeutsch.
nnl. = neuniederländisch.
NO — Nordiske Oldskrifter udg. af det nordiske Literatur-Samfund. Kop. 1847 ff.
Nord. tidskr. = Nordisk tidskrift för vetenskap, konst och industri.
Norg. g. L. = Norges gamle Love udg. ved Keyser og Munch. Christiania 1846 bis 49.
Norv. = Norvegia. Tidskrift for det norske folks maal og minder. udg. ved. J. Storm og M. Moe. Kristiania 1884.
NSkr. = Norrøne Skrifter af sagnhistorisk Indhold udg. af G. Bugge.
NT = Neues Testament.
NTidskr., s. Nord. tidskr.
NVid. Selsk. = Det kongel. norske videnskabers. selskabs skrifter. Throndhjem 1879 ff.
Ný Fél = Ný Félagsrit, gefin út af nokkrum Islendingum. Kop. 1841 ff.
OET = The Oldest English Texts ed. by Sweet. Lond. 1885.
on. = ostnordisch.
Opp. = Opera.
ostfrs. = ostfriesisch.
ostgerm. = ostgermanisch.
Osthoff Perf. = Osthoff, Zur Geschichte des Perfects im Indogermanischen. Strassb. 1884.
PBB = Beiträge zur Geschichte der deutschen Sprache u. Literatur hrsg. von Paul und Braune.
Percy Fol. Ms. = Bishop Percy's Folio Manuscript ed. by Hales and Furnivall. 1867.
Phil. hist. Samf. = Kort udsigt over det philologisk-historiske samfunds virksomhed. 1883 ff.
prät. = präteritum.
Princ. = Paul, Principien der Sprachwissenschaft. Zweite Aufl. Halle 1886.
Progr. = Programm.
QF = Quellen und Forschungen zur Sprach- und Culturgeschichte der germanischen Völker, hrsg. von ten Brink u. Scherer etc. Strassburg 1874 ff.
RA = J. Grimm, Deutsche Rechtsaltertümer.
RBS = Rerum Britannicarum Medii Aevi Scriptores.
RCelt. = Revue Celtique.
Rds. = Riddara Sögur hrsg. von Kölbing. Strassb. 1872.
Rel. Ant. = Reliquiae antiquae. Scraps from Ancient Manuscripts, ed. by Wright and Halliwell 1845.

RG = Rechtsgeschichte.
Robson 3 MRom = Three Early English Metrical Romances ed. by Robson. Camden Society 1842.
SB = Sitzungsberichte.
Schmidt Vok. = J. Schmidt, Zur Geschichte des indogermanischen Vokalismus. Weimar 1871. 5.
Schmidt Pluralb. = Joh. Schmidt, Die Pluralbildungen der indogermanischen Neutra. Weimar 1890.
Schr. = Schriften.
SE = Snorra-Edda.
Sigk = Sigurđarkviđa.
skr. = sanskrit.
Shaksp. JB = Jahrbuch der deutschenShakespeare-Gesellschaft.
Sharp, Dissert. = Th. Sharp, A Dissertation on the Pageants or Dramatic Mysteries anciently performed at Coventry. 1825.
Skt. = Skáldatal.
SnE = Snorra Edda.
SS = Scriptores.
Ssp. = Sachsenspiegel.
st. = stark.
Stammbildgsl. = Kluge, Nominale Stammbildungslehre der altgermanischen Dialecte. Halle 1886.
Sthlm. = Stockholm.
Streifz. = Einenkel, Streifzüge durch die mittelenglischeSyntax. Münster 1887.
Stud. = Studien.
Sturl. = Sturlungasaga hrsg. von Vigfússon. Oxf. 1878.
Sv. landsm. = Nyare bidrag til kännedom om de Svenska landsmålen ock Svenskt folklif utg. af J. A. Lundell. Stockholm 1878 ff.
sw. = schwach.
Swsp. = Schwabenspiegel.
Taalgids = De Taalgids. Utrecht 1859—67.
Taalk Bijdr. = Taalkundige Bijdragen. Haarlem 1877 — 79.
Techmer Zs. = Internationale Zeitschrift für allgemeine Sprachwissenschaft hrsg. von F. Techmer. Leipz. 1884 ff.
ten Br. Chaucers Spr. = ten Brink, Chaucers Sprache u. Verskunst.
TenLtbode = De Taal en Letterbode (Red. Verwijs en Cosijn) Haarlem 1870 —76.
Tidskr. f. Filol. = Nordisk Tidskrift for Filologi og Pædagogik.
Tijdschrift = Tijdschrift voor Ned. Taal- en Letterkunde. Leiden 1881 ff.
Tobler, Beitr. = A. Tobler, Vermischte Beiträge zur Grammatik des Französischen 1877 ff.
Uhland Schr. = Uhlands Schriften zur Geschichte der Dichtung und Sage. Stuttg. 1865—73.
Unters. = Untersuchungen.
Urkb. = Urkundenbuch.
Uss. = Untersuchungen.
Vafrm. oder Vafþr. = Vafþrúđnismál.
verb. = verbum.
Vgtakv. = Vegtamskviđa.
Vlsp. = Vǫluspá.
VS = Vǫlsunga Saga.
Vsp. = Vǫluspá.
Wack. Schr. = W. Wackernagel, Kleinere Schriften. Leipz. 1872—4.
Ward, Catal. = Ward, Catalogue of Romances in the Department of Manuscripts in the British Museum I. 1883.
Weber, M. Rom. = Metrical Romances of the 13. 14. and 15. Centuries, published by H. Weber 1810.
westfrs. = westfriesisch.
westgerm. = westgermanisch.
W. Grimm Schr. = W. Grimm, Kleinere Schriften. Berl. 1881 ff.
Wids. = Wídsiđ (ags. Gedicht).
wn. = westnordisch.
Wright, Pol. S. = The Political Songs of England from the Reign of John to that of Edward II, ed. by Th. Wright Camden Soc. 1839.
Wright PPS = Political Poems and Songs related to English History, composed during the Period from the Accession of Edward III to that of Richard III, ed. by Th. Wright. BBS. 1859.
Wright S. a. Car. = Songs and Carols from a Manuscript in the British Museum, ed. by Th. Wright. 1856.
Wtb. = Wörterbuch.
Wz. = Wurzel.
Yng. = Ynglingasaga.
York Pl. = The Plays performed by the Crafts, or Mysteries of York on the Day of Corpus Christi, ed. by Lucy Toulmin Smith. 1885.
ZE = Müllenhoff, Zeugnisse und Excurse zur deutschen Heldensage (ZfdA 12, 253).
ZfdA = Zeitschrift für deutsches Altertum (und deutsche Literaturgeschichte).
ZfdMth. = Zeitschrift für deutsche Mythologie.
ZfdPh. = Zeitschrift für deutsche Philologie hrsg. von Zacher etc.
Zfd. öst. Gymn. = Zeitschrift für die östreichischen Gymnasien.
Z. f. vgl. Spr. = Zeitschrift für vergleichende Sprachforschung.
ZGDS = W. Scherer, Zur Geschichte der deutschen Sprache.
Zs. f. d. ö. G. = Zeitschrift für die östreichischen Gymnasien.
Zs. f. Gymn. = Zeitschrift für das Gymnasialwesen.
ZZ, s. ZfdPh.
Þrymsk. = Þrymskviđa.
Þs = Þíđreks saga.

INHALT.

Berichtigungen:

Zu S. 213 (53) Anm. 1 ist nachzutragen: E. Klebs, *Die Erzählung von Apollonius v. T.* Berlin 1899.

Seite 336 (176) ist an den Anfang des Abschnittes „Weltliches Drama“ zu setzen: § 74.

I. PERIODE. VON 1050—1180. HERRSCHAFT DER GEISTLICHEN DICHTUNG.[1]

§ 1. Seit der Mitte des 11. Jahrhs. tritt in Deutschland nach langem Stillstande eine lebhafte literarische Bewegung zu Tage, für welche sich ein einzelner Ausgangspunkt nicht bestimmen lässt. In den österreichischen Alpenländern, in Alemannien und in Franken tauchen ziemlich gleichzeitig geistliche Dichtungen in deutscher Sprache auf, denen sich in nunmehr ununterbrochener Entwickelung eine lange Reihe verwandter Denkmäler anschliesst. Es sind die populären Ausläufer der grossen hierarchischen, asketischen und theologischen Bewegung des 11. und 12. Jahrhunderts. Man wollte auch das Laientum für die kirchliche Weltanschauung gewinnen. Biblische Geschichte, christliche Sitten- und Glaubenslehre sollten dem Laien vertraut gemacht, ja sollten seine einzige geistige Nahrung werden. Und wiederum schien der schon in der Karolingerzeit betretene Weg am besten zu diesem Ziele zu führen: die Kirche musste die deutsche Dichtung für ihre Zwecke gewinnen. Aber Otfrids und seiner Genossen Werke waren längst verschollen, und nicht nach ihrem Muster, sondern aus den Traditionen der mündlich überlieferten deutsch-volksmässigen und der lateinischen Poesie, der Predigt und der Liturgie bildeten sich die geistlichen Dichter des 11. Jahrhs. ihren Kunststil, der nun je nach dem stärkeren Hervortreten des einen oder des anderen Elementes ein recht verschiedenes Gepräge zeigt. — Verschiedenartig ist auch die metrische

[1] Zur Literatur dieses Zeitraumes im allgemeinen vgl. MSD[3] Nr. XXX f. LXXXII f. — *Kleinere deutsche Gedichte des XI. und XII. Jahrhs.*, hrsg. von Waag Halle 1891. *Deutsche Gedichte des 12. Jahrhs.*, hrsg. von C. Kraus Halle 1894. Piper, *Geistl. Dichtung des Mittelalters* (Kürschners Nationallit. 3. Stuttg. 1888). Scherer, *Geschichte der deutschen Dichtung im 11. und 12. Jahrh.* (= QF 12) und *Geistliche Poeten der deutschen Kaiserzeit* 1. 2. (= QF 1. 7.). Diemer, *Kleinere Beiträge zur älteren deutschen Sprache und Literatur.* Wien 1851—67 (meist aus den SB der Wiener Akademie). J. Meier, PBB 16, 64. Joh. Kelle, *Geschichte der deutschen Literatur* Bd. 2. Berlin 1896. F. v. d. Leyen, *Kleine Beiträge zur deutschen Literaturgesch. des 11. und 12. Jahrhs.* Halle 1897.

Form dieser Dichtungen. Die Strophe ist über das alte Mass der zwei oder drei Reimpaare hinausgewachsen; neben der gleichmässigen Strophenform wird der metrische Satz wechselnden Umfanges mit grösserer Freiheit als ehedem gehandhabt, stellenweise im Anschluss an die lateinische Sequenz, öfter ohne ein bestimmtes Ordnungsprinzip. Bei denjenigen Dichtungen, welche nicht für den musikalischen Vortrag bestimmt sind, lösen sich jene ungleichen Versgruppen mehr und mehr in die gleichmässig fortlaufenden Reimpaare auf, eine Form, welche für die erzählende Dichtung allmählich die allgemein übliche wird. Der Versbau ist im allgemeinen nachlässig; eine Mischung von Traditionen des freieren alliterierenden Versbaus mit denen des endreimenden wird hier aus spätalthochdeutscher Nationaldichtung fortwirken; zwar liegt derselbe Verstypus zu Grunde, welchen schon Otfrid anwandte; aber in der Zahl der Senkungen und sogar der Nebenhebungen gestattet man sich grössere Freiheit; zugleich begnügt man sich statt des Reimes mit der rohesten Assonanz, und nur langsam erringt eine reinere poetische Form allgemeinere Geltung.

Kein hochdeutscher Stamm ist von dieser literarischen Strömung unberührt geblieben. Am lebendigsten sehen wir sie im Westen und im äussersten Südosten, am Rhein und in den österreichischen Ländern; hier erfährt die biblische Dichtung, dort die Legende besondere Pflege. Aber nirgends ist diese Literatur landschaftlich beschränkt. Schon früh zeigt sich gegenseitige Beeinflussung in den poetischen Erzeugnissen der verschiedenen Stämme; in der grössten und wichtigsten Sammlung von Gedichten dieser Periode, welche im steirischen Stifte Vorau bald nach dessen Gründung (1163) veranstaltet wurde,[1] ist Mitteldeutschland so gut wie Oberdeutschland vertreten; ein Gedicht steirischen Ursprungs tritt uns nicht lange nach seiner Abfassung in fränkischer Umschrift entgegen; fränkische Dichter üben in Baiern ihre Kunst und wetteifern dort mit der Geistlichkeit in der poetischen Behandlung weltlicher Stoffe.

Denn auf das weltliche Gebiet führen schliesslich den Geistlichen jene Bestrebungen, welche den Laien auf das geistliche ziehen sollten. Neben Dichtern, denen es heiliger Ernst ist mit der christlichen Belehrung und sittlichen Reformierung aller Stände, treten bald andere auf, welche dem Geschmacke des Publikums weitgehende Zugeständnisse machen, geistliche Gegenstände ganz im volksmässigen Stile mehr zur Unterhaltung als zur Unterweisung und Erbauung behandeln und schliesslich sogar mit der Bearbeitung weltlicher Stoffe dem Interesse der höheren Gesellschaftskreise entgegenkommen. So führen denn die Geistlichen zuerst französische Epen in Deutschland ein und mit ihnen die Gattung der umfänglichen, zum Vorlesen in höfischer Gesellschaft bestimmten poetischen Erzählung. Sie helfen dadurch selbst eine neue Literaturperiode ins Leben rufen, welche ihnen das Szepter entreisst, die Periode der ritterlichen Dichtung. — Nicht als ob damit der eigentliche Zweck dieser literarischen Bemühungen der Geistlichkeit überhaupt gescheitert wäre. Wenn mit Recht behauptet ist, dass die eigentliche Christianisierung des deutschen Volkes erst seit der Mitte des 11. Jahrhs. erfolgt sei, so hat auch die deutsche geistliche Poesie dieser Zeit dabei ihren Anteil gehabt; und wenn sie schliesslich zum besten der Dichtkunst bei einem anderen Ziele anlangte, als es ihr ursprünglich gesteckt war, so hatte sie doch auf dem Wege dahin nicht wenig geleistet im Dienste jener Reformbewegung, durch welche sie ins Leben gerufen war.

[1] Hrsg. von Diemer deutsche Gedichte des 11. und 12. Jahrhs. Wien 1849. Vgl. PBB 11, 77.

GEISTLICHE POESIE.

§ 2. *Memento mori* ist das Thema eines der ältesten Gedichte dieser Periode (MSD[3] XXXb), und dieser Mahnruf giebt den Grundton an für die gesamte asketische Dichtung der Zeit. An die Vornehmen wendet sich mit seiner Warnung der alemannische Verfasser jener strophischen Sittenpredigt, der in einem ziemlich unklaren Schlussvers Noker genannt wird. Er verwirft die Standesunterschiede der Menschen, die doch alle von einem Manne abstammen und nach Gottes Gebot alle gleich sein sollen; er verficht das Recht des Armen gegen den käuflichen Richter; der Reichtum ist ein Hindernis auf dem Wege zum Himmel; nur ein Aufgeben alles Besitzes, die Flucht vor der trügerischen Welt, das stete *memento mori* kann die Seele retten. Bemerkenswert ist, dass gerade aus Alemannien, wo die cluniacensische Reform zuerst Boden gewonnen hatte, auch zuerst eine solche Stimme ertönt.

Der strengeren Regelung geistlichen Lebens konnten sich auch die Domkapitel nicht entziehen. Gunther von Bamberg war der erste deutsche Bischof, der seine Stiftsherren wieder zu gemeinsamem Leben nach klösterlicher Regel brachte, und im Jahre 1063 erbaute er ihnen eine neue Collegiatkirche. Einen von ihnen, den Schulvorsteher Ezzo, veranlasste vermutlich bei dieser Gelegenheit der Bischof, den wir gelegentlich auch als einen Freund deutscher Heldendichtung kennen lernen, eine Cantate in deutscher Sprache zu verfassen; ein anderer, Wille, componierte sie. So werden wir die Angaben deuten dürfen, welche eine der beiden Aufzeichnungen eines Liedes von den Hauptthatsachen der christlichen Heilsgeschichte einleiten und dieses selbst können wir als jene Dichtung Ezzos betrachten.[1] Mit dem Anfang aller Dinge, dem Anegenge, setzt das grosse Drama von der Menschheit Sturz und Erlösung ein, in dessen einzelne Akte das Mittelalter die ganze Weltgeschichte aufteilte; mit dem Anegenge beginnt auch Ezzo sein Lied, und so pflegt man ihm wohl diesen Namen zu geben. Mit Adams Sündenfall bricht die Nacht über die Menschheit herein; nur einzelne Sterne blitzen durch das Dunkel, die Gottesmänner des alten Bundes; der Morgenstern Johannes Baptista führt endlich Christum, die Sonne des Heiles herauf. Kurz werden die Hauptmomente des Lebens, Leidens und der Verherrlichung Christi herausgehoben, Kreuz und Opfertod eingehender in mystisch-allegorischem Sinne behandelt, und der Jubel über die vollendete Erlösung klingt mit Tönen der Sehnsucht nach dem Himmelreiche, unserer Heimat, in einen Schlussakkord zusammen. — Auch der frommen Sehnsucht und Glaubenszuversicht der Jerusalempilger Ausdruck zu geben, war dieser Gesang trefflich geeignet; so wird er gewiss oft angestimmt sein auf dem grossen Pilgerzuge, den Gunther mit mehreren Genossen im Jahre 1064 ins heilige Land führte und auf dem er seinen Tod fand. Eine Nachricht des 12. Jahrhs., dass Ezzo auf dieser Fahrt ein schönes Lied von den Wundern Christi in deutscher Sprache gedichtet habe, brauchen wir auf kein anderes Gedicht als das Anegenge zu beziehen. Spuren seines Einflusses lassen sich noch lange in der geistlichen Dichtung verfolgen.

[1] Ältere Fassung unvollständig in einer Strassburger Hs., die auch das *Memento mori* enthält: ZfdA 23, 210, Barack, *Ezzos Gesang v. d. Wundern Christi u. Notkers Memento mori in phototyp. Facsimile der Strassburger Hs.*, Strassb. 1879. — Erweiternde Bearbeitung in der Vorauer Hs. Diemer, *D. Ged.* 319—30, beide Fassungen MSD[3] XXXI; Waag I. — Vgl. Diemer, *Kl. Beitr.* VI (Wiener SB 52, 183 f. 427 f.) — Germ. 28, 89. — Wilmanns, *Ezzos Gesang von den Wundern Christi* Bonner Univ. Progr. 1887. PBB 16, 68 f.; Mettin, *Composition des Ezzoleiches* Halle Diss. 1892. Krallinger, *Der Ezzoleich.* München Progr. 1896. Über die von Kelle hervorgehobenen Beziehungen zu Hraban, de laudibus stae crucis s. v. d. Leyen, *Kl. Beitr.* S. 13 f.

An einem ähnlichen Stoffe versuchte sich einige Jahrzehnte später ein fränkischer Dichter, aber nicht mit dem gleichen Glück. Er giebt mehr eine Heilslehre als eine Heilsgeschichte, und er verbindet damit eine Erörterung von den Personen der Gottheit, eine christliche Anthropologie und eine knappe Tugendlehre — kurz, es ist ein gedrängter aber gedankenreicher Inbegriff der christlichen Lehre, eine *Summa Theologiae*, die hier in metrischer Form, aber nicht in poetischer Anlage und Darstellung geboten wird.[1]

§ 3. Dankbareren Stoff gewährten den geistlichen Dichtern die biblischen Geschichten, vor allem die Erzählungen des alten Testamentes. Hier war die Gelegenheit zur Entfaltung einer geistlichen Epik geboten, die es versuchen mochte, der volksmässigen die Spitze zu bieten, in dem sie sich zugleich deren Traditionen zu eigen machte. Die kecke, springende, formelreiche Manier rheinischer Spielmannspoesie blickt in drei geistlichen epischen Liedern fränkischen Ursprunges durch, welche dem Anfange des 12. Jahrhs. angehören mögen. Das eine singt das *Lob Salomons*[2] mit sichtlichem Wohlgefallen an der äussern Pracht seiner Umgebung, aber auch nicht ohne Einmischung allegorischer Schriftdeutung; in einer Schilderung der glücklichen Friedensperiode unter Salomon scheint sich das Ideal der auf den Gottesfrieden gerichteten Bestrebungen der Zeit wiederzuspiegeln. Der Triumph jüdischer Gottesverehrung über das Heidentum in vorchristlicher Zeit wird in den beiden andern, von vornherein zusammengehörigen oder 'nachträglich zusammengeschweissten Liedern behandelt. Der Sieg nämlich der *drei Jünglinge im feurigen Ofen* über den König Nabuchodonosor und der Sieg *Judiths* über Nabuchodonosors Feldherrn Olofernes wird unter jenem gemeinsamen Gesichtspunkte mit den wenigen, grellen Farben, welche der Spielmannsdichtung zur Verfügung stehen, lebhaft dargestellt.[3]

Eine ebenere und ausführlichere Erzählungsweise hat sich indes im Südosten in der Behandlung biblischer Stoffe ausgebildet. Elemente eines ernsteren, altgermanischer Kunsttradition getreueren nationalepischen Stiles treten in diesen österreichischen Gedichten zu Tage. Nicht zum Gesange, sondern zum Vorlesen bestimmt, werden sie von geistlicher Seite hauptsächlich durch die Predigt beeinflusst. Deutlich zeigt sich diese doppelartige Einwirkung an einer etwa gegen 1070 entstandenen *poetischen Bearbeitung der Genesis*.[4] Der geistliche Verfasser versäumt nicht, wo sich eine besondere Gelegenheit bietet, im Predigertone die Hauptsünden zu geisseln, Busse und Beichte einzuschärfen und unter gelegentlicher Heranziehung von Bibelkommentaren die geläufigsten Beziehungen auf das neue Testament hervorzuheben; aber dabei kommt auch die Erzählung zu ihrem vollen Rechte. Ohne je weitläufig zu werden, ohne sich ängstlich

[1] MSD XXXIV; v. d. Leyen a. a. O. S. 40 f.

[2] Diemer, *D. Ged.* 107, MSD XXXV, Waag III.

[3] Diem. 117—23. Waag IV. Der Zusammenhang beider Stücke ist MSD XXXVI f. durch Ausscheiden einer Strophe unvollständig beseitigt.

[4] Hrsg. nach einer Wiener Hs. v. Hoffmann, *Fundgruben* II, 9 f.; eine jüngere Bearbeitung in *Genesis u. Exodus nach der Milstäter Hs.* hrsg. v. Diemer. B. I. II. Wien 1862. — Vgl. PBB II, 208; Scherer QF 1, Joh. Joachim, *Zur altdeutschen Genesis. Ein Beitrag zu einer Poetik der frühmhd. Dichtung* I, Berliner Diss. 1893. — Scherer vermutete für die seiner Meinung nach aus Kärnten stammende Genesis sechs, Rödiger ZfdA 18, 263 u. 19, 148 sieben verschiedene Verfasser. P. Pniower, *Wiener Genesis* Berliner Diss. 1883 und ZfdA 29, 26, 30, 150 unternahm es teils Scherers Theorie zu rechtfertigen, teils neue Scheidungen zu begründen; die i. J. 1885 versprochene Fortführung seiner Untersuchungen ist ausgeblieben. Gegen die Trennungsversuche s. PBB II 288 u. 586. Literaturbl. 1885 S. 5, Joachim S. 4 ff. Kelle, S. 21 ff.

der Bibel oder den stellenweise daneben benutzten Gedichten des Alcimus Avitus anzuschliessen, berichtet er die alttestamentlichen Geschichten frisch und frei im Geiste seiner Zeit. Soviel wie möglich sucht er Fühlung mit der Gegenwart und mit den Anschauungen und Verhältnissen weltlicher Kreise. Natürlich war einem solchem Dichter auch die weltliche Poesie nicht fremd, deren Einfluss denn auch im Stil, in einzelnen Formeln durchblickt. — Weit enger aber lehnt sich an das Volksepos eine um mehrere Dezennien jüngere Bearbeitung der *Exodus*,[1] deren Verfasser, alle theologischen und moralischen Auslegungen meidend, einem vornehmeren Laienpublikum seine Erzählung in regelrechten Versen vorträgt unter reichlichster Verwertung altnationaler poetischer Ausdrucks- und Schilderungsweise. — In ähnlicher Manier, aber mit weniger Geschick und in schlechteren Versen, behandelte später (gegen 1150?) ein Dichter, dessen Heimat noch zu bestimmen bleibt, die Geschichte der *Judith*,[2] ein südrheinfränkischer das *Maccabäerbuch* (Fragment, Kraus, d. Ged. Nr. VI), während eine viel dürrere und kompendiösere, mehr auf sinnbildliche Auslegung als auf ansprechende Erzählung gerichtete Darstellungsart einem österreichischen Bearbeiter *mosaischer Geschichten*[3] eigen ist, welcher in sein Werk die Geschichte des Joseph aus der älteren Genesisdichtung unverändert aufnahm und der bis auf Josua geführten Erzählung ein *Marienlob* und ein Gedicht von *Bileam* als weitere fremdartige Elemente anfügte.

Der Einfluss dieser nicht vor 1110 entstandenen Dichtung macht sich schon in einer *poetischen Geschichte des neuen Bundes*[4] geltend, welche zunächst das Leben Jesu, die Wirksamkeit des heiligen Geistes, den Antichrist und das jüngste Gericht umfasste und nachträglich um eine Vorgeschichte von Johannes dem Täufer vermehrt wurde. Frau Ava, welche sich am Schlusse des Stückes vom jüngsten Gerichte als Verfasserin wohl nicht nur der letzten Teile, sondern des ganzen Cyklus nennt, und mit einer 1127 in Österreich verstorbenen Klausnerin dieses Namens identifiziert wird, wendet sich mit ihrer ebenfalls etwas gar zu kargen und knappen Erzählung an eine höhere weltliche Zuhörerschaft, aber nicht um sie zu unterhalten, sondern um sie durch eingestreute Moralisationen zu bessern und durch hin und wieder hervorbrechende Äusserungen warmer religiöser Empfindung die Herzen zu bewegen. — Das gleiche umfassende Thema behandelte ungefähr um dieselbe Zeit eine fragmentarisch überlieferte hessische Dichtung in ähnlich schmuckloser, kurzgefasster Darstellung, der *Friedberger Christ und Antichrist* (MSD XXXIII), dessen Einfluss neben dem des Ezzo schon in einem von *Christi Geburt* handelnden ripuarischen Bruchstück aus nicht viel späterer Zeit (Kraus I) zu erkennen ist. Mitten in die Leidensgeschichte Jesu hinein führt uns das Bruchstück einer ungeschickten thüringischen Umreimung des evangelischen Berichtes von *Christus und Pilatus* (Kraus XII), und auch von der Behandlung anderer Teile der neutestamentlichen Heilsgeschichte

[1] Unvollständig in der Wiener Hs. bei Hoffmann a. a. O., vollständig in der hier weniger abweichenden Milstätter Hs. bei Diemer a. a. O. Diese Handschriftenabdrücke sind der ganz unzulänglichen Ausgabe von Kossmann QF 57 vorzuziehen. Die Abfassungszeit wird ZfdA 33, 73 f. ohne durchschlagende Gründe auf 1120—30 eingeschränkt.

[2] Diemer, *D. Ged.* 127—80. Vgl. Pirig, *D. jüngere Judith* Bonn 1881 (Diss.).

[3] Diemer a. a. O. 1—85, 3; der Joseph bei Diemer, *Kl. Beitr.* T. V (Wiener SB 47, 636. 48, 339); das Marienlob auch MSD XL.

[4] Ohne den Johannes in der Vorauer Hs. (Diemer S. 229—292), mit demselben in einer Görlitzer *Fundgr.* 1, 127; kritisch hrsg. von Piper ZfdPh 19, 129. 275; vgl. Langguth, *Gedichte der Ava* Budapest 1880.

legen poetische Fragmente Zeugnis ab, die ihre Stoffe teils den Evangelien, teils der Apokalypse entnehmen. Zwei österreichische Priester, deren einer sich Adelbrecht nennt, dichteten jeder einen *Johannes Baptista* (Kraus III. IV), ein fränkischer führte in eindringlichem Predigtstile die Schrecken des *jüngsten Gerichtes*[1] der sündigen Welt vor Augen, und mit dem Schicksal der Seelen nach dem Tode beschäftigen sich auch zwei zu einem Doppelblatt gehörige Fragmente (Kraus VIII. IX, AfdA 23, 114), die wohl beide einunddderselben mitteldeutschen Bearbeitung einer *Visio Pauli* zuzuweisen sein mögen, obwohl nur das zweite mit voller Sicherheit auf solche Quelle zurückgeführt werden konnte. Vollständig ist aus diesem eschatologischen Kreise[2] eine farblose und weitläufige gelehrte Dichtung vom *Antichrist* aus dem Ende dieses Zeitraums durch eine Gleinker (steirische) Handschrift,[3] ein Gedicht vom *himmlischen Jerusalem*[4] durch die Vorauer Hs. auf uns gekommen.

Bei dieser Schilderung und Ausdeutung der Himmelsstadt nach Apocal. 21 konnte die allegorische Schriftauslegung aus dem gelehrten Aberglauben von den geheimen Kräften der Edelsteine reichen Stoff schöpfen; anderswo ist es die Zahlenmystik, die zur symbolischen Deutung des Bibelwortes helfen muss, und auch selbständige Dichtungen bewegen sich ganz in solchem theologisch-arithmetischen Labyrinth. So erörtert ein österreichischer Priester Arnold unter reichlicher Verwertung fremden Gutes alle denkbaren Arten und Bedeutungen der *Siebenzahl* zum Lobe des heiligen Geistes.[5] Ein anderer behandelt denselben unfruchtbaren Stoff sogar in einem Liede von regelmässigen Strophen (MSD XLIV), und ein Gedicht vom *Vaterunser* (MSD XLIII) unterlässt nicht den 7 Bitten auch die 7 Gaben des heil. Geistes und die 7 Tugenden parallel zu setzen. Die *vier Räder* am Wagen des Amminadib kombinierte ein mittelfränkischer Pfaffe Wernher[6] mit allerlei anderen Vierzahlen, um sie auf die vier Hauptmomente des Lebens Christi, Geburt, Tod, Auferstehung und Himmelfahrt zu deuten, die er dann unter Einflechtung weiterer allegorischer Beziehungen vorzugsweise dogmatisch und apologetisch erörtert Er verarbeitet da also einen Teil jenes schon von Ezzo behandelten Stoffes, der dann noch einmal gegen Ende dieser Periode seiner ganzen Ausdehnung nach in dem *Anegenge*[7] eines österreichischen Geistlichen mit viel Gelehrsamkeit und wenig Poesie hauptsächlich im Anschluss an Hugo v. St. Victors Summa sententiarum und de sacramentis in Reime gebracht wird.

§ 4. Wie das Paternoster, so werden auch andere Stücke der kirchlichen Liturgie zur Grundlage dichterischer Versuche gemacht. An die Beichtformel knüpfen poetische Sündenklagen an, für die zugleich von verwandten lateinischen Gedichten und von der Litanei Anregungen ausgehen mochten. Schon für den Ausgang des 11. Jhrhs. ist wohl eine alemannische Dichtung dieser Gattung zu erschliessen als gemeinsame

[1] Fundgr. 2, 135.

[2] Reuschel, *Untersuchungen zu den deutschen Weltgerichtsdichtungen*. Leipzig. Diss. 1895.

[3] Fundgr. 2, 102. Wundrack, *Der Linzer Entecrist* Marburger Diss. 1886. Weder durch W's noch durch Reuschel's Untersuchungen über die Sprache des Entechrist (a. a. O S. 11 ff. vgl. AfdA 23, 199) ist die Herkunft des Denkmals festgestellt.

[4] Diemer, *D. Ged.* 361—72. (Karajan a. a. O. 70, 22—24) Waag VII.

[5] Diemer a. a. O. 331—57. Vgl. Schönbach, Wiener SB 101, 459.

[6] *Die vier schîvin* bei W. Grimm, *Wernher vom Niederrhein* Göttingen 1839, S. 50. *Die Gedichte des Wilden Mannes u. Wernhers v. Niederrhein* hrsg. von K. Köhn. Berlin 1891.

[7] Hrsg. von Hahn, *Gedichte des 12. u. 13. Jahrhs.* S. 1—40. Vgl. Schroeder, *Das Anegenge* QF 44. PBB 24, 247.

Grundlage einerseits eines Gebetes, das ein *Rheinauer* Fragment dem Apostel *Paulus* bei seiner Bekehrung in den Mund legt (Kraus II), andererseits einer *Milstätter Sündenklage*, welche in dieselben Anrufungen der göttlichen Barmherzigkeit ausläuft (ZfdA 20, 255). Die Verbindung einer gleichfalls alemannischen, strophisch gegliederten Sündenklage mit der Bekehrung des h. Paulus ist bei der unvollständigen Überlieferung des aus kräftiger Empfindung quellenden Gedichtes nur durch seine Überschrift *Cantilena de conversione st. Pauli* zu erkennen (ZfdA 40, 328, vgl. 41, 92). Inständige Bitten an Maria und Christus schickt ein bairisch-österreichisches Gedicht dieser Gattung[1] dem Sündenbekenntnis voraus, während ein anderes sich auf eine mangelhafte Umreimung der kirchlichen Beichte beschränkt (Germ. 31, 99 Waag Nr. XIII). Die kirchliche *Litanei* benutzte ein österreichischer Geistlicher als den Zettel eines Gewebes von Gebeten, Sündenbekenntnissen und kurzen Lebensskizzen der angerufenen Heiligen; sein von warmer Religiosität belebtes Gedicht ist uns sowohl in einer älteren, kürzeren, als in einer vom Verfasser selbst nachträglich erweiterten Fassung überliefert, erstere in einer Grazer Hs.,[2] an deren Schluss sich ein Heinrich nennt, die letztere in einer ehemals zu Strassburg[3] befindlichen fränkischen Redaktion ohne jenen Namen; dafür erfahren wir hier, dass Abt Engelbrecht (seit 1172 Propst von St. Florian in Oberösterreich) den Dichter wenigstens zu einem seiner Nachträge veranlasste. Auch das in der Vorauer Hs. fragmentarisch überlieferte poetische *Gebet einer Frau* (Diem. 375) knüpft in gewisser Weise an die Form der Litanei an.

Das Nicänische Symbolum erörterte der mittelfränkische Geistliche Hartmann in einer lebhaft bewegten, mehr auf seelsorgerische als auf theologische Ziele gerichteten *Rede vom Glauben*,[4] stellenweise mit hohem Pathos und mit einer Fülle des Ausdruckes, der auch stilistische Mittel altnationaler Poesie nicht fremd sind. Dem auf das anschaulichste geschilderten weltfrohen Treiben des emporblühenden Rittertumes setzt er mit erschütternder Beredsamkeit das *memento mori* entgegen, darin ein völlig ebenbürtiger Genosse des österreichischen Satirikers Heinrich, der vermutlich als Laienbruder im Kloster Melk um 1160, ein *Memento mori*[5] dichtete. Auch Heinrich stellt dem Glanze eines der Ehre und Minne dienenden Rittertumes die Schrecken des Todes gegenüber, die er mit einem gewissen grausamen Behagen ausführt, und die Schwächen aller weltlichen Stände greift er rücksichtslos mit zornigem Eifer an. Aber er schont auch den Priesterstand nicht; wir werden ihm auch ein in derselben Handschrift überliefertes, eng verwandtes Gedicht vom Priesterleben

[1] Waag Nr. XII. Von Diemer, *D. Gedd.* 295—316 als *Loblied auf Maria* hrsg.; vgl. A. Müller, *Die Vorauer Sündenklage* T. 1. Breslau 1887. Diss. Die eingemischten fränkischen Sprachformen sind nicht dem Dichter sondern einem Schreiber zuzuweisen: ZfdA 35, 417.

[2] Hrsg. Fundgr. 2, 215.

[3] Hrsg. v. Massmann, *Deutsche Gedd. d. 12. Jahrhs.* S. 43. — Vgl. PBB 1, 108. ZfdA 19, 241. Lit. Centralbl. 1876. S. 988. Die PBB 1, 36 aufgestellte Identifizierung Engelbrechts mit dem Propst von St. Florian ist jetzt gegen ZfdA 19, 338 bestätigt durch Kelle S. 180, der jedoch den Verfasser der Nachträge gegen dessen eigene Worte vom Dichter scheidet. — Dütschke, *Rhythmus der Litanei* Halle 1891. Diss.

[4] Hrsg. von Massmann a. a. O. S. 1, von F. v. d. Leyen Germ. Abh. XIV.

[5] Beides hrsg. von Heinzel, *Heinrich v. Melk* Berlin 1867. Wilmanns (*Beiträge zur Geschichte der älteren deutschen Literatur* H. I. Bonn 1885) setzt das Gedicht ins 14. Jahrh. Die Gründe, mit denen ZfdA 35, 187 f. beide Dichtungen verschiedenen geistlichen Verfassern zugewiesen werden, haben mich, so beachtenswert sie auch sind, doch nicht überzeugt. Gegen Wilmanns Hypothese s. ebenda S. 281 f. Kelle S. 88 f.

zuschreiben dürfen, welches trotz strengstem Festhalten an dem unvertilgbar göttlichen Charakter der Priesterweihe die Sünden und Gebrechen des geweihten Standes mit derselben Offenheit bloslegt und mit derselben Energie bekämpft; ja noch herber wird hier der Ton der Satire, und stellenweise schärft sie sich zu schneidendem Hohn.

So beliebte Themata auch die Mahnung an den Tod und die Klagen über die Schäden der Welt sind, nur Heinrich von Melk behandelt sie in der bestimmt ausgeprägten Form der Satire. Ein wenig älteres, gleichfalls österreichisches Gedicht, *die Wahrheit*,[1] begnügt sich, den Gegenstand ohne jedes Eingehen auf Individuelles im ganz allgemein gehaltenen Tone einer kurzen Busspredigt zu behandeln; ein kärntisches Fragment knüpft eine solche an eine allegorische Auslegung der *babylonischen Gefangenschaft*.[2] Ebenfalls wohl aus Kärnten ertönen die Mahnungen eines Geistlichen, der sich mit seinem Gedichte von göttlicher Ordnung und menschlichem Leben (*'vom Rechte'*)[3] besonders an die Adligen wendet, aber ohne alle satirische Schärfe, in mildem Tone und toleranter Gesinnung, nur mit der bestimmten Tendenz das Recht des dienenden Standes ähnlich wie der Dichter des alemannischen Memento mori gegen den Herrenstand in Schutz zu nehmen und dabei die hohe Geltung priesterlicher Würde zu betonen. Er ist vielleicht auch der Verfasser oder doch der Bearbeiter einer nach Geist und Form eng verwandten Parabel, welche unter dem anschaulich ausgeführten Bilde der *Hochzeit*[4] eines Vornehmen die Verbindung des heiligen Geistes mit der menschlichen Seele schildert. Das volksmässige Element hat seinen Stil ähnlich beeinflusst wie den des Genesisdichters, und an diesen erinnert auch die Anschauungsweise mehrfach. — Ein alemannischer *scopf* aus der Mitte des 12. Jahrhs. behandelt menschliches Leben und himmlischen Lohn mit besonderer Beziehung auf die Frauen in einem eindringlichen Ton, der durch formelhafte Wiederholungen verstärkt wird (ZfdA 40, 319). Ein einzelnes Laster, die *Habgier*, bekämpft ein mittelfränkischer Dichter, der Wilde Mann, in einer gleichfalls mit allegorischen Bildern aus dem menschlichen Leben durchflochtenen Ausführung,[5] auf welche in der Handschrift Stücke einer anderen, von mystischen Bibelauslegungen strotzenden Dichtung desselben Autors[6] folgen.

§ 5. Aber die Bibel, der kirchliche Kultus, die christliche Glaubens- und Sittenlehre blieben nicht ausschliesslich die Quellen der geistlichen Dichtung. Eine Fülle ergiebigsten Stoffes führte ihr die reich entfaltete und üppig fortwuchernde christliche Sage zu, Stoffe, deren Behandlung neben der Verfolgung asketischer Zwecke auch die Befriedigung des Unterhaltungsbedürfnisses geistlicher und weltlicher Kreise gestattete. Die Rheinlande, welche bald die weltliche Unterhaltungsliteratur des Westens der deutschen Dichtung übermitteln sollten, sind auch in erster Linie an der Ausbildung der Legendenpoesie beteiligt. Ein kölnischer Bischof, der berühmte Anno († 1075) ist der Held der ältesten überlieferten Dichtung der Art. Wohl nicht lange nach seinem Tode, zwischen 1077

[1] Von Diemer 85, 4—90 als Schluss 'der Bücher Mosis' herausg. Waag Nr. 11. Unzulänglich behandelt von E. Weede, *Diu Wârheit*. Diss. Kiel 1891.

[2] Anz. f. Kunde des MA. 8, 55—58.

[3] u. [4] Hrsg. von Karajan, *Sprachdenkmale* 1—16. 17—44, Waag VIII. IX. Vgl. Löbner, *Die Hochzeit* Berlin. Diss. 1887. C. Kraus, *„Vom Rechte"* und *„Die Hochzeit"* 1891 (aus den Wiener SB. 123); dazu AfdA 17, 287. Literaturbl. 1892, 145. ZfdA 36, 254.

[5] u. [6] Hrsg. von W. Grimm, *Wernher vom Niederrhein* S. 30—42. 43—49, v. Köhn, *Ged. d. Wilden Mannes* etc. S. 33.

und 1081, ist das *Annolied*[1] verfasst, welches einen in der Verherrlichung der Franken und Kölns gipfelnden Abriss der Weltgeschichte mit dem Panegyricus auf den grossen Bischof verbindet. Die hastig fortschreitende, skizzenhafte Darstellung erhebt sich bei der Schilderung kriegerischer Scenen und bei dem Lobe des Helden zu dichterischem Schwunge, und hier klingen neben dem Tone epischer und panegyrischer Spielmannspoesie auch Reminiscenzen aus Vergil und Lucan durch den geistlichen Gesang. Den Stoff der eigentlichen Legende hat das Gedicht zum Teil mit einer nach 1105 verfassten Vita Annonis, den weltgeschichtlichen Abschnitt hat es mit der deutschen Kaiserchronik gemein. Unter den verschiedenen Versuchen, diese Beziehungen zu erklären, ist die Annahme meines Erachtens die wahrscheinlichste, dass die Kaiserchronik jenes Stück dem Annoliede entlehnte, dass die Übereinstimmungen des Liedes mit der Vita aber aus der Benutzung einer beiden gemeinsamen älteren Quelle zu erklären sind. Der Dichter wird dem Kloster Siegburg bei Bonn angehört haben, wo Anno begraben lag; woher er stammte, ist zweifelhaft, da die Sprachformen des Originals aus den sehr unreinen Reimen nicht mit genügender Sicherheit zu ermitteln sind.[2]

Aus der Kaiserchronik floss andererseits unter Heranziehung einer lateinischen Quelle die in Trierer Bruchstücken vorliegende Dichtung vom heiligen Papste *Silvester*,[3] dessen Legende den Sieg des Christentums über Heidentum und Judentum in der mit dogmatischen Disputationen durchflochtenen Bekehrungsgeschichte des Kaisers Constantin und seiner Mutter Helena feiert. Daneben aber existierte schon ein anderer poetischer Cyklus von *Legenden aus der ältesten christlichen Geschichte*, den ein *mittelfränkischer* Geistlicher im Anfange des 12. Jahrhs. mit geringer Kunst zusammengereimt hatte.[4] Dem dort behandelten Kreise gehört auch die Erzählung von *Veronica* und *Vespasianus* an, welche der oben erwähnte Wilde Mann daneben selbständig dichtete,[5] ebenso die in einem mitteldeutschen Fragmente verarbeitete Marter des Apostels *Andreas* (Kraus XIII) und die *Pilatuslegende*, die ein hessischer Dichter ganz am Ende dieses Zeitraumes in ein so gefälliges Gewand zu kleiden wusste, dass man das formgerechte Gedicht, von dem leider nur der Anfang überliefert ist, schon als ein Denkmal des Überganges zur ausgebildeten höfischen Kunst betrachten muss (ZfdPh 8, 253). — Ganz roh noch in der Form, aber dem Inhalte nach weltlicher Epik schon verwandt ist das Bruchstück einer nach 1178 oder gar erst nach 1186 im nördlichen Moselfranken gedichteten Legende vom heil. *Albanus*, einem christlichen Ödipus (Kraus X), während die weitläufige Erzählung vom gottgefälligen Leben des heil. *Egidius*,[6] welche

[1] Nach Martin Opitzens Abdruck der seitdem verlorenen Handschrift hrsg. von Roth 1847, Bezzenberger 1848, Kehrein 1865, kritisch von Rödiger, Mon. Germ. Deutsche Chron. I, 2, S. 63 (1895), der für Annolied und Kaiserchronik eine gemeinsame Quelle annimmt, vgl. ZfdA 42, 322. Dagegen Wilmanns, *Beiträge* etc. Heft 2 *Das Annolied* Bonn 1886 sowie AfdA 23, 346; ZfdPh 30, 271; ZfdöGymn. 1896, 226. — Kettner ZfdPh 9, 257 ff. 19, 321 und Zarncke Berichte d. Sächs. Gesellsch. d. Wissensch. 1887 S. 283 ff. vertreten die Benutzung der Vita durch das Lied und dem entsprechend die Abfassungszeit 1105 (1106)—1110 (1111).

[2] Rödiger hält ihn für einen Baiern, doch ist nach AfdA 23, 351 fränkische Heimat nicht ausgeschlossen.

[3] Hrsg. von Kraus Mon. Germ. Deutsche Chroniken I, 2. (1895). Über das Verhältnis zur Kaiserchronik s. ZfdPh 26, 560 f.

[4] ZfdPh 10, 129 etc. 11, 12. Vgl. Kraus, Deutsche Ged., S. 260.

[5] Hrsg. von Wilh. Grimm, *Wernher vom Niederrhein* S. 1—29. Köhn, *Ged. d. Wilden Mannes.*

[6] ZfdA 21, 331. Germ. 26, 1. Überarbeitung eines Stückes derselben Dichtung Fundgruben 1, 246.

ein oberfränkischer Dichter (um 1160?) in weit besser gebaute Verse brachte, doch nur ein erbauliches Interesse bieten konnte. — Die wunderlichsten Ausgeburten religiöser Phantasie traten in einer Vision zu Tage, welche der irische Ritter *Tundalus* im Jahre 1149 von den Schrecken der Hölle und den Freuden des Himmels gehabt haben sollte. Die aufregende Legende fand zunächst in lateinischer Fassung schnell weite Verbreitung und wurde dann von einem mittelfränkischen Geistlichen etwa um 1180, von einem bairischen Priester *Albero* etwas später in deutsche Verse gebracht.[1]

In Österreich scheint die Legende hinter den anderen geistlichen Stoffen sehr zurückgestanden zu haben: der Eingang eines *Veit* (Kraus IV) und eine poetisch unbedeutende Marter der heil. *Juliane*[2] vom Priester Arnold, dem Autor des Gedichtes von der Siebenzahl (§ 3, 12), ist alles was uns von dort überliefert ist, wenn nicht etwa auch die Originale zweier späteren Bearbeitungen der mit der Juliane eng verwandten *Margaretenlegende* noch hierher gehören.[3]

Auf alemannisches Sprachgebiet führen uns wohl die unbedeutenden Bruchstücke einer *Legende vom irischen Heiligen Patricius* (Kraus VII), und vielleicht aus Augsburg stammen die im Jahre 1172 verfassten drei epischen *Marienlieder*, in welchen ein Priester Wernher nach dem apokryphen *liber de infantia Mariae* das Leben der heiligen Jungfrau bis zu ihrer Heimkehr aus Ägypten ausführlich erzählt. Wernhers Stil zeigt sich in vielem noch der Art der älteren biblischen Dichtungen verwandt; aber ein grösserer Wortreichtum in Reden und Schilderungen, eine gewisse Weichheit und Zierlichkeit der Darstellung und eine zartere Auffassung weiblichen Wesens bilden bei ihm schon die Vorboten höfischer Dichtungsweise; dieser arbeitet also in Oberdeutschland so gut wie in Mitteldeutschland die geistliche Poesie schliesslich vor. Freilich ist manches modernere Element erst in den beiden auch formell ändernden Bearbeitungen von Wernhers Werk[4] hinzugekommen, welche allein das Gedicht vollständig überliefern, während dessen ursprüngliche Gestalt sich nur unvollkommen aus einigen Fragmenten[5] erschliessen lässt.

§ 6. Dem Marienkultus sind auch die einzigen rein lyrischen Erzeugnisse der geistlichen Dichtung dieses Zeitraums gewidmet. Sie alle nehmen sich die Formen des lateinischen Kirchengesanges zum Muster: den Hymnus das in gleichmässigen Versen und Strophen gebaute *Melker Marienlied* (MSD XXXIX), die Sequenz der *Arnsteiner Marienleich* (MSD XXXVIII) und die *Mariensequenzen aus Lambrecht und Muri* (MSD XLI. XLII), deren erste den Text der lateinischen Sequenz *Ave praeclara maris stella* benutzt, während die letztere die Melodie derselben zu Grunde legt. Die Dichtungen aus Melk und Arnstein werden noch in der ersten Hälfte des 12. Jahrhs. verfasst sein, die aus Lambrecht und Muri[6] sicherlich später. Bestimmte symbolisch gedeutete Stellen des alten Testamentes, bestimmte allegorisch verwertete Bilder aus der Natur bilden

[1] *Visio Tnugdali lateinisch und altdeutsch* hrsg. von A. Wagner, Erlangen 1882. Kraus XI.

[2] Hrsg. von Schönbach Wiener SB 101, 445. vgl. Germ. 28, 257.

[3] ZfdA 1, 151. Germ. 4, 440. 6, 376. PBB 1, 263. Sicherer sind die Eingangsverse einer mitteldeutschen Margareta (Germ. 24, 294) noch in diese Zeit zu setzen.

[4] Ältere Bearbeitung in einer Berliner Hs. hrsg. von Hoffmann. *Fundgruben* 2, 145—212, jüngere in einer Wiener Hs. hrsg. von Feifalik *driu liet von der maget* Wien 1860 (vgl. Germ. 6, 117).

[5] Fragmente s. Bartsch, *Beitr. z. Quellenkunde* S. 2 f. — Über die Änderung des ursprünglichen Rhythmus in den beiden Bearbeitungen s. Sievers in Forschungen z. deutschen Philologie 1894 S. 11. — Zu Bruinier, *kritische Studien zu Wernhers Marienliedern* Greifsw. 1890 vgl. AfdA 19, 138.

[6] Die verloren geglaubte Handschrift hat Kelle II, S. 46 wieder nachgewiesen.

in diesen Dichtungen und in späteren der Art die gemeinsame Grundlage des Lobes der heiligen Jungfrau und der Apologie ihrer unbefleckten Empfängnis Christi.[1] Im Arnsteiner Leiche schliesst sich ein ausführlicheres, inbrünstiges Gebet an, in welchem ein bussfertiges Weib sich als Urheberin verrät.

WELTLICHE STOFFE IN DEN HÄNDEN DER GEISTLICHEN.

§ 7. Das Gebiet weltlicher Dichtung, von der Legende schon hie und da gestreift, wurde bald auch in weiterer Ausdehnung in den Bereich der poetischen Bestrebungen des Klerus gezogen. Ein Geistlicher, der seinerzeit durch den Streit zweier Bischöfe, vermutlich den des Adalbero und der Meinhard von Würzburg im Jahre 1086, kriegsflüchtig geworden war, versuchte sich an einer gereimten Hydrographie, welche, unvollständig überliefert, einer umfassenderen Weltbeschreibung angehört haben mag und mit Rücksicht darauf von dem ersten Herausgeber *Merigarto* genannt ist (MSD XXXII). Nach Isidors Etymologieen und anderen abenteuerlichen Traditionen wird von den verschiedenen Gewässern der Erde allerlei in behaglichem Tone fabuliert, auch hie und da eine kleine Erzählung eingeflochten. Es ist ein an sich nichts weniger als poetischer Gegenstand, der einem naiven Interesse an den Wundern der Gotteswelt gleichwohl in der allein populären Form des Reimverses sehr willkommen gewesen sein mag. Ein dichterisch wirklich bedeutender Stoff aber, welcher nebenbei ähnlichen Interessen entgegenkam, sollte nicht viel später der deutschen Dichtung zugeführt werden, als der erste Vorbote einer neuen, epochemachenden literarischen Strömung.

Sehr mannigfaltige, von sagenhaften Bestandteilen reich durchsetzte Traditionen über Leben und Thaten Alexanders des Grossen waren schon im 3. Jahrh. nach Chr. in Alexandria zu einem griechischen Werke verschmolzen, welches im 15. Jahrhundert unter dem Namen des Kallisthenes auftaucht und danach als Pseudo-Kallisthenes citiert wird, früher aber anonym oder unter dem Namen des Äsopus überliefert wurde.[2] Eine lateinische Übersetzung desselben durch Julius Valerius und besonders ein Auszug aus dieser[3] übermittelten dem Abendlande jene abenteuerlichen Berichte einerseits, während anderseits eine lateinische Bearbeitung derselben Quelle, welche ein neapolitanischer Erzpriester Leo im 10. Jahrh. verfasste, die sogenannte *historia de proeliis*, bald nicht geringere Geltung erlangte.[4] Um 1130 hat ein mittelfränkischer Priester Lamprecht diese Überlieferungen zum ersten Mal in deutsche Verse gebracht.[5] Aber nicht unmittelbar jenen pseudo-historischen Quellen, sondern einem französischen Gedicht, dessen Verfasser er Alberich von Besançon nennt, entnahm er den Stoff, und obwohl uns von Alberichs Dichtung nur der Anfang überliefert ist, so lässt sich doch zur Genüge erkennen, dass der Deutsche

---

[1] A. Salzer, *Die Sinnbilder und Beiworte Mariens. Progr. v. Seitenstetten* 1889—93.

[2] J. Zacher, *Pseudocallisthenes* Halle 1867. *Pseudocallisthenes nach der Leidener Hs.* hrsg. von Meusel Leipzig 1871 (aus N. Jahrb. f. Philol. u. Pädag. Suppl. V, 701).

[3] *J. Valerii epitome* hrsg. von Zacher Halle 1867. *Juli Valeri res gestae Alexandri translatae ex Aesopo Graeco,* rec. Kuebler Lips. 1888.

[4] *Die Vita Alexandri Magni des Archipresbyters Leo (Historia de preliis)* hrsg. von Landgraf. Erlangen 1885.

[5] *Lamprechts Alexander nach den 3 Texten mit dem Fragment des Alberic v. Besançon und den lateinischen Quellen* hrsg. von Kinzel. Halle 1884. — Alw. Schmidt, *Alexanderlied des Alberic v. Besançon.* Bonner Diss. 1886. Th. Hampe, *Über die Quellen der Strassburger Fortsetzung von Lamprechts Alexanderlied und deren Benutzung* Bonner Diss. Bremen 1890. Vgl. ZfdPh 20, 88. 24, 255. AfdA 17, 197. Literaturbl. 1892, 5.

sich dem Franzosen ziemlich treu anschloss. Für das was uns von Alberichs Werk vorliegt, bildete Julius Valerius die Hauptquelle, und diese bleibt in der ältesten und verhältnismässig ursprünglichsten Überlieferung des deutschen Gedichts[1] auch über den Umfang des französischen Fragmentes hinaus als solche kenntlich. Doch wird dann die Geschichte von Alexanders Kampf mit Darius ganz selbständig gestaltet und augenscheinlich mit starker Kürzung der Vorlage hastig zum Schlusse geführt. Eine um mehrere Decennien jüngere, glättende und erweiternde Redaktion[2] giebt die Erzählung des Krieges mit Darius nach den Quellen und enthält unter stärkerer Heranziehung der historia de proeliis und weiterhin eines *Iter Alexandri ad paradisum* auch die Erzählung von Alexanders weiteren Schicksalen, von den Naturwundern, die er im Orient geschaut, und von seiner Fahrt zum Paradiese, deren demütigender Ausgang ihn, den himmelstürmenden Titanen, schliesslich die Grenzen der Menschheit kennen und achten lehrt. Die Grösse der dargestellten Begebenheiten und die realistischere Zeichnung der Hauptcharaktere ist geeignet, dem Alexanderliede mehr als der grossen Masse der späteren höfischen Epen das moderne Interesse zuzuwenden. Aber das ist das Verdienst der Quellen. Lamprecht selbst ist meist ein ziemlich trockener Erzähler, der, soviel sich nach dem kleinen Fragmente seiner nächsten Vorlage urteilen lässt, nicht sowohl neue poetische Momente als biblische und andere gelehrte Beziehungen in die Übersetzung des französischen Textes einfügte. Nur seine Schlachtschilderungen zeichnen sich durch Leben und Bewegung aus; sie verraten den Einfluss national-epischer Kunsttraditionen, wie denn hier auch Erinnerungen aus der deutschen Heldensage neben den sonst beliebten gelehrten Anspielungen durchbrechen. Lamprechts Dichtung, das älteste Denkmal deutscher Erzählungspoesie nach französischem Muster, wurde sehr bald auch in Oberdeutschland verbreitet; aber schon hatte auf anderem Wege die französische Epik auch dort Eingang gefunden.

Herzog Heinrich der Stolze hatte, vermutlich auf einer Reise nach Frankreich, die er im Jahre 1131 unternommen, das hervorragendste Erzeugnis der Karl den Grossen und seine Helden verherrlichenden französischen Volkspoesie, die *Chanson de Roland*, kennen gelernt und dieselbe einem bairischen, vielleicht Regensburger Priester Konrad mitgeteilt, der sie alsbald ins Lateinische und auf des Herzogs und seiner Gemahlin Geheiss auch in deutsche Verse umsetzte.[3] Konrad beansprucht in seiner Dichtung keinen weiteren Ruhm als den eines treuen Übersetzers; trotzdem hat er sich nicht durchweg streng an seine Quelle gebunden. Das spezifisch französische Element der Chanson, der lebhafte Ausdruck französischen Nationalbewusstseins ist in seiner Bearbeitung verwischt, dafür das geistliche Element viel stärker zur Geltung gebracht, und hie und da sind vaterländische, speziell bairische Beziehungen hineingetragen. Karl ist ausschliesslich das Ideal des christlichen Fürsten, dessen Frömmigkeit Konrad als nachahmenswertes Beispiel gewiss in erster Linie dem eigenen Landesherrn hinstellt; Roland ist das Muster des christlichen Ritters, der

[1] Vorauer Hs. Diemer, *D. Gedd.* 183—226, 21.

[2] Strassburger Hs. Massmann, *D. Gedd.* 64—144. — Eine von dieser wie von der Vorauer Hs. unabhängige, späte und schlechte Bearbeitung des Gedichtes in einer *Baseler* Weltchronik, hrsg. von Werner Stuttgarter Lit. Ver. CLIV. Vgl. C. Reblin, *Zur Basler und Strassburger Recension von Lamprechts Alexander.* Progr. Neubrandenburg 1889.

[3] Hrsg. von W. Grimm, *Ruolandes liet* Göttingen 1838 und von Bartsch, in *Deutsche Dichtungen des MA.* III. 1874. Vgl. Golther, *Rolandslied des Pfaffen Konrad* München 1887. ZfdA 27, 70. Br. Baumgarten, *Stilistische Untersuchungen zum deutschen Rolandsliede.* Halle 1899.

sich mit seinem Schwerte die Märtyrerkrone erstreitet; die Kämpfe der Franken gegen die spanischen Muhammedaner sind Abbild und ideales Vorbild der Kreuzzüge. Bei keinem anderen Dichter tritt in der Bearbeitung eines weltlichen Stoffes die rein geistliche Tendenz so in den Vordergrund wie bei Konrad; und doch hat auch er sich den Einflüssen der nationalen Epik keineswegs entzogen. Sein Stil zeigt das weltlich-volksmässige Element im Dienste des geistlichen, wie sein Heldenideal das Rittertum im Dienste der Kirche darstellt.

Mannigfache Berührungen des Rolandsliedes mit einer bis zum Jahre 1147 geführten Reimchronik von den römischen Kaisern und Päpsten lassen vermuten, dass der Urheber dieser *Kaiserchronik*,[1] welcher jedenfalls zur Regensburger Geistlichkeit und zu den Anhängern Heinrichs des Stolzen gehörte, kein anderer als eben jener Konrad war, der den Roland dichtete. Auch die Kaiserchronik trägt ein entschieden geistliches Gepräge, welches hier freilich schon durch Stoff und Quellen bedingt war. Die Heiligenlegende drängt sich in breiten Episoden zwischen die mit Romulus beginnende Geschichte römischer Könige und Kaiser hinein. Zur Herabwürdigung des Heidentums, zur vermeintlichen Verherrlichung des Christentums wird der wüsteste Wunderspuk in Scene gesetzt, werden den heidnischen Kaisern die ärgerlichsten Geschichten angehängt. Unter den deutschen erscheint Ludwig der Fromme als der beste, Heinrich IV. als der böseste. Theodorich, der wutgrimme Dietrich, wird, weil er den Papst umgebracht hat, von Teufeln in einen feurigen Berg geführt; was aber das Volksepos von ihm und Etzel erzählt, sind eitel Lügen. Denn das Bewusstsein schriftlicher Tradition bei seiner Geschichtsfabelei zu folgen, lässt diesen Geistlichen hochmütig auf die nationalen Sänger herabblicken, deren Kunst sogar das Seelenheil gefährde. Und dabei zeigt sich doch auch hier, dass er selbst von dieser gefährlichen Kunst gelernt hat: ihr Stil, ihre Formeln treten genugsam in seiner Dichtung zu Tage. Ritterliches Treiben und ritterliche Anschauungen sind dem Dichter nicht fremd; er vertritt dem Bauerntum gegenüber einen schroff aristokratischen Standpunkt, und in seiner hohen Achtung von der Würde des Weibes zeigt sich schon die sittliche Vorbedingung des höfischen Frauenkultus. Die Frau spielt eine ganz hervorragende Rolle in dieser Dichtung. Todesmutige Verteidigung weiblicher Ehre gegen männliche Begehrlichkeit ist ein Lieblingsthema der eingelegten novellistischen Erzählungen, unter welchen die von der tugendsamen Lucretia und die auch selbständig überlieferte[2] von der keuschen Dulderin Crescentia besonders gelungen sind. Wie sehr das Ganze mit diesem bunten, aus verschiedenartigen Quellen zusammengeflossenen Inhalt dem Geschmacke des Mittelalters entsprach, beweist die weite Verbreitung, die das Werk auch die Folgezeit hindurch fand. Ein mittelmässiger Dichter hat es später in reine Reime gebracht und bis zum Jahre 1250 fortgeführt; ein besser begabter, der noch mehr als dieser Vorgänger unter dem Einflusse Wolframscher Kunst stand, hat im Jahr 1281 eine Fortsetzung angefügt, die uns bis zum Jahre 1274 erhalten ist; schliesslich wurde die Dichtung in Prosa aufgelöst.

---

[1] Hrsg. (mit den Fortsetzungen) von Massmann, *Der keiser und der kunige bůch* 3 Bde. Quedlinb. u. Leipz. 1849—54. *Die Kaiserchronik nach der ältesten, Vorauer Hs.* hrsg. von Diemer I *Urtext.* Wien 1849. *Die Kaiserchronik eines Regensburger Geistlichen* hrsg. von E. Schröder (Mon. Germ. Deutsche Chron. I) Hann. 1892; vgl. ZfdPh 26, 550; 27, 145; Literaturbl. 1895, 257.

[2] In den vielfach ursprünglicheren Kolmarer Bruchstücken ZfdA 40, 312. Eine späte Bearbeitung im Koloczaer Codex altdeutscher Gedichte hrsg. von Mailath u. Köffinger (1817), S. 245.

WELTLICHE DICHTER. EPOS.

§ 8. Wenn somit die Geistlichkeit auch die Sorge für die literarische Unterhaltung der vornehmen Kreise übernahm, so durften die weltlichen Dichter von Gewerbe dem nicht unthätig zusehen. Sie waren die Pfleger des nationalen epischen Gesanges geblieben, und Lieder auf hervorragende historische Persönlichkeiten und Ereignisse, auch schwankartige kleinere Erzählungen waren von ihnen nicht nur vor einem geringeren Publikum, sondern auch an den Höfen vorgetragen. Ein bestimmter formelreicher poetischer Stil hatte sich in diesen Gesängen ausgeprägt, und die Geistlichen hatten sich ihn so zu Nutze machen können, dass wir aus ihren Dichtungen wenigstens einigen Aufschluss über den Charakter jener gleichzeitigen weltlichen Poesie gewinnen, deren Erzeugnisse wohl ausschliesslich in mündlicher Tradition umliefen. Aber die Geistlichen waren über den Kreis der von den weltlichen Sängern gepflegten Gattungen hinausgeschritten zu umfänglichen, nicht mehr für den freien Vortrag, sondern für das Vorlesen bestimmten erzählenden Dichtungen auch weltlichen Inhaltes. Diese neue literarische Form fand Anklang, und die berufsmässigen Dichter mussten sich auch in ihr versuchen, wollten sie sich nicht durch die geistlichen verdrängen lassen. So unternahmen sie es denn zunächst, die alten epischen Lieder zu ausführlichen Erzählungen auszuweiten, indem sie die Motive jener älteren Dichtungen mit oft nur geringen Variationen wiederholten oder ihren Inhalt mit ursprünglich fremden Traditionen in Verbindung brachten, durch die sie dann, einer durch die ersten Kreuzzüge angeregten Geschmacksrichtung gemäss, besonders Beziehungen auf den Orient hineinzutragen suchten.

Das älteste Epos dieser Gattung, seit dem Hildebrandsliede überhaupt wieder das erste Denkmal epischer Poesie weltlicher Kreise, ist der um die Mitte des 12. Jahrh. (1152—60?) von einem mittelfränkischen Dichter in Baiern verfasste *König Rother.*[1] Jene verschiedenen Elemente des Stoffes lassen sich hier gut unterscheiden. Eine vermutlich durch ein altes episches Lied überlieferte Brautwerbungs- und Entführungsgeschichte, die ursprünglich vom Langobarden-König Authari, in der þidrekssaga vom König Osantrix, hier aber von dem in Bari residierenden König Rother erzählt wird, ist zum Teil an den Hof des byzantinischen Kaisers verlegt und giebt so Gelegenheit, byzantinische Erinnerungen aus der Ottonenzeit[2] und in Baiern umlaufende Reminiscenzen an die Kreuzfahrt des Herzogs Welf vom Jahre 1101 einzuflechten. Nachdem die eigentliche Erzählung mit der glücklichen Gewinnung der Kaisertochter einen befriedigenden Abschluss erreicht hat, wird die Fabel in einer abermaligen Entführungs- und Wiedergewinnungsgeschichte variiert, wobei verwandte Sagen benutzt und zugleich die beliebten Erzählungen von Sarrazenenkämpfen eingeflochten werden. Die Auffassung des Stoffes ist eine echt nationale. Das sittliche Grundmotiv der deutschen Heldensage und Dichtung, die Idee der Treue, ist auch hier für die Handlung von fundamentaler Bedeutung, und sie wird in dem greisen Herzog Berther von Meran, dem Typus des königstreuen Vasallen, wie in Rother, dem Typus des vasallentreuen Königs, auf das schönste verkörpert. Auch der Stil ruht unverkennbar auf nationaler Überlieferung, und zwar trägt er mit seinem grossen

[1] Hrsg. von Massmann, *Deutsche Gedd. d. 12. Jahrh.* S. 162—234; von Rückert Leipz. 1872 (= Deutsche Dichtungen des MA. I); von v. Bahder Halle 1884 (= altdeutsche Textbibliothek 6). Vgl. Germ. 18, 385. 20, 403. 29, 229. 257. ZfdA 18, 298. AfdA 9, 248. Heinr. Bührig, *Die Sage vom König Rother.* Göttingen 1889.

[2] L. Singer, *Zur Rothersage* Wien (Progr. d. akad. Gymn.) 1889.

Reichtum an epischen Formeln und mit seiner mehrfach durchbrechenden Neigung zum Burlesken die besonderen Kennzeichen einer zunächst vorzugsweise am Rheine ausgebildeten dichterischen Manier der Spielleute. Aber der Verfasser hält darin Mass, und man darf nicht glauben, dass sein Werk wie andere Spielmannsdichtungen für ein niederes Publikum berechnet gewesen sei. Er hat es auf Gesellschaftskreise abgesehen, wie diejenigen, in welchen das Rolandslied und die Kaiserchronik vorgetragen wurde, und er lässt sich ebenso wie jene die Verherrlichung bairischer Aristokratie, aber nicht der welfischen, angelegen sein. Manches, was den Rother noch in nähere Beziehung zu diesen beiden Dichtungen bringt, besonders auch eine verstärkte Einmischung geistlicher Elemente, scheint spätere Zuthat.

Ähnlich wie der Stoff des Rother setzte sich der des Gedichtes vom *Herzog Ernst* zusammen. Den Grundstock bildete auch hier nationale, gewiss auch im epischen Liede lebende Tradition, und zwar eine Sage, welche in der Person ihres Helden die Geschichte zweier gegen ihre königlichen Väter aufsässigen Herzöge von Schwaben vermischt hatte, die Geschichte Ernsts II., der sich gegen Konrad II., und die des Ludolf, der sich gegen Otto I. empörte. Die der Auflehnung folgende Verbannung giebt dann Gelegenheit das Lieblingsthema des Zeitalters der Kreuzzüge herbeizuziehen: Herzog Ernst kommt in den Orient, sieht dort allerlei Wunderdinge, wie sie in den geographisch-ethnographischen Überlieferungen des Mittelalters lebten und wie sie schon im Merigarto und im Alexander auftauchten, kämpft mit Ungetümen und mit Heiden und wird schliesslich von seinem Vater wieder in Gnaden aufgenommen. In Baiern hat sich die Ausbildung der Sage vollzogen; zum bairischen Herzog ist der Held geworden; ebendort sehen wir auch schon vor 1186 ein deutsches Gedicht dieses Inhalts verbreitet, vermutlich dasselbe welches, um 1175 entstanden, nur in unbedeutenden Fragmenten mittelfränkischer Mundart (Ernst A) auf uns gekommen ist. Es wird also auch der Herzog Ernst, wiederum wie der Rother, von einem rheinischen Dichter in Baiern verfasst worden sein; aber von einem Dichter anderer Art; denn die charakteristischen Merkmale der Spielmannspoesie, zu welcher man das Gedicht ohne Grund zu rechnen pflegt, sind in dem Stile der alten Bruchstücke durchaus nicht vertreten. In höfischen Kreisen sehen wir es von vornherein verbreitet, und zwei spätere, vollständige Bearbeitungen der alten Dichtung tragen das Gepräge höfischer Kunst. Die eine (B), nur in zwei Redaktionen des 15. Jahrhs. erhalten, wird wohl noch im Ausgange des 12. Jahrhs. in Baiern entstanden sein, die andere (D), welche deutlich den Einfluss Wolframscher Manier verrät, ist jedenfalls mehrere Jahrzehnte später, aber vor 1287 im bairischen Franken gedichtet.[1] Auch lateinisch wurde die beliebte Dichtung in Poesie (E) wie in Prosa (C) bearbeitet; aus der lateinischen Prosa ging das deutsche Volksbuch (F) hervor, welches ebenso wie ein im 14. Jahrh. verfasstes Spielmannslied (G) die Sage der Neuzeit übermittelte.

§ 9. Eine schmucklose, kräftige und etwas spröde, von ritterlichen Anschauungen beeinflusste Darstellungsweise, die sich volksmässig traditioneller Stilmittel bedient, aber weder den formelhaften Charakter und

[1] Diese letztere (D) hrsg. von v. d. Hagen, *Deutsche Gedichte des MA.* I Berlin 1808; dazu vgl. G. Voss, *Sage vom Herz. Ernst.* Progr. v. Buchsweiler 1886. F. Ahlgrimm, *Untersuchungen über die Gothaer Hs. des Herzog Ernst.* Diss. Kiel 1890. Zur Datierung PBB 2, 580 f. AfdA 15, 220 f. Nach Zwierzina hätte Ulrich von Eschenbach, dessen Bekanntschaft mit Ernst D hier erwiesen wird, diesen selbst verfasst: ZfdA 44, 289. Die anderen Texte bei Bartsch, *Herzog Ernst* Wien 1869, vgl. Germ. 19, 195. Arth. Fuckel, *Der Ernestus des Odo von Magdeburg und sein Verhältnis zu den übrigen älteren Bearbeitungen der Sage vom Herz. Ernst.* Marburg (Diss.) 1895. Ein Text des Spielmannsliedes auch PBB 4, 476.

die possenhaften Elemente der Spielmannspoesie annimmt, noch auch andrerseits geistliche Tendenzen hervortreten lässt — das ist das gemeinsame Kennzeichen der ältesten Bearbeitung des Herzog Ernst und einiger anderer Epen, die ebenso wie jene zum Vorlesen in ritterlichen Kreisen bestimmt waren. Welchem Stande ihre Verfasser auch angehören mochten, jedenfalls müssen wir in diesen Dichtungen die eigentlichen Anfänge einer höfischen Erzählungspoesie sehen, die sich von der Geistlichkeit emancipiert hat und doch teilweise die von dieser gebahnten Wege wandelt. Denn neben den aus nationaler Überlieferung stammenden und mehr oder weniger frei erweiterten Stoffen, liefert die von den Pfaffen Lamprecht und Konrad eingeführte französische Epik auch diesen weltlichen Dichtern die Vorlagen. Ein verlorenes französisches Gedicht, welches die sagenhaft umgestaltete Geschichte eines Grafen Hugo von Puiset behandelte, diente dem um 1172 in Thüringen verfassten, fragmentarisch überlieferten Epos vom *Grafen Rudolf*[1] wenigstens teilweise als Quelle. Bei den Erlebnissen dieses Helden im Morgenlande spielen neben den Kämpfen zwischen Christen und Heiden auch Liebesabenteuer schon eine hervorragende Rolle, und in ihrer Schilderung kommt die einfache Anmut der Erzählung am vorteilhaftesten zur Geltung.

Die Liebesgeschichte bildet jetzt einen wesentlichen Bestandteil, ja auch schon das eigentliche Thema des poetischen Romans; so in einem gleichfalls nur in Bruchstücken überlieferten niederfränkischen Gedichte vom *Floris* und der *Blancheflur*, einem Liebespaar, welches sich schon in der Kindheit zugethan ist, getrennt und, auf die härtesten Proben gestellt, seine Treue bewährt und schliesslich glücklich vereint wird.[2] Ein französisches Gedicht gab den Stoff her, den der deutsche Dichter (um 1170) frei, schlicht und knapp erzählte, allerlei schmückendes Beiwerk der Vorlage verschmähend.

Aber nicht nur eine bis in den Tod getreue, reine Liebe, auch die dämonisch verzehrende, des Rechtes und der Sitte spottende Leidenschaft findet ihre poetische Verherrlichung. Es ist der *Tristan* des Eilhart von Oberge, mit welchem die Vorstellung von der übernatürlichen, menschlichem Willen und menschlichem Gesetze überlegenen Gewalt der Minne zuerst ihren Einzug in die deutsche Dichtung hält. Die Sage hat diese Idee in jenem Zaubertranke versinnlicht, dessen Genuss Tristan und Isolden widerstandslos in eine Leidenschaft hineinzwingt, welche sie in Betrug und Ehebruch und schliesslich in den Untergang stürzt. Rein sinnlich bleibt auch die Auffassung dieses Motivs in allen Behandlungen des Stoffes: es ist eine völlig ausserhalb der Handelnden liegende Macht, die sie treibt, ein Zauber der sie selbst jeder Verantwortlichkeit überhebt. Dass Tristan das Ehebett seines Herrn und Oheims schändet, 'war keine Untreue' sagt Eilhart 'er that es ohne seinen eigenen Willen; der unselige Zaubertrank brachte ihn dazu.' Den psychologischen Konflikt zwischen Leidenschaft und Pflicht als tragisches Motiv zu verwerten, daran denkt keiner der Bearbeiter, am wenigsten Eilhart, der, von rein stofflichem Interesse geleitet, lediglich eine Reihe von Helden- und Liebesabenteuern nach seiner französischen Vorlage erzählen will. Diese, allmählich aus verschiedenen Elementen unter den Händen der Jongleurs entstanden, trug keinen streng einheitlichen Charakter; grossenteils stimmte sie mit

[1] Hrsg. von W. Grimm. 2. Aufl. Göttingen 1844. Zur Quelle vgl. AfdA 11, 129. ZfdA 30, 379. Zur Ordnung und Ergänzung der Bruchstücke PBB 18, 562.

[2] Hrsg. ZfdA 21, 307 vgl. Germ. 26, 64. Über die zahlreichen Bearbeitungen des Stoffes s. Germ. 29, 137.

der in Fragmenten vorliegenden Dichtung eines Anglonormannen Berol überein. Die anglonormannischen Beziehungen des Braunschweigischen Herzogshauses mögen dem Dichter zu der Quelle verholfen haben. Wenigstens erscheint Eilhart in einer Urkunde vom Juni 1189, der ersten, die seinen Namen bezeugt, neben seinem Vater unter den Dienstmannen Heinrichs des Löwen, später selbständig als Ministerial der Söhne Heinrichs, des Pfalzgrafen Heinrich und König Ottos. Zuletzt (zwischen 1209 und 1227) tritt er in Diensten des Grafen Siegfried von Blankenburg auf.[1] Seinen Tristan hat er bemerkenswerter Weise nicht in der niederdeutschen Mundart der hildesheimischen Gegend, aus der er stammte, sondern in mitteldeutschen Sprachformen gedichtet. Auf die ursprüngliche Fassung seines Werkes gehen nur einige alte Fragmente und eine tschechische Übersetzung zurück; aus den vollständig überlieferten späten Handschriften lässt sich nur eine Bearbeitung des Originales rekonstruieren, welche jedoch noch im 12. Jahrh. verfertigt wurde.[2] Im 15. Jahrh. löste man die Dichtung in Prosa auf.[3] — Eilharts Stil trägt entschieden die Kennzeichen jener ältesten höfischen Erzählungsart, zu deren Denkmälern wir daher den Tristan trotz der Unsicherheit seiner Datierung stellen; das volkstümliche Element tritt noch recht stark hervor; aber daneben ist schon eine gewisse Einwirkung der französischen Darstellungsweise zu bemerken, die sich am vorteilhaftesten im Dialog, in der dramatisch belebten, schnell wechselnden Rede und Gegenrede äussert.

ANFÄNGE DES MINNEGESANGES.

Die Erzeugnisse der mittelhochdeutschen Lyrik sind durch Sammelhandschriften besonders des 13.—14. Jahrhs. auf uns gekommen. Die wichtigsten sind: die kleinere *Heidelberger* Hs. (A), deren Hauptbestand noch im 13. Jahrh. geschrieben ist, abgedr. von Pfeiffer Lit. Ver. 9; die *Weingarten-Stuttgarter* Hs. (B) aus dem Anfange des 14. Jahrhs., abgedr. von Pfeiffer Lit. Ver. 5; und die bei weitem umfänglichste, noch viel reicher als B mit Bildern und Wappen der Dichter geschmückte grosse Heidelberger Hs. (C) aus dem 14. Jahrh., die, aus der Schweiz stammend, früher nach einem Züricher Ratsherrn Rüdiger Manesse, der mit seinem gleichnamigen Sohne gegen Ende des 13. Jahrhs. Liederbücher sammelte, die Manessische Hs. genannt wurde. C ist nicht ganz vollständig abgedruckt von Bodmer, *Minnesinger aus dem schwäbischen Zeitpunkte*. Zürich 1758—9. 2 Bände; Ergänzungen gab Benecke, *Beiträge* 1. Göttingen 1810; Vollständig: *Die grosse Heidelberger Liederhandschrift in getreuem Textabdruck* hrsg. von F. Pfaff. Heidelb. 1899 f. Facsimileprobe von Mathieu, *Minnesänger aus der Zeit der Hohenstaufen*. Leipzig 1866. Photolithographische Wiedergabe sämtlicher Abbildungen von Kraus, *Die Miniaturen der Manesseschen Liederhandschrift*. Strassburg 1887. *Die Wappen, Helmzierden und Standarten der grossen Heidelberger Liederhandschrift* hrsg. von A. Zangemeister Görlitz und Heidelb. 1892. Vgl. Öchelhäuser, *Die Miniaturen der Universitätsbibliothek zu Heidelberg*. T. 2. Heidelb. 1895. ZfdA 44, 197. Über die Einrichtung der Hs. und die Anordnung der Dichter: Germ. 26, 213. ZfGesch. d. Oberrheins N. F. 7, 542. Neue Heidelb. Jahrb. 4, 53. Alemannia 24, 98. ZfdA 39, 185. Zur Entstehung und Geschichte der Hs.: Westdeutsche Zeitschr. 7, 325. Neue Heidelb. Jahrb. 3, 1, 152. Deutscher Herold 29, 133 (vgl. Allg. Ztg. 1899, Beil. 73, 1). — Verhältnis der Haupthandschriften: W. Wisser, *Das Verhältnis der Minneliederhandschriften B und C zu ihrer gemeinsamen Quelle*, Eutin (Progr.) 1889; desgl. über A und C, ebenda 1895. Vgl. ZfdPh 24, 90. — Die grosse *Jenaer Liederhandschrift*, welche besonders Spruchdichter und spätere Minnesänger enthält, zeichnet sich durch Beigabe der Singweisen aus. *Die Jenaer Liederhs. photolithographisch nachgebildet mit Text* von K. K. Müller. Jena 1893. — Grösste Sammlung der Minnesinger: v. d. Hagen, *Minnesinger* (Bd. 1. 2 Hs. C, Bd. 3 Ergänzungen und

[1] ZfdA 42, 72. 195.

[2] Diese zusammen mit den alten Fragmenten hrsg. von Lichtenstein QF 19. — Übersetzung des tschechischen Tristan ZfdA 28, 261. — Zu E.s französischer Quelle vgl. Golther, *Die Sage v. Tristan u. Isolde* München 1887. Kap. 2. Romania 16, 288. 17, 603. — H. Felix, *Eilhart v. O. und Heinrich v. Veldeke*. Progr. Stendal 1895.

[3] Hrsg. von Pfaff Lit. Ver. 152; vgl. Germ. 30, 19.

Lesarten, Bd. 4 Biographisches und Sangweisen). Leipzig 1838. — Kritische Ausgabe aller Lyriker vor Walther in *Minnesangs Frühling* hrsg. von Lachmann und Haupt. 4. Aufl. Leipzig 1888 (zitiert als MF). Die dort zu den einzelnen Dichtern gegebenen Literaturnachweise werden hier nicht wiederholt. Auswahl von Liedern der ganzen mittelhochdeutschen Zeit von Bartsch, *Deutsche Liederdichter des 12.—14. Jahrhs.* 3. Aufl. (v. Golther) Stuttgart 1892. *Schweizer Minnesänger* hrsg. von Bartsch, Frauenfeld 1886. Fr. Pfaff, *Der Minnesang des 12.—14. Jahrhs.* Stuttg. (Kürschners Nationallit.) 1892. — Zur Geschichte der älteren Lyrik vgl. bes. Scherer, *Deutsche Studien* 1. 2. (aus den Wiener SB 64. 77). 1870. 1874; 2. Abdr. 1891. PBB 2, 406 ff. 7, 408—30. Burdach, *Reinmar und Walther* Leipzig 1880. Becker, *D. altheimische Minnegesang* Halle 1882. Wilmanns, *Leben Walthers v. d. Vogelweide.* Bonn 1882: Einleitung. A. Schönbach, *Die Anfänge des deutschen Minnesangs.* Graz 1898; Ders. *Die älteren Minnesinger (Beiträge z. Erklärung altdeutscher Dichtwerke I)* Wiener SB 141 (1899). E. Joseph, *Die Frühzeit des deutschen Minnesangs* I. QF 79, 1896. Zur Frage nach den volkstümlichen Grundlagen des Minnegesangs ZfdA 29, 121. ZfdPh 19, 440. Germ. 34, 1. 141. ZfdA 34, 146. ZfdPh 24, 166. Neuere urkundliche Nachweise zu den Minnesingern Germ. 32, 367 f. 411 f. 33, 47 f. 35, 302. 37, 150. Alemannia 22, 33—45. F. Grimme, *Geschichte der Minnesinger* Bd. 1. Paderborn 1892 (vgl. Literaturbl. 1897, 260). F. Mone, *Kritik der Wappen der Minnesinger aus Schwaben:* Schwäb. Diöcesanarchiv 13 u. 15 (1895 u. 97).

§ 10. Während sich so der französische Einfluss in der Epik des Niederrheins, Baierns und Mitteldeutschlands allmählich geltend macht, bleibt ihm Österreich noch verschlossen. Hier wird neben der geistlichen ausschliesslich die nationale Poesie gepflegt, und zugleich mit der höheren Ausbildung des epischen Heldenliedes vollzieht sich die Entwicklung einer ritterlichen Lyrik auf volkstümlicher Grundlage. Dass in Deutschland von altersher auch ein nichtepischer Volksgesang existierte, ist zweifellos. Lob-, Spott-, Scheltlieder und Improvisationen verschiedenster Art sind schon früh bezeugt; poetische Liebesgrüsse und Liebesbotschaften wurden übersandt; beim Tanze sang man Lieder, in denen die schöne Jahreszeit gefeiert wurde, die balladenartigen Inhalt haben konnten, denen aber auch das erotische Element nicht fehlte;[1] alles war in einfacher metrischer Form gedichtet, in kunstlosen Versen, einstrophig, die Tanzlieder auch in ungleichen Versgruppen; alles diente einem bestimmten Anlasse und einem bestimmten Zwecke; es war eine Gelegenheitsdichtung im eigentlichen Sinne.

Aus dieser Dichtungsgattung entwickelte sich jetzt eine Liebeslyrik als selbständige Kunstgattung, indem man dazu fortschritt, persönlichen Empfindungen aus dem Liebesleben einen dichterischen Ausdruck zu geben, welcher dazu angethan war, ein von der besonderen Gelegenheit unabhängiges, allgemein poetisches Interesse zu befriedigen und auch in dem persönlich unbeteiligten Hörer eine verwandte Stimmung anzuschlagen. Um die Mitte des 12. Jahrhs. sehen wir in Österreich unter den Händen des Ritterstandes diese Entwickelung sich vollziehen. Schon Heinrich von Melk bezieht sich auf die ritterlichen Liebeslieder (*trûtliet*) wie auf etwas ganz bekanntes, und ungefähr zu seiner Zeit dichtete der älteste Minnesänger, dessen Name uns überliefert ist, der Kürenberger, Angehöriger eines bei Linz oder bei Melk ansässigen ritterlichen Geschlechtes. Seine Lieder (MF II)[2] verraten in dem deutlichen Hervortreten der zu Grunde liegenden Anlässe und Situationen noch den Zusammenhang mit der alten Gelegenheitspoesie. Die Gattung der Liebesbotschaft ist mehrfach vertreten, und wie sie die Gelegenheit bietet, auch den Empfindungen der

[1] Das älteste Zeugnis für ein Tanzlied dieser Art s. Zf. Kirchengesch. 17, 151.

[2] Gegen die vor allem von Scherer wider Kürenbergs Autorschaft erhobenen Bedenken vgl. PBB 2, 406. ZfdPh 25, 408. Ferner Joseph, QF 79 (vgl. ZfdA 41, 373; Literaturbl. 1898, 259). Bühring, *Das Kürenberg-Liederbuch nach dem gegenwärtigen Stand der Forschung I.* Progr. Arnstadt 1900. Facsimile von Kürenbergs Liedern: Vogt und Koch, *Gesch. d. deutsch. Lit.* zu S. 86.

Frau Ausdruck zu leihen, so werden denn nach dieser Analogie auch andere, monologische Strophen der Liebenden in den Mund gelegt. Die Sehnsucht nach dem entfernten Geliebten, die Trauer über seine Entfremdung spricht sich dabei in so schlichter Naturwahrheit aus, dass man wirklich auf weibliche Autorschaft schliessen möchte, wenn nicht andere Sänger dieser Zeit in ganz gleichartigen Liedchen die Frau ausdrücklich erst redend einführten, und wenn nicht der Kürenberger selbst gelegentlich in der Darstellung weiblichen Empfindens doch deutlich die männliche Auffassung verriete. Der Dichter seinerseits tritt der Liebenden selbstbewusst und stolz, gelegentlich sogar abweisend gegenüber; aber auch wo er sie seiner Treue versichert, ihr seine herzliche Neigung bekennt, liegt ihm jede Unterordnung, jedes Schmachten und Werben fern: vom Minnedienste findet sich noch keine Spur. Hingebende Sehnsucht und ängstliche Sorge um das Bestehen der Liebe werden nur als Empfindungen des Weibes darstellt. Das gilt für Kürenbergs Lieder und für die älteste nationale ritterliche Lyrik überhaupt, wie sie uns noch in einigen anonymen Liedern (unter MF I), in zwei besonders schönen unter Dietmars von Eist Namen irrig überlieferten Strophen (MF 37, 4—29) und in den wenigen Liedern des Burggrafen von Regensburg (MF IV)[1] entgegentritt.

Dass diese kleinen Gedichte nicht mehr lediglich für den Verkehr zwischen den Liebenden bestimmt waren, wenn sie demselben auch die poetischen Motive verdankten, dass sie vielmehr vor einer grösseren Zuhörerschaft vorgetragen wurden, wird uns ausdrücklich bezeugt, wenn der Kürenberger sich selbst vorführt, wie er im Burghofe Abends vor versammelter Menge seinen Gesang erhebt. Dabei sind die poetischen Mittel in allen Liedern dieser Gattung noch sehr einfach, aber um so wirksamer. Die Empfindung wird nirgend analysiert oder ausführlich abgeschildert; sie wird mit wenigen, keineswegs erschöpfenden Worten ausgesprochen; oder eine bestimmte Situation, der sie entspringt, in der sie sich äussert, ein Bild, welches sie versinnlicht, wird lebendig vor Augen gestellt, sie selbst nur leise angedeutet; und so wird der Hörer überall zu selbstthätiger, ergänzender Mitempfindung angeregt. Schön wird in einzelnen anonymen Strophen die Grundstimmung in Parallele oder in Kontrast mit einem Naturbilde gesetzt. — In der metrischen Form berühren sich diese Lieder auf das engste mit der auch innerlich verwandten epischen Dichtung. Der Kürenberger bedient sich derselben Strophe wie das Nibelungenlied, andere gebrauchen den paarweis gereimten Vierhebungsvers, wiederum andere eine Strophenart, welche den Übergang zwischen diesen beiden Formen oder eine Weiterentwickelung der ersteren bezeichnet. Einstrophigkeit gilt fast durchgängig.

Zum grossen Teile gehören dieser Klasse auch die Lieder eines jüngeren Landsmannes des Kürnbergers, des Dietmar von Eist (MF VII) an, darunter eines welches in einem überaus schlicht und knapp gehaltenen Gespräche die Trennung zweier beim Anbruch des Tages durch den Gesang eines Vögeleins geweckten Liebenden behandelt, das älteste und einfachste Beispiel für eine später unter Einfluss der romanischen Lyrik reich entwickelte Dichtungsgattung, das Tagelied.[2] In andern Liedern Dietmars aber verraten sich neben der altnationalen Weise modernere

[1] Manfred Mayer, *Geschichte der Burggrafen von Regensburg*. Münchener Diss. 1883. ADB 27, 550. 28, 591.

[2] W. de Gruyter, *Das deutsche Tagelied* Diss. Leipz. 1887 (vgl. AfdA 16, 75). G. Schläger, *Studien über das Tagelied* Jena, Diss. 1895. Z. f. franz. Spr. u. Lit. 18, 183. Über Dietmar ZfdA 37, 419.

Vorstellungen und Empfindungen aus dem Kreise des ritterlichen Frauendienstes. Neben der entgegenkommenden Liebe des Weibes wird auch schon das Werben, Sehnen und Trauern des Mannes dargestellt, neben den schlichten Empfindungsausdruck tritt schon die Reflexion über die Minne und ihre Leiden, alles freilich noch in sehr einfacher Ausführung und ohne dass sich irgendwo bestimmter Anschluss an romanische Vorbilder nachweisen liesse, wie denn auch die metrische Form dieser Lieder trotz ihrer grösseren Mannigfaltigkeit aus den nationalen Grundtypen entwickelt werden kann. — In ähnlicher Weise wie bei Dietmar treten uns in Baiern und Schwaben aus der ritterlich-volksmässigen Lyrik die ersten Anfänge des Minnedienstes entgegen, dort in den Liedern des Burggrafen von Rietenburg (MF V), hier in denen des Meinloh von Sevelingen[1] eines bei Ulm ansässigen Ritters. Meinloh dichtete in ziemlich einfachen Metren volksmässigen Ursprunges einen Liedercyklus, in welchem die der Frau in den Mund gelegten Strophen noch ganz im alten Stile gehalten sind, während die des Mannes schon jene modernere Auffassung verraten und teilweise verstandesmässige Regeln für den freilich noch derb realistisch gefassten Minnedienst enthalten. Beide Richtungen der Lyrik können wir seit der Mitte des 12. Jahrhs. auch in Nordfrankreich verfolgen und die volkstümliche wie die von der Provence eindringende höfische zeigt dort Erscheinungen, welche dem deutschen Minnesang dieser Zeit verwandt sind.[2] Nachahmung französischer Muster aber lässt sich bei den deutschen Sängern erst in der Folgezeit nachweisen.

SPRUCHDICHTUNG.

§ 11. Die Liebeslyrik war und blieb in ihrer kunstmässigen Ausübung durchaus auf die ritterlichen Kreise beschränkt. Aber neben ihr wurde auch die alte Gattung des Schelt- und Lobliedes und des lehrhaften Spruches weiter ausgebildet, und deren Pfleger waren die bürgerlichen Fahrenden. Am Hofe jener Burggrafen von Regensburg, deren einen wir als Minnesänger kennen lernten, fand unter anderen Leuten dieses Gewerbes auch der älteste uns bekannte Spruchdichter zeitweilig freundliche Aufnahme. Herger werden wir ihn nach einer von ihm selbst gegebenen Andeutung nennen dürfen, während die handschriftliche Überlieferung seine Dichtungen einem 'Spervogel'[3] genannten jüngeren Kunstgenossen beilegt und teilweise noch Sprüche eines 'jungen Spervogel', des spätesten der drei, hineinmischt. Hergers Dichtungen (MF 25, 13—40, 33) lassen sich bis nach 1173 verfolgen. Das Lob seiner Gönner und persönliche Beziehungen anderer Art, Klagen vor allem über das schwere Schicksal des vom Alter gebeugten heimatlosen Spielmannes, bilden das Thema eines grossen Teiles seiner Strophen; andere bieten allgemeinere Sentenzen, eingekleidet in die Form der Parabel oder auch der Tierfabel, und wiederum andere behandeln geistliche Gegenstände; alle sind in ein und derselben Strophenform verfasst und in der Überlieferung zu einzelnen, durch den Inhalt bestimmten Cyklen gruppiert. Die auf sittlich religiöser Grundlage ruhende Lebensanschauung eines durch reiche Erfahrung gereiften Mannes wird mit der 'herben Einfachheit' der älteren Dichtungsweise zu an-

[1] MF II. ADB 34, 72.

[2] Vgl. Jeanroy, *Les origines de la poésie lyrique en France* 1889, der jedoch die Abhängigkeit der mittelhochdeutschen Lyrik von der französischen überschätzt.

[3] Scherer, *Deutsche Stud.* 1. PBB 2, 427. Der Germ. 28, 214 gemachte Versuch, auch die Herger-Strophen dem Spervogel zuzuweisen, scheint mir nicht geglückt. Ferner ZfdA 33, 98. 39, 1. Z. f. Gesch. d. Oberrheins NF 5 (1890), 75. PBB 15, 307. ADB 35, 139 (Röthe), Alemannia 23, 191.

sprechendem Ausdrucke gebracht, und jene verhüllte, mehr andeutende als ausführende Art ältester Liebeslieder kehrt hier in einer durch die lehrhafte Gattung bedingten Variation wieder: wird dort die Nachempfindung, so wird hier das Nachdenken der Zuhörer zur Ergänzung des Vernommenen angeregt, und die Pointe so manches Spruches wird nicht ausgesprochen, sondern sie bleibt zu erraten.

TIEREPOS.

§ 12. Die Tierfabel, bei Herger durch mehrere Sprüche und vor ihm bereits in der Kaiserchronik (Schröder 6854) durch ein Beispiel vertreten, war schon früh durch antike Tradition den germanischen Stämmen überliefert. Eine äsopische Fabel, dieselbe welche der Erzählung der Kaiserchronik zu Grunde lag, finden wir schon im 7. Jahrh. in selbständiger Fortbildung auf fränkischem Boden. Eine andere wurde im 8. Jahrh. am Hofe Karls des Grossen in lateinischen Versen behandelt: es war Äsopus' Erzählung vom kranken Löwen, den der Fuchs durch die Haut des Wolfes (oder des Bären) heilt; sie begegnet uns wieder ums Jahr 940 als Einlage in einem lateinischen Gedicht von der Flucht des Kalbes, der *Ecbasis captivi* (ed. Voigt QF 8), in welchem ein dem Kloster entronnener und wieder zugeführter lothringischer Mönch die eigenen Schicksale im Bilde des Tierepos erzählt; und weiter krystallisiert sich an sie eine Reihe anderer Tierfabeln und Tierschwänke, die teils an Äsop, vereinzelt an den Physiologus (vgl. § 13) anknüpfen, vielfach dem mündlich überlieferten internationalen Tiermärchenschatz entstammen. Wie der Kreis dieser Traditionen sich durch populäre Elemente bereicherte, zeigt auch die Individualisierung der Tiere durch deutsche Eigennamen, welche mindestens schon um 1100 und wahrscheinlich zuerst in Flandern erfolgte. Dort, und zwar vermutlich in Gent, wurde auch in den Jahren 1151—2 von einem Magister Nivardus, das älteste Epos vom Wolf und Fuchs in lateinischen Distichen verfasst, der *Ysengrinus*,[1] in welchem ausser der Geschichte vom kranken Löwen noch elf andere Tierschwänke erzählt werden, das Ganze mit überaus scharfen und treffenden Ausfällen auf Laster und Gebrechen des geistlichen Standes durchflochten. Daneben hatten sich dieser Stoffe auch schon die französischen Jongleurs bemächtigt, aus deren Dichtungen allmählich ein grosser epischer Cyklus erwuchs, welcher uns in den 27 Branches des *Roman de Renart*[2] vorliegt. Ein älterer Bestandteil dieser Sammlung bildete die Grundlage eines in der Ordnung der einzelnen Stücke wie durch die grössere Kürze vom Roman abweichenden Reinhart Fuchs, des ältesten deutschen Tierepos, welches Heinrich der Glîchezâre, ein elsässischer Dichter von Gewerbe, um 1180 verfasste. Nur ein geringer Teil dieses Werkes ist in seiner alten Gestalt auf uns gekommen; vollständig ist nur eine im 13. Jahrh. verfasste Bearbeitung desselben überliefert, welche sich jedoch wesentlich auf

[1] Hrsg. von Voigt, Halle 1884, vgl. L. Willems, *Étude sur l'Ysengrinus* Gand 1895, der das Gedicht mit Ausnahme des selbständigen 12. Stückes auf ältere literarische Fassungen der franz. *branches* zurückführen will. Der Isengrinus wurde früher, so auch von J. Grimm, *Reinardus* genannt. Das von Grimm Isengrinus genannte und in seinem *Reinhart Fuchs* S. 1 ff. herausgegebene Gedicht ist nicht, wie man bis auf Voigt glaubte, das ältere von beiden, sondern ein erheblich späterer Auszug aus dem längeren Isengrinus, ein '*Isengrinus abbreviatus*'. Über die Entwickelung des Tierepos aus der äsopischen Tierfabel im Gegensatze zu Grimms Annahme einer uralten epischen Tiersage vgl. bes. ZfdA 18, 1, doch ist daneben der Einfluss mündlich überlieferter Tiermärchen nicht zu leugnen: K. Krohn, *Bär und Fuchs*, übers. von Hackmann Helsingfors 1888; L. Sudre, *Les sources du roman de Renard* Paris 1893, vgl. Literaturbl. 1895, S. 15.

[2] Ed. Martin Strassburg 1882—7, 3 voll, und Supplém. *Observations sur le roman de Renart*.

Regelung der Verse und Einführung reiner Reime beschränkte.[1] Die Komposition des Gedichtes ist im Anfange, wo der Fuchs regelmässig als der von schwächeren Tieren betrogene Betrüger erscheint, eine sehr nachlässige. Besser gliedert sich dann weiterhin die Darstellung, indem sie von den Streichen, welche Reinhart dem Wolfe spielt, allmählich aufsteigt zu der geschlossenen Erzählung von jener Krankheit des Löwen, seiner Gerichtshaltung, Reinharts Vorladung und der auf Kosten aller seiner Widersacher durch ihn bewirkten Heilung des Königs, seines Wohlthäters, den der Treulose dann schliesslich doch noch vergiftet. Der Vortrag ist knapp und trocken; doch fehlt es neben Kürzungen auch nicht an selbständigen Zuthaten; Sprichworte und lokale Beziehungen, didaktische und satirische Ausführungen sind hin und wieder eingemischt; der deutsche Reinhart ist demnach keineswegs eine blosse Übersetzung.

PROSA.

§ 13. Im Gegensatze zur Poesie dieses Zeitraums bleibt die Prosa durchaus auf geistliche Stoffe beschränkt[2]; das Streben nach Popularisierung des Christentums kommt auch ihr zugute: ausser liturgischen Stücken in deutscher Sprache treten die ersten Aufzeichnungen deutscher Predigten zu Tage, und auch theologischen und asketischen Schriften wird allmählich eine gemeinverständlichere Form gegeben.

Auf dem Standpunkte Notkerscher Prosa steht noch die *Übersetzung und Erklärung des Hohenliedes*, welche der in der Wormser Gegend geborene, in Fulda ausgebildete Abt Williram von Ebersberg in Oberbaiern gegen 1063 verfasste.[3] Der geschickten Übertragung des Bibeltextes wird die hauptsächlich an den Kommentar des Haimo angelehnte allegorische Auslegung oder Paraphrase in jener Mischung von Latein und Deutsch eingeschaltet, wie sie Notker für die Klosterschule, Williram für weitere gelehrte Kreise als angemessen erachtete. Aber so grossen Anklang auch Willirams Arbeit fand, seine Sprachmengerei entsprach keineswegs sonderlich dem Geschmacke seiner oder wenigstens der nächstfolgenden Zeit, und wie man noch am Ende des 11. Jahrhs. Notkers Psalter einer Bearbeitung unterwarf, bei welcher man die lateinischen Worte seines Kommentars in deutsche verwandelte, so ersetzte man im 12. Jahrh. Willirams Werk durch eine vollständige und im eigentlichsten Sinne *deutsche Behandlung des Hohenliedes*, welche vollständig in einer Handschrift des alemannischen Benediktinerklosters *St. Trudpert* und daneben zu geringem Teile in einem älteren Fragmente überliefert ist.[4] Willirams Übersetzung ist dabei teilweise, sein Kommentar selten benutzt; vielmehr weicht die in flüssigstem und belebtestem Stile vorgetragene Auslegung schon in ihren Grundprinzipien ab. Die Liebe des Salomon zur Sulamith wird nicht allein wie bei Williram auf Christus und die

[1] Hrsg. von J. Grimm in *Reinhart Fuchs* Berlin 1834 und mit den alten Bruchstücken zusammen von Reissenberger (altdeutsche Textbibliothek 7) Halle 1886; vgl. PBB 16, 49. Über das Verhältnis zur Quelle vgl. auch Martin *Observations* S. 104 f. J. Lange, *Les rapports du roman de Renard au poème allemand.* Progr. Neumark 1888, Fortsetzung (deutsch) 1889 (vgl. Literaturbl. 1890, 78); Z. f. rom. Philol. 15, 125 etc. 16, 1. H. Büttner *Der Reinhart F. und seine franz. Quelle* Strassb. 1898 (vgl. Literaturbl. 1892, 156).

[2] Eine *schwäbische Trauformel* und einen *Erfurter Judeneid* (MSD 99—100) vor 1180 zu setzen, liegt kein Grund vor.

[3] Hrsg. von Seemüller QF 28; daselbst weitere Literaturnachweise. Vgl. ZfdPh 10, 214.

[4] *Das hohe Lied, übers. von Willeram, erklärt von Rilindis und Herrat, Äbtissinnen zu Hohenburg im Elsass* hrsg. von J. Haupt. Wien 1864. Die dort aufgestellten, teilweise auch von Scherer vertretenen Vermutungen über die Entstehung des Werkes bestätigen sich nicht, vgl. PBB 3, 491. — Das Fragment ZfdPh 9, 420.

Kirche, sondern auch vor allem auf die Beziehung des heil. Geistes zur Jungfrau Maria, und auf Gottes Verhältnis zur menschlichen Seele gedeutet. Die Seelen, welche Gott lieben und zu ihm hinstreben, sind seine Bräute; dieses Buch aber sollen jene Bräute des allmächtigen Gottes haben als einen Spiegel, in welchem sie sehen, wie sie ihrem himmlischen Gemahle gefallen mögen, der sie zu allen Zeiten mit holden Augen anschaut.[1]

Ein weit weniger ansprechendes, aber im Mittelalter sehr beliebtes und verbreites Erzeugnis allegorischer Auslegung ist der *Physiologus*, welcher die wunderlichen Eigenschaften gewisser Tiere teils nach Andeutungen der Bibel, teils nach antiker Tradition schildert und ihnen sinnbildliche Beziehungen auf Christus, auf den Menschen und auf den Teufel beigiebt. Schon vor 140 n. Chr. in griechischer Sprache verfasst, fand das Werk früh in die orientalischen, später, durch lateinische Redaktionen vermittelt, auch in die abendländischen Literaturen Eingang, und selbst in der bildenden Kunst des Mittelalters hat es zahlreiche Spuren hinterlassen.[2] Ins Deutsche wurde es aus ein und derselben lateinischen Fassung zunächst im 11. Jahrh. von zwei alemannischen Übersetzern unvollständig,[3] dann im 12. Jahrh. von einem Österreicher vollständig übertragen[4] und letzterer Text wurde bald darauf gleichfalls in Österreich mit geringen Änderungen in mangelhafte Reime gebracht.[5]

Diese oberflächliche Bearbeitung zeigt, wie leicht sich auch ein Prosatext nach dem überaus dehnbaren Versschema jener Zeit lesen liess; das wesentlichste Kennzeichen poetischer Form war immer der Reim. So wird man nicht annehmen, dass bei einer reimlosen, der Zeit und Gegend von Ezzos Anegenge angehörigen Schilderung von *Himmel und Hölle* die Gliederung in vierhebige Verse, welche MSD XXX ohne grosse Textänderungen durchgeführt werden konnte, wirklich beabsichtigt gewesen sei, und die schwungvolle, glänzend bilderreiche Darstellung dieses merkwürdigen Stückes wird ebenso wie die in der That ziemlich ebenmässige Gliederung seiner Satzkola am wahrscheinlichsten darauf zurückzuführen sein, dass es, wie Kelle (LG, S. 50) annimmt, Übersetzung eines lateinischen Hymnus ist. Ob es etwa für den öffentlichen Vortrag in der Kirche bestimmt war, kann man nicht wissen; überliefert ist es im Zusammenhange mit einem jedenfalls für diesen Zweck abgefassten liturgischen Texte, einem Bamberger Glaubens- und Sündenbekenntnisse. Denn die Liturgie wurde zum Teil deutsch gehalten; alemannische, bairische und bairisch-fränkische Handschriften des 11. und 12. Jahrhs. überliefern in deutscher Sprache *Glauben und Beichte*, beides in kürzerer oder ausführlicherer Fassung, beides allein oder in Verbindung mit der Absolution, mit einem allgemeinen Kirchengebete, mit dem Vaterunser, mit Einleitungen und Zwischenstücken, alles für den gottesdienstlichen Gebrauch (MSD 87—97. Piper, Notker 3 IV f. 389 f.). Im Stile dieser Denkmäler zeigen sich Abstufungen von der sklavisch latinisierenden Übersetzung bis zu völlig freier und gewandter Handhabung der Sprache in der Erörterung schwieriger dogmatischer und mannigfach nuancierter ethischer Begriffe. — Das Gebet, teilweise ein Bestandteil dieser deutschen Liturgie, kommt daneben auch in selbständiger Form vor, aber doch nicht ganz ohne Beziehung auf den Gottesdienst:

[1] Dies nach Honorius, speculum ecclesiae (Migne Patrol. T. 172) col. 815—6.

[2] F. Lauchert, *Geschichte des Physiologus*. Strassb. 1889.

[3] MSD LXXXII.

[4] Zwischen Wiener Genesis und Exodus überliefert: Hoffmann, *Fundgruben* 1, 22. Lauchert S. 280.

[5] Zwischen Milstätter Genesis und Exod. überliefert: Karajan, *Sprachdenkm.* S. 71. — Über das Verhältnis der drei Texte untereinander und zur Quelle s. PBB 11, 310.

ein *Klosterneuburger Gebet* (MSD LXXXIV) berührt sich mit den auf die Beichte folgenden Bitten, drei *Gräzer Gebete* (Diemer d. Ged. S. 379) sind vor und nach dem Genusse des Abendmahles zu sprechen, während in dem nach 1067 verfassten *Gebete* des Regensburger Mönches Otloh (MSD LXXXIII) das Schema der Litanei durchblickt.

Die öffentliche Hersagung der erwähnten deutschen Glaubens- und Beichtformeln erfolgte durch den Priester unmittelbar nach der Predigt. Einen notwendigen Bestandteil des sonntäglichen Gottesdienstes bildete freilich die letztere noch nicht, aber die Bischöfe pflegten sie schon im 10. und 11. Jahrh. eifrig, und seit dem Ende des 11. Jahrhs. nahm sich auch die Pfarrgeistlichkeit mehr ihrer an. Muster und Stoff gaben meist lateinische Homiliarien her, obwohl vor der Gemeinde deutsch gepredigt wurde, und nach und nach tauchen neben den lateinischen Sammlungen auch deutsche auf.[1] Noch aus dem 11. Jahrh. sind uns einige Bruchstücke von solchen überliefert, die bedeutendsten aus dem Kloster Wessobrunn in Baiern,[2] von den Monseer Fragmenten abgesehen die ältesten Predigten in deutscher Sprache; sie lehnen sich eng an lateinische Vorbilder, besonders an Homilien Gregors des Grossen. Im 12. Jahrh. werden die deutschen Predigtbücher häufiger, aber sie bleiben abhängig von lateinischen Mustern. Viel benutzt wurde ein homiletisches Hilfsbuch, welches Honorius von Autun (1. Hälfte des 12. Jahrhs.) unter reichlicher Verwertung patristischer Quellen zusammenstellte und als ein *speculum ecclesiae* bezeichnete, ein Titel der dann auch einer Benedictbeurer, wahrscheinlich in Alemannien entstandenen Sammlung deutscher Predigten von ihrem Herausgeber beigelegt wurde, weil sie ein deutsches Seitenstück zu dem lateinischen Werke des Honorius bildete.[3] Die Homilien des Honorius selbst wurden darin nur stellenweise und neben verschiedenen anderen Vorlagen ausgebeutet. Je nach den verschiedenen äusseren Umständen, unter denen der Prediger zu sprechen hat, werden ihm, einer Anweisung des Honorius entsprechend, ganz kurze Ansprachen oder ausführliche Reden als Muster vorgelegt, letztere teilweise blosse Übersetzungen; besonders werden berühmte französische Prediger aus dem Anfange des 12. Jahrhunderts stark benutzt; unter den alten Vorbildern steht wieder Gregorius Magnus im Vordergrunde.

Auf eine Homilie desselben geht auch ein kleineres Denkmal des 11. Jahrhs. zurück, dessen Inhalt besser durch den Titel *biblische Vorbilder* als durch den ZfdA 2, 811 MSD 85 (Piper, Notker III, 414) gewählten *geistliche Ratschläge* bezeichet wird: Persönlichkeiten des alten und neuen Testamentes werden als vorbildliche Vertreter der einzelnen christlichen Tugenden und geistlichen Gaben hingestellt. — Eine ausführlichere

[1] Cruel, *Geschichte der deutschen Predigt im Mittelalter.* Detmold 1879. Linsenmayer, *Geschichte der Predigt in Deutschland von Karl d. Gr. bis zum Ausgange des 14. Jahrhs.* München 1886. F. R. Albert, *Die Geschichte der Predigt in Deutschland bis auf Luther*, Bd. 1—3. Gütersloh 1892/6. — Wackernagel, *Altdeutsche Predigten und Gebete.* Basel 1876. AfdA 2, 215.

[2] MSD LXXXVI[a]. — Ob die ZfdA 23, 345 f. und ebenda 15, 439 f. herausgegebenen Fragmente zweier Predigthandschriften des 12. Jahrhs. wirklich aus einer dem 11. Jahrh. angehörigen Vorlage stammen, wie J. Haupt vermutet, scheint zweifelhaft.

[3] *Speculum ecclesiae altdeutsch* hrsg. von Kelle. München 1858. Über die Quellen: Schönbach, Wiener SB 135 (1896). Andere deutsche Predigtsammlungen des 12. Jahrhs. s. in Riegers bis z. J. 1250 gehendem Verzeichnisse bei Wackernagel a. a. O. S. 331 Anm. Eine genauere chronologische Bestimmung der einzelnen Sammlungen des 12. Jahrhs. fehlt noch; vgl. bes. AfdA 7, 182. Sammlung der deutschen Predigten des 12. und 13. Jahrhunderts bis auf Berthold von Regensburg hrsg. von Schönbach, *Altdeutsche Predigten*, Bd. 1—3 Graz 1886—91. Einzelnes ZfdPh 27, 148. 30, 186.

Tugendlehre wird in einer freien und fliessenden, hie und da mit Reimen geschmückten *Übersetzung eines Teiles des Tractatus de virtutibus*[1] geboten, welchen der berühmte Prediger und Stifter des Prämonstratenser Ordens Erzbischof Nortpert von Magdeburg († 1134) verfasst hatte. Wie die beiden letztgenannten Schriften der privaten Erbauung dienten, so wird auch eine in Bruchstücken überlieferte *Evangelienübersetzung*[2] aus dem Ende des 11. Jahrhs. eher für diesen Zweck als für die kirchlichen Lektionen bestimmt gewesen sein.

Mannigfaltig sind die Berührungen dieser geistlichen Prosa mit der gleichzeitigen Dichtung. Sie beschränken sich nicht auf jene Einwirkungen, welche die Dichtung namentlich von der Predigt und Liturgie erfuhr, auch umgekehrt hat sich die Prosa dem Einflusse der Poesie nicht entzogen. Anklänge an deutsche geistliche Dichtungen der Zeit sind in einzelnen Predigten nachgewiesen (AfdA 2, 215), und selbst der poetischen Form sehen wir stellenweise die Prosa sich nähern. Aber dem Inhalt nach diente die Prosa ausschliesslich praktischen Zwecken, und sie sollte noch lange in diese engen Grenzen eingeschränkt bleiben.

II. PERIODE. VON 1180 BIS UM 1300. HERRSCHAFT DER RITTERLICHEN DICHTUNG.

§ 14. Schon seit der ersten Hälfte des 12. Jhrhs. verrieten sich hin und wieder in der Literatur die Spuren eines aufblühenden Rittertumes, welches, von den geistlichen Dichtern in seinen Ansprüchen und Anschauungen hier bekämpft, dort anerkannt und berücksichtigt, schliesslich selbständig in die literarische Bewegung eingriff. Das deutsche Rittertum war allmählich zur thätigen Teilnahme am geistigen Leben der Zeit herangereift. Seit den Kreuzzügen konnte die Kirche nicht mehr als die ausschliessliche Vertreterin idealer Interessen gelten, denn zur Verwirklichung ihrer kühnsten Pläne hatte sie sich auf die Ritterschaft angewiesen gesehen. Der Verfechtung und Verbreitung göttlicher Wahrheit diente das Schwert des Ritters jetzt so gut wie das Wort des Priesters, und auf die himmlische Krone verschaffte der Kampf gegen die Ungläubigen nicht schlechteren Anspruch als geistliche Bussübungen. So war das Waffenhandwerk durch höhere Ziele selbst emporgehoben, und es bildete sich ein ritterliches Standesbewusstsein und Standesideal, welches als eine selbständige geistige Macht auch auf dem Gebiete der Dichtung Geltung und künstlerischen Ausdruck zu gewinnen suchte.

Frankreich war in dieser Beziehung vorangegangen. Erst am zweiten Kreuzzuge hatte sich auch die deutsche Ritterschaft in grosser Masse beteiligt, und erst längere Zeit nach ihm sahen wir in Deutschland die ersten ritterlichen Dichter auftreten. Bald übernimmt nun das Rittertum die literarische Führerschaft, und die Bildungselemente, welche es von den französischen Nachbarn aufgenommen hat, gewinnen für die deutsche Dichtung massgebende Bedeutung. Die Hebung jenes Standes hatte sich in Frankreich äusserlich vor allem in einer Verfeinerung seiner Lebensformen bethätigt, welche von den Deutschen bald als Muster guter Sitte angestaunt und nachgeahmt wurde. Nicht Mut und Kriegstüchtigkeit allein, auch ein elegantes Äussere, Feinheit und Anstand der Bewegungen, gewandtes Benehmen beim Waffenspiele wie in der Gesellschaft, im Verkehr mit den Frauen wurde jetzt vom Ritter verlangt. Die Damen ihrer-

[1] Hrsg. Diutisca 1, 281.
[2] Münchener SB 1869 I, 549; Germ. 14, 440 vgl. ZfdPh 14, 257.

seits sollten die Ritter durch zierliche Anmut an sich zu fesseln und doch wieder durch Mässigung und Besonnenheit in Schranken zu halten wissen; sie vor allem sollten die Bewahrerinnen und Pflegerinnen der obersten höfischen Lebensnorm, des guten Tones sein. In der Auffassung bedeutenderer Naturen erweitert und vertieft sich dies Gesetz des guten Tones zu einem Ideale weisen Masshaltens in allem Handeln und in allen Affekten. Verständig anmutige Veredelung weltfrohen Geniessens schwebt den einen, harmonische Verschmelzung ritterlichen und christlichen Strebens schwebt den andern als Lebensziel vor. Aber in den breiten Schichten des Standes bleibt doch die höfische Bildung eine lediglich formale. Der Sinn für die gefällige, wohlanständige Form ist es, der überall durch den romanischen Einfluss geweckt wird; und dieser ausgebildetere Formensinn kommt nun wie dem gesellschaftlichen Leben so auch der Dichtung zu gute. Aus Frankreich eingeführte poetische Romane, in deren Helden und Heldinnen sich die Ideale höfischer Sitte verkörpern, werden in einer so gewandten und zierlichen Sprache, in so flüssigen und wohllautenden Versen bearbeitet, wie sie die deutsche Dichtung bis dahin noch zu keiner Zeit gekannt hatte. Regelmässiger Versbau und reiner Reim wird endlich zum allgemeingültigen Gesetz, und kunstvolle Strophenformen finden Eingang in die Lyrik, welche auch inhaltlich durch den modernen höfischen Ton des Verkehrs zwischen Ritter und Dame, durch den Frauendienst nach französisch-provenzalischem Muster umgestaltet wird.

Vom Mittel- und Niederrhein geht im 12. Jahrh. die neue Richtung aus, aber sie verliert dort schnell ihr Heim, während sie sich das übrige mittlere und das obere Deutschland erobert. Der thüringische Hof wird unter dem Landgrafen Hermann zunächst eine Hauptpflegestätte der aufblühenden Kunst, mehr noch der epischen als der lyrischen, während diese besonders bei den Hohenstaufen und den österreichischen Herzögen Gunst und Förderung findet: Heinrich VI. und Konradin haben selbst Minnelieder gedichtet; Philipp von Schwaben, Friedrich II., Heinrich VII., Konrad IV. und Manfred lernen wir als Gönner der Sänger kennen, nicht minder die Babenberger Friedrich I., Leopold VII. und Friedrich II. Den auf alemannischem Boden am kunstvollsten behandelten französischen Erzählungsstoffen verschliessen sich die österreichischen Länder am längsten. Statt dessen unternimmt man es hier zunächst die nationalen epischen Lieder zu ausführlichen erzählenden Dichtungen zu verarbeiten, und den grossartigen Schöpfungen der deutschen Heldensage wird damit endlich die literarische Überlieferung gesichert. Mächtig überragen ihre Charaktere und Motive die grosse Masse der französischen Abenteuerromane, und die Form, welche man diesen nationalen Stoffen giebt, entspricht metrisch den gesteigerten Anforderungen der Kunst nicht minder als die der höfischen Epen; aber man sucht sie auch durch allerlei weitere Zugeständnisse an den modernen Geschmack hoffähig zu machen, ohne doch eine innerliche Durchdringung höfischer und volksmässiger Darstellungsweise zu erzielen, und es gelingt nicht einen einheitlichen und festen Kunststil der nationalen Epopoeie zu schaffen. Bald wendet sich auch in Oesterreich das Interesse der Gebildeten dem französierenden Romane zu; die Volksepik fällt Dichtern niederen Schlages anheim, unter deren geringem Kunstsinn sie mehr und mehr verkümmert. Aber auch die höfische Dichtung geht bei höchster Formtechnik doch schliesslich an ihrer Entfremdung vom nationalen Wesen und wirklichen Leben zu Grunde. Dieser Widerspruch mit der Wirklichkeit tritt um so schärfer hervor, je mehr das Rittertum seinen Idealen untreu wird, je mehr, namentlich in der friedlosen Zeit des Interregnums, die feine höfische Sitte in der Verrohung des Standes wieder untergeht. Die geistigen Interessen beginnen in diesen Kreisen zu schwinden, und bürgerliche Dichter suchen sich der Traditionen ritterlicher Kunst zu bemächtigen.

DAS HÖFISCHE EPOS BIS AUF GOTTFRIED VON STRASSBURG.

§ 15. Als den Vater der kunstgerechten, ritterlichen Poesie verehrten höfische Dichter des 13. Jahrhs. den Heinrich von Veldeke. Den moderneren Ton der höfischen Erzählung und die strenge metrische Form fand man bei ihm zuerst ausgebildet, und dass von ihm die neue Kunstform auf die späteren übergegangen, dass damit durch ihn eine neue Epoche der deutschen Dichtung heraufgeführt sei, war der Folgezeit eine geläufige Vorstellung. Die Leistungen seiner Vorgänger gerieten vor den seinigen in Missachtung oder Vergessenheit, soviel er auch selbst ihnen zu verdanken hatte.

Einem in der Nähe von Mastricht angesessenen ritterlichen Geschlecht entstammt, war Heinrich in einer durch französische Kultur besonders stark beeinflussten Umgebung aufgewachsen. Aber er hatte auch eine gelehrte Bildung genossen und war vielleicht ursprünglich für den geistlichen Beruf bestimmt gewesen. So wählte er denn einen geistlichen Stoff für den ersten dichterischen Versuch, den wir von ihm kennen, die Legende des in Mastricht besonders verehrten heiligen Servatius, welche er etwa um 1170 auf Anregung einer Gräfin von Los nach lateinischer Quelle bearbeitete.[1] Biblische Sage in weltlicher Ausbildung wird ein verlorenes Gedicht von Salomons Liebesleiden enthalten haben, an welchem eine glänzende Schilderung des im Hohenliede erwähnten Bettes des Salomon bewundert wurde.[2] Durchschlagenden Erfolg aber errangen sich erst seine rein weltlichen, unter französischem Einfluss entstandenen und von ritterlichen Anschauungen getragenen Dichtungen: seine Minnelieder (§ 79) und vor allem sein eigentliches Lebenswerk, die *Eneide.*[3]

Nicht gar lange nach dem Servatius wird Heinrich die Eneide begonnen haben. Als er das Gedicht zum grössten Teile vollendet und seiner Gönnerin, einer Gräfin von Cleve, mitgeteilt hatte, wurde es ihm bei deren Hochzeit mit dem Landgrafen Ludwig von Thüringen entwendet. Neun Jahre musste er es missen, bis er selbst nach Thüringen kam und dort das ihm wieder zugestellte Werk auf das Geheiss des damaligen Pfalzgrafen Hermann, des vielgepriesenen Mäcen, zu Ende führte. Das geschah vor 1190, wo Hermann seinem Bruder Ludwig in der Landgrafenwürde folgte, aber längere Zeit nach dem Jahre 1184, wo Heinrich zu Mainz jenem grossartigen, vom Kaiser Friedrich bei der Schwertleite seiner Söhne veranstalteten pfingstlichen Hoffeste beigewohnt hatte, in welchem man das frisch emporgeblühte deutsche Rittertum zum erstenmale seinen vollen Glanz entfalten sah, und welches der Dichter gegen Ende des Werkes mit begeisterten Ausdrücken preist. — Nicht Virgils Aeneis, sondern der gereimte Eneasroman eines unbekannten Franzosen[4] bildete Heinrichs Quelle, eine Umgestaltung der antiken Dichtung im Geiste der Romantik. Im Kostüm des 12. Jahrhs. erscheinen hier Virgils Helden und Heldinnen; in ritterlicher Ausrüstung und nach ritterlichem Brauche werden die Kämpfe ausgefochten; höfische

[1] Nach einer Hs. des 15. Jahrhs. hrsg. von Bormans. Mastricht 1858. Geringe Bruchstücke einer Hs. des 12. Jahrhs. ZfdA 27, 146. 34, 218.
[2] Moriz von Crâûn (vgl. § 16) 1156 ff.
[3] Hrsg. von Behaghel Heilbronn 1882, daselbst weitere Literaturnachweise.
[4] *Eneas*, publ. p. Salverda de Grave Halle 1891.

Galanterie beherrscht die Liebesscenen, Venus wird zur Frau Minne, und ihre verzehrende Gewalt zu schildern bieten die Dido- und Lavinia-Episoden eine willkommene und nach allen Richtungen hin ausgenutzte Gelegenheit. In alledem folgt Heinrich seinem Vorbilde treulich, aber nicht sklavisch. Er scheut sich nicht manches, was ihn unwahrscheinlich oder überflüssig dünkt, auszuscheiden. Hie und da sucht er Motivierung und Folge der Handlung zu bessern und in weiterer Ausführung von Situationen und Seelenzuständen der Hauptpersonen das Original zu überbieten. Virgil, Ovid und Statius scheint er zu kennen, ohne dass doch durch ihre gelegentliche Benutzung der mittelalterliche Charakter seiner Erzählung irgendwie alteriert würde; weit mehr macht sich noch der Einfluss der volksmässigen Dichtung in seinem Stile geltend, aber den Grundton der Darstellung giebt trotzdem eine exklusiv höfische Anschauungsweise und Geschmacksrichtung an. Wenn es ihm auch keineswegs gelang, diese zu einem künstlerisch vollendeten Ausdruck zu bringen, wenn auch seine Darstellung vielfach an Unbeholfenheit und Weitschweifigkeit leidet, so übertraf er doch in der Schilderung von allerlei höfischer Pracht und Herrlichkeit, in der Ausführung artiger Dialoge, der Ausmalung der Herzensleiden minnesiecher Helden und Heldinnen die älteren Dichter nicht weniger als in der metrischen Technik. Daher erschien er den jüngeren als ein nachahmenswertes Beispiel. Aber von den bedeutenderen unter ihnen wurde er bald überholt.

Obwohl seiner Heimat nach mehr Niederländer als Norddeutscher hat doch Heinrich von Veldeke in seinen erzählenden Gedichten, vor allem der Eneide, aus seiner Mastrichter Mundart möglichst ferngehalten was im inneren Deutschland unverständlich oder im Reime anstössig gewesen wäre.[1] Aus deutscher Kunsttradition schöpfte er, nach Deutschland führten ihn seine persönlichen Beziehungen, in Deutschland wurde seine Dichtung verbreitet und nur dort hat sie literarisch fortgewirkt.

§ 16. Die Aeneis wurde von Heinrich von Veldeke ebenso wie von seinem Gewährsmanne als Fortsetzung des *trojanischen Krieges* aufgefasst, und so bemühte sich der für Heinrichs Werk so interessierte Landgraf Hermann auch den ersten Teil jener antiken Sagengruppe der deutschen Dichtung zuzuführen. Ein Graf von Leiningen verschaffte ihm eine französische Bearbeitung des grossen trojanischen Kreises, den *Roman de Troie* des Benoît von St. More, und ein junger hessischer Gelehrter, Herbort von Fritslar, wurde beauftragt das Werk in deutsche Verse zu bringen (1190—1217).[3] Benoîts Quelle war eine lateinische, dem Cornelius Nepos untergeschobene Erzählung *vom Untergange Trojas*, die sich als Übersetzung eines vom Phryger Dares verfassten authentischen Berichtes ausgab; daneben hatte er für den letzten Teil seines Werkes ein angeblich aus den Aufzeichnungen des Kretensers Dictys von einem Lucius Septimius ins Lateinische übersetztes *Tagebuch des trojanischen Krieges* benutzt[4] und das Ganze wieder in die Form eines echt ritterlichen Romans gegossen. Herbort kürzt denselben erheblich und gestattet sich auch einige selbständige Änderungen, teilweise zu Gunsten einer idealeren Auffassung von

[1] Karl Kraus, *Heinrich von Veldeke und die mittelhochdeutsche Dichtersprache* Halle 1899.

[2] Hrsg. von Joly, *Benoist de Ste. More et le roman de Troie* Paris 1870.

[3] Herborts von Fritslâr *liet von Troye* hrsg. von Frommann. Quedlinb.-Leipz. 1837.

[4] Körting, *Dictys u. Dares* Halle 1874. Dunger, *Die Sage vom trojan. Kriege.* Leip. 1869.

Treue und Heldenehre als er sie in der Quelle vorfand.[1] Sonst strebt er nach realistischer Darstellung und gerät dabei hie und da über die Grenzen nicht allein des höfischen sondern auch des guten Geschmacks hinaus. Von seiner eigenen Kunst denkt er bescheiden, eher thut er sich etwas auf seine gelehrte Bildung zugute, die er auch in ein paar klassischen Reminiszenzen durchblicken lässt, die aber auch ihn nicht hindert, den Stoff ganz im Tone der romantischen Liebes- und Heldengeschichte vorzutragen, wie sein Vorbild Heinrich von Veldeke, auf dessen Eneide er verweist.

Das Gefallen, welches Hermann von Thüringen an antiken Sagenstoffen fand, wird auch nicht ohne Einfluss auf die Entstehung einer poetischen Bearbeitung von *Ovids Metamorphosen* gewesen sein, deren Verfasser, Albrecht von Halberstadt, scholasticus des thüringischen Klosters Jechaburg (als solcher urkundl. 1217/8), den berühmten Landgrafen mit sichtlichem Stolze als seinen Landesherrn nennt. Albrechts im Jahre 1210 begonnene Dichtung schliesst sich ohne französische Vermittelung direkt dem Ovid an und bewahrt dementsprechend den antiken Charakter mehr als Eneide und Trojanerkrieg, aber den Anschauungen seiner Zeit trägt doch auch er Rechnung. Durchaus Fremdartiges — darunter auch manches abgeschmackte Ovidische Gleichnis — lässt er fort; anderes bequemt er nicht ohne Geschick mittelalterlichen Verhältnissen an, so dass er selbst einzelne antik-mythologische Begriffe in Vorstellungen des heimischen Volksglaubens umsetzt, und hie und da versucht er eine freier ausgeführte Schilderung im Tone höfischer Liebespoesie; einzelne andere Zusätze verraten deutlich den Einfluss von Heinrichs Eneide. Bei alledem war die klassische Dichtung doch noch nicht genügend modernisiert, um den Beifall der Zeitgenossen zu finden. Albrechts Werk geriet bald in Vergessenheit, und erst die Bemühungen des 16. Jahrhs. um die Popularisierung der wiederauferstandenen Klassiker brachten auch den alten mitteldeutschen Ovid wieder ans Licht. Jörg Wickram von Kolmar liess ihn in einer recht freien und recht schlechten kürzenden Neubearbeitung i. J. 1545 drucken, aus welcher das Original nicht mehr herzustellen ist. Nur der Prolog, den er unverändert liess, und zwei Bruchstücke einer alten Handschrift lassen noch die ursprüngliche Gestalt der Dichtung erkennen.[2]

Aber die durch Veldekes Beispiel angeregte und beeinflusste höfische Epik Mitteldeutschlands beschränkte sich nicht auf die seiner Eneide verwandten Stoffe. Nur mit griechisch-römischen Namen ausstaffiert ist ein vielleicht aus verlorener byzantinischer Quelle stammender Abenteuerroman aus dem grossen Kreise der Freundschaftssagen, den etwa zu derselben Zeit wie Albrecht ein westmitteldeutscher Dichter nach französischer Vorlage verfasste. Diese nur in Bruchstücken überlieferte Erzählung von *Athis und Prophilias*[3] bekundet durch gewandte, glatte und ansprechende Darstellung einen entschiedenen Fortschritt gegen Albrecht und Herbort. Bildete der unter dem Namen eines Alexandre überlieferte

[1] Frommann Germ. 2. — Clem. Fischer, *Der Roman de Troie als Vorbild f. d. mhd. Trojadichtungen* Marb. 1883. Diss. — Greif, *Die mal. Bearbeitungen der Trojanersage.* Marb. 1888 (= *Ausgg. u. Abhh. a. d. Geb. der roman. Phil.* 61). W. Reuss, *Die dichterische Persönlichkeit Herborts von Fritzlar.* Giessen 1896 (Diss.).

[2] Erstes Fragment ZfdA 10, 360. — Bartsch, *Albrecht v. H. u. Ovid im MA.* Quedlinb. 1861. Dass B. hier mit dem Versuche grosse Partieen der alten Dichtung herzustellen doch Unmögliches unternommen hatte, zeigte die spätere Auffindung des zweiten, Germ. 10, 237 abgedruckten Fragmentes.

[3] Hrsg. und untersucht von W. Grimm, *Kl. Schrr.* 3, 212—366.

Roman d'Athis[1] die Vorlage, so hat der deutsche Dichter sie mit grösster Freiheit benutzt und namentlich seelische Vorgänge in selbständigen Ausführungen zu lebendigem Ausdrucke zu bringen gesucht.

In einfacherer, schmuckloserer Weise erzählte ein mittelfränkischer Dichter (um 1200?) nach einer unbekannten Chanson de Geste ein Stück der Karlssage, die Geschichte von Karls Gemahlin *Galte*, welche der Untreue mit dem Grafen *Morant* fälschlich bezichtigt wird und schliesslich über die Verläumder triumphiert. Das in älterer Gestalt gleichfalls bisher nur aus Bruchstücken bekannte Gedicht[2] wurde später in eine kompilatorische Bearbeitung verschiedener Epen dieses Kreises, den Karlmeinet (§ 56) aufgenommen.

Dass Veldekes Einfluss sich rheinaufwärts auch auf oberdeutsches Grenzgebiet erstreckt, zeigt das kleine Gedicht vom *Moriz von Craon*,[3] dessen Verfasser den Heinrich, und ihn allein, als einen Meister höfischer Erzählung kennt und nennt, daneben aber auch von der höfischen Lyrik sichtlich beeinflusst wird. Ein ritterliches Liebesabenteuer jenes Moriz, eines nordfranzösischen Minnesängers, der 1150 die Herrschaft Craon übernahm und 1196 starb, bildet den Inhalt dieser Novelle in Versen, die, mit einer abenteuerlichen Geschichte des Ritterwesens eingeleitet,[4] dieses schon in seinem ganzen phantastischen Treiben und den Frauendienst in seiner ganzen Trugmoral vorführt und verherrlicht.

§ 17. Während alle diese Dichter, mit einziger Ausnahme etwa des Verfassers von Athis und Prophilias, noch wesentlich auf dem Standpunkte Veldekescher Kunst stehen, war inzwischen im südwestlichen Deutschland die ritterliche Epik schon auf eine ganz neue und höhere Entwicklungsstufe emporgehoben. Hartmann von Aue[5] ist es, der dort noch im Ausgange des 12. und in den ersten Jahren des 13. Jahrhs. in einer Reihe erzählender Dichtungen die poetische Form zu grösster Reinheit und Leichtigkeit vervollkommnet, die Darstellung zu bisher unerreichter Klarheit und Anmut durchbildet, die Auffassung der ritterlichen Ideale gemütvoll veredelt und zugleich der höfischen Dichtung eine Gattung neuer, ihrem eigentümlichen Wesen ganz besonders entsprechender Stoffe zuführt.

Hartmann war Dienstmann eines Geschlechtes freier Herren von Aue in Schwaben.[6] Für einen Laien hatte er eine gute Schulbildung genossen, und er war zugleich in den ritterlichen Fertigkeiten genugsam geübt, um — gegen Mitte der neunziger Jahre des 12. Jahrhs. — die Ritterweihe zu erhalten. Aber auch als ritterlicher Ministerial ging er, des Lateinischen wie des Französischen kundig, in Mussestunden gern seinen literarischen Neigungen nach. Er war in der Bibel und den römischen Schuldichtern wie in der Romanliteratur und im Minnesang seiner Zeit bewandert, und

---

[1] Bis V. 2505 hrsg. von Borg, *Sagan om Athis ock Pr.* Upsala 1882 Diss. (Zu Grimms Fragm. A vgl. V. 2032 ff.) und von A. v. Weber, *Athis u. Pr. 1. Ausg. d. französ. Originaldichtung*, Männedorf a. Zürcher See (Selbstverlag) 1883.

[2] Hrsg. von Lachmann, *Kl. Schrr.* 1, 532. Eine vollständige Hs. wird Korrespondenzbl. d. Vereins f. niederd. Sprachforschung H. XVII (1893), S. 43 erwähnt.

[3] Hrsg. von Haupt in: *Festgaben f. Gust. Homeyer* Berl. 1871; von E. Schröder in *zwei altdeutsche Rittermären* Berlin 1894, dazu wichtige Nachträge AfdA 20, 407. 43, 257. Der von Schröder angenommene Einfluss Gottfrieds v. Strassburg scheint mir danach nicht mehr erwiesen.

[4] Vgl. ZfdA 36, 203.

[5] A. Schönbach, *Über Hartmann von Aue.* Graz 1894. H. Piquet, *Étude sur Hartmann d'Aue.* Paris 1898 (vgl. AfdA 25, 38). — *Hartmann von Aue* hrsg. v. Bech[2] I—III (Klassiker d. MA).

[6] Eine genauere Feststellung von Hartmanns Heimat ist noch nicht gelungen; verschiedene Hypothesen bei Ludw. Schmid, *Des Minnesängers Hartmann v. A. Stand, Heimat u. Geschlecht*, Tüb. 1874 (vgl. ZfdA 22, 25); ZfdA 41, 261; Alemannia 25, 133.

seinem poetischen Gestaltungs- und Nachbildungstrieb bot wie den meisten Dichtern seiner Zeit die Lektüre mehr Stoff als das Leben. War doch dies für ihn, wie wir von ihm selbst erfahren, weder an freudigen noch an schmerzlichen Erfahrungen besonders reich. Nur ein Ereignis erschütterte ihn tief, der Tod seines Herren. Er wurde für ihn die wesentliche Veranlassung, sich, vermutlich im Jahre 1197, nach andern schon im Jahre 1189, einer Kreuzfahrt anzuschliessen. Nur zu einer Hälfte beanspruchte der treue Dienstmann den Lohn dieses guten Werkes für sich; die andere sollte der Seele des Verstorbenen zu gute kommen. Nach der Heimkehr hat er noch mindestens bis um 1210 gelebt, wie die Art seiner Erwähnung in Gottfrieds Tristan ergiebt; Heinrich von Türlin gedenkt seiner in der 1215—20 gedichteten Krone als eines Verstorbenen.

Gleich mit seiner ersten epischen Dichtung, dem bald nach 1191 verfassten *Erec*, verpflanzte Hartmann eine Erzählung aus jenem so ganz vom Geiste des modernen Rittertums belebten Stoffgebiete, aus der Artussage, nach Deutschland, und mit seinem letzten Werke, dem vor 1202 gedichteten *Iwein*, kehrt er zu dieser Gattung zurück.[1] Auch bei der Überführung dieser ihrem Ursprung nach keltischen Stoffe spielte die französische Dichtung die Vermittlerin. Altnationale Traditionen, in denen sich Mythen mit Reminiscenzen aus den Kämpfen der Briten gegen die seit dem 5. Jahrh. andringenden Germanen verschmolzen, waren unter den auf Wales zurückgedrängten und besonders unter den nach der Bretagne ausgewanderten Kelten poetisch fortgebildet. Ihre Sänger und Erzähler hatten diese Sagen, die sich mehr und mehr um die Person des Königs Artur sammelten, dort den Anglonormannen, hier den Nordfranzosen vermittelt, und diese gestalteten nun jene märchenhaften Heldengedichte frei zu umfänglichen Epen höfischen Stiles aus, die nicht sowohl die Thaten des Artus selbst als diejenigen der um ihn in der Tafelrunde vereinigten Ritter verherrlichten. An sich war der Kunstwert dieser Artusromane gering genug. Ihre Komposition ist nachlässig, die Motive sind äusserlich und willkürlich, oft verletzend, die Charaktere oberflächlich und selten schärfer individualisiert. Aber den Anschauungen und dem Geschmack der höfischen Kreise entsprachen gerade diese Stoffe mehr als alle anderen. Die französischen Dichter hatten Artus' Helden zu lebendigen Idealen des Rittertums verkörpert. Ihr ganzes Leben, ihre glänzenden Waffenthaten, an sich oft so ziel- und zwecklos wie möglich, waren in den Dienst der einen Idee der ritterlichen Ehre gestellt, deren strengen Geboten nur noch die übermenschliche Gewalt der Frau Minne den Rang streitig macht. Und in der Schilderung der nur von diesen beiden Triebfedern bewegten Helden- und Liebesabenteuer entrollte sich nun ein so märchenhaft prächtiges und dabei ganz in den Farben der Zeit gehaltenes Bild höfischen Lebens, dass das Höchste was sich ritterliche Phantasie nur irgend erträumen konnte an Reichtum, Heldenruhm, Frauenschönheit und Liebesglück hier Ereignis geworden schien. Chrétien von Troyes darf als der eigentliche Schöpfer dieser Dichtungsgattung betrachtet werden. Ein Meister der lebhaften, anschaulichen und form-

[1] *Erec* hrsg. v. Haupt[2] Leipz. 1871. Neben der bis dahin allein bekannten, nicht ganz vollständigen Ambras-Wiener Hs. aus dem Beginne des 16. Jahrhs. wurden i. J. 1898 Bruchstücke einer Wolfenbüttelerer Hs. des 13. Jahrs. entdeckt, welche jene teilweise ergänzen: ZfdA 42, 259. — *Iwein* hrsg. v. Benecke u. Lachm.[4] Berlin 1877; von Em. Henrici Halle 1891 (Germanist. Handbibl. VIII) vgl. AfdA 22, 180. Benecke, *Wörterbuch zu Hartmanns Iwein.* 2. Ausg. v. E. Wilken. Gött. 1874. — Zur *Artussage* und -Dichtung vgl. bes. *Histoire lit. de la France* T. XXX, p. 1 f. Gött. gel. Anz. 1890, 525 f.; Zimmer, *Nennius vindicatus* Berlin 1893; Romania 1895, 497.

gewandten Erzählung, hatte er sie gleich mit allen Reizen ausgestattet, die ihr die Herzen der höfischen Gesellschaft gewannen. Er war es auch, an den Hartmann von Aue sich anschloss. Aus den fünf Artusepen Chrétiens griff Hartmann zwei Erzählungen heraus, in denen der Franzose den Konflikt jener beiden das ritterliche Leben bestimmenden Mächte, der Heldenehre und der Minne, als treibendes Motiv verwertet hatte, den vor 1164 gedichteten *Erec* und den später verfassten *Chevalier au lion* (Iwein).[1] Erec vergisst über seinem Weibe die Pflichten des Ritters; Iwein vergisst über dem Jagen nach ritterlichem Ruhme sein Weib. Erec muss erst von seiner Gattin daran erinnert werden, was er seiner Ritterehre schuldet, und, von ihrer Vorhaltung im Innersten gekränkt, verbindet er mit einer Ritterfahrt, welche seinen Ruf glänzend wiederherstellt, für sie eine Reihe der härtesten Prüfungen, auf die dann doch die endliche Aussöhnung folgt. Iwein, gleichfalls erst durch sein Weib an seine Versäumnis, sein Verschulden in der Minne gemahnt, aber zugleich auch ihrer Huld verlustig erklärt, gewinnt erst nach schwerem Leiden und mancherlei ritterlichen Wunderthaten die verlorene Liebe zurück. Die Idee jenes Konfliktes hat Hartmann klar erfasst und im Iwein hat er sie sogar viel deutlicher zum Ausdruck gebracht als Chrétien. Durch sie nun aber auch eine straffere Einheit der Handlung herzustellen, liegt ihm fern; dazu überwiegt doch bei ihm wie bei seinem Vorbilde zu sehr das Interesse an den einzelnen ritterlichen Abenteuern, und dazu ist er auch zu abhängig von seiner Vorlage. So trug er auch kein Bedenken im Erec mit Chrétien die Abenteuer der Helden noch weit über die eigentliche Lösung des Knotens hinaus zu verfolgen. Doch war es wenigstens eine Art Variation des Grundmotives, wenn hier der mit Enîten versöhnte Erec nun auch einen Ritter, dem seine egoistische Geliebte im Gegensatz zu Enîtens Verhalten das Versprechen abgerungen hatte, nie ihr Heim zu verlassen, bis er, der Unüberwindliche, dort im Kampf besiegt sein würde, durch die Niederlage, die er ihm bereitet, der ritterlichen Welt wiedergiebt. Im übrigen steht Hartmann gerade im Erec seiner Quelle weit selbständiger gegenüber als im Iwein. Er scheut sich im Erec nicht vor Verschiebungen in der Erzählung, vor Umgestaltung und freier Ausführung von Thatsachen. Das Gebiet aber, auf dem sich seine Kunst überhaupt am freiesten ergeht, ist die Schilderung des Zuständlichen. In der Dekorationsmalerei, der frei ausgeführten Beschreibung höfischer Ausstattung, wie in der Seelenmalerei schwelgt er im Erec bis zu ungemessener Ausführlichkeit, während im Iwein ein gereifter Kunstsinn ihn auf die erstere ganz verzichten, die letztere nicht über alles Mass ausdehnen lässt. Aber dem Seelenleben seiner Helden und Heldinnen gilt gerade auch im Iwein sein ganz besonderes Interesse, und er strebt sichtlich nach psychologischer Vervollkommnung der überlieferten Motive und Charaktere. Besonders sucht er in seinen Dichtungen die Frauengestalten zu veredeln; weibliche Herzensgüte steht ihm höher als aller äussere Reiz, und wo er nur kann, preist er sie und bringt sie zu rührendem Ausdruck. Alles Harte, alles Verletzende und sittlich Anstössige strebt er in der Charakteristik wie in

---

[1] Christian v. T. *Erec u. Enide* hrsg. v. W. Foerster Halle 1890; über Hartmanns Verhältnis zur Quelle Germ. 7, 141; K. Dreyer, *H. s. Erec und seine afrz. Quelle* Königsb. (Progr.) 1893; O. Reck, *Verhältnis des H.schen Erec zur franz. Vorlage* Greifsw. Diss. 1898. ZfdPh 27, 463. — Christian v. T., *Löwenritter (Yvain)* hrsg. v. W. Foerster Halle 1887. F. Settegast, *Hartmanns Iwein verglichen mit seiner Quelle* Marburg 1873 (Diss.); G. Gärtner, *Hartmanns Iwein u. d. Chevaliers au lyon.* Breslau 1875. (Diss.). B. Gaster, *Vergleich des H.schen Iwein mit dem Löwenritter Cr.s* Greifsw. Diss. 1896 (ZfdPh 30, 387).

der Erzählung zu mildern oder zu beseitigen, wodurch seine Darstellung an Reinheit und einschmeichelnder Anmut gewinnt was sie gegen Chrétien an kräftiger Realistik einbüsst. Der Ton ist im Iwein noch zierlicher, noch höfischer und dem Volksmässigen noch ferner als im Erec, zugleich auch die Handhabung der metrischen Form weit gewandter. In stilistischen Kunstmitteln, wie im bildlichen Ausdruck, in geschickten Antithesen, in lebhafter Stichomythie thut Hartmann es schon im Erec dem Chrétien zuvor; im Iwein wird die Kunst namentlich in gewissen Wort- und Reimspielen schon bis zur Spitzfindigkeit gesteigert. Und doch wird die Erzählung nie kalt und langweilig, denn der Dichter ist überall mit seinem Herzen dabei, und gern tritt er mit liebenswürdigem Humor in eigener Person zwischen die Erzählung hinein.[1]

Erec und Iwein bezeichnen Ausgangs- und Endpunkt von Hartmanns künstlerischer Entwicklung. Zwischen beiden stehn nach Art seiner Kunstübung, also gewiss auch zeitlich, die Bearbeitungen zweier legendarischer Stoffe, *Gregorius*[2] und *der arme Heinrich*. Von Gewissensangst wegen des allzu weltlichen Charakters seiner Jugenddichtungen bewegt und in dem Bewusstsein, dass man die Busse nicht auf ein ungewisses Alter hinausschieben dürfe, suchte Hartmann noch in jungen Jahren die vermeintliche Sünde durch eine fromme Erzählung gut zu machen, die als ein Beispiel für die rettende Macht wahrer Reue ihm selbst Trost gespendet hatte. Es war die Geschichte des von Bruder und Schwester in Blutschande gezeugten, dann unbewusst durch dieselbe Sünde mit der eigenen Mutter befleckten Gregorius, der in jahrelanger übermenschlicher Bussübung die durch das Schicksal auf ihn und die Mutter gehäufte Schuld sühnt und schliesslich durch Gottes Gnade auf den päpstlichen Stuhl berufen wird. Den Stoff entnahm er auch hier einem französischen Gedichte, dessen Redaktionen mehr oder weniger von derjenigen abweichen, welche Hartmann, übrigens wesentlich nach den für seine Artusdichtungen, besonders den Erec massgebenden Grundsätzen benutzte. Auch sonst berührt sich der Gregorius nahe genug mit diesen weltlichen Epen. Bei allem Ernste der religiösen, naiv-gläubigen Auffassung ist der Stoff doch entschieden im höfisch-ritterlichen Sinne behandelt, und ritterliches Wesen und Treiben wird, wo sich nur die Gelegenheit bietet, mit lebhafter Wärme geschildert und gepriesen. Mit dem Erec zeigt sich manche besondere Übereinstimmung, und an ihn klingt der Ton, der von volksmässigen Formeln noch nicht ganz befreit ist, am meisten an. Diese kunstgemässe Behandlung der Legende, mit ihrer geschickten Verbindung des Erbaulichen und des Unterhaltenden, des Weltlichen und des Geistlichen, fand in höfischen Kreisen Beifall. Herzog Wilhelm von Lüneburg liess das Gedicht (1210—12) in die dem gebildeten Niederdeutschen damals noch geläufigere Form der lateinischen Poesie bringen,[3] und auch die deutsche Legendendichtung

[1] Schmuhl, *Beitrr. z. Würdigung d. Stiles Hartmanns v. A.* Halle 1881. Progr. — ZfdA 24, 1. — Roetteken, *ep. Kunst Heinrichs v. Veldeke u. Hartmanns v. A.* Halle 1887; B. J. Vos, *The diction and rimetechnic of H. v. A.* New-York-Leipz. 1896. Zwieržina, *Beobachtungen zum Reimgebrauch Hartmanns u. Wolframs* (Abh. z. germ. Philol.) Halle 1898.

[2] Krit. Ausg. v. Lachmann Berlin 1838; v. Paul Halle 1873, dazu der nachträglich aufgefundene Anfang des Gedichtes 1876. Der vollständige Text hrsg. v. Paul, *Altd. Textbibl.* 2². Halle 1900; ebenda Literatur über die franz. Quelle; dazu O. Neussel, *Über die afrz. mhd. me. Bearb. d. Sage vom Gregorius* Halle 1886 (Diss.). Seegers *z. Textkrit. d. Grg.* Kiel 1890; vgl. ZfdA 37, 129. 356. ZfdPh 28, 47. Über die Reihenfolge der Werke Hartmanns s. ZfdA 22, 29. Diese Folge wird durch Zwieržina a. a. O. gegen Saran (S. 194 Anm. 1) bestätigt.

[3] Arnoldi Lubec. *Gregorius* ed. v. Buchwald Kiel 1886.

schlug mehr und mehr die Bahn ein, die Hartmann im Gregorius betreten, im armen Heinrich weiter verfolgt hatte.

Nach unbekannter schriftlicher Quelle erzählte der Dichter die Geschichte dieses *armen Heinrich,*[1] eines vermutlich zu den Vorfahren seines Dienstherrn gehörigen freien Herrn von Aue, der, vom Aussatze befallen, durch den frommen Opfermut einer reinen Jungfrau sich zu dem Entschluss drängen lässt, in ihrem Herzblut seine Heilung zu suchen, im entscheidenden Augenblick aber auf dies unwürdige Rettungsmittel verzichtet, nun durch göttliche Gnade gesundet und das treue Mädchen, eines freien Bauern Tochter, zum Weibe nimmt. — Der kunstvollere Stil rückt die ansprechende kleine Dichtung dem Iwein näher als dem Gregorius. Das Kolorit ist ein eigenartig idyllisch-legendarisches: das idyllische Element tritt in der Erzählung von der Pflege des kranken Herrn durch die braven Bauersleute und seinem traulichen Verhältnis zu ihrer unschuldigen Tochter recht anmutig hervor; das legendarische wird besonders in den überweisen, weltverachtenden und himmelssehnsüchtigen Reden des 11jährigen Töchterleins etwas weitschweifig und auf Kosten der psychologischen Wahrheit herausgehoben.

Der in solchen Auseinandersetzungen behandelte Gegensatz zwischen den Ansprüchen des ewigen und denen des irdischen Lebens war in der geistlichen Literatur der Zeit mit Vorliebe in der Form eines Gesprächs zwischen Seele und Leib erörtert. In einer Jugenddichtung, welche Hartmann bei seinem Sündenbekenntnis im Gregorius besonders im Sinne haben mochte, hatte er die fromme Einkleidung für ein profanes Thema umgemodelt: Leib und Herz beschuldigen sich gegenseitig, des Dichters Liebesleiden veranlasst zu haben; das Herz lehrt, wie die Not am besten zu tragen sei, entwirft dabei eine Art Ethik des Minnedienstes und lässt schliesslich den Leib als Fürbitter in einer zierlich geformten Ansprache die Huld der Geliebten erflehen. Ein *Büchlein,* d. h. ein poetisches Sendschreiben, mag man, wie bräuchlich, das Werkchen im Hinblick auf diesen Schluss nennen. Ein inhaltlich eng verwandtes, später entstandenes Gedicht hat der ungenannte Verfasser, den zuerst Moriz Haupt mit Hartmann identifizierte, selbst als Büchlein bezeichnet. Es ist eine diesmal monologisch gehaltene Liebesklage und -Bitte, die er an eine ihm ehedem zugethane, jetzt entfremdete Jungfrau sendet, als ein Vademecum, welches sie überall an seine treue Liebe mahnen soll. Eine derbere, sinnlichere Auffassung der Minne unterscheidet dies *zweite Büchlein*[2] von der idealeren des ersten; aber enge Berührungen mit anderen, besonders lyrischen Dichtungen Hartmanns, denen auch jene realistischen Anschauungen von der Minne nicht fremd sind, schienen seine Autorschaft sicher zu stellen. Eine eindringendere Ermittelung von Hartmanns Reimgebrauch hat jedoch gewisse Abweichungen ergeben, welche nötigen, das „zweite Büchlein" einem allerdings merkwürdig in Hartmanns lyrische und epische Dichtung hineingewachsenen Nachahmer zuzuweisen. Hartmann zeigt sich in seinem Büchlein als gewandter Dialektiker, der auch hier die poetische Form mit gefälliger Leichtigkeit handhabt, aber man wird weder durch besondere Originalität der Gedanken noch durch Kraft der Empfindung gefesselt.

[1] Hrsg. v. Haupt, *Hartmanns Büchlein u. a. H.*[2] Leipz. 1881, v. Wackernagel-Toischer 1885, v. Paul[2] Halle 1893 *(Textbibl. 3).*

[2] Beide hrsg. v. Haupt u. Bech a. a. O. O. Jacob, *Das 2. Büchlein ein Hartmannisches.* Leipz. Diss. 1879. C. Kraus, *Das sog. 2. Büchlein und die Werke H.s v. A.* (Abh. z. german. Philol. Halle 1898). Weniger kann ich den Ausführungen PBB 24, 1 f. zustimmen.

— Das Gleiche gilt im Wesentlichen für seine zeitlich und inhaltlich dem Büchlein nahestehenden *Lieder,*[1] in denen er nur originell wird wo er sich im Gegensatze zu den Gesetzen des Minnedienstes befindet, sich selbst des Wankelmutes zeiht, den höfischen Frauen den Rücken kehrt, um sich mit armen wîben besser zu vergnügen, oder auch in ernsterer Stimmung dem leeren Treiben der Minnesänger die hohe Aufgabe des Kreuzfahrers gegenüberstellt. Einen bei aller Einfachheit so ergreifend wahren Empfindungsausdruck, wie ihn der Tod seines Herrn dem Dichter in einem seiner Kreuzlieder abringt, hat ihm der Frauendienst nirgend eingegeben.

So ruht denn auch Hartmanns Bedeutung für die weitere Entwickelung der Literatur nicht in seinem Minnesange, sondern in seiner Epik. Die reine und zierliche Form, der anmutig heitere, sinnige Ton seiner höfischen Erzählung wurde das viel bewunderte und nachgeahmte, nie ganz erreichte Vorbild für die Folgezeit.

§ 18. Schon Hartmanns Erec hatte schnell Anklang gefunden, und der erste nach ihm gedichtete Artusroman, der *Lanzelet* des Ulrich von Zatzikhoven[2] verrät bereits seinen Einfluss; freilich nur in bescheidenem Masse. Denn die Grundfarbe der ziemlich knapp und schmucklos gehaltenen, von Elementen des volksmässigen Stils reich durchsetzten Erzählung erinnert noch mehr an die ältere Dichtungsweise. Zwar gefällt Ulrich sich schon in der ausführlichen Beschreibung höfischer Ausstattung, aber die Darstellung seelischer Zustände, wie sie sich doch sogar schon in der sonst von ihm gleichfalls benutzten Eneide fand, liegt ihm, von einem kurzen und unbeholfenen Liebesmonolog abgesehen, noch fern. Viel weniger denkt er an eine Idealisierung seines Stoffes in Hartmanns Geist. Die Motive der abenteuerlichen Lebensgeschichte seines Helden lässt er so verletzend, die beteiligten Frauencharaktere lässt er so lüstern und niedrig, wie er sie in seiner Quelle, einer in dieser Version jetzt verlornen französischen Dichtung vorgefunden haben wird. Diese war ihm durch Hugo von Morville zugegangen, einen der englischen Edeln, die für den gefangenen Richard Löwenherz im Jahre 1194 als Geiseln gestellt wurden. Nicht viel später wird Ulrich an die Bearbeitung der Dichtung gegangen sein, und zwar, wenn wir ihn mit einem 1214 als Pleban von Lommis im Thurgau nachgewiesenen Kaplan Uolricus de Cecinchovin wirklich identifizieren dürfen, doch wohl ehe er die Priesterwürde erhielt. Immerhin würde die Behandlung eines derartigen Stoffes durch einen angehenden Geistlichen ein bemerkenswertes Zeugnis dafür sein, dass die neue literarische Richtung, selbst wo sie sich von der allerweltlichsten Seite zeigt, keineswegs auf die weltlichen Kreise beschränkt bleibt.

§ 19. In andrer Weise zeigte sich die Berührung geistlicher und weltlicher Elemente in der durch Hartmann so charakteristisch ausgebildeten höfischen Legende. Eine der höfischen Technik entsprechende Vervoll-

[1] MF XXI. ZfdA 14, 144. 15, 125. H. Kauffmann, *Hartmanns Lyrik* Danzig. Progr. 1885. F. Saran, *Hartmann v. Aue als Lyriker* Halle 1889, dazu ZfdPh 24, 237 f. Den Grundfehler seiner Methode, auf viel zu geringen Zahlen eine prozentuale Statistik als Grundlage eines chronologischen Schemas aufzubauen, hält Saran auch PBB 23, 1 f. fest.

[2] Hrsg. v. Hahn Frankf. 1845. — Bächtold, *Der Lanzelet des U. v. Z.* Frauenfeld 1870. Schütze, *Das volkstüml. Element im Stile des U. v. Z.* Greifswald. Diss. 1883. — Über die Quelle *Romania* 10, 465 ff. Dass nicht Ulrich den Erec sondern Hartmann den Lanzelet benutzt habe, ist wenigstens durch die ZfdA 43, 265 f. vorgebrachten Gründe noch nicht erwiesen.

kommnung der Form lässt sich schon in der wohl noch vor dem Erec verfassten *oberdeutschen Servatiusdichtung*[1] wahrnehmen, in welcher die auch von Heinrich von Veldeke benutzte lateinische Legende geschickt und nicht ohne eine gewisse Neigung zu Schilderungen im weltlichen Geschmack erzählt wird; ebenso in einer Übertragung von Bernos Vita des *heil. Ulrich*, welche ein süd- oder ostfränkischer Priester Albert vielleicht schon um dieselbe Zeit mit stellenweise lebendiger Schilderung der in die Erzählung hinein verflochtenen Kämpfe Ottos I. und unter Verwendung höfischer Ausdrücke dichtete.[2] Aber die Glätte und Leichtheit höfischer Diktion eigneten sich die Legendendichter doch erst unter dem mittelbaren oder unmittelbaren Einflusse Hartmanns an. So zunächst der Österreicher Konrad von Fussesbrunn (urk. 1182/7), der in unverkennbarer Nachahmung Hartmannscher Erzählungsweise und mit mancherlei Anklängen besonders an den Gregorius die Geschichte der *Kindheit Jesu* nach einem lateinischen Apokryphon, dem Evangelium des Pseudo-Matthäus, anmutig darstellte.[3] Eng verwandt sind dann seiner Manier die vielleicht auch schon durch Gottfried von Strassburg mitbeeinflussten beiden Dichtungen des Pfaffen Konrad von Heimesfurt, deren erste in entschieden höfischer Weise, aber noch mit geringerer Gewandtheit das Ende und die *Himmelfahrt der Maria*[4] berichtet, während die andere, *diu urstende*,[5] mit fortgeschrittener Kunst Christi Passion, Höllenfahrt und Auferstehung unter Einmischung dogmatisch-moralischer Ausführungen erzählt. Beidemal liegen wiederum neutestamentliche Apokryphen als Quellen zu Grunde.

Auch in Mitteldeutschland nimmt die Legende mehr oder weniger die höfische Form an: weniger wo die asketische Tendenz so in den Vordergrund tritt, wie in der von dem Erfurter Ebernand im J. 1216 ziemlich trocken erzählten Wundergeschichte Kaiser *Heinrichs II.* und seiner Gemahlin *Kunigunde*;[6] um so mehr aber wo schon der Stoff so stark mit weltlichen Bestandteilen versetzt ist, wie die Legende des Kaisers *Eraclius*, welche ein bairisch-fränkischer gelehrter Dichter, Otto mit Namen (vor 1204?), nach einer französischen Dichtung des Gautier von Arras anfangs in nahem Anschluss, dann in freierer Weise und unter Mitbenutzung der Kaiserchronik bearbeitete.[7] Der eigentliche legendarische Teil der Erzählung, die Auffindung des heiligen Kreuzes durch den Eraklius, verschwindet fast hinter der im Geiste des byzantinischen Romans gehaltenen Lebensgeschichte des Helden, die durchaus im Tone der ritterlichen Epik mit manchen Anklängen an Hartmanns Erec und mehr noch an Veldekes Eneide erzählt wird; ja die eingeflochtenen Liebesscenen sind bei Otto in viel sinnlicheren Farben ausgeführt als bei diesen seinen weltlichen Vorbildern, und doch will er sein Gedicht als ein Gott wohlgefälliges Werk betrachtet wissen, für welches er des heiligen Geistes Beistand erbittet.

---

[1] Hrsg. nach einer Hs. d. 14. Jahrhs. ZfdA 5, 75; ältere Bruchstücke Germ. 18, 458. O. Greifeld, *Servatius* (Berliner Diss. 1888) setzt die Abfassung um 1185 und nach Augsburg.

[2] *St. Ulrichs Leben* hrsg. v. Schmeller München 1844. Zum Dialekt s. ZfdA 44, 400.

[3] Hrsg. v. Kochendörffer QF 43.

[4] Hrsg. ZfdA 8, 156.

[5] Hrsg. v. Hahn, *Deutsche Gedd. d. 12. u. 13. Jahrhs.*

[6] Hrsg. v. Bechstein Quedlinb.-Leipz. 1860.

[7] Hrsg. v. Gräf QF 50. vgl. Gött. gel. A. 1884 S. 563. Mit dem franz. Ged. zusammen hrsg. v. Massmann Quedlinb. Leipz. 1842. — Herzfeld, *Zu Ottes Eraclius* Heidelb. 1884 Diss. ZfdA 31, 297.

§ 20. Mochten also in den zunächst nach und neben Hartmann entstandenen weltlich-geistlichen Dichtungen diese beiden Elemente schon im Stoffe neben einander liegen, oder mochte der geistliche Inhalt nur formal nach dem Vorbilde weltlicher Epik gestaltet werden, eine wechselseitige Durchdringung und Verschmelzung geistlicher und weltlicher Ideen findet sich nicht in ihnen; sie wird erst in der Aufstellung eines Ideales christlichen Rittertumes vollzogen, wie es in den beiden Hauptdichtungen des gedankenvollsten mittelalterlichen Epikers, Wolframs von Eschenbach,[1] künstlerischen Ausdruck gewann.

Wolfram stammte aus einem ritterlichen Geschlechte, welches seinen Namen nach dem südöstlich von Ansbach gelegenen Städtchen Eschenbach trug. Mit dieser seiner bairisch-fränkischen Heimat ist er dauernd in Verbindung geblieben, obwohl er einen Teil seines Lebens am Hofe des Landgrafen Hermann von Thüringen zubrachte, wo er von den 16 Büchern seines Parzival sicher das 6. und 7., letzteres nicht lange nach dem Sommer des Jahres 1203 dichtete, und wo er vom Landgrafen die französische Quelle des Willehalm erhielt, dessen letztes Buch er ebenso wie eines der Titurelfragmente nach Hermanns im April 1217 erfolgten Tode verfasste.[2] In Eschenbach zeigte man im 15. Jahrh. und später sein Grab.

Ohne gelehrte Bildung, lediglich für den ritterlichen Beruf erzogen, sah Wolfram in diesem seine vornehmste Lebensaufgabe. Und doch sehen wir ihn, der sich sogar des Lesens und Schreibens unkundig nennt, in seinen Dichtungen emsiger als irgend einen seiner Kunstgenossen den Geheimnissen des Daseins nachspüren — wenngleich oft auf gar wunderlichen Wegen — und sehen ihn im Parzival einen Stoff bemeistern, dessen Ideengehalt bedeutender war, oder unter seinen Händen bedeutender wurde, als der irgend eines anderen höfischen Epos.

In der Parzivaltradition hatte sich eine der Artussagen, welche wie der Lanzelot die ganze Lebensgeschichte des betreffenden Helden umfassen, mit der Legende vom *Gral* verbunden.[3] Der Gral ist hier ursprünglich Christi Abendmahlsschüssel, in welcher bei der Kreuzigung Joseph von Arimathia des Heilandes Blut auffing, und welche dadurch übernatürliche Eigenschaften erhielt; unter anderm wurde sie auch durch Verknüpfung mit einem bekannten Märchenmotiv zu einer unerschöpflichen Speisespenderin und damit zu einem Gral, d. i. nach der wahrscheinlichsten Erklärung ein Gradale, eine Schüssel, welche ***gradatim***, also stufen- oder reihenweise verschiedene Speisen zugleich enthält. Neben ihm erscheint dann eine blutende Lanze, ursprünglich der Speer, mit dem Longinus des Gekreuzigten Seite durchstochen hatte. Die Vorstellungen vom Wesen

[1] Bötticher, *Die Wolfram-Literatur seit Lachmann*. Berlin 1880. F. Panzer, Bibliographie zu Wolfram von Eschenbach. München 1897. Reiche bibliographische Nachweise auch bei Piper *Wolfr. v. E.* (Kürschners Nationallit. Bd. 5). — *Wolfram v. E.* hrsg. v. Lachmann^4 Berlin 1879. Wolframs *Parzival u. Titurel* hrsg. v. Bartsch^2 1875—7 *(Deutsche Klassiker des MA.)*, v. Martin 1900 (Germ. Handbibl. IX).

[2] Die für die Datierung entscheidenden Stellen: Parz. 379, 18 sind die Spuren der im Sommer 1203 erfolgten Belagerung von Erfurt noch sichtbar. Willeh. 394, 1 Rückblick auf Ottos IV. Kaiserkrönung (Okt. 1209), Willeh. 417, 22 und Tit. Lachm. S. 404 Lesarten 61 (vgl. PBB 26, 103. 152) Hermann v. Thüringen als Verstorbener erwähnt; die Titurelstrophe ist freilich nur in der jüngeren Dichtung (§ 27) und einer ihr näher stehenden Hs. des alten Fragmentes überliefert. — Zwieržina über W.s Reimgebrauch s. S. 192 Anm. 1.

[3] Gralsage: PBB 3, 304; Birch-Hirschfeld, *Sage v. Gral* Leipz. 1877. Martin QF 42. A. Nutt, *Studies on the legend of the holy grail* London 1888 (dazu Gött. gel. Anz. 1890, 488). R. Heinzel, *Über die französischen Gralromane*, Denkschriften der Wiener Akad. phil.-hist. Cl. 40. W. Hertz, *Parzival von W. v. E. neu bearbeitet*, Stuttg. 1898, S. 413—466. Ed. Wechssler, *Die Sage vom heil. Gral in ihrer Entwicklung bis auf R. Wagners Parsifal* Halle 1898 vgl. AfdA 25, 348.

des Grales sind in den einzelnen Behandlungen der Sage verschieden ausgebildet und mehrfach verdunkelt; die Beziehung zum Abendmahl aber blickt überall bewusst oder unbewusst noch durch; unbewusst auch bei Wolfram, der den Gral im übrigen irrtümlich für einen kostbaren Edelstein ansieht, die geheime Kraft desselben aber tiefsinniger denn andere als den Inbegriff göttlicher Gnade und irdischen Glückes auffasst. Hüter dieses Heiligtumes ist — wiederum nur nach Wolframs Version — der ritterlich-streitbare, keusche und demütige Orden der Templeisen, an ihrer Spitze der Gralkönig, dessen Würde als die beseligende Krone ritterlicher und geistlicher Vollkommenheit erscheint. Der gegenwärtige Inhaber dieses hohen Amtes, Parzivals Oheim Anfortas, ist wegen einer Versündigung seiner unwürdig geworden und mit schwerem Siechtum bestraft. Ihm Genesung, sich selbst die Gralkrone zu erwerben, ist demjenigen beschieden, der, durch göttliche Gnade auf die dem menschlichen Auge sonst entrückte Gralburg geführt, angesichts der Wunder, die er dort schaut, die rechte Frage thut. Dies bekannte Märchenmotiv der erlösenden, glückbringenden Frage ist den verschiedenen Versionen der Sage gemeinsam; aber nur bei Wolfram hat es eine sittliche Wendung erhalten, indem das entscheidende Wort nicht sowohl die Wunder des Graldienstes als die Leiden des Anfortas betrifft. Es ist bei ihm das Erkennungszeichen eines menschlich mitfühlenden Herzens geworden.

In der Lebensgeschichte jenes Artushelden, des Parzival, spielt der Gral nirgend sonst eine so bedeutsame Rolle wie bei Wolfram. Und doch ist auch ihm diese Lebensgeschichte selbst durchaus die Hauptsache. Die naive, von unbestimmten Regungen, Ahnungen und Wünschen bewegte Kindheit, das mutig und unbeholfen auf ein verkehrt aufgefasstes Ziel losrennende Knaben- und Jünglingsalter kommt in Parzivals Jugendgeschichte zu lebenswahrstem Ausdrucke. Durch Erfahrung und Unterweisung zu besonnener Männlichkeit herangereift, erwirbt sich der Held durch die ersten zielbewussten Grossthaten Herz, Hand und Reich eines edlen Weibes, dessen treue Liebe ihm ein Leitstern in allen Lebensstürmen bleibt. Das Glück scheint sein ganzes Füllhorn über ihn ausschütten zu wollen, als es dem Ahnungslosen die verborgenen Wunder des Grals in greifbarste Nähe rückt. Aber er versäumt die entscheidende Frage, und zu spät muss er unter öffentlich entehrenden Vorwürfen erfahren, dass er das eigene Lebensglück und die Erlösung des gequälten Anfortas verscherzt habe. Sich selbst keiner Schuld bewusst, verbittert durch den jähen Wechsel seines Geschickes, lehnt er sich gegen Gott auf; er will gewaltsam und durch eigene Kraft den Gral erringen, der ihm nun zum unverrückbaren Lebensziele geworden ist. Erst nach jahrelangem vergeblichem Kämpfen und Suchen geht ihm in den Lehren eines welterfahrenen Frommen, des Einsiedlers Trevrezent, seines Oheims, die Erkenntnis eigener Verschuldungen, eigener Unzulänglichkeit und der Überlegenheit göttlichen Willens auf. So wird er denn, mit Gott versöhnt und zugleich in neuen Heldenthaten erprobt, im Vollbesitz männlicher Thatkraft und innerlicher Klarheit, des Gralkönigtumes für würdig befunden; und als er nun auch mit seinem geliebten Weibe wieder vereint wird, hat er endlich den lange erstrebten, durch Heldenruhm, Seelenfrieden und Liebesglück verklärten Gipfel des Daseins erreicht.

Diese Entwicklungsgeschichte des Helden ist der leitende Faden der Dichtung, der nun freilich in die mannigfaltigsten Darstellungen eines bewegten ritterlichen Lebens und Treibens verschlungen wird. Ja die umgebende Handlung nimmt mit den Abenteuern des dem Parzival eng befreundeten Gawan stellenweise einen gar zu breiten Raum ein, ebenso wie die Vorfabel mit der Geschichte von Parzivals Vater Gahmuret. Die Versuche, hier einen wohlbedachten Zweck in der Anlage der Dichtung nachzuweisen, sind allzu künstlich. Jedenfalls ist in diesen Partieen das naive Gefallen des Dichters an dem bunten Reichtum seines Stoffes stärker gewesen als die Rücksicht auf die Komposition.

Auf welchem Wege ihm dieser Stoff zugeführt wurde, ist noch nicht hinreichend klar gestellt. Die einzige der erhaltenen Graldichtungen, die ihrer Abfassungszeit nach für ihn als Quelle in Betracht kommen könnte, ist der *Perceval*, den Chrétien von Troyes um 1180 als letztes seiner Epen verfasste, ohne ihn zu vollenden.[1] Mit diesem stimmt denn auch der Hauptteil von Wolframs Werk nicht nur im allgemeinen Gange der Handlung, sondern auch in vielen Einzelheiten so überein, dass eine Benutzung nicht abzuweisen scheint. Wolfram selbst führt auch Chrétiens Dichtung an, aber nur um zu bemerken, dass der Provenzale Kyot die Gedichte vollständiger und besser erzählt habe als jener, und nicht Chrétien sondern Kyot nennt er seinen Gewährsmann. In der That fehlen bei Chrétien nicht nur die zwei Bücher der Vorgeschichte, welche Parzival mit dem Hause Anjou in Verbindung bringen, sondern auch der wichtige, vier Bücher umfassende Schlussteil, der unter Wiederaufnahme des Fadens der Vorgeschichte vor allem erzählt, wie Parzival den Gral erwirbt. Das dazwischen stehende Hauptstück von Wolframs Werk aber zeigt bei aller Übereinstimmung mit Chrétien nicht nur unbedeutendere Abweichungen und Erweiterungen, sondern vor allem auch eine sittliche und religiöse Vertiefung des Stoffes. Sie tritt zu Tage in der Auffassung des Grals, in der Aufstellung eines geistlich-ritterlichen Lebensideals und seiner Verkörperung durch den Gralorden, in der Einführung des innern Zerfalls und der inneren Versöhnung des Helden mit Gott, aus denen er sich zu jenem Lebensziel emporringt, in der ethischen Wendung der Frage an Anfortas, in der Wandelung eines Liebesverhältnisses des Parzival zu einer treuen Ehe, die seine Seele schützt. In wie weit aber der durch Chrétien nicht bezeugte Inhalt von Wolframs Epos auf eine andere französische Quelle zurückzuführen ist, lässt sich aus dem vorliegenden Thatbestand nicht mit voller Sicherheit entscheiden. Von einem Parzival Kyots hat sich keine Spur erhalten, nicht einmal die Fortsetzer Chrétiens kennen ihn; bei einem Nachfolger Wolframs, dem Dichter des jüngeren Titurel (§ 27) sind die Berufungen auf Kyot sicher Erfindung, dass ein Literaturkenner wie Gottfried von Strassburg sie auch bei Wolfram dafür hielt, ist nicht zweifelhaft, und Wolframs eigene Angaben sind von mancherlei verdächtigen Umständen begleitet.[2] Gegen die Versuche, Kyot

[1] Hrsg. (mit den Fortsetzungen) v. Potvin *Perceval le Gallois* T. II—VI Mons 1866. Über Wolframs Verhältnis zu Chrétien und die Kyotfrage Germ. 3, 81. 4, 414. ZfdPh 17, 1. R. Heinzel, *Über Wolframs v. E. Parzival,* SB d. Wiener Akad. phil. hist. Cl. 130. Germ. 36, 74. 37, 121. PBB 22, 1. Ludw. Grimm, *Wolfram v. E. und die Zeitgenossen I.* Leipz. Diss. 1897 vgl. AfdA 25, 292. — Neue Jahrb. f. kl. Altert. Gesch. u. d. Lit. 1899 I, S. 133. — Den interessanten Ausführungen von P. Hagen, *Der Gral* QF 85 konnte ich mich besonders wegen schwerwiegender Einwendungen meines Kollegen Fränkel gegen ihren orientalistischen Teil nicht anschliessen. — Zur Komposition des Parzival: Bötticher, *Das Hohelied vom Rittertum.* Berlin 1886.

[2] Kyot wird erst im 8. Buche zum erstenmale genannt, während Wolfram vorher gesagt hatte, dass seine Erzählung sich nicht auf ein Buch stütze; er soll aus den fabelhaftesten Quellen ganz widersprechende Dinge geschöpft haben; er, der 'Provenzale', müsste nicht provenzalisch, auch nicht, wie Bartsch *germ. Studd.* 2, 114 nachzuweisen suchte, in einem provenzalisch-französischen Mischdialekt, sondern französisch gedichtet haben (Romania 1875, S. 148). Dass Guiot von Provins der Dichter sei, suchte besonders San Marte (A. Schulz) *Parzivalstudien* I nachzuweissen; aber nirgend ist Guiot als Verfasser eines Parzival bezeugt, und der Vergleich seiner von San Marte a. a. O. herausgegebenen didaktischen u. lyrischen Dichtungen mit Wolframs Abweichungen von Chrétien ist nicht angethan, die Hypothese zu stützen.

oder dessen Vorlage als Chrétiens und Wolframs gemeinsame Quelle zu erweisen, spricht schon der Umstand, dass Chrétien dann so manches aus dieser Quelle entlehnt haben müsste, was augenscheinlich nur Wiederholung aus seinen eigenen älteren Artusromanen ist. Kyots Werk könnte demnach wohl nur eine mit Vorgeschichte, Einschaltungen und Schlussteil versehene Redaktion des Chrétienschen Perceval gewesen sein, aber sicherlich wäre es auch dann verfehlt, ihm alles das zuschreiben zu wollen, was Wolfram vor Chrétien voraus hat. Zahlreiche persönliche Anspielungen Wolframs, Zwischenbemerkungen, Reflexionen, die ganze durchaus subjektive Darstellungsweise zeigen von vornherein, wie selbständig der deutsche Dichter seinen Stoff behandelte. Und nun finden sich bei ihm die wunderlichsten französisch klingenden und doch unfranzösischen Namenbildungen, Entlehnungen aus Veldekes Eneide, Hartmanns Erec und anderen deutschen Gedichten, und gerade in den über Chrétiens Werk hinausgehenden Büchern sind hier deutsche Namen in die Begebenheiten verflochten, ist dort eine Menge lateinischer ohne französische Durchgangsstufe aus gelehrter Überlieferung übernommen. Dieselbe Neigung zu gelehrten Kuriositäten und Mysterien, die sich in diesem Falle zeigt, macht sich auch in denjenigen erklärenden Ausführungen über den Gral und die blutende Lanze geltend, denen bei Chrétien nichts entspricht. Sie sind mit den französischen Graltraditionen nicht in Einklang zu bringen, erklären sich dagegen ohne Schwierigkeit als selbständige Kombinationen Wolframs über Dinge, die bei Chrétien ohne Aufschluss blieben, und in einem Falle, wo ein Missverständnis des Chrétienschen Textes die Quelle einer solchen Ausführung ist, liegt die abenteuerliche Erfindung des deutschen Dichters klar zu Tage. Und wenn man nun weiterhin in Wolframs Willehalm ganz deutlich beobachten kann, wie der Dichter seine französische Vorlage ganz selbständig mit Einlagen erweitert und mit neuen Zügen versieht, in denen dieselben gelehrten Liebhabereien und dieselben sittlich religiösen Grundideen zu Tage treten wie in jenen Partieen, die sein Parzival vor Chrétien voraus hat, so wird man in dem einen Falle so gut wie im anderen Wolframs Selbständigkeit anerkennen müssen. Selbst die Vorgeschichte, die man schon wegen ihrer Beziehung auf das Haus Anjou am liebsten einer französischen Erweiterung des Chrétienschen Perceval zuschreiben möchte, enthält neben einem von Wolfram gewiss nicht erfundenen Bestande von Namen und Sagenmotiven doch auch so manches was nicht aus französischer Überlieferung stammen kann. Nach alledem ist mindestens die Möglichkeit nicht abzuweisen, dass Wolfram keine andere französische Parzivaldichtung als die des Chrétien gekannt habe, dass alles was über deren Inhalt hinausgeht, teils auf freierer Benutzung mündlich überlieferter französischer Sagenelemente und gelehrter Traditionen, teils auf eigener Kombination und Erfindung, teils auf selbständiger Ausgestaltung des Chrétienschen Werkes beruhe, und dass er Kyot den Provenzalen, bei dem er an den berühmten Dichter Guiot von Provins gedacht haben wird, als Gewährsmann für die Abweichungen von dem auch in Deutschland nicht unbekannten Perceval des Chrétien von Troyes in Rücksicht auf ein Publikum fingierte, welches nur verbürgte Geschichten hören wollte. Doch wie man sich auch zur Kyotfrage stellen möge, jedenfalls ist es ein vergebliches Bemühen, den Inhalt eines Kyotschen Parzival aus Wolframs Text rekonstruieren zu wollen. Davon hätte schon die Wahrnehmung abhalten sollen, wie Wolfram im Willehalm eine von der französischen Quelle offenkundig abweichende Auffassung des Stoffes mit Bewusstsein durchführt, wie er Namen aus seinem Parzival in die Geschichte des Maurenbezwingers hineinbringt, wie er dort selbst die epische Erzählung durch ganz freie Erfindungen erweitert. Auch im Parzival hat Wolfram die Überlieferung sicher so selbständig gestaltet, dass man das was den eigentlichen Charakter des deutschen Werkes im Unterschiede von dem des Chrétien ausmacht, unbedenklich als den Ausdruck seiner dichterischen Persönlichkeit gelten lassen kann.

Die Verschmelzung ritterlicher und christlicher Ideale gewinnt, wie in der Person des Parzival, so auch in der des *Willehalm* Gestalt. Parzival will 'des lîbes prîs und ouch der sêle pardîs bejagen mit schilt und ouch mit sper', und zur Erlangung des Gralkönigtums wird er durch jenen frommen Trevrizent vorbereitet, der ihn 'von sünden schiet und im doch rîterlîchen riet'. Willehalm erreicht durch mannhaften Streit im Dienste Gottes ein entsprechendes Ziel. Er ist ein Held und ein Heiliger zugleich, ein Nothelfer, zu dem kein Rittersmann in der Bedrängnis des Kampfes vergebens fleht.

Die Geschichte dieses Wilhelm lernte Wolfram aus einer französischen Chanson de Geste, der Bataille d'Aliscans kennen.[1] Graf Wilhelm von Orange hat eines heidnischen Königs Weib, die Arabele, entführt, die zum Christentum übertritt und den Namen Gyburg erhält. Gatte und Vater der Abtrünnigen greifen Wilhelm mit weit überlegener Macht an und schlagen ihn bei Alischanz. Während Gyburg mit den Trümmern des Christenheeres in Orange eingeschlossen wird, wirbt Wilhelm beim römischen König Lôys um Unterstützung, entsetzt die Belagerten und bereitet den Sarazenen — wiederum bei Alischanz — eine vollständige Niederlage. Unter seinen Helden zeichnet sich besonders der riesige junge Rennewart aus, von Geburt ein Sarazene und, was noch verborgen ist, Bruder der Gyburg; nach der Schlacht wird er vermisst, und Wilhelm versucht alles, ihn aus der Gefangenschaft, in der er ihn vermutet, zu erlösen. Damit endigt das Gedicht, in welchem zwar die Haupthandlung, nicht aber die Geschichte des Rennewart einen Abschluss findet. Wolfram hat es nicht vollendet.

Kampf auf Leben und Tod zwischen Christentum und Heidentum, fanatischer Hass gegen das letztere ist das treibende Motiv der französischen Dichtung. Nicht so bei Wolfram. Zwar erwerben sich auch bei ihm die christlichen Ritter durch Verteidigung ihrer Religion die ewige Seligkeit, aber ein blindes Wüten gegen die Heiden hält er weder für christlich noch für ritterlich. Und hier scheut sich Wolfram nicht, eine seiner Quelle geradezu entgegengesetzte Anschauungsweise zur Geltung zu bringen. An Stelle des Fanatismus setzt er die Toleranz. In eingelegten Reden, in selbständigen Reflexionen, ja auch durch Änderungen und Erweiterungen der Handlung verficht er die menschlichen Rechte der Heiden, setzt er auch ihre ritterlichen Tugenden in helleres Licht, lässt er den heidnischen Standpunkt gegenüber dem christlichen zu Worte kommen, und eine dem eigenen Ideale entsprechende Duldsamkeit gegen Andersgläubige sucht er auch seinem Helden unterzulegen. So galt ihm auch schon im Parzival das Menschliche und Ritterliche als ein Bindeglied, welches über die Grenzen der Religionen hinausreicht. Mit der Durchführung dieser sittlich höheren Auffassung musste freilich das ursprüngliche Motiv des unversöhnlichen Gegensatzes zwischen den beiden Religionen

[1] Hrsg. v. Jonckbloet, *Guillaume d'Orange* La Haye 1854; von Guessard, *Anciens poètes de la France* X. 1870, von Rolin, *Aliscans mit Berücksichtigung von Wolframs v. E. Willehalm* Leipz. 1894 (vgl. Literaturbl. 1894, S. 331). San Marte, *Wolframs Wilhelm u. sein Verhältnis zu den afrz. Dichtungen gleichen Inhaltes* Quedlinb.-Leipz. 1871. Saltzmann, *Wolframs Willehalm u. seine Quelle* Pillauer Progr. 1883. ZfdPh 32, 36.

notwendig an Bedeutung verlieren. Wolfram schuf einen Ersatz, indem er Gyburg als Gegenstand des Kampfes mehr in den Mittelpunkt der Handlung rückte. Er hat diese Rolle zu einer ganz anderen Bedeutung herausgearbeitet. Aus Überzeugung Christin und doch voll Pietät gegen ihre heidnischen Angehörigen, ist sie, die eigentliche Ursache des mörderischen Streites, zugleich die berufene Vertreterin jener versöhnenden Ideen. Diesem Zuge weiblicher Milde, dem ihre zärtliche Liebe und Fürsorge für den Gemahl aufs nächste verwandt ist, gesellt sich andererseits eine heldenmütige Festigkeit und Thatkraft, eine Umsicht und Besonnenheit bei, welche sie zur geistig ebenbürtigen Beraterin ihres Mannes erhebt. So ist sie allerdings ein würdiger Preis des Kampfes, und die unwandelbare Zuneigung zu ihr spornt den Willehalm nicht weniger als der Glaubenseifer zu seinen Heldenthaten an. Treue eheliche Liebe bildet einen Grundzug des Helden- und Frauenideals, wie es Wolfram im Willehalm sowohl wie im Parzival aufstellt.

Aber auch die Glut und Überschwänglichkeit jugendlicher Minne hat eine seiner Dichtungen zu lebendigstem Ausdruck gebracht. Es sind die Fragmente des *Titurel*, deren eines das Aufkeimen der Liebe zwischen der kindlichen Sigune, der Urenkelin des Gralkönigs Titurel, und dem jungen Schionatulander meisterhaft schildert, während das andere mitten aus dem Zusammenhange der Fabel heraus ein Abenteuer behandelt, welches Schionatulanders tragischen Untergang im Minnedienste einleitet. —[1] Die Form dieses Gedichtes hat mit der Tradition der höfischen Epik vollständig gebrochen. Statt der Reimpaare schuf Wolfram sich eine vierzeilige Strophe, deren lange, durchweg in weiblichen Reimen voll ausklingende Verse dem Pathos der feierlichen Reden und glühenden Gefühlsergüsse gewisser Partieen vortrefflich anstehen, nicht aber dem unbedeutenderen erzählenden Teile; und Wolfram liess es bei dem genialen Versuche bewenden.

Wie sich im Titurel Wolframs Epik der Lyrik nähert, so umgekehrt in seinen *Liedern*[2] die Lyrik der Epik. Von den wenigen Erzeugnissen seines Minnesanges, die wir besitzen, gehört der bedeutendste Teil der Gattung des in Gespräch und Erzählung verlaufenden Tageliedes an. Das Heraufdämmern des Morgens, der Mahnruf des Wächters, das Zögern der Liebenden, die letzten Zärtlichkeiten und der Trennungsschmerz — das alles vereinigt Wolfram zu merkwürdig stimmungsvollen Gesamtbildern. Und doch stellt er schliesslich auch hier wieder dieser verstohlenen Minne, die er so meisterhaft darzustellen weiss, die offene eheliche Liehe als die allein wahrhaft beglückende entgegen.

Überall verschafft sich eben die höhere sittliche Lebensauffassung Geltung, durch die Wolfram seine Kunstgenossen überragt. Für einen Moralprediger darf man ihn freilich nicht halten. Er lässt der Sinnlichkeit ihr volles Recht und er ist nicht zaghaft, wo er ihr das Wort giebt. Seine Frömmigkeit haftet nicht ängstlich an kirchlichen Vorschriften, sie beruht auf einem lebhaften Empfinden des persönlichen Verhältnisses zu Gott. Geistliche wie höfische Prüderie liegt ihm fern. Seine Erzählung und seine Charakterzeichnung ist von kräftigerer Realistik als sie dem Kunstepos sonst eigen ist. Er berührt sich darin mit der Volksepik, der er überhaupt näher steht als andere höfische Dichter: er flicht Beziehungen

[1] Abdruck der Münchener Hs. bei Piper, *Nachträge zur älteren deutsch. Lit.* (Kürschners Nationallit. S. 352). Neue Fragmente ZfdA 37, 282. S. ferner ZfdA 18, 293. 26, 145. Bartsch (Germ. 13, 1 ff.) suchte aus dem jüngeren Titurel (s. unter § 27) als Wolframs Werk zwei grössere Stücke herzustellen, die er in seine Ausgabe als 2. und 4. Fragment aufgenommen hat; s. dagegen PBB 26, 110 f.

[2] PBB 22, 94.

auf die nationale Heldensage ein, scheut sich nicht vor der Verwendung mancher volksmässigen Formel, benutzt im Willehalm ein französisches Volksepos als Quelle und versucht im Titurel den sonst nur in der nationalen Dichtung üblichen strophischen Bau. Die der volkstümlichen Tradition noch weniger entfremdete ältere höfische Erzählungsweise ist ihm sympathischer als die neuere, verfeinerte Form. Heinrich von Veldeke nennt er mit Verehrung, Hartmann von Aue nicht ohne eine gewisse Opposition. Bei alledem ist seine Kunst eine entschieden höfische, so gut wie die Veldekes. Er dichtet wie dieser ausschliesslich für ein adliches Publikum, und eine spezifisch ritterliche Anschauungsweise durchdringt seine Poesie nach allen Richtungen. Das Lebensideal, welches er in ihr aufstellt, zeigte sich als ein religiös verklärtes Rittertum; aber auch die ganze Darstellungsart bewegt sich im ritterlichen Ideenkreise. Seine überaus bilderreiche Sprache[1] schöpft ihre Vergleiche und Metaphern mit einer höchst charakteristischen Vorliebe aus dem ritterlichen Leben. Eine überraschende Fülle sinnlicher Anschauung giebt sich in den Bildern dieser und anderer Art kund. Nicht selten macht seine Phantasie dabei die tollsten Sprünge und verbindet das Allerentfernteste. Teilweise um eine humoristische Wirkung zu erzielen. Denn ein in der idealistisch-realistischen Doppelnatur des Dichters wurzelnder Humor tritt bei seiner durchaus subjektiven Auffassung und Behandlung des Stoffes in mannigfaltigen Formen allerorten zu Tage.[2] Aber Wolfram sucht auch das Entlegene, Ungewöhnliche um seiner selbst willen. Er verschmäht geflissentlich den einfachen Ausdruck und spielt durch verdunkelnde Umschreibungen mit dem Leser Versteck. Diese Richtung auf das Seltsame, Rätselhafte lässt ihn auch jene abenteuerliche Gelehrsamkeit in seine Dichtung einmischen, lässt ihn an den wunderlichsten Namenbildungen und Namenhäufungen Gefallen finden und mancherlei Andeutungen von Sagenmotiven geben, welche in ihrer Abgerissenheit seinem Zuhörerkreise unverständlich bleiben mussten. Planheit und Gefälligkeit ist nicht Wolframs Sache; weder im Stile noch im Bau seiner Verse. Trotz alledem bleiben Wolframs Werke mit ihrem tieferen Ideengehalt, ihrer kräftigen Charakteristik, mit der Sinnlichkeit und fesselnden Originalität ihrer Darstellung weitaus die bedeutendsten Erscheinungen auf dem Gebiete der höfischen Epik.

§ 21. Die beiden so grundverschiedenen Stilarten Hartmanns und Wolframs hat ein Landsmann des letzteren, *Wirnt von Grafenberg,* in seiner ersten und so viel wir wissen einzigen Dichtung, dem bald nach 1204 vollendeten Wigalois, nachgebildet.[3] Die französische Quelle, ein verlorenes Artusgedicht, dessen Inhalt sich teilweise in dem Bel Desconu des Renaut de Beaujeu[4] und einer mittelenglischen Bearbeitung desselben Stoffes,[5] teilweise in einer französischen Prosa des 15. Jahrhunderts, dem Papageienroman[6]

---

[1] L. Bock, *Wolframs Bilder für Freud u. Leid* QF 33.

[2] K. Kant, *Scherz und Humor bei Wolfram* Heilbr. 1878. Ch. Starck, *Darstellungsmittel des Wolframschen Humors* Schwerin 1879 Progr. Ferner zum Stil: ZfdPh 5, 1. Germ. 21, 257. P. T. Förster, *Zur Sprache u. Poesie Wolframs* Leipz. Diss. 1874. Religiöses: R. Fritzsch, *Über W.s v. E. Religiosität* Leipz. Diss. 1893. A. Sattler, *Die religiösen Anschauungen W.s v. E.* (Grazer Studien z. deutsch. Phil.) 1895.

[3] Hrsg. mit Wörterbuch v. Benecke Berlin 1819; von Pfeiffer Leipz. 1847. Zum Text: Schönbach, *Vorauer Bruchstücke des W.* Graz 1877. ZfdA 21, 145. 22, 337. 24, 168. 25, 207.

[4] Ungenau hrsg. v. Hippeau Paris 1860.

[5] Li beaus Desconnus hrsg. v. Kaluza Leipz. 1890.

[6] Li chevalier de papegeau hrsg. v. Heuckenkamp Halle 1896. Über das Quellenverhältnis vgl. Bethge *Wirnt. v. G.* Berlin 1881, Engl. Stud. 1, 121, A. Mennung *Der Bel Inconnu* u. s. w. Halle Diss. 1890. PBB 21, 253. 22, 151.

wiederfindet, ist dem deutschen Dichter nach seiner eigenen Angabe nur durch die unvollständige mündliche Mitteilung eines Knappen zugeflossen. So gewiss daher auch Wirnt auf eine freiere Ausgestaltung des Stoffes angewiesen war, so lag es ihm doch fern, in diesem biographischen Artusroman etwa die fortschreitende Entwicklung des Helden zur Darstellung zu bringen, wie es Wolfram im Parzival gethan, oder der Handlung ein bestimmtes psychisches Problem unterzulegen nach Art von Hartmanns Erec und Iwein; er beabsichtigte nichts weiter, als eben eine Reihe von Ritter- und Liebesabenteuern zu erzählen. Aber er erzählt die bunte Geschichte in gebildeter, ansprechender, wenn auch wenig origineller Darstellung, und er sucht ihren Gehalt durch Einstreuung von Sentenzen und lehrhaften Betrachtungen zu heben, welche von ernsthafter Auffassung der Ziele des Rittertums, von gesunder Moral, von biederem und bescheidenem Sinne zeugen. Seine Anschauungsweise wie sein Stil ist Hartmann am nächsten verwandt, dessen Erec, armen Heinrich und Iwein er benutzt hat. Erst in der zweiten Hälfte seiner Dichtung zeigt sich auch der Einfluss der sechs ersten Bücher des Parzival, teils in Reminiszenzen, teils auch in der Ausdrucksweise, die trotzdem auch hier viel mehr das Hartmannsche als das Wolframsche Gepräge trägt.[1] Von den Traditionen der volksmässigen Poesie hat Wirnt sich nicht ganz losgesagt. Der Brauch mancher älteren Dichtung, bei Anwendung der Reimpaare doch grössere Versgruppen verschiedenen Umfangs durch die besondere metrische Form des Schlusses abzurunden, mag bei ihm noch nachwirken, wenn er die einzelnen Abschnitte seiner Erzählung jedesmal mit einem Dreireim abschliesst.

§ 22. Wenn Wirnt zwischen Hartmann und Wolfram eine Brücke schlägt, so hat dagegen ein schärfer urteilender Zeitgenosse den Unterschied zwischen den Kunstrichtungen der beiden grell beleuchtet und sehr entschieden für Hartmann und gegen Wolfram Partei genommen. Es ist Gottfried von Strassburg, der an einer viel bewunderten, von den zeitgenössischen Dichtern handelnden Stelle seines *Tristan*[2] die Reinheit und Klarheit, den gefälligen Schmuck und die zuthuliche Anmut Hartmannscher Dichtung fein charakterisiert und begeistert lobt, während er einen unberufenen Nebenbuhler seines Lieblings ob seiner Erfindung abenteuerlicher Geschichten, seiner holperigen, barocken, unverständlichen Darstellung und seiner schwindelhaften Geheimthuerei auf das härteste verurteilt. Dass er hiermit nur Wolfram und seinen Parzival im Auge haben kann, zeigt ausser bestimmten Anspielungen auf dies Werk besonders der Umstand, dass der herbe Tadel thatsächlich und ausschliesslich die oben hervorgehobenen Schwächen Wolframscher Manier trifft.

Aber Gottfried charakterisiert hier nicht allein Hartmann und Wolfram, er charakterisiert auch damit zugleich sich selbst. Die lebhafte Sympathie für den einen, der tiefe Widerwille gegen den andern deutet schon auf eine Kunstauffassung hin, welche durch seine eigene Dichtung, den Tristan, durchaus bestätigt wird. Gottfried hat vor allem ein sehr feines Formgefühl. Glatte und leichte Verse mit wohllautenden Reimen, durchsichtige Verständlichkeit und zierliche Anmut der Erzählung sind ihm die ersten und notwendigsten Erfordernisse der Poesie, die er bei Wolfram vernachlässigt, bei Hartmann erfüllt fand, und die er selbst mit gesteigerter Kunstfertigkeit im vollsten Masse befriedigt. Ja er thut darin des Guten

---

[1] Germ. 20, 421. 432. 35, 257. M. Irrgang, *Zum Wigalois* Halle 1887 Diss.

[2] Gottfrieds *Tristan* hrsg. v. Groote Berlin 1821; von v. d. Hagen Breslau 1823, von Massmann Leipz. 1843, von Bechstein 3. A. Leipz. 1890 *(deutsche Klassiker des MA.)*, von Golther (Kürschners Nationallit. 113. 120).

zu viel. Er gefällt sich allzusehr darin, zum Beweise seiner Meisterschaft über die Sprache mit Worten, Wortanklängen und Reimen zu spielen; er liebt es allzusehr, ein und denselben Begriff in synonymen Worten, ein und denselben Gedanken in mannigfachen Wendungen geschickt zu variieren, oder verschiedene Begriffe und Gedanken neben einander zu stellen und zu kontrastieren, zu teilen und wieder zu vereinigen, und seine Rede wird dadurch bei aller Zierlichkeit eine übermässig wortreiche, wie ihn denn andererseits auch das Streben nach Deutlichkeit leicht zur Umständlichkeit führt. So geht Gottfried mehr in die Breite, Wolfram mehr in die Tiefe.

Und nicht nur die Darstellungsweise, auch die Lebensanschauung der beiden ist eine grundverschiedene. Das Wolframsche Ideal eines christlichen Rittertumes ist Gottfried ganz fremd; dem Christentum wie dem Rittertum steht er recht kühl gegenüber; gegen jenes gestattet er sich einmal einen freigeistigen Spott, diesem lässt er zwar in seiner Erzählung so viel Raum, wie es eben der Stoff an die Hand gab, von eigener Begeisterung für ritterliche Ideale aber und von einem Erfülltsein durch ritterliche Anschauungen findet sich bei ihm keine Spur. Gottfrieds Lebensideal ist ein gemütvoller Genuss des Daseins, welcher nur durch jenes höfische Gesetz des guten Tones, des gefälligen Anstandes eingegrenzt wird; sein Gipfel ist die Minne; nicht aber das von Wolfram gefeierte ruhige eheliche Glück, sondern die des Gesetzes nicht achtende freie Liebe, die durch Gefahren und Leiden nur an Glut und Reiz gewinnt. Von dieser Anschauung ist Gottfrieds Dichtung durch und durch erfüllt, und wenn man Wolframs Parzival als das Hohelied vom Rittertume bezeichnet hat, so kann man Gottfrieds Tristan nicht minder treffend das mittelalterliche Hohelied von der Minne nennen.[1]

Als eine Erzählung für Liebende lässt Gottfried selbst nach Worten der Einleitung sein Gedicht hinausgehen, und das dort angegebene Leitmotiv, Seligkeit der Liebe auch im Leiden, durchklingt schon deutlich genug die Vorgeschichte von Riwalins und Blancheflurs heimlicher, tragisch ausgehender Minne, deren Frucht der Held des Gedichtes ist. Wenn nun weiter zunächst Tristans Jugendgeschichte, seine Erziehung beim treuen Rual, seine Entführung, der erste Aufenthalt an seines Oheims Marke Hof, ausser unmittelbarem Zusammenhange mit jenem Grundmotive steht, so ist es doch auch hier vor allem ein psychologisches Interesse, was die Erzählung in Anspruch nimmt; denn die Charakteristik dieses ächt höfisch gewandten, artigen und über seine Jahre klugen Musterknappen fesselt mehr als der Bericht von seinen Erlebnissen. Von Tristans erstem Zusammentreffen mit Isolden an aber bildet das Verhältnis der beiden die eigentliche Seele der Handlung. Tristan hat im Kampfe für Markes Land Morolt, Isoldens Oheim, erschlagen, von ihm selbst aber eine Wunde erhalten, welche niemand als Morolts Schwester, Isoldens Mutter, heilen kann. Als Spielmann verkleidet, führt der sieche Tristan sich bei ihr ein, und während er die Tochter in seiner Kunst unterrichtet, findet er durch die Mutter die gesuchte Genesung. Da wir aber gleich bei seiner ersten Begegnung mit der jungen Isolde auf die spätere Liebe der beiden hingewiesen werden, so erhält dadurch schon das Interesse, welches wir an Lehrmeister und Schülerin nehmen, seine ganz bestimmte Richtung. Mit wachsender Spannung sieht man dann Tristan für Marke um Isolden werben, sieht Isolden gegen den endlich erkannten Mörder ihres Oheims

[1] Eingehende Charakteristik *Zfd österr. Gymn.* 29, 533 ff. ZfdA 34, 81. Stil: *Strassburger Studien* 1, 1; Bahnsch, *Tristanstudien* Danzig Progr. 1885. Heidingsfeld, *Gotfried v. St. als Schüler Hartmanns* Leipz. Diss. 1887. Fremdwörter Germ. 37, 272 Zf rom. Phil. 17, 355.

von einem tödlichen Hass erfüllt, der in einer äusserlichen Versöhnung nur gedämpft, nicht gestillt wird, bis dann plötzlich, während Tristan sie dem Marke als Braut heimführt, durch den Genuss des Minnetrankes der Umschwung eintritt und der Hass sich in heisse Liebe wandelt. Das Aufsteigen, Bewusstwerden und zögernde Bekennen der wechselseitigen glühenden Neigung wird mit so vollendeter Kunst geschildert, dass man darüber fast das Äusserliche dieser Inokulation der Liebe durch den Trank vergisst. Von da an verfolgen wir dann die Entwickelung dieser Leidenschaft an einer langen Kette von Betrügereien, mit denen Marke schon von seinem Hochzeitsabend an hintergangen wird, durch einen steten Wechsel von Gefahren und Genüssen hindurch. Des Dichters begeisterte Hingabe an die Idee von der Allgewalt der Minne und seine Meisterschaft in der Schilderung ihrer psychischen Wirkungen muss dabei immer wieder hinweghelfen über den verletzenden Stoff und über die sittliche Stumpfheit, die in der rückhaltlosen Parteinahme für das ehebrecherische Liebespaar und in den wunderlichen Versuchen dem guten Marke auch noch möglichst die Schuld an seinem Unglück aufzubürden, offen zu Tage tritt. Auf die Darstellung der leidenschaftlich hingegebenen, in allen Anfeindungen beständigen Liebe, sollte der Schlussteil ein neues psychisches Problem bringen: Tristans Leidenschaft für seine Isolde wird durch die liebende Hingebung einer anderen Isolde, welche ihre Neigung erwidert wähnt, auf die härteste Probe gestellt. In der Schilderung der inneren Zweifel und Kämpfe, welche sich dabei des Helden bemächtigen, bricht Gottfrieds Dichtung ab.

Das bei Eilhart allein herrschende stoffliche Interesse ist bei Gottfried durch das psychologische zurückgedrängt; aber die von jenem abweichende Auffassungs- und Behandlungsweise der Fabel ist nicht ausschliesslich Gottfrieds geistiges Eigentum. Er wurde auf sie schon durch seine französische Quelle geführt. Gottfried selbst sagt, dass er der Version des Thomas von Britanje folge. Von der französischen Tristandichtung eines Thomas liegen Fragmente vor, welche den Schlussteil der Fabel behandeln und deren erstes sich noch mit dem letzten Teile von Gottfrieds unvollendeter Erzählung deckt.[1] Die Übereinstimmung ist so gross, dass hier an der Benutzung dieser Dichtung durch Gottfried kein Zweifel walten kann. Andererseits steht nun eben dies Bruchstück und weiter auch der übrige Teil der Fragmente, welcher den von Gottfried nicht mehr bearbeiteten Teil der Sage enthält, in genauem Einklange mit einem altnordischen und weiterhin mit einem altenglischen Tristan, so dass auch ihnen diese französische Dichtung als Quelle gedient haben muss. Da nun aber jene vollständig überlieferte altnordische und altenglische Tristanversion auch in dem ganzen vorangehenden Teile nicht nur in der Hauptsache, sondern auch in zahlreichen Nebendingen mit Gottfrieds Erzählung derartig übereinstimmt, dass hier für die drei Texte eine gemeinsame Quelle notwendig vorauszusetzen ist, so ergiebt sich die Annahme, dass diese Quelle eben auch hier wieder jenes französische Gedicht des Thomas gewesen ist, welches von den dreien an den vergleichbaren Stellen erwiesenermassen benutzt wurde. Da das Werk des Thomas auf einer Bearbeitung verschiedener kleinerer Tristandichtungen und Sagen beruhte, so trug der Inhalt desselben keinen völlig einheitlichen Charakter, wohl aber die Behand-

[1] Die Fragmente des Thomas in *Tristan publ. p.* Michel Vol. II. III. Londres 1835—9. Verhältnis zur Quelle *ZfdA* 14, 272. *AfdA* 8, 211; besonders Kölbing, *Die nordische und die engl. Version der Tristansage* I. II. Heilbronn 1878—83. Golther, *Die Sage von Tristan u. Isolde* I. II. München 1887. Röttiger, Der heutige Stand der Tristanforschung Hamburg Progr. 1897.

lungsweise des Stoffes, welche im Gegensatze zu der von Eilhart benutzten spielmannsmässigen Version durchweg im höfischen Geschmack und Stile gehalten war. Dieser Vorlage hat Gottfried sich in allem Thatsächlichen so genau angeschlossen, dass er selbst Widersprüche der Erzählung dabei mit in Kauf nahm. Aber auch in der Art der Darstellung, in der Hervorkehrung des Seelischen, in dem feinen höfischen Tone der Charakteristik, der Erzählung und der Reflexion, selbst in gewissen Eigenheiten des Stils liess er sich durch sie beeinflussen, wie er denn auch mit französischen Floskeln seine und seiner Helden Rede reichlich verschnörkelt. — Doch hat Gottfried die durch Thomas empfangenen Anregungen auch selbständig fortgebildet. Die aus der Vorstellung von der Allgewalt der Minne fliessenden Betrachtungen, die Seelenmalereien und gewisse allegorische Deutungen und Wendungen sind zweifellos zum Teil ebensowohl sein freies Eigentum wie jene von feinem Kunstsinn zeugende Beurteilung der deutschen Dichter. Die Färbung der Erzählung ist decenter und noch um einen Grad höfischer als in der Vorlage. Und die vollendete Herrschaft über Sprache und Vers bleibt natürlich sein unbestreitbar selbständiges Verdienst.

In Gottfrieds Tristan hat die spezifisch höfische Bildung mit ihrem verfeinerten Formgefühl, ihrem gesteigerten Empfindungsleben, ihrer äusserlichen Moral und ihrer Abhängigkeit von den französischen Mustern ihren vollendeten Ausdruck gewonnen. Dass seine Kunst nach der formalen Seite hin die des Wolfram übertrifft, hat dieser selbst in seinem Willehalm anerkannt; für die eigenartigen Vorzüge der Dichtung Wolframs hatte dagegen Gottfried kein Verständnis; nichtsdestoweniger wird er so gut wie seine übrigen Kunstgenossen durch sie in Schatten gestellt.

Dass Gottfried auf den Parzival, und Wolfram im Willehalm wiederum auf den Tristan Bezug nimmt, ermöglicht uns die Abfassung des letzteren in die Zeit um 1210 zu setzen. An der Vollendung seines Werkes wurde Gottfried nach dem Zeugnis eines Fortsetzers durch den Tod verhindert. Etwas weiteres lässt sich über seine Lebensgeschichte nicht ermitteln. Von einigen lyrischen und didaktischen Dichtungen die unter seinem Namen überliefert sind, scheinen nur zwei nicht sonderlich charakteristische Sprüche[1] wirklich von ihm herzurühren.

DAS HÖFISCHE EPOS NACH GOTTFRIED VON STRASSBURG.

§ 23. Gottfrieds einseitiges Urteil über Wolframs Kunst wurde von den Dichtern der Folgezeit nicht geteilt. Sie verehren Hartmann, Wolfram und Gottfried neben einander als die grössten Meister höfischer Dichtung und sich selbst fühlen sie als deren Epigonen. Die Gegensätze, welche wir vorhin so scharf hervortreten sahen, sind damit abgeschwächt, aber sie sind deshalb noch nicht aufgehoben. Zwar der Einfluss von Hartmanns weniger scharf ausgeprägter Kunstweise verbreitet sich ziemlich gleichmässig über ganz Oberdeutschland, aber die Verschiedenheit der Richtungen Gottfrieds und Wolframs lässt sich in wesentlichen Zügen an der Dichtung ihrer Stammesgenossen verfolgen.

Der feinere höfische Ton und der zierlichere, an rhetorischen Kunstmitteln reichere Stil wird bei den alemannischen Dichtern gepflegt; eine dem Volksepos näher stehende, derbere, realistischere und nüchternere Auffassungs- und Erzählungsweise ist bei den bairisch-österreichischen zu beobachten. Jene beschränken sich auf die Form der gleichmässig fortlaufenden Reimpaare; diese lassen daneben auch Gliederung in Strophen oder in Absätze mit dreireimigem Schlusse eintreten. Jene bearbeiten

[1] Die beiden Sprüche *Zfd öst. Gym.* 19, 560.

fremde Stoffe, und gewissenhaft folgen sie ihren französischen oder lateinischen Quellen. Wo diese dagegen wirklich eine französische Vorlage benutzen, schalten sie damit so frei wie Wolfram und Wirnt; aber sie setzen sich auch selbst ihre Erzählung zusammen, unter Erdichtung einer französischen Quelle und unter Verwertung von Motiven, die sie besonders Hartmann, Wolfram und Wirnt entlehnen; oder sie greifen weiter in die heimische Literatur zurück, um Dichtungen des 12. Jahrhs. (Ernst, Kaiserchronik, Roland) neu zu bearbeiten und fortzusetzen; vielfach folgen sie auch mündlicher Überlieferung, oder sie entnehmen der Gegenwart Stoffe, die dann teilweise auch wieder mit anderweitig überkommenen Sagenelementen verschmolzen werden.

Dass demnach das Wesen der höfischen Epik in Alemannien Gottfried, in Baiern und Österreich Wolfram näher steht, ist klar. Es sind vielfach nur ganz indirekte Einflüsse und Nachwirkungen der Kunstübung jener beiden, welche sich da geltend machen; die Eigenart der Stammescharaktere, die besondern landschaftlichen Verhältnisse, welche die Berührung mit Frankreich dort erleichtern, hier erschweren, also Bedingungen, denen sowohl die Meister als die Epigonen unterliegen, kommen zur Erklärung ihrer Beziehungen mit in Betracht. Aber auch als unmittelbare Vorbilder gelten die beiden grossen Dichter zunächst und vor allem ihren Stammesgenossen, und ihre charakteristische Manier wird auf der einen Seite zu einer tändelnden und verkünstelten, auf der andern zu einer geschraubten und dunkeln, von gelehrtem Bombast strotzenden Ausdrucksweise übertrieben.

BAIERN UND ÖSTERREICH.

§ 24. In den österreichischen Ländern findet die höfische Epik zuerst an Heinrich von Türlin einen Vertreter, der vermutlich einer kärntischen Familie dieses Namens angehörte und um 1215—20 sein Hauptwerk, einen umfangreichen, recht planlosen Artusroman, die *Krone* (näml. der Abenteuer) dichtete.[1] Ursprünglich auf eine Geschichte des Artus angelegt, geht das Werk bald in eine mit Chrétiens Perceval vielfach übereinstimmende Erzählung der mit der Gralsage verbundenen Abenteuer Gaweins über. Sein Stoff ist augenscheinlich aus recht verschiedenen Elementen gemischt; gewiss hat Heinrich ihn nicht, wie er glauben machen will, einem einzigen umfangreichen, von Chrétien verfassten Gedichte entnommen, sondern verschiedene französische Überlieferungen sowie eigene Erfindungen und Reminiscenzen haben daran ihren Anteil. Gewisse Motive stammen aus Wirnts Wigalois; Wolframs Parzival hat auf den Inhalt wie auf die Darstellung eingewirkt; vielfach ahmt er Hartmann nach, dessen Tod er lebhaft beklagt und den er vor allem als einen Lehrer höfischer Zucht und Frauenverehrung preist. Wie äusserlich freilich bei Heinrich diese Verherrlichung edlerer höfischer Sitte und wie wenig er selbst dem Hartmann geistesverwandt ist, zeigen die Derbheiten und Obscönitäten in denen sich seine Dichtung gefällt. Vor allem steht die Erzählung von der Keuschheitsprobe an Artus Hof im grellsten und verletzendsten Gegensatze zu allem seinem höfischen Gerede von Frauentugend und Frauenverehrung. Und gerade dies Motiv sagte ihm so zu, dass er es in der Krone zweimal behandelte, nachdem er es vorher schon einmal in einer anderen Dichtung ausgeführt hatte. Der Anfang der letzteren liegt uns in der unvollständig und anonym überlieferten Erzählung *vom Mantel*

[1] Hrsg. v. Scholl Lit. Ver. XXVIII. Vgl. Reissenberger, *Zur Krone Heinrichs v. T.* Graz 1879. ZfdA 38, 250. PBB 20, 66.

vor,[1] welche sich zunächst dem französischen *Fabliau du mantel mautallié* anschliesst, dann aber andere Wege einschlägt.

§ 25. Während Heinrich von Türlin also doch teilweise noch aus französischen Quellen schöpfte, hat ein nicht viel jüngerer Dichter, Stricker, der, aus Mitteldeutschland stammend, wenigstens zeitweilig in Österreich das Gewerbe des Fahrenden trieb, eine überaus abenteuerliche Artusdichtung aus eigener Phantasie, wenn auch unter Verwertung einzelner überlieferter Motive französischen, antiken und deutschen Ursprunges geschaffen. *Daniel vom blühenden Tal*[2] ist der Held dieser Erzählung, in welcher bei übrigens recht planmässigem Aufbau das unglaublichste Wunder- und Zauberwerk eine hervorragende Rolle spielt. Neben erfundenen Heldennamen treten auch die aus den älteren Dichtungen bekannten Erec, Iwein, Gawein, Lanzelot und Parzival auf. Als Gewährsmann fingiert der Dichter den Alberich von Besançon, also den Verfasser des französischen Alexander, dessen Namen er aus Lamprechts deutscher Bearbeitung kannte. Denn die Dichtung des 12. Jahrhs. war ihm nicht fremd. Konrads Rolandslied hat er als Grundlage eines wohl schon vor dem Daniel verfassten Gedichtes von *Karl dem Grossen*[3] benutzt, in welchem er das 'alte mære' aus eigener Sagenkenntnis namentlich am Anfang und gegen das Ende erweiterte und es sonst weniger inhaltlich als formell nach den gesteigerten Anforderungen der Technik umgestaltete. Der Ton seiner Erzählung ist einfach, teilweise nüchtern, in dem durch das alte Vorbild beeinflussten Karl noch mehr als im Daniel, wo er mehr Fühlung mit Hartmann sucht; der Stil des Volksepos klingt in beiden Dichtungen durch. Von der Minne und ihren seelischen Wirkungen weiss er nicht viel zu berichten, seine Reflexionen sind mehr moralisch-lehrhafter Art, wie denn der Fahrende als des Frauendienstes und der Minnedichtung nicht würdig galt, während die Didaktik ihm von altersher ein vertrautes Gebiet war. Dieses hat auch Stricker in selbständigen kleinen Reimpaar-Dichtungen bebaut, in denen er vom Standpunkte österreichischer Verhältnisse aus das Schwinden einer weltfrohen, kunstsinnigen Zeit, das Hereinbrechen roher Genusssucht und gemeiner Laster beklagt und dem gegenüber das alte Ideal eines durch Frauenverehrung und Kunstförderung veredelten Rittertumes hochhält.[4] In diesen moralisch-satirischen Ausführungen tritt schon mehrfach ein symbolisches Element hervor, welches in einer besonderen Gattung von Dichtungen durch den Stricker charakteristisch ausgeprägt wurde. Es ist eine andere Form der schon von seinem Standesgenossen Herger gepflegten Fabel und Parabel, welche der Dichter selbst *bîspel* nennt. Ein kleines Bild oder auch eine mehr oder weniger ausführliche Erzählung aus dem menschlichen Leben, aus der Tierfabel, wird vorangestellt, daran aber in der Regel nicht eine Aus-

---

[1] Als Heinrichs Werk nachgewiesen und hrsg. v. Warnatsch in *Germ. Abhandlungen* II Breslau 1883, der es für den Anfang eines Lanzelet hält; so auch — zugleich mit einem günstigeren Urteil über Komposition und poetischen Wert der Krone — Singer ADB 39, 20. Anders AfdA 10, 179.

[2] Hrsg. v. G. Rosenhagen Germ. Abhh. IX Bresl. 1893; ders. Untersuchungen über Daniel vom blühenden Tal Kiel Diss. 1890. (Vgl. ZfdPh 27, 543. 28, 43; AfdA 23, 56. Zfd. öst. Gymn. 48, 231. 316. ZfdA 42, 83.)

[3] Strickers *Karl* hrsg. v. Bartsch Quedlinb.-Leipz. 1857. Ammann, *Verhältnis von Strickers Karl zum Rolandslied* Progr. Krumau 1891—97.

[4] Vgl. besonders *von den Herren zu Österreich* Wackernagel LB[4] 627; *Frauenehre* ZfdA 7, 478. 25, 290. Lambel in Symbolae Pragenses Wien 1893, S. 82. *Klage* u. a. in *Kleinere Gedichte von dem Stricker* hrsg. v. Hahn Quedlinb.-Leipz. 1839. — Anderes ist zerstreut publiziert; ein Verzeichnis bei Bartsch, Karl S. XLIX u. bei L. Jensen, *Über den Stricker als Bispel-Dichter* Marburg 1885 Diss.

legung der einzelnen Züge oder eine kurzgefasste Moral, sondern eine meist recht umständliche lehrhafte Auseinandersetzung angeschlossen, die oft schlecht genug zu dem Vorausgegangenen passt. Viel besser gelingt hier meist die Erzählung, und von der vorteilhaftesten Seite zeigt sich des Dichters Kunst, wo er die Moralisation kurz und nebensächlich behandelt, oder ganz auf sie verzichtet. In lateinischer Form schon der Ottonenzeit geläufig, von den Spielleuten gewiss auch längst in mündlicher Überlieferung gepflegt, tritt mit diesen kleinen Dichtungen die Gattung des *poetischen Schwankes* zuerst in den Kreis der deutschen Literatur, und der leichte, gefällige Vortrag wie die humoristische Pointierung lässt sie als eine entschiedene Bereicherung derselben erscheinen. Ausser einigen kleineren Stücken der Art sind diese Vorzüge besonders einem Cyklus solcher komischen Erzählungen eigen, welchen der Stricker um die Person des *Pfaffen Amts*,[1] einen Vorläufer des Eulenspiegel, vereinigte.

Strickers Dichtung blieb nicht ohne Einwirkung auf die Folgezeit. Rudolf von Ems nannte in dem 1231—38 gedichteten Wilhelm von Orlens den Daniel vom blühenden Thal mit Anerkennung, und im Alexander bemerkte er, der Stricker könne, wenn er wolle, gute Erzählungen dichten. Einem österreichischen Artusroman diente der Daniel mit zum Vorbilde. Der Karl wurde handschriftlich stark vervielfältigt und in späteren Weltchroniken benutzt. Vor allem aber wurden die Beispiele und Schwänke verbreitet und nachgeahmt, und Strickers Vorgang hat wenigstens dazu beigetragen, dass die kleinere poetische Erzählung von nun an dem höfischen Epos den Rang streitig macht. In grosser Anzahl treten diese kleinen Dichtungen scherzhaften und ernsten, novellistischen und legendarischen, obscönen und moralischen Inhaltes in der Folge zu Tage. Stoffe, die teilweise vom Orient aus das ganze Abendland durchwandern und mit grösseren oder geringeren Wandelungen bei den verschiedensten Nationen auftauchen, werden teils nach mündlicher Überlieferung, teils nach lateinischen Aufzeichnungen, teils im Anschlusse an französische Fabliaux in deutschen Versen bearbeitet.[2] Die Namen der Verfasser sind nur zu geringem Teile überliefert; aus dem bairisch-österreichischem Gebiete gehört zu ihnen Herrand von Wildonie, ein vornehmer Steiermärker (urkdl. 1248/78), der ausser einigen Minneliedern vier Erzählungen der Art dichtete, darunter zwei, welche dieselben Stoffe wie Strickersche Dichtungen behandeln.[3]

Mehr den Charakter einer Sammlung von Novellen, Schwänken und Anekdoten als den eines historischen Werkes trägt die *Weltchronik*, welche der Wiener Bürger Jans genannt Jansen Enikel gegen Ende des Jahrhunderts (nach 1277) unter Benutzung der Kaiserchronik und der Imago mundi des Honorius von Autun in derbem, der niederen Volkspoesie vielfach verwandtem Tone kunstlos genug zusammenreimte. Ein in ähnlichem Geiste und Stile gehaltenes *Fürstenbuch von Österreich* liess er bald darauf folgen.[4]

Ein düsteres, aber augenscheinlich treues und anschauliches Sittenbild aus seiner Zeit entwarf ein bairischer Dichter Wernher der Gartenære

[1] Hrsg. v. Lambel, *Erzählungen u. Schwänke*[2] Leipz. 1883 (Deutsche Klassiker des MA 12.) Nr. 1.

[2] Hauptsammlung: *Gesamtabenteuer, 100 altdeutsche Erzählungen* hrsg. v. v. d. Hagen Bd. I—III. Stuttg.-Tüb. 1850.

[3] *Die Erzählungen des Herrand von Wildonie und die kleinen innerösterreichischen Minnesänger* hrsg. v. Kummer Wien 1880.

[4] *Jansen Enikels Werke* hrsg. v. Phil. Strauch: Mon. Germ. Deutsche Chroniken III. 1891—1900.

in seiner 1236/50 verfassten kleinen Erzählung vom *Helmbreht*, einem Bauernsohne, der ein Rittersmann werden wollte und als Wegelagerer ein grausiges Ende fand. Das über seinen Stand hinausstrebende Bauerntum und ein unter seinen Stand versunkenes Rittertum wird derb naturalistisch und mit schonungsloser Härte, doch zugleich mit einem wehmütigen Rückblick auf eine vergangene bessere Zeit dargestellt.[1]

Dass aber ihre Ideale auch damals noch begeisterte Verfechter im Ritterstande fanden, zeigt am besten eine andere Erzählung aus dem Leben der Zeit, der 1255 verfasste *Frauendienst* des Ulrich von Lichtenstein. Der Dichter, um 1200 aus einem angesehenen Steirischen Geschlecht geboren, spielt in der Geschichte seines Heimatlandes als ein gewandter, berechnender und bis zur Gewaltthätigkeit thatkräftiger Mann eine nicht unbedeutende Rolle. In jener poetischen Darstellung seines Liebelebens zeigt er sich als ein sonderbarer Schwärmer, der die phantastische Welt der Artusromane in die Wirklichkeit übersetzt und zu Ehren seiner Dame in den abenteuerlichsten Verkleidungen turnierend die Lande durchzieht, als ob der Frauendienst eigentlich den ganzen Inhalt seines Lebens ausmachte. Ansprechende, formgewandte Lieder und poetische Büchlein nach Hartmanns Art sind, meist als Minnebotschaften, in den entsprechenden Teilen der Liebesgeschichte mitgeteilt, die übrigens recht realistisch und nüchtern vorgetragen wird. Dieser erzählende Teil, in Strophen von acht gleichen Zeilen verfasst, zeigt im Stile eher den Einfluss des volkstümlichen Epos als den des höfischen, trotz einigen Reminiscenzen und Anklängen an Hartmann und Wolfram. Auf den Inhalt scheint an einer Stelle der Tristan nach Eilharts Version, daneben ein bekannter Schwank eingewirkt zu haben, so dass wir das Ganze als Wahrheit und Dichtung auffassen müssen. — Der Zwiespalt zwischen Ulrichs Ideal des höfischen Lebens und der wachsenden Entartung des Ritterstandes kommt schon im letzten Teile des Frauendienstes, mehr aber noch in dem 1257 gedichteten *Frauenbuche* zum Ausdruck, welches nur in anderer Form und von anderem Gesichtspunkte aus wesentlich dieselben Klagen bringt, die schon der Stricker erhob. Die eigene Darlegung seiner höfischen Moral, an der er bei alledem unentwegt festhält, zeigt freilich am besten, wie wenig in solcher Lebensanschauung ein ernsthafter Halt gegen die Verderbnis der Zeit zu finden war.[2]

Eine Fülle lebendiger Zeitbilder bietet die umfangreiche *Reimchronik* des im Dienste von Ulrichs Sohne Otto von Lichtenstein stehenden Ottokar,[3] welche die steirisch-österreichische Geschichte seit dem Tode des letzten Babenbergers (1246) im Rahmen der Reichsgeschichte seit dem Tode Kaiser Friedrichs II. behandelt und mit dem Jahre 1309 wenigstens in der vorliegenden Überlieferung abbricht. Schüler des Konrad von Rotenburg, eines der zahlreichen Meister, die sich seinerzeit um den Freund der Sänger und Spielleute, König Manfred von Sizilien, geschart hatten, war Ottokar auch mit der älteren deutschen Dichtung vertraut; vor allem mit Hartmanns Iwein, aus dem ihm zahlreiche Entlehnungen

[1] Hrsg. v. Keinz, *Meier Helmbreht und seine Heimat*[2] Leipz. 1887; hrsg. v. Lambel Erz. u. Schw. Nr. 3. M. Schlickinger, *Der Helmbrechtshof und seine Umgebung* Leipz. 1893 (aus d. 51. Jahresber. d. Museum Francisco-Carolinum i. Linz).

[2] *Ulrich von Lichtenstein* (Frauendienst u. Frauenbuch) *mit Anmerkungen von Karajan* hrsg. v. Lachmann Berlin 1841; hrsg. v. Bechstein Leipz. 1887 *(Deutsche Dicht. d. MA.)*. Über den Dichter: Knorr QF 9; ZfdA 26, 307. ADB 18, 620 (Schönbach). ZfdPh 28, 198. R. Becker, *Wahrheit u. Dichtung in U. v. L. Frauendienst.* Halle 1888.

[3] Hrsg. v. Seemüller Mon. Germ., Deutsche Chroniken V, 1. 2. (1890—93). ZfdA 30, 135.

nachgewiesen sind; und wie für die Ausdrucksweise, so hat er natürlich auch für den Inhalt seines Werkes mancherlei Quellen benutzt. Doch auch was er selbst gehört, erlebt und beobachtet hat, weiss er anschaulich zu berichten, und die kräftige Realistik der Darstellung erleidet durch die Anlehnung an den Stil der höfischen Erzählung keine Einbusse.

§ 26. Sehen wir in diesen Dichtungen die höfische Epik in Baiern und Österreich sich mehr dem wirklichen Leben zuwenden, so giebt sie andererseits doch auch die romantische Wunderwelt der Artussage nicht auf, und neben und nach Strickers Daniel treten andere erfundene Dichtungen dieser Art dort zu Tage. Zwischen 1210 und 1250 dichtete ein bairischer oder österreichischer Fahrender einen *Wigamur*,[1] dessen abenteuerliche Geschichte er hauptsächlich nach dem Vorbilde des Wigalois und unter Verwertung von Motiven aus Ulrichs Lanzelet, Hartmanns Iwein und Wolframs Parzival ersann; aber er erzählt sie nicht in höfischer Weise, sondern ganz im Geiste und im Stile der niederen volksmässigen Dichtung. Einfluss der Volksepik verraten auch die folgenden Artusgedichte, aber ihr Ton steht doch der höfischen Erzählung näher, und die berühmten Muster blicken nicht nur im Stoffe, sondern auch im Stile durch; so Wolfram und Heinrich von Türlin in einem etwa um 1250 in Österreich gedichteten, nur fragmentarisch überlieferten *Edolanz*;[2] so Hartmann, Wirnt und vor allem wiederum Wolfram in den etwa 1260—80 verfassten drei Dichtungen des vermutlich nach Salzburg gehörigen Pleiers.[3] Es sind das der *Garel vom blühenden Tal*, der zugleich nicht nur in dem Beinamen des Helden, sondern auch in der Anlage und in wesentlichen Motiven schon den Einfluss von Strickers Daniel zeigt und nebenbei auch Überlieferungen aus der Volkssage verwertet; ferner der *Tandarois* und der *Meleranz*, für welche wieder eine französische Quelle fingiert wird. Die Darstellung dieses durch und durch epigonenhaften Poeten bewegt sich ganz in den Formeln, die er sich aus den genannten Vorbildern angeeignet hat; doch verfällt er wenigstens nicht den manieristischen Unarten anderer Nachahmer; seine Erzählungsweise ist im ganzen sehr einfach und dem Aufbau der Handlung wendet er löbliche Sorgfalt zu.

In dem Anschluss an Hartmann und Wolfram wie in der eigenen Darstellung zeigt sich eine anonyme bairisch-österreichische Dichtung vom *Mai und der Beaflor* den Epen des Pleiers so verwandt, dass man sie diesem als ein Jugendwerk zuschreiben zu können meinte.[4] Doch ist diese ansprechende Erzählung nicht annähernd in dem Umfange von den alten Vorbildern, namentlich von Wolfram abhängig wie Pleiers Gedichte, und auch an bemerkenswerten Unterschieden im Sprachgebrauch fehlt es nicht. Der Stoff des *Mai* steht ganz ausserhalb des Artuskreises und gehört einer weitverzweigten, auch von Enikel episodisch verwerteten Sage an, die dem Dichter durch mündliche Überlieferung zuging als die Geschichte einer Königstochter, die durch die verleumderischen Ränke

---

[1] Hrsg. in *Deutsche Gedd. d. MA.* v. v. d. Hagen u. Büsching Bd. I. Ältere Bruchstücke ZfdA 23, 10. Germ. 27, 289. Über das Gedicht Sarrazin QF 35. ZfdA 24, 97.

[2] Hrsg. Altd. Bll. 2, 148. ZfdA 25, 271, vgl. Borchling, *Der jüngere Titurel* S. 41 f.

[3] ZfdA 12, 470. Mitteilungen d. Gesellsch. f. Salzburger Landeskunde 33 (1893), S. 1. — *Garel* hrsg. v. Walz Freiburg 1892 (vgl. Göttinger gel. Anz. 1893, 97. ZfdPh 26, 122). P. Egelkraut, *Der Einfluss des Daniel auf die Dichtungen des Pleiers* Erlangen (Diss.) 1898. *Tandarois* hrsg. v. Khull Graz 1886, vgl. Göttinger gel. Anz. 1887 S. 785. *Meleranz* hrsg. v. Bartsch Lit. Ver. 61.

[4] O. Wächter, *Mai u. Beaflor* Jena 1889 Diss. (vgl. AfdA 16, 292). Ferd. Schultz, *Die Überlieferung der mhd. Dichtung Mai und Beaflor* Kiel (Diss.) 1890. *Mai und Beaflor* (hrsg. v. Pfeiffer) Leipzig 1848. Zur Sage PBB 4, 513.

einer bösen Schwiegermutter ins Unglück gestürzt, aber aus allen Gefahren errettet und schliesslich gerechtfertigt wird.

Verschiedene Motive dieser Erzählung, wie das Buhlen des Vaters um die Tochter, die Trennung und die nach allerlei Fahrten und Abenteuern erfolgte Wiedervereinigung der Ehegatten, finden sich auch in einem sehr verbreiteten und für die mittelalterliche Erzählungsliteratur fruchtbaren Romane griechischen Stiles, dem *Apollonius von Tyrus*,[1] der in lateinischer Version schon im 9. Jahrh. vorhanden war und wohl erst nach 1312 von dem in diesem Jahre urkundlich bezeugten Wiener Arzte Heinrich von Neustadt in deutschen Versen bearbeitet wurde. Aber nur Anfangs- und Schlussteil dieser umfänglichen Dichtung schliesst sich dem Original an: ein sehr ausgedehntes Mittelstück spinnt selbständig die Abenteuer des Apollonius aus, seine Heldenthaten und Liebeserlebnisse, seine Reisen und seine Begegnungen mit den unglaublichsten Ungeheuern und Wunderdingen. Romantische Sage im Stile der Artusdichtung wie gelehrte Überlieferung im Stile der Alexander- und Ernst-Traditionen hat zu diesen Fabeleien beigesteuert. Auch in der Darstellung zeigt sich einerseits der Einfluss der höfischen Epik, insbesondere wieder Wolframs und Wirnts, andererseits das gelehrte Element, und der Dichter liebt es, hier seine medizinische und naturhistorische Wissenschaft anzubringen, wie er ein Zeugnis seiner geistlichen Kenntnisse in einem Gedichte von *gotes Zuokunft*, einer aus dem *Anticlaudianus* des *Alanus ab Insulis* und anderen Quellen geschöpften Heilsgeschichte vom Sturze Lucifers bis zum jüngsten Gerichte, an den Tag legte.[2] Mit seinem nicht unbedeutenden formellen Geschick, seiner etwas nüchternen, aber anschaulichen, entschieden realistischen Darstellungsweise und seiner massvollen Nachahmung Wolframs kann Heinrich von Neustadt als der letzte Vertreter der guten Traditionen des bairisch-österreichischen höfischen Epos gelten.

§ 27. Weit enger als die genannten Werke, enger auch als die Neubearbeitung des Herzog Ernst (§ 8, 2) und die Fortsetzung der Kaiserchronik (§ 7 a. E.) schlossen sich inzwischen einige andere bairisch-österreichische Dichtungen an Wolfram an. Ganz unverkennbar wandelt in seinen Spuren *Reinbot von Durne*, ein Baier, der nach unbekannter französischer Quelle das Leben des *heiligen Georg* im Auftrage Herzog Ottos des Erlauchten (1231—53) und seiner Gemahlin dichtete.[3] Sein Werk, dem des Verfassers grosses Selbstbewusstsein eine Verbreitung über ganz Deutschland verspricht, soll ein Seitenstück zu Wolframs Willehalm sein. Auch Georg ist der ritterliche Heilige, und Reinbot weiss die fromme Legende von ritterlichem Geiste zu erfüllen und mit ritterlichen Schilderungen zu beleben. Seine Darstellung ist bewegt, kräftig und bilderreich; seine Vergleiche und Metaphern wollen an Kühnheit die Wolframschen womöglich noch überbieten: er sucht in ihnen das Grossartige und versteigt sich dabei bis zum Bombast. Auch das Auskramen geheimnisvoller theologischer und naturhistorischer Scheinkenntnisse und auf der anderen Seite die stellenweis humoristische Einmischung von Beziehungen auf die

---

[1] M. Haupt *Opuscula* III, 1. H. Hagen, *Der Roman v. König Apollonius* Berlin 1878. S. Singer, *Apollonius von Tyrus, Untersuchungen über das Fortleben* u. s. w. Halle 1895.

[2] Heinrich v. Neustadt, *Apollonius und von Gottes Zuokunft.* Im Auszuge hrsg. v. Strobl Wien 1875 vgl. AfdA 1, 15. Khull, *Z. Überlieferung v. Gottes Zukunft.* Grazer Schulprogr. 1886.

[3] Hrsg. von v. d. Hagen u. Büsching, *Deutsche Ged. d. MA.* I; hrsg. v. Vetter Halle 1896, vgl. AfdA 25, 38. Dass Reinbot zu den Ministerialen der fränkischen Freiherrn von Durne gehört habe, wird AfdA 24, 318 vermutet. Zur Quelle vgl. Z. f. rom. Phil. 5, 506.

Gegenwart und nächste Umgebung zeigt deutlich genug die Einwirkung von Wolframs Manier.

Andere Dichter schöpfen auch den Inhalt ihrer Werke aus Wolframs Epen und suchen was der Meister unvollendet liess oder was weiterer Ausführung fähig schien in ihrer Weise fortzuspinnen. Ulrich von Türlin, vielleicht aus demselben Geschlechte wie der Verfasser der Krone, dichtete zwischen 1261 und 1269 für König Ottokar von Böhmen in zweiter Bearbeitung eine daneben auch in erster Fassung überlieferte *Vorgeschichte zum Willehalm*,[1] in welcher er die von Wolfram angedeuteten Motive zu einer Erzählung von Wilhelms Jugend, seiner Gefangenschaft bei den Heiden und der Entführung der Arabele ausgeführt hat. Auf die Bildung des Stoffes scheinen nebenbei auch Traditionen der Spielmannspoesie eingewirkt zu haben. Die Darstellung ist nicht übel, wo Ulrich in seiner eigenen, einfacheren Weise erzählt; sie wird gesucht und unnatürlich, wo er ihr Besonderheiten des Wolframschen Stiles aufzwingt, die, im Gegensatze zu Reinbot, seiner Natur augenscheinlich im Grunde fremd sind.

Bis zur vollständigen Kopie ist die Nachahmung Wolframs durchgeführt in der jedenfalls vor 1272 verfassten *Titureldichtung* eines bairisch-österreichischen Dichters Albrecht.[2] Unter Verwertung der Wolframschen Fragmente, die er interpolierte und mit Cäsurreimen versah, erzählt er in der so nach seiner Meinung verbesserten Strophenform den vollständigen Roman Sigunens und Schionatulanders, indem er ihn mit einer Geschichte des Gralkönigtums bis auf Parzival verbindet und das Ganze mit unendlich weitläufigen Erzählungen von Heidenkämpfen, Tjosten und Hoffesten, sowie mit nicht minder weitschichtigen Moralisationen, mystischen und allegorischen Ausführungen durchflicht. Wolframs Dichtungen lieferten ihm in erster Linie den Stoff; ausgebreitete Literatur- und Sagenkenntnis und eigene Erfindung thaten das Übrige. Den Kyot giebt auch er als Quelle an — mit demselben Grade von Recht, mit dem er für sein eigenes Werk Wolframs Autorschaft in Anspruch nimmt. Wirklich hat man auch dieser Fabelei lange Glauben geschenkt, obwohl er es sich nicht versagen kann, ausser Wolframs Namen, in dem er für gewöhnlich spricht, schliesslich doch auch noch den eigenen anzubringen. Die Mystifikation wurde durch zahlreiche direkte Entlehnungen und durch eine bis ins Kleinste geführte Nachbildung der Ausdrucksweise seines Vorbildes unterstützt, so sehr auch die armselige Wiederholung derselben Gedanken und Bilder und die öde Weitschweifigkeit der Darstellung von Wolfram absticht. Auch die Anschauungsweise der beiden ist eine sehr verschiedene. Das geistliche Element tritt bei Albrecht viel stärker und viel schroffer hervor, besonders auch in der Auffassung des Gralkönigtums; an Gelehrsamkeit übertrifft er seinen Meister, und so überbietet er ihn auch in geheimthuerischem Prunken mit derselben. Immerhin ist anzuerkennen,

---

[1] Hrsg. v. Singer (Bibliothek der mhd. Literatur i. Böhmen Bd. IV) Prag 1893 (vgl. AfdA 22, 50). Suchier, *Die Quelle Ulrichs v. d. T.* Paderborn 1873 (Marburger Habilitationsschrift). Germ. 31, 343 f. 430 f.

[2] Abdruck einer Heidelberger mit Ergänzungen aus einer Wiener Hs. v. Hahn *Der jüngere Titurel* Quedlinb.-Leipz. 1842. Kritisch herausgegeben ist nur die Beschreibung des Graltempels, von Zarncke, Abhh. d. sächs. Gesellsch. d. Wsch. Bd. VII Nr. 5; daselbst und bei P. Piper, *Höfische Epik* II (Kürschners Nationallit. IV, 1, 2) S. 458 auch über die hsrl. Überlieferung. C. Borchling, *Der jüngere Titurel und sein Verhältnis zu Wolfram* Göttingen (Diss.) 1896 (vgl. Literaturbl. 1898, 117). Die ZfdA 27, 158 verneinte, ZfdPh 21, 404 und ADB 30, 583 von Hamburger bejahte Frage, ob der Verfasser mit dem von Füetrer genannten Albrecht v. Scharfenberg (unten § 55, 3) identisch sei, ist noch nicht endgiltig entschieden.

dass er seinem Werke einen tieferen Gedankengehalt zu geben sucht, als es bei den meisten seiner Kunstgenossen üblich ist, und für die Bildungsgeschichte der Zeit ist dieser Versuch in einer mit den Vorstellungen des Rittertums verflochtenen Laientheologie von hohem Interesse. Wirklich wurde dieser 'jüngere Titurel' denn auch in der Folgezeit als eine Art Laienevangelium, als das tiefsinnigste Werk Wolframs verehrt und dementsprechend verbreitet.

Neben Wolframs echten Dichtungen wird auch Albrechts Titurel schon nachgeahmt in einer gleichfalls strophischen Erzählung von Parzivals Sohn *Lohengrin*,[1] die zwischen 1283 und 1290 in Baiern entstand. Nach dem Schlussberichte in Wolframs Parzival wird Lohengrin von der Gralburg in dem vom Schwane gezogenen Schiffe gen Brabant entsendet, um dort Hand und Land der Herzogin zu erwerben, die ihn dann schliesslich nach Jahren glücklicher Ehe durch die verbotene Frage nach seiner Herkunft zwingt, zum Grale zurückzukehren. Diese von Wolfram nur kurz angedeutete Geschichte führt der jüngere Dichter mit einigen Änderungen und Zusätzen ins Einzelne und legt, um nach dem Vorbilde des jüngeren Titurel und des Willehalm seinen Helden auch in Heidenkämpfen sich auszeichnen zu lassen, die Erzählung von Kriegen Heinrichs I. gegen Ungarn und Sarrazenen ein, an denen Lohengrin teilnimmt; und darauf lässt er dann noch die weitere Geschichte der sächsischen Kaiser folgen. Das ganze Gedicht aber ist, um es — wiederum nach der Weise des Titurel — Wolfram in den Mund zu legen, an ein altes Stück der auch in der Strophenform nachgeahmten Dichtung vom Wartburgkriege (§ 47, 11) angeknüpft: im Streite mit Klingsor erzählt Wolfram zum Beweise seiner höheren Kunst die seinem Gegner unbekannte Geschichte des Lohengrin. Doch scheint der Dichter diese Partie schon zusammen mit dem Anfang der eigentlichen Erzählung einem älteren thüringischen Werk entlehnt zu haben, welches später eine zweite, von der seinigen unabhängigen Bearbeitung im *Lorengel*[2] erfuhr. Für den historischen Teil benutzt er die Repgauische Chronik. Seine Erzählungsweise zeigt neben der gelehrt gespreizten, an gesuchten Umschreibungen und Bildern reichen Manier des Wartburgkrieges und des jüngeren Titurel eine kräftig realistische Färbung, Berührung mit dem Stile der Volksepik und Neigung zum Humoristischen, so dass auch vorteilhaftere Seiten der Wolframschen Richtung hier zu Tage treten, so gering auch im ganzen des Dichters Kunst ist.

ALEMANNIEN.

§ 28. Den leichteren, gefälligeren und zierlicheren Ton der alemannischen Dichtung vernehmen wir nach Gottfried zunächst in einer Bearbeitung jener schon im 12. Jahrh. behandelten Liebesgeschichte des *Flore* und der *Blancheflore* (§ 9), welche Konrad Flek etwa um 1220, jedenfalls vor Rudolfs von Ems Wilhelm verfasste.[3] Die französische Quelle,[4]

[1] Hrsg. v. Rückert, Quedlinb.-Leipz. 1858. — PBB 10, 81. Panzer, *Lohengrinstudien* Halle 1894. Elster, *D. Verhältnis des Lorengel z. Lohengrin* 1896 (Philol. Studien S. 252). — Die Anfangsbuchstaben der Stollen und Abgesänge der vom Verfasser handelnden Str. 763—5 ergeben den Namen Nouhusius, schwerlich durch Zufall, wenn auch die Form der Latinisierung des Namens für diese Zeit bedenklich ist.

[2] Hrsg. ZfdA 15, 181.

[3] Hrsg. v. Sommer Quedlinb.-Lpz. 1846. Bei Bächtold *LG* 92 Anm. Nachweise über den Namen Fleke in Urkunden der Jahre 1210—40 aus dem Schweizer Jura und in anderen schweizerischen aus späterer Zeit. Zu Brixen in Tirol urkundet ein Chûnradus Vlech i. J. 1238 (Alemannia 21, 191). Sundmacher, *Die altfranz. u. mhd. Bearbeitung der Sage v. Flore u. Blancheflur* Göttingen 1873 Diss. — Zur Sage Germ. 29, 137.

[4] Hrsg. v. Du Méril 1856.

deren Autor er Ruprecht von Orbent nennt, weicht wenig von der durch den älteren rheinischen Dichter benutzten ab; umsomehr unterscheidet sich von dessen kunstloser und knapper, am Thatsächlichen haftenden Art Fleks anmutige, durch Hartmanns und Gottfrieds Kunst frei geschulte Behandlungsweise, die vor allem das seelische Element hervorhebt, sowohl in Einzelausführungen als auch in der auf das einheitliche Grundmotiv der Liebestreue gegründeten Komposition der Dichtung. — Mit geringerem Geschick erzählt ein unbekannter, gleichfalls alemannischer und gleichfalls durch Hartmann und Gottfried beeinflusster Dichter nach französischem Vorbilde die Geschichte von der *guten Frau*,[1] die im Eingang ähnlich wie Fleks Gedicht die Liebe eines zusammen aufwachsenden jungen Paares behandelt, dann aber eine ganz andere Wendung nimmt, indem sie nach einer in verschiedenen Versionen weit verbreiteten Überlieferung berichtet, wie die beiden nach Jahren glücklicher Ehe freiwillig um Gottes willen ins Elend gehen, von einander und von ihren Kindern getrennt, und nach den wunderlichsten Zwischenfällen wieder vereint werden. Ein genealogischer Schluss bringt den Stoff in Zusammenhang mit der Karlssage, wie das wiederum auch im Flore schon geschah. — Viel weniger natürliche Grazie als Flek zeigt auch bei gleichwohl unverkennbarer Nachahmung des Gottfriedschen Stiles Ulrich von Türheim, der den *Tristan* seines Vorbildes auf Anregung eines schwäbischen Kunstfreundes, des Schenken Konrad von Winterstetten († Febr. 1243) zu Ende zu führen unternahm.[2] Er folgte dabei nicht der von Gottfried, sondern der von Eilhart benutzten französischen Version, und dem Geiste dieser Vorlage entsprechend ist auch seine eigene Auffassung des Stoffes eine rohere. Aber mit den zierlichen Floskeln Gottfriedscher Redeweise sucht er hier wie auch sogar in einer *Fortsetzung von Wolframs Wilhelm*[3] seinen Vortrag zu schmücken. Letztere dichtete Ulrich mit der grösseren Redseligkeit höheren Alters nach Winterstettens Tode im Anschlusse an den von Wolfram nicht behandelten letzten Teil der bataille d'Aliscans und deren Fortsetzungen. Ein Augsburger, Otto der Bogener, verschaffte ihm das 'wälsche Buch'; in Augsburg ist auch Ulrich in den Jahren 1236—1246 urkundlich nachgewiesen. Die Geschichte eines aus Griechenland stammenden Artushelden *Cliges* legte Rudolf von Ems im Alexander dem Konrad Flek, im Wilhelm von Orlens dem Ulrich von Türheim bei. Kürzlich aufgefundene unbedeutende Fragmente der deutschen Bearbeitung eines gleichnamigen Gedichtes des Chrétien v. Troyes zeigen nach Sprache und Reim mehr des Türheimers als Fleks Art.[4] Da sie der zweiten Hälfte der Erzählung angehören, so würde Lachmanns Hypothese, Ulrich habe einen unvollendeten Cliges Fleks fortgesetzt, damit vereinbar sein.

§ 29. Der Gönnerschaft jenes Konrad von Winterstetten hatte sich auch ein bedeutenderer Zeitgenosse Ulrichs zu erfreuen, Rudolf von Ems (Hohenems in der Schweiz), der, gleichfalls ein begeisterter Verehrer und Nachahmer Gottfrieds, doch eine wesentlich andere geistige Richtung in seinen Werken verfolgte. Dienstmann zu Montfort, hatte Rudolf bei seinem ritterlichen Berufe zugleich eine ziemlich umfängliche gelehrte

---

[1] Hrsg. ZfdA 2, 385.

[2] Hrsg. in Grootes, Hagens u. Massmanns Ausgaben von Gottfrieds Tristan.

[3] Bis auf einzelne Stücke noch ungedruckt. Inhalt und Verhältnis zu den Quellen: ZfdPh 13, 129. 277. Lohmeyer, *Die Hss. des Willehalm Ulrichs v. T.* Hallische Diss. 1883. Ph. A. Becker, *Der Quellenwert der Storie Nerbonesi* Halle 1898 (S. 62 f. Auszug aus einem Teil des W.).

[4] ZfdA 32, 123.

Bildung erworben, welche für den Charakter seiner Dichtung Bedeutung gewann. Nicht als ob er in seinen Werken mit allerlei geheimnisvollen Kenntnissen renommierte wie Wolframs Nachfolger; ihre abstruse und geschraubte Art ist ihm völlig fremd; aber er hat eine offenbare Vorliebe für gelehrte und geistliche, aus lateinischen Quellen fliessende Stoffe, und er behandelt sie in einer sittlich ernsten und religiös lehrhaften Art, welche von Gottfrieds weltfroher Sinnlichkeit weit genug absteht. Und doch hat ihn Gottfrieds Kunst so bezaubert, dass er ihn als den ersten aller deutschen Dichter feiert und durch Gottfrieds stilistische Kunstmittel die eigene, zwar klare, formgerechte und leichte, aber an sich etwas trockene Darstellung zu beleben sucht; wobei denn freilich jene beliebte variierte Wiederholung von Worten und Gedanken eine Weitschweifigkeit noch erhöht, zu der seine Erzählungsweise von vornherein neigt.[1] Aber auch der Inhalt seiner Poesie wird gelegentlich durch das Vorbild beeinflusst, und so scheut er sich nicht, Gottfrieds bekannte Charakteristik der Dichtung seiner Zeit sogar zweimal, im Alexander sowohl wie im Wilhelm, zu kopieren, indem er, beidemal allerdings ohne das feine Urteil des Meisters, einen Überblick über seine Vorgänger und Zeitgenossen giebt, der wenigstens als literarhistorische Quelle von Bedeutung ist.

Das erste seiner erhaltenen Gedichte, durch einen 1209—21 urkundlich nachgewiesenen Rudolf von Steinach veranlasst, erzählt, vermutlich nach lateinischer Quelle, die Geschichte des *guten Gerhard*,[2] eines kölnischen Kaufmannes, der ein ereignisreiches Leben in den Dienst selbstloser christlicher Nächstenliebe stellt. Sein anspruchsloses, auf irdischen Ruhm und Lohn verzichtendes Wohlthun wird der selbstgefälligen Werkheiligkeit des Kaisers Otto als ein Spiegel vorgehalten, in welchem der Weltherrscher die sittliche Überlegenheit des einfachen Bürgers erkennen muss. Die edle Auffassung, die einheitliche Komposition und die meist ansprechende Erzählung des gehaltvollen Stoffes lassen hier Rudolfs Kunst von der vorteilhaftesten Seite erscheinen. In viel breiterer Ausdehnung und in grösserer Einförmigkeit drängt sich das geistlich lehrhafte Element hervor in dem zunächst nach dem Gerhard verfassten Gedichte vom Einsiedler *Barlaam* und dem heidnischen Königssohne *Josaphat*,[3] welcher durch jenen zum Christentum bekehrt wird, schliesslich auch seinen lange widerstrebenden Vater für den wahren Glauben gewinnt und in Askese sein Leben beschliesst. Durch den Abt Wido von Kappel (urkundl. 1222—32)[4] hatte Rudolf die lateinische Quelle erhalten, Übersetzung eines griechischen, dem Johannes Damascenus zugeschriebenen Werkes, welches eine indische Buddhalegende in christlicher Umgestaltung wiedergab. Der durch die mittelalterlichen Vulgärliteraturen weithin verbreitete, auch in Deutschland noch zweimal dichterisch behandelte[5] Stoff galt mit seiner Verteidigung der christlichen Lehre gegenüber dem Heidentum und mit seiner Verherrlichung frommer Weltentsagung für ganz besonders erbaulich und belehrend. Auch Rudolf will mit seiner Dichtung die Leute nicht unterhalten, sondern bessern; aber er sucht doch auch hier dem Vortrage eine ge-

---

1 Fr. Krüger, *Stilistische Untersuchungen über R. v. E. als Nachahmer Gottfrieds* Lübeck Progr. 1896.

2 Hrsg. v. M. Haupt Leipz. 1840. Reinh. Köhler, *Kl. Schriften* I, 5, vgl. 32.

3 Hrsg. v. Pfeiffer Leipz. 1843.

4 Bächtold, *Gesch. d. d. Lit. d. Schweiz* S. 102 u. Anm.

5 Fragmente der einen Bearbeitung ZfdA 1, 127; über die andere, von einem Bischof Otto verfasste vgl. L. Diefenbach, *Mitteilungen über eine noch ungedruckte mhd. Bearbeitung des B. u. J.* Giessen 1836.

fällige, stellenweise zierliche Form zu geben, und die Erzählung der Parabeln, welche die weit ausgesponnenen didaktischen Ausführungen glücklicherweise mehrfach unterbrechen, ist meist wohl gelungen.

Ganz das Gebiet ritterlicher Unterhaltungsliteratur betrat Rudolf mit seinem *Wilhelm von Orlens*, einem umfänglichen Abenteuerroman, den er auf Anregung jenes Konrad von Winterstetten zwischen 1231 und 1238[1] und zwar eigenem Zeugnisse zufolge nach dem Gerhard und dem Barlaam verfasste. Auf Grund einer sonst unbekannten, dem späteren *Jehan et Blonde* des Philippe de Beaumanoir nahe verwandten französischen Quelle, die ihm Johann von Ravensburg verschaffte, berichtet Rudolf die mit den üblichen Turnieren, Kämpfen und Ritterfahrten ausstaffierte Liebesgeschichte jenes Wilhelm und der Amalie von England, die, wie Flore und Blancheflor, Sigune und Schionatulander, einander schon als Kinder lieben, und nach mancherlei Schicksalen endlich glücklich miteinander vereint werden. Wilhelm wird Herzog von Brabant und später auch König von England; sein Nachkomme ist jener Gottfried von Brabant, der das heilige Grab befreite. — In wie weit in dieser ihrer Zeit sehr beliebten und verbreiteten Dichtung sowie in den folgenden Werken Rudolfs ein Stillstand, eine aufsteigende oder absteigende Entwicklung seiner Kunst zu bemerken ist, lässt sich gegenwärtig, wo noch keines dieser Gedichte herausgegeben ist, nicht beurteilen.

Nachdem der Dichter mit einer jetzt verlorenen *Eustachiuslegende* noch einmal zur geistlichen Poesie zurückgekehrt war, wandte er sich in seinen letzten Werken den grossen welthistorischen Stoffen zu, welche nie ganz aus dem Gesichtskreise der mittelhochdeutschen Dichtung schwanden: dem *Alexander* und der *Weltchronik*.[2] Der *Alexander* ist unvollständig wenigstens auf uns gekommen, die *Weltchronik* blieb unvollendet; mit der Geschichte des Salomon bricht das weitläufig angelegte, mit der Weltschöpfung anhebende Werk ab. Ganz im Gegensatze zu seinen bairisch-österreichischen Kunstgenossen, welche die Dichtungen des 12. Jahrhs. benutzten, neu bearbeiteten und fortsetzten, verhält Rudolf sich hier vornehm ablehnend gegen die alte ungelenke Poesie. Er sucht sich selbst seinen Stoff aus den lateinischen Quellen zusammen; für den Alexander vor allem aus der *historia de praeliis* und aus dem Curtius Rufus, für die Weltchronik aus der Bibel und aus des Petrus Comestor *historia scholastica;* daneben aber zieht er noch in beiden Werken anderweitige gelehrte Literatur herbei.[3] Seine Aufgabe fasst er mehr als Historiker denn als Dichter auf; um Richtigkeit und Vollständigkeit seines Berichtes ist es ihm in erster Linie zu thun, und die Anekdotenjägerei der Kaiserchronik und des Jansen Enikel liegt ihm fern, wenngleich auch bei ihm die Kritik und das Verständnis seiner Quellen immerhin noch ziemlich mangelhaft bleibt. Nicht in der Auswahl und Anlage des Stoffes, sondern in der gebildeten und fliessenden Form der freilich wiederum recht

[1] Germ. Stud. I, 5 f. Inhalt des Wilhelm *Anz. f. Kunde d. d. MA.* 1835 S. 27, u. Casparson, *Wilhelm von Oranse* S. VII f. V. Zeidler, *Untersuchung des Verhältnisses der Hss. von R. v. E. Wilhelm v. O.* Prag 1894; Ders. *Die Quellen von R. v. E. Wilhelm v. O.* Berlin 1894 (vgl. ZfdPh 27, 421. AfdA 21, 233. Literaturbl. 1895, 365).

[2] Andere setzen freilich den Alexander vor den Wilhelm. Unbedingt entscheidende Gründe liegen weder für die eine noch für die andere Annahme vor. Jedenfalls nennt Rudolf im Wilhelm als seine Werke nur den Gerhard und den Barlaam, im Alexander ausserdem noch den Eustachius; sich selbst bezeichnet er im Wilhelm als einen Knappen. Vgl. Germ. 24, 1.

[3] Ausfeld, *Über die Quellen zu Rudolfs v. E. Alexander.* Donaueschingen 1884 Progr. O. Zingerle, *Die Quellen z. Alexander d. R. v. E.* (Germ. Abhh. IV) Breslau 1885.

weitläufigen Erzählung liegt das poetische Verdienst dieser Werke. Im Gegensatze zum Alexander fand die Weltchronik weite Verbreitung; aber zum Teil in einer wesentlich anderen Gestalt als der Verfasser sie ihr gegeben hatte.[1] Nach dem Vorbilde von Rudolfs Werk wurde nämlich wenig später derselbe Gegenstand unter stärkerer Benutzung von Gottfrieds von Viterbo *Pantheon* durch einen Dichter behandelt, welcher seine nur bis ins Buch der Richter geführte Arbeit Landgraf Heinrich dem Erlauchten von Thüringen (1247/88) widmete. Diese, nach den Anfangsworten gewöhnlich die *Christ-Herre-Chronik* genannt,[2] wurde dann mit Rudolfs Gedicht contaminiert,[3] mit Zusätzen versehen und fortgesetzt, eine Arbeit, der sich besonders Heinrich von München (nach 1300) unter Benutzung von Jansen Enikels Weltchronik und allerlei anderen Dichtungen unterzog. Schliesslich wurde Rudolfs Chronik mit ihren späteren Umformungen in Prosa aufgelöst. Auf Wunsch König Konrads IV. hatte der Dichter sein Werk unternommen, dessen letztes Stück ihn zwischen 1250 und 1254 beschäftigte; an der Vollendung hinderte ihn der Tod, den er nach Angabe seines ältesten Fortsetzers 'in wälschen Reichen' fand.

§ 30. Wenige Jahre nachdem Rudolf von Ems seine letzte Dichtung abgebrochen hatte, trat der hervorragendste unter den Nachfolgern Gottfrieds mit seinen Erstlingswerken hervor. Es war Konrad von Würzburg, ein bürgerlicher Dichter von Beruf, der, wenn er den Zunamen wirklich von seinem Geburtsorte trug, seine Kunst doch jedenfalls in Alemannien ausübte. Denn von denjenigen unter seinen Gedichten, für welche ein bestimmter Entstehungsort überhaupt nachgewiesen ist, stammen zwei (Otte und ein Lobspruch) aus Strassburg, alle übrigen aber aus Basel, wo Konrad bis zu seinem 1287 erfolgten Tode wohnte.

Die am 17. Mai 1257 in Aachen mit grossem Glanz und unter zahlreicher Beteiligung deutscher Fürsten und Ritter gefeierte Krönung des freigebigen Richard von Cornwallis und dessen Rivalität mit Alfons von Castilien scheint Konrad auf den Gedanken gebracht zu haben, in seiner ersten Dichtung (oder wenigstens einer der ersten), dem *Turnier von Nantes*, einen König Richard von England an der Spitze deutscher Fürsten dem Könige von Spanien und anderen romanischen Fürsten, die unter Frankreichs Führung fechten, im Kampfspiele gegenüber zu stellen. Das mit einem gewiss nicht tendenzlosen Lob der Freigebigkeit Richards beginnende und endigende kleine Gedicht giebt ausser den Kampfschilderungen vor allem eine ausführliche und heraldisch genaue Beschreibung von dem Wappen der Beteiligten. Aber dieser überaus dürftige Inhalt wird immerhin schon in reiner, fliessender und gefälliger Form geboten, wenn auch noch ohne zierlichen Vers- und Redeschmuck.[5] Viel ansprechendere Gegenstände behandeln, mit Ausnahme eines obscönen Schwankes von nicht zweifelloser Echtheit,[6] einige zeitlich vielleicht zunächst folgende kleinere poetische Erzählungen Konrads: die nur fragmentarisch überlieferte vom *Schwanritter*,[7] welche den Kern der im

[1] Vilmar, *Die 2 Rezensionen u. die Handschriftenfamilien der Weltchronik d. R. v. E.* mit Auszügen. Marburg 1839 — ZfdPh 9, 461; 12, 257. 387; 13, 29. 165.

[2] Einzelne Stücke daraus z. B. germ. Studd. 2, 178.

[3] Eine solche Mischredaktion hrsg. v. G. Schütze, *Die histor. Bücher des AT in einer gereimten Übersetzung* Hamburg 1779.

[5] Konrads v. W., *Partonopier u. Meliur. Turnei von Nantheiz. Sanct Nicolaus* (vgl. ZfdA 19, 228) *Lieder und Sprüche.* Hrsg. v. Bartsch Wien 1874. — ZfdA 28, 133.

[6] Konrad v. W., *Diu halbe bir* hrsg. v. Wolff Erlangen 1893. Bei allen augenfälligen Übereinstimmungen bleibt immerhin ein Rest unerklärter Abweichungen von Konrads Sprach- und Versgebrauch. Vgl. Archiv f. d. Stud. d. neuer. Sprachen 91, 434.

[7] Hrsg. v. F. Roth Frankf. 1861; vgl. ZfdA 42, 1.

Lohengrin bearbeiteten Sage ohne Verknüpfung mit der Gralsage und sonstiges Beiwerk, auch ohne die dort genannten Namen berichtet; ferner die nach unbekannter lateinischer Quelle für den Strassburger Dompropst von Tiersberg[1] zwischen 1260 und 1275 bearbeitete, auch in verschiedenen Chroniken berührte Geschichte vom Kaiser *Otto* und dem schwäbischen Ritter Heinrich von Kempten, der sich in schlimmer Bedrängnis am Kaiser vergreift, von diesem verbannt und schliesslich, da er ihm das Leben rettet, wieder zu Gnaden aufgenommen wird; endlich das *Herzemære*, welches einen sehr verbreiteten, insbesondere durch Uhlands Castellan von Couci wieder bekannter gewordenen Stoff behandelt und zwar in trefflicher, nicht nur durch Gottfrieds Stil beeinflusster, sondern auch vom Geiste des Gottfried'schen Minnekultus durchwärmter Darstellung.[2] Eben diese Vorzüge zeichnen auch die umfänglichere Dichtung von *Engelhart* und Dietrich aus,[3] eine nach lateinischer Quelle verfasste Erzählung aus jenem grossen Kreise der Freundschaftssagen, welchem auch die Geschichte von Athis und Prophilias angehörte. Die Freundestreue, welche Dietrich dem Engelhart bewährt, indem er sich für ihn dem Gottesurteil unterzieht, und welche dieser jenem vergilt, indem er ihn durch das Blut der eigenen Kinder vom Aussatze heilt, wird als Grundmotiv der Fabel hervorgehoben und festgehalten, so dass hier, trotz der besonders in der Liebesepisode von Engelhart und Engeltrut weiter und breiter ausgesponnenen und mehr ins Detail geführten Art der Erzählung, doch die Einheit der Anlage so gut wie in jenen kleineren Gedichten gewahrt bleibt.

Dagegen fehlt dem Dichter die Gabe, auch weitschichtigere und verwickeltere Stoffe künstlerisch zu beherrschen und zu gliedern. Das zeigen seine beiden grossen ritterlichen Romane *Partonopier*[4] und der *Trojanische Krieg*. Den ersteren bearbeitete Konrad wahrscheinlich im Jahre 1277 auf Veranlassung des Baseler Patriziers Peter Schaler im Anschluss an eine französische Dichtung des Denis Pyramus,[5] welche die auf einer Umformung des Amor-Psychemythus beruhende Liebesgeschichte des *Partonopeus von Blois* und der Fee *Meliur* in Verbindung mit allerlei ritterlichen Abenteuern behandelte. Heinrich Marschant, gleichfalls ein Baseler (urkdl. 1273/96), verdeutschte ihm das Werk, und zwar scheint das stückweise während der Arbeit geschehen zu sein, so dass Konrad, als er ans Werk ging, noch keinen dichterischen Plan für dasselbe, ja noch nicht einmal einen Überblick über seinen Stoff hatte. So lag es ihm denn natürlich auch fern, die Haupthandlung deutlicher über das verwirrende Beiwerk zu erheben, welches sie in seiner schon durch einen Fortsetzer bearbeiteten Vorlage umgab; ja er bringt sogar noch Widersprüche hinein, und während er im einzelnen Motive bessert und durch Einfügung hübscher Bilder und Gleichnisse, durch kunstvolle, besonders dem Seelischen zugewandte Ausführungen von Schilderungen und Reden die Darstellung zu beleben und zu schmücken sucht, wird die Gesamtanlage eher verschlechtert; zumal Konrad bei seinen Zuthaten nicht Mass zu halten weiss und so das Missverhältnis zwischen dem Inhalt der Fabel und dem Umfang der Erzählung nur noch steigert. — Nicht anders ist es mit der

---

1 ZfdA 38, 27.

2 *Otte und Herzemære* b. Lambel, *Erzähl. u. Schwänke* Nr. 6. 7.

3 Nach einem alten Drucke kritisch hergestellt v. Haupt Leipz. 1844, 2. Ausg. v. E. Joseph 1890.

4 S. S. 219 Anm. 5.

5 Hrsg. v. Crapelet Paris 1834. Vgl. Germ. Stud. 2, 55 und van Look, *Der Partonopier Konrads v. W. und der Partonopeus.* Strassb. Diss. 1881.

Bearbeitung des *Trojanischen Krieges*,[1] bei welcher es Konrad mehr auf die Anhäufung als auf die Sichtung des Stoffes anzukommen scheint. Wie Herbort folgt er in erster Linie dem Benoît, neben dem er nur noch den Dares nennt; aber was er zur Ergänzung seiner Hauptquelle an Traditionen des trojanischen Kreises zusammenträgt, stammt vor allem aus Ovids Heroiden und Metamorphosen und aus Statius Achilleis.[2] Die Verbindung wird teilweise nur ganz äusserlich hergestellt, und über der hübschen und behaglichen, mit den bekannten Kunstmitteln ausgeschmückten und ausgesponnenen Behandlung des Einzelnen geht wieder der Blick auf das Ganze verloren. Das in seinen letzten Lebensjahren auf Veranlassung des Baseler Singers Dietrich an dem Orte begonnene Werk hat Konrad bis auf mehr denn 40000 Verse gebracht, ohne es zu vollenden; ein unbekannter, weit weniger gewandter Dichter hat es mit einer anderen Quellen folgenden, kürzer gehaltenen Fortsetzung abgeschlossen.[3] Konrads Trojanerkrieg ist ein durchaus höfisch-ritterliches Gedicht. Was der Verfasser antiken Quellen entnahm, wird genau in dasselbe mittelalterliche Kostüm gesteckt, welches schon Benoîts Erzählung trug. Die Götter werden zu zauberkundigen Menschen, die Heroen zu Rittern, deren Tjoste und Liebesabenteuer im Geiste der Artusromane geschildert werden. Der Verherrlichung des Rittertums und der Minne ist dies Epos so gut wie die anderen weltlichen Dichtungen Konrads gewidmet.

Aber auch das geistliche Element ist seiner Poesie nicht fremd. Eine Verschmelzung desselben mit den ritterlichen Idealen in Wolframs Sinne lag freilich dem Nachfolger Gottfrieds fern; aber er suchte doch getrennt dem einen wie dem andern gerecht zu werden. In einer kleinen wohl noch vor der Baseler Zeit verfassten Erzählung, *der werlde lôn*,[4] hatte er berichtet, wie dem Wirnt von Grafenberg, einem Muster aller ritterlichen Tugend, die Frau Welt in Gestalt eines wunderschönen Weibes erschienen sei, um ihn den Lohn für den treulich ihr geleisteten Dienst sehen zu lassen, worauf sie ihm denn ihren von greulichem Ungeziefer wimmelnden und zerfressenen Rücken gezeigt, ein Memento mori, welches Wirnt getrieben habe, in einer Kreuzfahrt sein weltliches Leben zu büssen. In Basel bearbeitete Konrad dann auf Veranlassung verschiedener Gönner mehrere Heiligenlegenden nach lateinischen Quellen: die des *Alexius*,[5] welche schroffeste Weltentsagung, die des *Pantaleon*,[6] welche christliches Märtyrertum, und die des Papstes *Silvester*,[7] welche mit breiteren dogmatischen Ausführungen den Sieg der christlichen Lehre über Judentum und Heidentum verherrlichte. Die heilige Jungfrau wollte der Dichter in einem lang ausgesponnenen Panegyricus, der *goldenen Schmiede*,[8] mit seinem Lobe wie mit einem kunstvoll aus Gold und Edelsteinen gewirkten Geschmeide zieren; und alle jene herkömmlichen, zumeist aus Bibel und Physiologus stammenden Bilder, mit welchen mittelalterliche Poesie und Theologie die Mysterien jungfräulicher Mutterschaft und göttlicher Menschwerdung symbolisierte, reiht er in diesem Gedichte wie in einer unabsehbaren Kette an einander, ohne klare Disposition und ohne viel selbständige Zuthaten, aber in gleichmässig fliessender, gewandter und wohllautender Form.

[1] Hrsg. v. Keller Lit. Ver. 44; dazu Anm. v. Bartsch Lit. Ver. 133.
[2] Vgl. S. 188 Anm. 4; 189 Anm. 1.
[3] G. Klitscher, *Die Fortsetzung zu Konrads v. W. Trojanerkrieg* Breslau Diss. 1891.
[4] Hrsg. v. Roth Frankf. 1843; auch in Beneckes Wigalois.
[5] Hrsg. v. R. Henczynski (Acta germ. VI. 1) 1898.
[6] Hrsg. ZfdA 6, 193.
[7] Hrsg. v. W. Grimm Göttingen 1841.
[8] Hrsg. v. W. Grimm Berlin 1840.

Eine seinen erzählenden Dichtungen fremde theologisch-mystische Gelehrsamkeit, wie sie dieser in die epische Versform gekleidete Hymnus zeigt, ist in Konrads *Lyrik*[1] vielfach zu verfolgen. Denn auch da fehlt das geistliche Element nicht. Einem *Tanzleiche*, der die entschlafene Venus und den bogenbewehrten Amor auffordert, der Herrschaft des Mars ein Ende zu machen, steht ein *Leich an Gott* gegenüber, welcher sich ganz in den Bildern der in der goldenen Schmiede vertretenen Gattung bewegt, und ähnliche *Sprüche* geistlichen Inhalts sind neben solchen vertreten, welche weltliche Frauen- und Rittertugenden, Freigebigkeit und Kargheit der Vornehmen, persönliche Beziehungen und Verwandtes, teilweise in der Form des *bîspel*, behandeln. Den Sprüchen stehen die *Lieder* sehr nahe. Auch sie haben meist etwas Lehrhaftes; neben der schönen Jahreszeit preisen sie die Minne als solche, das weibliche Geschlecht im allgemeinen; das persönliche und damit das eigentlich lyrische Element fehlt ihnen; und wenn nun gar an die herkömmlichen Naturschilderungen die beliebten Strafreden gegen die geizigen Herren geknüpft werden, so ist da die Grenze zwischen Lied und Spruch vollends verwischt. — Kargheit und *milte* spielen eben naturgemäss wie im Leben so im Dichten des auf den Erwerb aus der Poesie Angewiesenen eine hervorragende Rolle. Nicht nur das eigene Wohl und Wehe, auch das Schicksal der Kunst hängt von dem guten Willen, dem Interesse und dem Verständnis der Gönner ab. Mit den letzteren ist es zur Zeit schlecht bestellt: Dichterlinge werden gefördert, wahre Künstler müssen darben. Aus diesem Gedankenkreise heraus hat Konrad ausser den bezüglichen Liedern und Sprüchen auch, vermutlich schon ziemlich früh, eine strophische *Klage der Kunst*[2] gedichtet, in welcher die verkörperte Kunst in förmlicher Gerichtsverhandlung ihre Beschwerden vorbringt. Die in der Folgezeit sehr beliebte Gattung der weltlichen Allegorie leitete er mit dieser Dichtung ein.

So zeigen auch Konrads Klagen deutlich genug, wie die höfische Poesie allmählich den Boden unter ihren Füssen schwinden fühlte. Er selbst liess sich dadurch nicht irre machen. Er dachte hoch genug von der Kunst, um schon in ihrer blossen Ausübung reichen Lohn zu finden, auch wenn der äussere Erfolg mangelte (Troj. Kr. 178 ff.). Die Poesie gilt ihm als eine erhebende Gottesgabe, welche kein Mensch lehren noch lernen könne (das. 69 ff.). Ihm selbst war dies Talent zu Teil geworden. Er hat unzweifelhaft mehr natürliche Empfindungs- und Darstellungsgabe als Rudolf von Ems. Das Vorbild Gottfrieds von Strassburg blickt auch in seinen Dichtungen allerorten durch, aber er ist nicht nur ein Nachahmer sondern in gewisser Weise ein Geistesverwandter des Meisters. Seine Liebesepisoden erinnern an Gottfrieds Auffassung von der Minne; über seinen Naturschilderungen liegt etwas von der heiteren Anmut Gottfriedscher Darstellung; in der sichern Beherrschung der metrischen Form ist er seinem Meister völlig ebenbürtig, und die Mittel des Redeschmuckes, welche er ihm absah, machen bei Konrad nicht den Eindruck des Angelernten, sie harmonieren mit seinem von Natur Gottfried verwandten, behaglich und leicht fliessenden, zierlichen Stil. Ihre Anwendung, die schon bei Gottfried einen übermässigen Wortreichtum zur Folge hatte, leistet freilich bei Konrad, der sie weniger geistreich handhabt, einer ermüdenden Breite Vorschub. Insbesondere übertreibt er jene Zerdehnung

[1] S. S. 219 Anm. 5.
[2] Hrsg. v. Joseph QF 54.

ein und desselben Begriffes in verbundene Synonyma, ein und desselben Gedankens in Parallelsätze, und Gottfrieds farbenreiche Variation verblasst hier bis zu leerer Tautologie. Diese Breite seiner Erzählung wird noch gesteigert durch den Mangel des Kompositionstalentes, durch die Unfähigkeit, das dichterisch Bedeutende vom Nebensächlichen und Zerstreuenden zu scheiden. Selbst um das poetisch Unbrauchbare, ja auch nur das Abstossende durchweg zu vermeiden, fehlt es ihm an der Feinfühligkeit des Geschmackes. Einen solchen Turnierbericht, wie er ihn zum Gegenstande einer besonderen Dichtung machte, überliess Gottfried den Garçons, welche die Speertrümmer aufsammeln. Die Beschreibung des Aussatzes vermied Hartmann im Armen Heinrich mit gutem Takt; Konrad schenkt sie uns im Engelhart nicht, so wenig wie an anderem Orte die ekle Schilderung der Frau Welt, oder die der Martern des heiligen Pantaleon. Freilich ist er weit entfernt von dem rohen Behagen, mit welchem spätere Legenden dergleichen darstellen; aber eine Vernüchterung und Abstumpfung des ästhetischen Gefühls ist doch auch schon bei ihm gegenüber den grossen Epikern nicht zu verkennen. Selbst in der Behandlung der metrischen Form, deren Technik er doch so vollendet handhabt, geht er bis über die Grenzen des guten Geschmackes hinaus. Nicht in den epischen Dichtungen, obwohl der Eingang des Engelhart schon eine etwas gekünstelte Form zeigt; aber wenn Konrad lyrische Strophen baut, in welchen jede Silbe jedes Verses reimt, so opfert er schon die Poesie dem Virtuosentum. Den späteren Lyrikern werden zwar dergleichen Kunststückchen neben seinen geistlich-gelehrten Produktionen ganz besonders imponiert haben, und ihnen wird er es zumeist verdanken, dass jene ihn als einen der 12 grossen Meistersinger feierten. Aber auch seine besseren Leistungen fanden Anerkennung und Nachahmung. Seine besonders wohlgelungenen kleineren Erzählungen wurden ähnlich wie die des Strickers ein Vorbild für andere Dichtungen dieser Gattung und auch seine grösseren Werke blieben nicht ohne Einfluss auf die Epik der Folgezeit.

§ 31. Sowohl in der weltlichen wie in der geistlichen spätalemannischen Epik zeigt sich dieser Einfluss, dem jedoch auch der des Rudolf von Ems zur Seite tritt und der hin und wieder durch das Einwirken der bairisch-österreichischen Dichtung durchkreuzt wird. So in der Legende von der heiligen *Martina*, welche der schwäbische Deutschordenskomthur Hugo von Langenstein (urkdl. 1282/98) nach einer im Jahre 1293 empfangenen lateinischen Quelle dichtete.[1] Durch breite Darstellung und Einflechten von weitläufigen theologischen und moralischen Exkursen brachte er sein Werk auf 33000 Verse. Konrads Erzählungsweise giebt den Grundton an, und die goldene Schmiede hat Hugo nachgeahmt; aber auch Reinbots Georg schwebte ihm vor, und die Anwendung dreifachen Reimes am Schlusse der Absätze mag gleichfalls auf den bairisch-österreichischen Einfluss zurückzuführen sein. — Durch Stilmittel, die er dem Konrad von Würzburg abgesehen, sucht auch der Schweizer Walther von Rheinau seinem kaum noch im 13. Jahrh. aus der *vita beatae Mariae virginis et salvatoris metrica* übersetzten *Marienleben*[2] hie und da eine etwas lebendigere und anmutigere Form zu geben; Rudolf von Ems,

[1] Hrsg. v. Keller Lit. Ver. 38. Vgl. Alemannia 17, 211. 18, 57.

[2] Hrsg. v. Keller in 4 Tübinger Universitätsprogrammen 1849—55. — Voegtlin, *Walther v. Rh.* Strassb. Diss. 1886. ZfdA 32, 337. Die lat. Quelle hrsg. v. Voegtlin Lit. Ver. 180. ADB 28, 378 (E. Schröder).

auch wohl schon geistliche Nachahmer desselben, mögen daneben den geringen poetischen Zuwachs beeinflusst haben, welchen die deutsche Darstellung gegenüber der sonst sehr getreu befolgten lateinischen Quelle aufzuweisen hat. — In viel freierer Weise gestaltet nach 1298 ein unbekannter Alemanne die Geschichte *Johannes des Täufers* und der *Maria Magdalena* zu einem ganz im höfischen Geschmacke gehaltenen Epos aus, welches dem Tristan und Wigalois Konkurrenz machen soll und daher auch dem Unterhaltungsbedürfnis durch Schilderungen im weltlichen Stile nach Kräften entgegen zu kommen sucht.[1]

Mit ausgebreiteter Kenntnis der höfischen und der volksmässigen Epik und doch wiederum besonders nach dem Vorbilde Konrads erzählte ein gelehrter alemannischer Dichter von Beruf nach 1291 die weitläufige Geschichte eines *Reinfried von Braunschweig*, auf den er eine durch die Herzog-Ernst-Dichtung stark beeinflusste Sage von der Orientfahrt und wunderbaren Heimkehr Herzog Heinrichs des Löwen mit freier Umgestaltung und Erweiterung übertrug.[2] Klagen über die Verrohung der Sitten, über das Schwinden des Kunstsinnes, über schlechte Aufnahme der Dichtung eröffnen auch hier wieder den Blick auf ein den Idealen und der Poesie des Rittertumes mehr und mehr entfremdetes Zeitalter. Dass aber trotzdem die alten romantischen Stoffe auch jetzt ihre Anziehungskraft noch nicht ganz eingebüsst hatten, zeigt der nach dem Vorbilde von Hartmanns Iwein erfundene, aber auch durch Stricker und Pleier beeinflusste Artusroman *Gauriel von Muntabel.*[3] Der Verfasser, nach der Angabe einer Handschrift Meister Konrad von Stoffeln genannt und vielleicht einem Hegauischen Geschlechte dieses Namens angehörig, jedenfalls aber ein Alemanne, hatte freilich nicht die poetische Begabung, um diese Gattung aufs neue zu beleben. Wenn er auch noch leidlich zu erzählen versteht, seine Erfindung ist geschmacklos genug, und selbst seine Berufung auf eine spanische Quelle, mit der er derartige Fiktionen der bairisch-österreichischen Romanfabrikanten überbietet, hat seinem Werke kein Ansehen zu verschaffen vermocht. — Wie der Gauriel und der Reinfried, so bietet auch der im Jahre 1314 von Johann v. Würzburg zu Esslingen vollendete *Wilhelm von Österreich* einen Beleg dafür, dass schliesslich auch die alemannischen Dichter von dem treuen Anschluss an fremde Vorlagen zur Bildung ihrer Stoffe nach einheimischen Mustern übergehen.[4] Mancherlei Sagenmotive hat Johannes für diesen bunten, vorgeblich aus der lateinischen Aufzeichnung eines seiner Helden geschöpften Abenteuer- und Liebesroman benutzt, mit welchem er den Herzögen Friedrich und Leopold von Österreich eine Huldigung darbrachte. Besonders hat Rudolfs von Ems Wilhelm auf den Inhalt eingewirkt, und auch in dem Streben nach zierlicher, geschmückter Darstellung zeigt sich sein sowie Gottfrieds Einfluss. Der Wilhelm von Österreich scheint das letzte höfische Epos auf alemannischem Boden zu sein, in dessen Form sich die dort im 13. Jahrh. ausgebildete Tradition noch lebendig zeigt.

---

[1] Auszug von J. Haupt Wiener SB. 34, 279 ff. — Bezugnahme auf den Tod König Adolfs durch Albrecht 1298 und auf die Gefangensetzung eines Papstes durch den andern, die ich — abweichend von Haupt — auf die Cölestins V. durch Bonifacius VIII. (1294—5) deute.

[2] Hrsg. v. Bartsch Lit. Ver. 109. K. Eichhorn, *Reinfriedstudien* I. Meiningen Progr. 1892. PBB 23, 358. Zur Sage Germ. 31, 151.

[3] Hrsg. v. Khull Graz 1885. Vgl. AfdA 12, 261.

[4] Auszug ZfdA 1, 214. Eine bessere Vorstellung von der Form des Gedichtes als die dort benutzte schlechte Hs. giebt die Mitteilung in Aretins *Beiträgen* 9, 1203 und das ZfdA 27, 94 abgedruckte Fragment.

Mitteldeutschland.

§ 32. In Mitteldeutschland bekundet die ritterliche Epik meist nähere Verwandtschaft mit der bairisch-österreichischen als mit der alemannischen Dichtungsweise, wie sie denn auch nicht sowohl in den westlichen als in den mittleren und östlichen Gebieten gepflegt wird. Die Darstellung entbehrt des eleganten Redeschmuckes; sie lehnt sich mehr an den volksmässigen Stil, und wo daneben ein höfisches Vorbild befolgt wird, ist es vor allem Wolfram von Eschenbach. Neben der Form der gleichmässigen Reimpaare wird auch hier dreireimiger Schluss der Absätze stellenweise durchgeführt, und die strophische Form ist wenigstens durch ein Beispiel vertreten. Den geringen Fragmenten eines sonst nicht nachgewiesenen Artusromanes von dem Griechen Manuel und der spanischen Amande (ZfdA 26, 297) fehlen zwar diese Merkmale, aber die umfänglichern eines inhaltlich dem Meraugis de Portlesguez des Raoul de Houdenc nahe verwandten Gedichtes von *Segremors*[1] zeigen jene dreireimigen Abschlüsse, die eines solchen von *Blanschandin*,[2] für welche eine französische Quelle vorliegt, verraten Wolframs Einfluss. Unverkennbar tritt dieser auch hervor in den Werken des Berthold von Holle, eines hildesheimischen, also niederdeutschen Dichters aus ritterlichem Geschlecht (urkdl. 1251—70), welcher überhaupt, wie im Stile so auch im Versbau und in den Reimen, die Einwirkung der hochdeutschen Dichtersprache kundgiebt.[3] Unter stellenweiser Anlehnung an den Inhalt anderer Epen verfasste Berthold seine drei ausserhalb des Artuskreises stehenden, mehr historisch gefärbten Erzählungen von den Heldenthaten und Liebeserlebnissen des *Demantin*,[4] des *Darifant* und des *Crane*.[5] Motive aus Volksepen, aus Wolframs Parzival und auch aus Hartmanns Iwein fanden in den *Demantin*, solche aus dem Graf Rudolf fanden in den auf mündliche Mitteilung des jungen Herzogs Johann von Braunschweig zurückgeführten Inhalt des Crane Eingang. Die Komposition jener ersten Dichtung ist eine ziemlich zerfahrene, während die des Crane durch festere Verkettung mit der sittlichen Grundidee der nationalen Epik, der Idee der Treue, schon einheitlicher und fester gestaltet ist. Vom Darifant haben sich nur unbedeutende Bruchstücke erhalten, während der Crane noch im 15. Jahrhundert in Norddeutschland so beliebt war, dass er nicht nur kopiert, sondern auch in Prosa bearbeitet und einem Fastnachtspiel zu Grunde gelegt wurde.[5] — Eine Mischung von Elementen volksmässiger und Wolframscher Dichtung im Stoffe wie im Stile charakterisiert auch die geringen Fragmente des strophischen Epos von *Tirol und Fridebrant*,[6] welches sich jedoch noch mehr als Bertholds Dichtungen an Wolfram angelehnt haben wird; die Rolle des Fridebrant selbst stammt augenscheinlich aus dem Parzival. Reicheres Material zur Verfolgung von Wolframs Einfluss bieten die umfänglichen Werke des Böhmen Ulrich von Eschenbach, der mit den Königen Ottokar II. und Wenzel II. in Beziehung stand. Dem Wenzel widmete Ulrich eine für Ottokar i. J. 1270—1 begonnene, nach 1284 vollendete *Alexanderdichtung*,[7] welche er nach der

---

[1] Hrsg. Altd. Bll. 2, 152; ZfdA 11, 490; Germ. 5, 461. Vgl. Germ. 18, 115. — Meraugis hrsg. v. Michelant 1869, vgl. Hist. lit. de la France XXX, 262.

[2] Hrsg. mit Vergleichung der französischen Quelle Germ. 14, 68.

[3] PBB 16, 1. 346. 452.

[4] Hrsg. v. Bartsch Lit. Ver. 123. Vgl. AfdA 1, 256 (Germ. 23, 507. 27, 406).

[5] Hrsg. mit Fragmenten des Demantin und denen des Darifant von Bartsch, *Berthold von Holle* Nürnb. 1858. Über das Fortleben des *Crâne* s. Niederd. Jahrb. 18, 114.

[6] Hrsg. ZfdA 1, 7.

[7] Hrsg. v. Toischer Lit. Ver. 183, vgl. Wiener SB. 97, 311 f., wo S. 404 f. eine genauere Zeitbestimmung versucht wird: Buch I—V in den Jahren 1270—8, VI—VII 1278—83, VIII—X 1283—7.

Alexandreis des Gualtherus de Castellione unter Mitbenutzung der historia de proeliis und anderer Quellen, aber auch unter Einmischung von selbständigen Zuthaten und Entlehnungen aus Wolframs Gedichten in 10 Büchern ausarbeitete. Ein elftes Buch fügte er erst hinzu, nachdem er inzwischen (nach 1287 vor 1294, vielleicht 1289—90) den König Wenzel unter dem Bilde des *Wilhelm von Wenden*[1] in einer Dichtung verherrlicht hatte, deren Stoff er sich aus Erlebnissen Wenzels und einer Version eben jener Sage zusammensetzte, welche in dem Gedichte von der guten Frau (§ 28, 2) behandelt war. — Einen historischen Helden wählte sich auch ein schlesischer Dichter, indem er des thüringischen *Landgrafen Ludwigs des Frommen Kreuzfahrt*[2] vom Jahre 1190 nach einer bunten Mischung schriftlicher und mündlicher, historischer und sagenhafter Tradition poetisch bearbeitete. Die im Auftrage des Herzogs Bolko II. von Münsterberg zwischen 1301 und 1305 verfasste, recht ungeschickte und trockene Erzählung hat stellenweise geistliche Färbung; daneben aber verrät, wie bei Ulrich, die Darstellungsweise wiederum die Nachahmung des vom Dichter mehrfach erwähnten Wolfram auf das deutlichste.

Dass jedoch dieser ausgebreitete Einfluss Wolframs auf die mitteldeutsche ritterliche Poesie der Gottfriedschen Richtung nicht ganz den Eingang sperrte, zeigt die entschieden in Gottfrieds Geist und Stil gedichtete *Fortsetzung seines Tristan* durch Heinrich von Freiberg.[3] Der Dichter hatte schon zwei unbedeutende kleinere Stücke verfasst — eine *Legende vom hl. Kreuze*[4] und eine Beschreibung der zwischen 1293 und 96 anzusetzenden *Ritterfahrt* des böhmischen Herrn *Johann von Michelsberg* nach Frankreich,[5] die stilistisch noch unter Wolframs Einfluss steht — als er auf Wunsch eines anderen böhmischen Edeln, des bis zum Jahre 1317 nachweisbaren Raimund von Lichtenburg, Gottfrieds Werk zu vollenden unternahm. Auch Heinrich folgt wie Türheim, den er kannte, wesentlich der Berol-Version, obwohl er den Thomas als Quelle fingiert; auch bei ihm ist die Auffassung und Behandlung einzelner Motive dementsprechend eine etwas derbere; in seine Sprache fanden volksmässige Formeln und einzelne Wolframsche Ausdrücke und Wendungen Eingang. Aber bei alledem ist doch Gottfried zweifellos das eigentliche und höchste Vorbild seiner Kunst, und neben Konrad von Würzburg ist es niemand so wie ihm gelungen, jenes anmutig heitere Kolorit der Erzählung, jene zierlich spielende Redeweise, jenen leichten Fluss der Verse des Meisters zu treffen. Ein hübscher anonymer Schwank vom *Schrätel und dem Wasserbär*[6] steht dem gereiften Kunststil Heinrichs so nahe, dass wir ihn wohl als ein Werk seiner Blütezeit in Anspruch nehmen dürfen. Wie in Österreich Heinrich von Neustadt, in Alemannien Johann von Würzburg, so ist in Mitteldeutschland Heinrich von Freiberg der letzte Vertreter des höfischen Epos in ausgebildeter Kunstform; und er ist der Gewandteste unter den Dreien.

§ 33. Von naturgemäss ernsthafterer und einfacherer Färbung, steht die mitteldeutsche Legende gleichwohl mit ihrer klaren und glatten, auch

---

[1] Hrsg. v. Toischer Prag 1876 (vgl. Jenaer Literaturzeit. 1876, 752). Über Ulrichs Leben: Mitteilungen des Vereins f. Gesch. d. Deutschen i. Böhmen 28, 232; über sein Verhältnis zu *Herzog Ernst D* s. ob. S. 175 Anm.

[2] Hrsg. v. v. d. Hagen Leipz. 1854. Vgl. ZfdPh 8, 379.

[3] Hrsg. v. Bechstein Leipz. 1877. Anmerkungen dazu Germ. 32, 1.

[4] Hrsg. v. Fietz Progr. d. Gymn. v. Cilli 1881. AfdA 8, 302.

[5] Hrsg. in v. d. Hagens Germania 2, 92; mit tschechischer Einleitung u. Anm. hrsg. v. E. Kraus Prag 1888.

[6] J. M. Wiggers, Heinrich von Freiberg als Verfasser des Schwankes vom Schrätel und vom Wasserbären Rostock (Diss.) 1888.

gewisser Formen des Vers- und Redeschmuckes nicht entbehrenden Darstellung ebenfalls der Gottfriedschen Richtung näher als der Wolframschen. Das Leben der frommen Priorin des Luxemburgischen Klosters Mariental, *Gräfin Jolande von Vianden*[1] erzählte in dieser Weise bald nach ihrem im J. 1283 erfolgten Tode ein Predigermönch Hermann, der vermutlich in demselben Kloster lebte, das Leben der heiligen *Elisabeth von Thüringen* nach 1297 ein hessischer Dichter, der wohl schon früher eine poetische Geschichte der christlichen *Erlösung* in bestimmter hervortretender Nachahmung Gottfrieds verfasst hatte.[2] In der Elisabeth schloss er sich seiner lateinischen Vorlage, der Vita des Dietrich von Apolda, ziemlich getreu an, doch nicht ohne mancherlei Missverständnisse und anfänglich auch nicht ohne freie Erweiterungen im höfischen Geschmack; ein Rückblick auf die kunstfrohe Zeit des Landgrafen Hermann und die aus der Quelle übernommene Verknüpfung der Legende mit der Tradition vom Sängerkriege ist von besonderem Interesse. — In bestimmten Gegensatz gegen Leben und Dichtung des weltlichen Rittertums setzt sich dagegen das umfänglichste aller Legendenwerke, das *Passional*. Und doch ist auch hier der Anschluss an die Kunstform der ritterlichen Poesie und insbesondere die Nachahmung des Rudolf von Ems nicht zu verkennen. Die Lebensgeschichten der Begründer und Zeugen der christlichen Kirche wollte der Dichter, ein unbekannter Prediger, zu einem umfassenden poetischen Cyklus verarbeiten; und so behandelte er denn in einem ersten Buche das Leben Jesu und seiner Mutter nebst einer ganzen Anzahl von Marienlegenden, in einem zweiten die Geschichte der Apostel und Evangelisten, des Johannes Baptista und der Maria Magdalena, und in einem dritten die Legenden der Heiligen nach der Folge ihrer Tage im Kirchenjahr.[3] Die *legenda aurea*, ein vom Jacobus a Voragine wahrscheinlich zwischen 1270 und 1275 verfasstes Sammelwerk, bildete seine Hauptquelle, neben der er jedoch noch verschiedene lateinische und deutsche Einzelvorlagen benutzte. Auch die poetische Bearbeitung der nach den Anfangsworten *vitas patrum* genannten, unter Hieronymus' Namen verbreiteten Geschichte der ersten Mönche, das deutsche *Buch der Väter*,[4] ist stellenweise für das Passional verwertet; augenfällige Übereinstimmung beider Werke in Sprache, Metrik und Darstellung geben die Veranlassung, das Väterbuch für eine frühere Arbeit des Passionaldichters zu halten. Die in der weltlichen Epik mehrfach hervorgetretene Vorliebe der Epigonenzeit für die Behandlung möglichst grosser Stoffmassen ist auch bei diesem geistlichen Dichter nicht zu verkennen, und die Zusammensetzung und Gliederung derselben ist hier sowenig eine kunstvolle wie dort. Aber gerade weil das Passional sowohl wie das Väterbuch einer festeren Zusammenfügung der einzelnen Stoffelemente entbehrt, wirken diese beiden Dichtungen weniger ermüdend. Sie lösen sich in eine lange Reihe kleiner Legenden auf, welche, jede für sich betrachtet, in der stellenweise recht lebendigen, nicht zu weit-

[1] *Bruder Hermanns Leben der Gräfin Jolande von Vianden* hrsg. v. John Meier Germ. Abhh. VII. 1887 (vgl. ZfdA 35, 379).

[2] *Elisabeth* hrsg. v. Rieger Lit. Ver. 90. *Erlösung* hrsg. v. Bartsch Quedlinb. Leipz. 1858.

[3] Die beiden ersten Bücher hrsg. v. Hahn, *Das alte Passional* Frankf. 1845; die dort unvollständigen Marienlegenden hrsg. v. Pfeiffer, *Marienlegenden* Wien 1863; das 3. Buch hrsg. v. Köpke, *Das Passional* Quedlinb.-Leipz. 1852.

[4] Mitteilungen von Haupt Wiener SB. 69, 109. Der Anfang hrsg. v. Franke, *Das veterbûch* 1. Lfg. Paderborn 1880. AfdA 7, 164.

läufigen, klaren und formgewandten Darstellung dieselben Vorzüge aufweisen, welche die *kleinere poetische Erzählung* dieser Zeit auszeichnen. So wurden denn jene in sich abgeschlossenen Bestandteile auch einzeln verbreitet, so gut wie selbständige Erzeugnisse dieser auch in Mitteldeutschland in Legenden, Novellen und Schwänken vertretenen Gattung, aus welcher eine *Marienlegende* Heinrich Klausners[1] und die von köstlichem Humor belebte *Wiener Meerfahrt*[2] als besonders beachtenswerte Beispiele der geistlichen und der weltlichen Richtung hervorgehoben werden mögen.

§ 34. Jener Richtung auf die grossen, unerschöpflichen Stoffe folgten auch die poetischen Weltchroniken: wie in Baiern und Österreich Jansen Enikel und die Bearbeiter und Fortsetzer der Kaiserchronik, wie in Alemannien Rudolf von Ems, so in Mitteldeutschland die *Christ-Herre-Chronik* (§ 29, 9). Aber wie in Österreich daneben auch schon beschränktere historische Themata behandelt wurden, so berichten auch mitteldeutsche Dichter die Spezialgeschichte ihrer Zeit oder ihrer engeren Heimat, nur nicht in der anekdotenhaften Manier eines Enikel, sondern ernsthafter und wahrheitsgetreuer. Im einfachen und sachlichen Tone des Chronisten erzählte der kölnische Stadtschreiber Gottfried Hagen[3] zwischen 1277 und 1288 aus eigener Anschauung und vom Standpunkte der Partricierpartei die politischen Wirren, welche seine Vaterstadt in den Jahren 1250—70 durchgekämpft hatte, vor allem den Zwist der Bürgerschaft mit den Erzbischöfen Konrad und Engelbert. Die Darstellung der Ereignisse ist gut komponiert, dient aber mehr einem historischen als einem poetischen Interesse. Mangelhafter ist die Gliederung eines viel umfänglicheren Stoffes in der *Livländischen Reimchronik*,[4] in welcher die Besiedelung und Bekehrung Livlands und speziell die Kämpfe des deutschen Ordens von einem Angehörigen desselben anfangs in aller Kürze, vom Jahre 1250 an aber, wo des Verfassers eigene Erinnerungen einsetzen, in sehr ausführlicher Schilderung dargestellt werden. Das ursprünglich bis zum Jahre 1290 geführte Werk wurde nachträglich mit einem Anhange versehen. Gehört diese Chronik schon dem im 14. Jahrhundert weiter ausgebauten Kreise der historischen Deutschordensdichtung an (s. § 60), so reihen sich zwei an historische Ereignisse anknüpfende mittelfränkische Fragmente[5] einer wesentlich anders gearteten Dichtungsgattung ein, die gleichfalls in der Folgezeit besonders reichlich gepflegt wurde. Sie erzählen die *Böhmenschlacht* vom Jahre 1278 und die *Schlacht bei Göllheim* sehr lebendig im höfischen Stile und mit Anklängen an Wolfram; aber bei ihrer panegyrischen Färbung und ihren Wappenschilderungen sind sie, gleich dem Bruchstücke des oberdeutschen Gedichtes eines Fahrenden Hirzelin auf das zweite Ereignis,[6] nicht als Teile einer Reimchronik sondern als Heroldspoesie aufzufassen; in Sprache und Darstellung wie in der Verherrlichung mittelrheinischer Adelsgeschlechter stellen sie sich so nahe zu den Bruchstücken eines zwischen 1292 und 1298 verfassten Gedichtes, *der Ritterpreis*,[7] dass man sie dem-

---

[1] Hrsg. v. Bartsch, *Mitteldeutsche Gedichte* Lit. Ver. 53.

[2] Hrsg. v. Lambel, *Erz. u. Schwänke* Nr. V. — ZfdA 30, 212. 41, 291.

[3] Hrsg. v. Cardauns, *Chroniken der deutschen Städte* Bd. XII. 1875.

[4] Hrsg. v. Leo Meyer, Paderborn 1874; vgl. ZfdPh 4, 407.

[5] Die fränkischen Fragmente ZfdA 3, 12 f. und bei Liliencron *histor. Volkslieder* Bd. I Nr. 2. 5; neue Bruchstücke PBB 19, 486. Seemüller, *Festgruss aus Innsbruck an die 42. Versammlung deutscher Philologen u. Schulmänner* 1893 S. 43 f. u. ZfdA 39, 356 meint, die Bruchstücke von den beiden Schlachten mit dem ZfdA 3, 7 gedruckten Minnehof zusammen einer grösseren niederrheinischen Chronik zuweisen zu sollen.

[6] Bei Liliencron Nr. 4.

[7] ZfdA 36, 204. AfdA 19, 276.

selben Verfasser zuweisen zu können meint, der jenen Geschlechtern diese phantastische Ritterfahrt und Ritterehrung andichtete.

DAS VOLKSEPOS.[1]

§ 35. So verschiedene Stoffe in den höfischen Epen auch schliesslich behandelt wurden, immer waren es doch Gegenstände, welche das Interesse der gebildeten Gesellschaft in Anspruch nahmen, und sie wurden in einer dem Geschmacke dieser Kreise entsprechenden, mehr oder weniger gewählten Form bearbeitet. Französischen Mustern folgten diese Dichtungen zunächst; an ihnen bildete sich die höfische Kunstweise, und so wirkte der fremde Einfluss mittelbar auch da, wo nicht unmittelbarer Anschluss an die ausländischen Vorbilder stattfand. Nebenher aber verrieten schon gewisse Elemente vor allem der bairisch-österreichischen Kunstepik, dass ausser der höfischen Dichtung auch eine Volkspoesie fortlebte und dass es an Berührungen zwischen den beiden keineswegs fehlte. Diese Berührungspunkte waren natürlich um so zahlreicher, je mehr die volksmässige Dichtung sich die ritterlichen Kreise zu gewinnen wusste, sie waren geringer oder fehlten, wo dieselbe sich vor der modernen französierenden Richtung auf die niederen Volksschichten zurückzog.

Aus den Rheinlanden sind uns zwei solcher volkstümlichen, von höfischem Einflusse kaum berührten Epen niederer Gattung, wie sie von den *Spielleuten* gepflegt wurde, in später und ungenauer Überlieferung erhalten, der *Orendel* und der *Salman* und *Morolf*. Bei keinem der beiden reicht die nächste gemeinsame Grundlage der vorliegenden Handschriften und Drucke über das 14. Jahrh. zurück; aber sie trägt schon deutlich die Spuren von Umformungen, wie sie sich bei mündlicher Uberlieferung einstellen, und sprachliche und metrische Erscheinungen, wie der Grundcharakter der Darstellung und des Inhaltes, zeigen noch Merkmale der Kunst des 12. Jahrhs.[2] Zu einer Zeit, wo sich in Westdeutschland die vornehmeren Kreise den französischen Stoffen und einer gebildeten Kunstform zuwandten, setzten diese *Spielmannsepen* die seiner Zeit durch den Rother vertretene Dichtungsgattung in einer niederen Sphäre fort. Auch bei ihnen giebt das Zeitalter der Kreuzzüge den historischen Hintergrund ab. Eine im Orient spielende, mit den üblichen Kämpfen zwischen Heiden und Christen verbundene Brautwerbung oder Entführung macht die Handlung aus. Die eigentliche Fabel scheint ursprünglich nur auf ein kürzeres episches Lied zugeschnitten. Aber durch jene variierende Wiederholung ihres Hauptinhaltes und durch Einflechten und Repetieren nebensächlicher Motive wird der nötige Umfang für die romanartige Erzählung erreicht, die dann durch die entsprechende Arbeit von andern Spielleuten, welche das Gedicht in Pflege nehmen, fernere Erweiterungen und Wandelungen erfährt. Die Darstellung ist reich an Formeln, teilweise denselben, welche sich im Rother zeigen, aber in ihrer Verwendung gehen diese Dichter weit über die dort beobachteten Grenzen hinaus, und die Ausdrucksweise trägt den typischen Charakter gedächtnismässig überlieferter Poesie. An selbständiger und sorgfältiger Ausführung des Einzelnen fehlt es durchaus, in der Schilderung wie in der Erzählung und Rede; mit den feststehenden Wendungen wird das Meiste obenhin abgethan. Das Possenhafte drängt

[1] Für die Entwicklungsgeschichte der nationalen Sagenstoffe verweise ich ein für allemal auf Symons *Heldensage*.

[2] Über Charakter und Chronologie dieser Spielmannsepen s. ZfdPh 22, 476—87. 26, 406—8.

sich stärker hervor als im Rother, Spässe allerderbester Art werden nicht verschmäht. Denn während der Rother in höfischen Kreisen Teilnahme suchte, ist es hier auf den Beifall eines Strassenpublikums abgesehen. In welcher Gesellschaft sich diese Dichter bewegen und welchem Stande sie selbst angehören, geben sie deutlich kund durch die sichtliche Vorliebe, mit welcher sie dem fahrenden Volke eine Rolle in ihren Erzählungen zuteilen. Der Figur des Heimat- und Besitzlosen, des Bettlers, des Pilgers, des Spielmannes gilt ihre ganze Zuneigung; die Gaben, welche diese von edlen und gutherzigen Leuten erhalten, die schlechte Behandlung, welche ihnen von den Hofbeamten wiederfährt und dann fürchterlich gerächt wird, das bildet ein wichtiges Kapitel dieser Art von Poesie.

Höchst charakteristisch sind alle diese Züge im *Salman und Morolf*[1] ausgeprägt, entschieden dem besten Gedichte der ganzen Gattung, welches in sehr lebhafter, flotter und mit den lustigsten Possen aufgeputzter Erzählung die Geschichte der zweimaligen Entführung und Wiedergewinnung der heidnischen Frau des König Salman behandelt. Die Sage wurzelt in jüdischen Überlieferungen von Salomons Verhältnis zu seinem heidnischen Weibe und zu dem Dämonenkönig Aschmedai, der ihn auf kurze Zeit seines Reiches und seiner Frauen beraubt; sie verbreitete sich, vermutlich von Byzanz aus, in verschiedenen Versionen, an welchen sich ihre allmähliche weitere Ausgestaltung verfolgen lässt, über das ganze Abendland von Russland bis Portugal; auch in Deutschland erhielt sie verschiedene Fassungen; eine kürzere und ursprünglichere Sagenform benutzte der Verfasser des Spruchgedichtes von Salomon und Marolf (§ 96), eine durch fremde Bestandteile schon erweiterte liegt dem epischen Gedichte zu Grunde. In der bekannten Manier ist hier die Fabel noch weiter ausgedehnt, und sie wird echt spielmannsmässig zugerichtet, indem sie in die Verhältnisse der Kreuzzugszeit gerückt, Salman in einen christlichen König von Jerusalem umgewandelt, Morolf, sein vielgewandter Bruder, der in den mannigfaltigsten Verkleidungen der entführten Königin nachspürt, zum klassischen Vertreter der verschiedenen Typen des fahrenden Standes gemacht wird. Das in einer einfachen Strophenform verfasste Gedicht kann, wie besonders die im Gegensatze zur älteren Metrik streng durchgeführte Unterscheidung des stumpfen Versausganges vom klingenden zeigt, nicht vor dem Ausgange des 12. Jahrhs. entstanden sein.

Viel plumper und abgeschmackter als der Salman und Morolf, aber augenscheinlich auch mehr durch die Willkür später Überlieferung verändert und entstellt ist das Gedicht vom *Orendel.*[2] Der Held, von dessen Fahrt ins überseeische Riesenland einst ein besonders aus der Snorra Edda noch erkennbarer altgermanischer Naturmythus erzählte, ist hier zu einem Könige von Trier geworden. Auf einer Meerfahrt erlebt er Schicksale, wie sie besonders durch den Apolloniusroman in die mittelalterliche Erzählungsliteratur Eingang gefunden hatten. Aller Habe beraubt, aber mit dem auf wunderbare Weise erworbenen ungenähten grauen Rock Christi ausgerüstet, gewinnt er die Hand der Erbin des Königreiches von Jerusalem, befreit das heilige Grab zweimal aus der Gewalt der Heiden und bringt den heiligen Rock nach Trier. Mit dieser legendarischen Beziehung ist der Dichtung auch, ganz im Gegensatze zum Salman und

---

[1] Hrsg. v. Vogt Halle 1880. AfdA 7, 274. PBB 8, 313. Archiv f. slav. Phil. 6, 393 f. 548 f.

[2] Hrsg. v. Berger Bonn 1888 vgl. ZfdPh 22, 468. Über die Sage vgl. a. a. O. und PBB 13, 1, ZfdPh 23, 493. 496. ZfdA 37, 325. 38, 113. Heinzel Wiener SB 126, 1 vgl. ZfdPh 26, 406. Tardel, *Untersuchungen zur mhd. Spielmannspoesie* Rostocker Diss. 1894.

Morolf, ein geistlicher Beigeschmack gegeben. Der Held und sein Weib üben fromme Entsagung, und aus den Gefahren und Verlegenheiten, in die sie geraten, muss sie jedesmal die Fürbitte der heiligen Jungfrau und die Dazwischenkunft eines Engels erretten. Aber den burlesken Einfällen der Spielmannslaune entgehen selbst solche frommen Scenen nicht. In den Beziehungen auf das heilige Land scheinen sich, so verworren sie auch sind, Erinnerungen an die letzten Zeiten des Königreiches Jerusalem und den Verlust der heiligen Stadt zu bergen, und so mag das vorauszusetzende aber nicht mehr herstellbare Originalgedicht Ende des 12. Jahrhunderts entstanden sein; doch haben sich ihm in der vorliegenden Fassung nicht nur formal sondern auch inhaltlich jüngere Elemente angegliedert. Seine Heimat ist aller Wahrscheinlichkeit nach die Trierer Gegend, die des Morolf etwa das südlichste Rheinfranken; so zeigt sich in diesen Dichtungen die spätere Entwickelung jener rheinischen Spielmannspoesie, deren erste Spuren uns in den alten geistlichen Gedichten von Salomon und von Nabuchodonosor entgegentraten.

Mit dem Morolf und mehr noch mit dem Orendel nahe verwandt, aber späteren Ursprunges sind zwei Gedichte vom heiligen *Oswald.*[1] Das ausführlichere der beiden, dessen Reime nach Österreich weisen, lässt den possenhaft-spielmännischen Charakter mehr hervortreten, während das andere, knappere und trockenere, welches mitteldeutsche Reime zeigt, das geistliche Element strenger zur Geltung zu bringen sucht. Der Inhalt der beiden Versionen ist derselbe. Auf den northumbrischen König Oswald, der den christlichen Glauben annahm und gegen heidnische Nachbarn siegreich verfocht, eines heidnischen Königs von Westsachsen Tochter heiratete und auch diesen bekehrte, wurde die typische Brautfahrt in den Orient mit den zugehörigen Heidenkämpfen leicht übertragen, indem die Ungläubigen, mit welchen der Oswald der Legende zu thun hatte, dem Vorstellungskreise der Zeit entsprechend als Sarazenen aufgefasst wurden. Ein Rabe, der auch ursprünglich in der Legende schon eine Stelle gehabt zu haben scheint, muss bei der Brautwerbung den Liebesboten spielen, und das grössere Gedicht benutzt diese Rolle, um in ihr den beliebten Typus des schlauen, gewandten und begehrlichen Spielmannes mit gutem Humor darzustellen. Beide Bearbeitungen enthalten nichts entschieden Altertümliches, und die kürzere, welche gewiss nicht vor dem 14. Jahrh. entstand, giebt einen Beleg dafür, dass die Traditionen der niederen Spielmannsdichtung auch über den hier in Rede stehenden Zeitraum hinaus lebendig fortwirkten.

§ 36. Eine vornehmere, der nationalen Heldensage gewidmete Gattung der Volksepik hat sich inzwischen im Südosten entwickelt. Wir sahen, wie in Österreich seit der Mitte des 12. Jahrhs. aus der Lyrik des Volkes eine solche des Ritterstandes erwuchs. Dieselbe Gegend aber, für welche Heinrich von Melk die ritterlichen *trûtliet* bezeugt, wurde in derselben Zeit (um 1160) nach einer Angabe des Metellus von Tegernsee (Grimm HS 31) durch epischen Gesang vom Heldentum des Bechlarer Markgrafen Rüdiger und des Dietrich von Bern verherrlicht. Die ältesten Denkmäler jener österreichischen volksmässig-ritterlichen Lyrik sind die Lieder des Kürenbergers. In ihrer Vers- und Strophenform, der 'Kürenberges wîse', ist auch dasjenige österreichische volksmässig-ritterliche Epos verfasst,

[1] Eine Hs. des längeren Gedichtes hrsg. v. Ettmüller, *St. Oswaldes Leben* 1835, eine des kürzeren ZfdA 3, 32. Über andere Hss., Prosaauflösungen und über die Sage s. PBB 11, 365, ZfdPh 22, 478.

welches unter anderm die Geschichte jenes Rüdiger in ihrer Verbindung mit Dietrich von Bern besingt, das Nibelungenlied. In der uns vorliegenden Fassung, welche geraume Zeit nach dem Zeugnis des Metellus und den Liedern des Kürenbergers entstand, ist das Nibelungenlied eine umfängliche, zum Vorlesen bestimmte poetische Erzählung. Dass erst für diese die Form der Kürenberges wîse gewählt worden sei, ist schon deshalb unwahrscheinlich, weil jene Form ihrer Natur nach nicht sowohl für eine solche Erzählung, als für ein singbares Lied geeignet ist. Man wird also annehmen müssen, dass in unser Nibelungenlied zugleich mit dem Stoffe auch schon die strophische Form aus der notwendig vorauszusetzenden älteren Poesie dieses Kreises übernommen wurde und dass diese letztere zur episch-lyrischen Gattung gehörte. Nun ist auch aus dem auf uns gekommenen Gedichte von den Nibelungen noch zu erkennen, dass in ihm ein ursprünglich einfacherer Inhalt beträchtliche Erweiterungen erfahren hat; einzelne Stücke lassen auch noch eine grössere Selbständigkeit durchblicken, als es die auf zusammenhängende Erzählung ausgehende gegenwärtige Fassung eigentlich beabsichtigen konnte, während sie andrerseits doch in fester Beziehung zu der Hauptfabel stehen. So spricht alles dafür, dass ein alter Cyklus singbarer Lieder als Grundlage für die uns überlieferte ausführlich erzählende Dichtung benutzt wurde. Von den vorhin geschilderten Eigenheiten niederer Spielmannspoesie können jene Lieder nichts gehabt haben; was sich aus der vorliegenden Überlieferung entnehmen lässt, weist ihnen entschieden eine Vorstellungs- und Ausdrucksweise, eine Verbindung volksmässigen und ritterlichen Elementes zu, wie sie dem Charakter der altösterreichischen Lyrik entspricht. So dürfen wir schliessen, dass in Österreich die Ausbildung des volksmässig-ritterlichen Minneliedes mit der eines volksmässig-ritterlichen Heldenliedes Hand in Hand ging und dass in den ritterlichen Kreisen, in welchen nachgewiesenermassen die Strophen des Kürenbergers erklangen, in der nach ihm benannten Weise auch Lieder aus der Nibelungensage vorgetragen wurden. Nach Anhaltspunkten, die sich einerseits aus literarischen Zeugnissen, andrerseits aus der Kritik unseres Nibelungenliedes ergeben, müssen wir annehmen, dass jener zusammengehörige Liederkreis keineswegs die einzige Behandlung der Nibelungensage war, dass vielmehr einzelne Stücke desselben in verschiedenen Versionen umliefen und dass auch einzelne Hauptteile der Sage in selbständigen Liedern besungen wurden. Wie das Nibelungenlied, so müssen auch noch andere bairisch-österreichische Dichtungen aus der deutschen Heldensage in der vorliegenden Gestalt aus einem einfacheren liedartigen Grundbestandteil erwachsen sein, freilich nicht aus einem Cyklus, sondern aus einem einheitlichen Gedichte. Eine reiche Entwicklung des epischen Heldenliedes haben wir nach alledem für jene Gegenden während der zweiten Hälfte des 12. Jahrhs. vorauszusetzen.

Wie in den Anfängen, so waltet auch in den weiteren Geschicken der ritterlichen Lyrik und Epik in Österreich ein gewisser Zusammenhang, wenn auch in anderer Weise als in den übrigen deutschen Ländern. Am Niederrhein, in Mitteldeutschland und in Alemannien tritt die formgerechte höfische Erzählung nach französischen Vorbildern zugleich mit einer höfischen Lyrik auf, welche sich hie und da unmittelbar an bestimmte provenzalische oder französische Lieder anlehnt, häufiger deren Weisen nachahmt und noch allgemeiner in der künstlicheren Ausbildung der Form sowohl wie in dem durch den Ideenkreis des Frauendienstes beherrschten und bestimmten Inhalte romanischen Einfluss verrät. Auch in Österreich dringt diese neuere Richtung von Westen her ein. Schon in den Liedern des Dietmar von Eist nahmen wir die Berührung des nationalen mit dem romanisierenden Minnegesange wahr; noch vor 1190 wurde vermutlich der letztere durch Reinmar von Hagenau an den Wiener Hof verpflanzt und bald zu vollster Blüte entwickelt. Zwar hat sich diese höfische Lyrik in Österreich wie in Baiern im weiteren Verlaufe wiederum stärker aus dem Volksliede bereichert als in anderen Ländern, aber die Anschauungsweise sowohl wie die metrisch und gewiss auch musikalisch einfachere Form jener früheren, ritterlich-volksmässigen Lyrik veraltete, und wenn man in den höfischen Kreisen keinen Geschmack mehr an den alteinheimischen Liebesliedern fand, so hatte der Gesang der nach Form, Stil und Auffassung so nahe verwandten Heldenlieder sich dort gewiss keines grösseren Beifalles zu erfreuen. Der kunstvollere, moderne Minnegesang beherrschte jetzt die Unterhaltung der vornehmen Gesellschaft auch in Österreich, und eine Ergänzung dazu hätte das Vorlesen höfischer Erzählungen nach französischen Mustern bilden müssen, wenn die Verhältnisse in Österreich den in West- und Mitteldeutschland herrschenden durchaus entsprochen hätten. Aber dass schon zu Reinmars Zeit französische Epen im Südosten bekannt gewesen wären, ist durch nichts zu erweisen. Um 1215—20 tritt uns hier in Heinrichs von Türlin Krone die erste Bearbeitung eines französischen Stoffes entgegen, und sie bleibt die einzige. Nicht als ob man keinen Geschmack an dieser Dichtungsgattung gefunden hätte; Strickers und Pleiers Artusgedichte bezeugen mit ihrer Fiktion französischer Quellen das Gegenteil; sie zeigen aber auch zugleich, dass es in Österreich an französischen Vorlagen, oder auch an ihrem Verständnisse mangelte, dass dagegen deutsche Nachdichtungen französischer Romane, die Epen Hartmanns, Wolframs, Wirnts, dort wohlbekannt waren. Und zwar müssen diese, wie die Nachahmung Hartmanns schon durch Konrad von Fussesbrunn und Reminiscenzen an jene Dichtungen in den älteren Volksepen zeigen, nicht lange nach ihrer Abfassung in Österreich Eingang gefunden haben. Es wurde also hier zu der Zeit, wo der modern höfische Minnesang aufblühte, auch die moderne höfische Erzählungskunst bekannt; und auch sie musste die einheimische dichterische Produktion anregen. Da aber eben französische Quellen dort nicht zugänglich, die nationalen Stoffe dagegen auch den höfischen Kreisen vertraut waren, so betrat man denselben Weg, den wir anderswo schon früher verfolgen konnten: man schuf aus den alten, für den Gesang bestimmten epischen Liedern umfängliche, auf das Vorlesen angelegte Erzählungen, die jedoch, für die ritterliche Gesellschaft berechnet, nun auch den gesteigerten Anforderungen der metrischen Technik sowie der neuen höfischen Anschauungsweise und Geschmacksrichtung gerecht zu werden suchten. Dabei schloss man sich teilweise näher an jene Lieder an und übernahm auch ihre strophische Form; teilweise versuchte man sich unter freier Benutzung von Motiven, welche jene überlieferten, in selbständigen Kompositionen und brachte in diesem Falle Gedichte aus dem Kreise der nationalen Heldensage in ähnlicher Weise zu Stande, wie Stricker, Pleier und Genossen ihre Artusdichtungen. Auch nach der Einführung der französischen Kunstepik behauptete dann jene modernisierte höfisch-nationale Epik ihr Dasein.

Zu der quellentreueren Gattung dieser volksmässigen Dichtung in höfischer Ausbildung gehört das *Nibelungenlied,* welches nun erst, zugleich mit seiner Neugestaltung zu einem grossen, geschlossenen Werke und vermöge seiner neuen Bestimmung für das Vorlesen in höfischer Gesellschaft, auch zu schriftlicher Aufzeichnung gelangte; denn dass solche schon jenen epischen Heldenliedern jemals zu Teil geworden sei, ist in keiner Weise bezeugt. Dagegen beweist die stattliche Anzahl teils vollständiger, teils fragmentarischer Handschriften des grossen Nibelungenepos die bedeutende Verbreitung, welche dieses Werk bis tief in das 15. Jahrh. hinein fand. Aber bei seiner Vervielfältigung hatte es auch mancherlei Wandelungen zu erfahren, und die vorliegende Überlieferung leitet, von Übergangs- und Mischhandschriften abgesehen, auf drei verschiedene Redaktionen zurück, welche schon sehr früh neben einander bestanden haben müssen. Die eine wird durch eine ehedem im rhätischen Hohenems, jetzt in München befindliche Hs. (A), die beiden anderen werden durch grössere Gruppen von Hss. vertreten, an deren Spitze einerseits eine in St. Gallen (B), andrerseits eine früher ebenfalls in Hohenems, gegenwärtig in Donaueschingen aufbewahrte Hs. (C) steht. In der letzteren wird die Dichtung am Schlusse *der Nibelunge liet*, in den beiden ersten wird sie oder ihr letzter Teil ebenda *der Nibelunge nôt* genannt.[1]

Dass unter diesen drei Rezensionen die kürzeste, (A), auch die ursprüngliche sei, wurde von demjenigen, welcher zuerst die Nibelungendichtung kritisch behandelte, von Karl Lachmann als zweifellos angesehen. B, welche ausser mancherlei Abweichungen auch eine beträchtliche Anzahl in A nicht überlieferter Strophen enthält, galt ihm als die erste, der an Plusstrophen noch viel reichere Text C, der sich wiederum von B noch erheblich weiter entfernt als B von A, galt ihm als die zweite Überarbeitung der Dichtung. Aber auch in A sind nach Lachmann schon ältere und jüngere Bestandteile gemischt; denn was dort vorliegt, ist ihm kein einheitliches Gedicht, sondern eine Sammlung einzelner, mit Interpolationen versehener Volkslieder. Über die Beschaffenheit dieser Einzellieder und über die Art ihrer Zusammenfügung hat Lachmann zu verschiedenen Zeiten sehr verschiedene Ansichten gehegt. Er begrenzte die einzelnen Lieder und 'Abschnitte' in seinen *Untersuchungen zur Geschichte der Nibelunge nôt* (1816, Kl. Schr. 1, 1) wesentlich anders als in seinen *Anmerkungen zu den Nibelungen und zur Klage* (1836) und in seinen Ausgaben des Gedichtes seit 1841. In jener Erstlingsschrift nimmt er eine viel stärkere Veränderung der ursprünglichen Bestandteile durch die Überlieferung an, als er sie später zugesteht. Auch in seinem Briefwechsel mit Wilhelm Grimm aus den Jahren 1820—21 (ZfdPh 2, 195 ff., bes. S. 196, 204, 213, 214) hegt er noch die Ansicht, dass die 'Ordner' der alten Lieder, deren er dort drei unterscheidet, die Sprache hie und da geändert, die Assonanzen weggeschafft, manches fortgelassen haben, ja sogar 'dass

---

[1] *Das Nibelungenlied nach der Hohenems-Münchener Hs. (A) in phototypischer Nachbildung nebst Proben der Hss. B. u. C. . .* v. L. Laistner München 1886. — Ausgaben nach A: *Der Nibelunge Not mit der Klage . . . mit den Abweichungen der gemeinen Lesart* hrsg. v. Lachmann Berlin 1826; seit 1841 Ausgaben *mit Bezeichnung des Unechten; Anmerkungen* 1836. — Ausgabe nach B: *Der Nibelunge Nôt mit den Abweichungen von der Nibelunge Liet, den Abweichungen sämtlicher Hss. und einem Wörterbuche* hrsg. v. K. Bartsch. T. I. II, 1. 2. Leipzig 1870—80. (Kleine Ausg. mit Anmerkungen in den Klassikern des MAs.). — Ausgabe nach C: *Das Nibelungenlied in der ältesten Gestalt* hrsg. v. A. Holtzmann. Stuttg. 1857. [2] 1868. *Das Nibelungenlied* hrsg. v. Zarncke Leipz. 1856. [6] 1887. Von allen Ausgaben auch Textabdrücke. — Übersichten über die sehr umfängliche Nibelungenliteratur, insbesondere auch über den Streit für und wider Lachmann geben Zarncke in seiner Einleitung, Herm. Fischer, *Die Forschungen über das Nibelungenlied seit Lachmann* Leipz. 1874. R. v. Muth, *Einleitung in das Nibelungenlied* Paderborn 1877. Lichtenberger, *Le poème et la légende des Nibelungen* Paris 1891 (vgl. AfdA 18, 66, ZfdPh 25, 405). — G. Radtke, *Die epische Formel im Nl.* Kieler Diss. 1890. Schmedes, *Stil der Epen Rother, Nl., Gudrun* Kieler Diss. 1893. Schönbach, *Das Christentum i. d. altdeutsch. Heldendichtung* Graz 1897.

eben so oft Lücken als Einschiebsel zu finden sind' — Annahmen, welche natürlich das Zugeständnis einschliessen, dass die Originallieder sich nicht mehr herstellen lassen. In den *Anmerkungen* dagegen erkennt er diese Schranken der Kritik nicht mehr an. Zu der Annahme, dass unreine Reime beseitigt seien, liegt, so meint er jetzt, kein Grund vor; Lücken innerhalb der Lieder sind nicht wahrzunehmen; mit Ausnahme des Anfanges von zweien sind die Lieder vollständig überliefert, und sie lassen sich noch durch blosse Ausscheidung von grösseren und kleineren Zusätzen und Fortsetzungen wieder herausschälen; nicht mehr und nicht weniger als zwanzig solcher Lieder bilden den echten Bestand; sie wurden in der Zeit von 1190 bis 1210 gedichtet, erweitert und von einem 'Ordner', der nur wenig Eigenes einschob, in den vorliegenden Zusammenhang gebracht; in die folgenden zehn Jahre fallen die weiteren Veränderungen, welche das Ganze zunächst in der Version B, dann in C zu erfahren hatte.

In dieser ihrer letzten Gestalt wurde Lachmanns Nibelungenkritik für seine Nachfolger massgebend. Dass er die ursprünglichen alten Lieder völlig wiederhergestellt habe, wurde von ihnen teilweise sogar mit noch grösserer Bestimmtheit behauptet, als es Lachmann selbst gethan hatte; vor allem von K. Müllenhoff in seiner Schrift *Zur Geschichte der Nibelunge nôt* 1855. Hatte Lachmann angenommen, dass seinem 7. Liede der Anfang fehle, so erklärte Müllenhoff es für vollständig; hatte Lachmann in einer Anmerkung zum 1. Liede die Annahme offen gelassen, dass dessen Schluss verloren sei, so fand Müllenhoff darin ein völlig in sich abgerundetes Lied mit deutlich markiertem Schlusse; war Lachmann allmählich zu der Überzeugung gekommen, dass für die Annahme von Veränderungen des Textes durch Beseitigung älterer Assonanzen nirgend Raum sei, so erklärte Müllenhoff solche Annahme geradezu für thöricht. Neben einer Bestätigung von Lachmanns Kritik durch metrische und stilistische Beobachtungen über die ersten zehn seiner Lieder machte sich Müllenhoff a. a. O. vor allem die Erklärung der von Lachmann nicht überall genügend berücksichtigten Beziehungen zwischen denselben zur Aufgabe, und er bestimmte unter jenen 10 Liedern drei als die Ausgangspunkte, an oder um welche sich die übrigen in der Weise angesetzt hätten, dass zunächst drei von einander unabhängige Liedercyklen entstanden. Entsprechend erklärte er später in einer von R. Henning (*Nibelungenstudien* QF 31) geführten Fortsetzung seiner Untersuchungen das Zustandekommen des zweiten Teiles der Dichtung. Die Annahme eines letzten Ordners der ganzen Sammlung liess Müllenhoff hier (S. 95) fallen; 'das Ganze ist fertig geworden, indem zuerst einzelne Liederbücher entstanden, die nach und nach durch verschiedene Hände mit einander verbunden wurden'.

In seiner eigenen Schrift hatte Müllenhoff Lachmanns Kritik schon gegen zwei Angriffe zu verteidigen gehabt; gegen A. Holtzmann, der in seinen *Untersuchungen über das Nibelungenlied* (1854) die Behauptung aufgestellt hatte, dass das Nibelungenlied ein einheitliches Gedicht, C die ursprüngliche Version, B und A Verschlechterungen derselben seien, und gegen F. Zarncke, welcher in einem Vortrage *Zur Nibelungenfrage* (Leipzig 1854) die gleiche, jedoch von Holtzmanns abenteuerlichen Hypothesen über die Vorgeschichte der Dichtung unberührte Ansicht entwickelt hatte. Zur weiteren Verteidigung derselben liess Zarncke *Beiträge zur Erklärung und Geschichte des Nibelungenliedes* folgen (Berichte d. sächs. Gesellsch. d. Wsch. ph. hist. Kl. Bd. 8 (1856) S. 153 ff.), welche als Probestücke eines gründlichen Sachkommentars eine über die Grenzen der Handschriften- und

Verfasserfrage hinausgehende Bedeutung haben. — Mit einer neuen, gleichfalls von der Einheit der Dichtung ausgehenden Hypothese trat K. Bartsch in den *Untersuchungen über das Nibelungenlied* (1865) hervor. Indem er eine von Franz Pfeiffer ausgesprochene Vermutung aufnahm, nach welcher der Kürenberger der Verfasser der ursprünglichen Nibelungendichtung gewesen sein sollte, suchte Bartsch nachzuweisen, dass diese gegen 1150 verfasst und um 1170 umgearbeitet worden sei. Aus dieser noch unrein reimenden Umarbeitung seien unabhängig von einander die Versionen B und C geflossen, welche, jede in ihrer Weise, die Assonanzen beseitigten. C gestaltete den Text freier um als B; A ist nur eine Verschlechterung der Version B; demnach ist B den Ausgaben zu Grunde zu legen. Bartschs einseitig und, wie H. Paul (PBB 3, 373) zeigte, mangelhaft auf metrische Beobachtungen gegründete Bearbeitungshypothese hat sich weniger Anhänger erworben, als seine Ansicht über das Handschriftenverhältnis, der sich später auch Zarncke genähert hat. Bartsch selbst hat sich nachträglich auf die Annahme einer einmaligen Bearbeitung beschränkt.

Gegen die Einheitstheorie, aber zugleich auch gegen Lachmanns Liederhypothese hat sich zuerst Wilhelm Müller (*Über die Lieder von den Nibelungen* 1845; aus den Göttinger Studien) und nächst ihm besonders W. Wilmanns (*Beiträge zur Erklärung und Geschichte des Nibelungenliedes* 1877) erklärt. Aus einigen grösseren Liedern, welche Hauptteile der Sage ursprünglich in knapper Form behandelten, erwuchs nach Müllers Meinung durch mannigfache Erweiterung und durchgreifende Überarbeitung die vorliegende Dichtung. Wilmanns Untersuchungen erstreckten sich zunächst nur über das letzte Drittel des Gedichtes; sie zeigten, dass Lachmanns Kritik für die Erklärung von mancherlei Inkonsequenzen der Erzählung nicht ausreicht und führten dieselben auf das Übereinanderliegen mehrerer Schichten von Bearbeitungen zurück, welche unter Benutzung verschiedener poetischer Darstellungen vom Ende der Nibelungen, also durch Kontamination zu Stande kamen. Später (AfdA 18, 66) hat Wilmanns auf die Sonderung verschiedener Bestandteile des vorliegenden Werkes ganz verzichtet und jene Verschiedenheiten auf die durch Vergleichung der verschiedenen Sagenfassungen zu erschliessende Stoffgeschichte und die allmähliche Ausgestaltung einer zusammenhängenden Dichtung zurückgeführt. So hatte auch schon Busch[1] durch die Heranziehung der þidrekssage, Cauer (ZfdA 34, 126) durch Aufspüren des allmählichen Anwachsens der zusammenhängenden dichterischen Überlieferung die verschiedenartigen Elemente der Erzählung vom Empfang der Nibelungen an Etzels Hof zu erklären gesucht. Auf eine erweiternde Umdichtung einzelner Lieder führt Kettner[2] den wesentlich Lachmanns 'echtem' Text entsprechenden Grundbestand unseres Nibelungenliedes zurück, den er als das aus fünf Büchern bestehende Werk eines Dichters betrachtet; ein jüngerer Bearbeiter habe daraus durch Zuthaten, die sich in der Hauptsache mit Lachmanns 'unechten' Strophen decken, das vorliegende Werk geschaffen.

Bei allen erheblichen Abweichungen im einzelnen stimmen die letzterwähnten Forscher doch in der Annahme überein, dass in der Dichtung von den Nibelungen verschiedene Elemente verarbeitet sind, dass aber eine vollständige Auslösung derselben, eine Herstellung des Wortlautes der ursprünglichen Bestandteile nicht möglich ist. Und zu einem der-

[1] *Die ursprünglichen Lieder vom Ende der Nibelungen* Halle 1882.

[2] *Zur Kritik des Nibelungenliedes* ZfdPh Bd. 16, 17, 19; *Die österreichische Nibelungendichtung* Berlin 1897 (vgl. Gött. gel. Anz. 1898, 19; ZfdPh 31, 243; AfdA 24, 278).

artigen Ergebnis wird wohl immer wieder die Forschung schliesslich hinführen, sofern sie sich nicht durch den Wunsch beeinflussen lässt, aus der Überlieferung einen für unsern Geschmack möglichst befriedigenden Text herzustellen, sondern lediglich danach strebt, die gegebene Dichtung historisch zu begreifen. Bei der Verfolgung dieses Zieles darf man vor allem ebensowenig ihren inneren Zusammenhang wie die Verschiedenheit und die besondere Art der Zusammensetzung einzelner ihrer Teile ausser Acht lassen. Es wird sich dann herausstellen, dass in dem vorliegenden Gedichte zwar Lieder benutzt sind, dass aber der Grundstock derselben schon viel enger zusammenhing und dass ihre Bearbeitung einerseits eine weit durchgreifendere, andrerseits eine einheitlichere war, als Lachmann annahm. Die Stücke, welche Lachmanns Kritik aus der Überlieferung herausschält, sind nicht Gedichte, die ein Sagenmotiv von selbständigem Interesse in abgeschlossener Darstellung behandeln; das einzelne Lied behandelt die Vorbereitung von Dingen, die erst ein anderes berichtet, es geht von Voraussetzungen aus und knüpft unmittelbar an Umstände an, über die man nicht aus ihm selbst, sondern nur aus dem Vorangegangenen Aufschluss erhält; kurz diese vermeintlichen Lieder stehen in einem Zusammenhange, wie er sich mit Lachmanns kritischen Voraussetzungen und dem von diesen aus angewandten kritischen Verfahren nicht verträgt, sie bilden zusammen ein Ganzes, wie es auf dem von ihm angenommenen Wege niemals hätte zu Stande kommen können.

Müllenhoffs Hypothese trägt dem unselbständigen Charakter der Lachmannschen Lieder in manchen Fällen mehr Rechnung, in andern verkennt auch sie ihn, und diejenigen Stücke, welche er als Fortsetzungen gelten lässt, können wenigstens zum Teil für den beschränkten Zusammenhang, welchen ihnen seine Cyklentheorie zuweist, unmöglich so gedichtet sein, wie sie vorliegen. Nicht minder unbegreiflich wird nach dieser Hypothese, die ja sogar den Lachmannschen 'Ordner' schliesslich ablehnt, der innere Zusammenhang der Dichtung als Ganzes. In einem Cyklus von Siegfriedsliedern z. B., der sich ganz selbständig zusammenfand, hätte doch sicher nicht Siegfrieds echte Jugendgeschichte, sein Kampf mit dem Drachen, die Erwerbung des Schatzes gefehlt. Statt dessen soll sich hier unabhängig von den Liedern über den Untergang der Nibelungen ein Siegfriedcyklus von selbst 'zusammengesungen' haben, der sich gerade nur auf das bezieht, was zur Vorbedingung jener Katastrophe gehört, nämlich des Helden Verhältnis zu Kriemhild.

Zweifellos ist hier vielmehr aus den Überlieferungen von Siegfried nur das herausgehoben, was in den Rahmen dieser in der vorliegenden Fassung durch höfische Anschauungen schon stark beeinflussten Liebesgeschichte passt. Sie selbst aber bildet wiederum nur den ersten Teil der grossen Tragödie von Kriemhildens Liebe, Leid und Rache, welche den Inhalt des Ganzen ausmacht, und deren folgerechte Entwickelung nur verkennen kann, wer über der Verschiedenartigkeit einzelner in ihr verarbeiteter Elemente den Blick auf die grossen Züge der Komposition verloren hat. Durch den Beginn der Erzählung mit Kriemhildens ahnungsvollem Traum wird Kriemhild von vornherein in den Vordergrund des Interesses gerückt, wird die Geschichte ihrer Liebe und des tragischen Ausganges derselben als das eigentliche Thema für das Folgende hingestellt. Die alte Überlieferung von Siegfrieds Reckenfahrt nach Worms ist zu einer Brautfahrtgeschichte umgestaltet; der Kampf, den der Held für Gunther gegen die Sachsen ausficht, läuft nur auf die Erwerbung der Gunst Kriemhildens hinaus und zieht die im Geiste höfischer Minnepoesie geschilderte erste

Begegnung der beiden Liebenden nach sich. Das Lied von der Gewinnung der Brünhild fügt sich von vornherein fest in den Zusammenhang, da Siegfried gleich im Anfang die Hand der Kriemhild als Kampfpreis fordert, und so wird denn auch seine Vermählung die Folge der glücklich durch ihn gelösten Aufgabe. Aber mit der doppelten Täuschung der Brünhild, beim Wettkampf wie bei ihrer Bezwingung im Beilager und mit der unbedachten Auslieferung der Zeugnisse ihrer Erniedrigung an Kriemhild hat Siegfried selbst das Schicksal gegen sich heraufbeschworen. So ist schon mit der Erringung Kriemhildens eng der Beginn der tragischen Verwicklung verknüpft, deren Höhepunkt der durch Brünhildens Eifersucht auf Siegfrieds glücklichere Gattin hervorgerufene Streit der beiden Königinnen bildet. Kriemhildens unbesonnen erkämpfter Augenblickssieg zieht den Zusammensturz ihres Glückes nach sich. Brünhildens tödliche Kränkung macht die Katastrophe unvermeidlich, die dann mit Siegfrieds Ermordung auch über Kriemhild hereinbricht. Denn an Kriemhild bleibt das Interesse auch nach Siegfrieds Tode haften, der keineswegs als ein abschliessendes, sondern als ein folgenschweres, Sühne heischendes Ereignis hingestellt wird, und so bildet denn Kriemhildens Rache das durch den ganzen ersten Teil vorbereitete Grundmotiv des ganzen zweiten Teiles. Die alte Tradition von der Versenkung des Nibelungenhortes in den Rhein wird für die Steigerung ihres Ingrimmes gegen die Mörder verwertet, zugleich als ein Motiv, welches der aller Hilfsquellen Beraubten fremden Beistand willkommener machen muss. So nimmt sie denn Etzels Werbung an, weil sie keinen anderen Weg zur Ausführung ihres Racheplanes sieht, und Rüdigers Geschick wird durch sein Gelöbnis von vornherein fest in diesen verflochten. Der Verwirklichung ihres finstern Vorhabens gilt ihre erste That an Etzels Hofe, die Einladung der Nibelungen; dass der Entschluss zur Reise diese ihrem Verhängnis entgegentreibt, ist ein Gedanke, welcher die Erzählung, vom Aufbruch der Helden aus Worms an bis zu ihrer Ankunft in Etzelburg, immer wieder durchbricht und sie lediglich als Vorbereitung der kommenden Ereignisse erscheinen lässt. Die Episode vom freundlichen Empfang der Burgunder bei Rüdiger und Giselhers Verlobung mit Rüdigers Tochter dient dazu, die Tragik des nun an Etzels Hofe losbrechenden Rachekampfes zu steigern. Kriemhildens Absicht, Hagen allein zu opfern, wird vereitelt; es gelingt nicht, den Dienstmann von seinen treuen Herren zu trennen; so wird sie hineingetrieben in den Vernichtungskampf gegen ihr eigenes Geschlecht, der zahllose Unschuldige verschlingt, ehe ihr endlich als die letzten Überlebenden die beiden Schuldigen überantwortet werden; und als sie dann die langersehnte Rache an ihnen genommen hat, muss sie die schwere Blutschuld, die sie, um Blutschuld zu sühnen, auf sich geladen hat, nun selbst mit dem Tode büssen.

So ist die Nibelungendichtung nicht nur in einzelnen Situationen, Motiven und Charakteren, sondern vor allem auch gerade in dem Aufbau der Fabel das Grossartigste, was die deutsche Epik je hervorgebracht hat. So weit wir auch auf den letzten Grundbestand des überlieferten Gedichtes zurückzugehen suchen, über einen bereits nach den Hauptzügen dieses einheitlichen Planes angelegten Liedercyklus kommen wir nicht hinaus. Aber das Streben, ihn zu einer ausführlichen, gleichmässig fortlaufenden Erzählung umzugestalten, ihn durch Herbeiziehung anderer Überlieferungen zu vervollständigen, verschiedene Paralleldarstellungen mit einander zu verschmelzen, die einzelnen Personen der Handlung nach einem ästhetisch ganz richtigen Grundsatz nicht ganz aus dem Gesichtskreis schwinden zu lassen, eingehende Schilderungen im höfischen Geschmack zu geben —

dies und Verwandtes hat in der vorliegenden Dichtung bei allem Bemühen um ihre einheitliche Ausgestaltung doch zu mancher ungeschickten Vermittelung und zu mancher Unebenheit im Inhalt wie in der Darstellung geführt.

Der Grundcharakter des Stils ist weit schmuckloser und enthaltsamer als in der höfischen Erzählungsweise; der Bildervorrat ist ziemlich gering; manche Stileigenheit der altgermanischen Epik findet sich wieder; ein bestimmter Schatz an poetischen Formeln liegt vor, aber er wird mit Mass gehandhabt und nicht entfernt in der Ausdehnung wie in den Spielmannsepen; allzu Triviales wird sichtlich gemieden, nicht minder alle niedrige Komik. Die farbenreiche Schilderung und vor allem die eingehende Ausmalung und Zergliederung seelischer Zustände fehlt im entschiedenen Gegensatze zum höfischen Kunstepos. Die Motive und die Seelenstimmung der Handelnden werden in einer mehr andeutenden Weise behandelt, welche an den Charakter der alten Lyrik erinnert; wo dann aber einmal der Gemütsbewegung Ausdruck geliehen wird, ist er in seiner gehaltvollen Einfachheit von um so grösserer Wirkung. Nicht spezifisch höfische Ideale, sondern das Hauptmotiv der deutschen Heldensage, die Idee der Treue, leitet die Handlung, die über den Tod hinaus gewahrte Gattentreue und die bis in den Tod festgehaltene Mannen- und Herrentreue, beide mit zäher Leidenschaftlichkeit bis in ihre letzten Konsequenzen, bis zur Hinterlist und Treulosigkeit gegen die Widersacher des in Treue Verbundenen durchgeführt. Statt des modernen Rittertums waltet noch das alte Reckentum mit seinem todesfreudigen Heldentrotz, seiner ungefügen Tapferkeit, seiner alten Kampfweise mit Ger und Schwert. Aber dazwischen mischen sich modernere Elemente hinein; die Erzählung giebt Anschauungen des Minnedienstes Ausdruck; die Helden treten in höfischem Benehmen, in höfischer Ausstattung und Kampfart auf. Schilderungen von Hoffestlichkeiten und ihrer Vorbereitung, von prächtiger Kleidung, von Ritterspielen, höfischen Botschaften und Reisen durchbrechen mit öder Breite die gehaltvolle sagenmässige Erzählung. Das sind Versuche in höfischer Manier, die ohne die Gewandtheit der höfischen Meister und ohne Beherrschung des Stiles der Kunstepik unternommen, doch in keinem der modernisierten Volksepen fehlen. Im Nibelungenliede tragen sie, wie Kettner nachwies, grossenteils ein so einheitliches Gepräge, dass sie in der Hauptsache ein und demselben Dichter zuzuweisen sind, wenn sich auch nach ihm wohl noch verschiedene Hände in Zuthaten teils ähnlicher, teils anderer Art versuchten.

Solche späteren Einschiebsel hat Lachmann zweifellos in vielen Fällen richtig bezeichnet; in anderen ist freilich seine Entscheidung zwischen 'echt' und 'unecht' der Liederhypothese zu Liebe erfolgt, oder sie ist auch auf Grund der von seinen Anhängern teils unglücklich verteidigten, teils stillschweigend aufgegebenen Voraussetzung getroffen, dass der 'echte' Strophenbestand eines jeden Liedes (sogar der eines verstümmelten!) durch 7 teilbar sein, aus einer Anzahl von *Heptaden* bestehen müsse. Mit der notwendigen Aufgabe dieses Kriteriums wächst die Schwierigkeit in der Bestimmung der Interpolationen. Denn da im Nibelungenliede so gut wie in den strophischen Volksepen überhaupt jede Strophe nicht nur metrisch, sondern auch syntaktisch ein in sich abgeschlossenes Ganzes bildet, so lässt sich natürlich jede Strophe ausscheiden, die nicht eben inhaltlich unentbehrlich ist; da sich aber die Poesie zu keiner Zeit auf das Unentbehrliche beschränkt hat, da Wiederholung und Variation, Vorwegnahme und Zurückgreifen in der Erzählung von jeher zu den wesentlichen Merkmalen volksmässigen Stiles gehört haben, so müssen bei den fraglichen Strophen noch besondere Kennzeichen ihres früheren oder späteren Ursprunges hinzutreten, um über diesen entscheiden zu können, und solche sind zwar nicht selten vorhanden, fehlen aber noch häufiger. Überdies lehrt uns schon ein Blick auf die Entwickelung der handschriftlichen Überlieferung der Volksepen, wie sie besonders auch in den Nibelungenrezensionen A und C vor Augen liegt, dass mit starker Interpolation auch starke Veränderungen des alten Textes Hand in Hand gehen, und es würde aller Analogie widersprechen, wenn die Volksepen und wenn insbesondere wieder das Nibelungenlied durch die vor den erhaltenen Handschriften liegende Überlieferung zwar die bedeutendsten Erweiterungen, aber keine irgend erhebliche Textänderung erfahren hätte. Und so haben denn vollends die Versuche, aus diesen Gedichten noch den Wortlaut ihrer alten Quellen herzustellen, die allem Anschein nach nur in mündlicher Überlieferung existierten, zu keinem irgend zuverlässigen und dauernd befriedigenden Ergebnis führen können. So gewiss sich noch vielfach erkennen lässt, wie in ihnen verschiedene Schichten der Überlieferung übereinander gelagert sind, so gewiss ist es nicht gelungen und kann es nicht gelingen, diese Schichten in der Weise von einander loszulösen, dass ein unversehrter Grundbestandteil übrig bliebe, welcher für die Literaturgeschichte den Wert eines selbständigen Denkmals hätte. Jenseits der gemeinsamen Grundlage der vorliegenden Handschriften hört jede Sicherheit der Textkonstruktion auf.

Die Frage aber, wie aus der stark auseinandergehenden Überlieferung des Archetypus zu gewinnen sei, ist vor allem insoweit geklärt, als C von niemand mehr für dessen treuesten Vertreter gehalten wird. C ist eine von bestimmten Gesichtspunkten aus unternommene Bearbeitung und Erweiterung, die trotz ihres Alters nicht sowohl für die Bestimmung der Originallesarten wie als Zeugnis für die ernsthaften und umsichtigen, aber auch etwas pedantischen Bemühungen von Wert ist, die man der grossen Dichtung nach ihrer ersten Aufzeichnung fortgesetzt zuwandte.[1] Auch die Meinungen über das Wertverhältnis von A und B haben sich bereits beträchtlich genähert. Dass Lachmanns ausschliessliches Vertrauen auf A nicht gerechtfertigt war, dass A durch mancherlei Flüchtigkeiten entstellt ist, dass es einzelne Strophen ausgelassen hat und dass es in solchen Fällen aus B zu berichtigen ist, wird kaum noch bestritten werden. Für wen diese Thatsachen noch des Beweises bedurften, der wird von ihnen jetzt durch die Ausführungen Braunes (*Die Handschriftenverhältnisse des Nibelungenliedes* 1900, aus PBB 25) überzeugt sein. Im wesentlichen dreht sich die kritische Frage nur noch darum, ob B im Gegensatze zu A bereits etwas von jenen Textbesserungen und Erweiterungen enthält, die in C ihren Abschluss erreicht haben und ob A auch gegen die Übereinstimmung von B und C Ursprüngliches bieten kann. Dass dies wenigstens an zwei sehr wichtigen Stellen der Fall ist, wo A durch die Berliner Handschrift J gestützt wird, werden auch die Anhänger von B jetzt mit Braune zugestehen; mit demselben Rechte muss aber dies Verhältnis auch

[1] Dass ein Redaktor, der sich so sorgfältig um die Ausgestaltung der Dichtung bemühte, auch die mündliche Nibelungentradition nicht unbeachtet liess, ist eigentlich selbstverständlich. Natürlich starb diese nicht mit einemmale nach der Aufzeichnung der grossen Dichtung aus. Wir haben auch ausdrückliche Zeugnisse für ihre Fortdauer. Wenn der Marner (um 1250) den Leuten seine Lieder sang, so wollten sie lieber hören *wen Kriemhilt verriet, Sîfrides ald hern Eggen tôt* oder anderes aus der nationalen Epik: Grimm HS 60; vom hörnenen Siegfried sangen nach dem jüngeren Titurel die Blinden: j. Tit. 3312; *Sîfrides wurm, Kriemhilden mort, der Nibelunge hort* sind die Gegenstände verschiedener Dichtungen nach H. v. Trimbergs Renner HS 76.

für ein Stück der Klage angenommen werden, wo wiederum B und C gegenüber A und J eine offenkundige Interpolation bieten. Ein Handschriftenstammbaum, welcher nicht B und C sondern A und B auf eine gemeinsame Spezialvorlage zurückführt, lässt sich also jedenfalls nicht ohne Einschränkung durchführen. Dass er trotzdem fast für den ganzen Umfang des Nibelungenliedes gelte, folgert Braune aus einer Reihe augenfälliger Sonderübereinstimmungen zwischen A und der Prunn-Münchener Handschrift D, welche die Aufstellung einer innerhalb der B-Gruppe stehenden Sondervorlage AD erheischen. Aus dieser Gruppierung aber würde unter anderem folgen, dass alle Strophen, welche in A gegen die Übereinstimmung von D und B fehlen, erst in A fortgelassen sein könnten und in allen älteren Stufen der Überlieferung, von AD aufwärts bis zum Archetypus, vorhanden gewesen sein müssten. Dass jedoch einige dieser Strophen auffällige Besonderheiten zeigen, die es wenig wahrscheinlich machen, dass sie schon dem Archetypus angehört haben, ist mittlerweile durch Zwierzina (ZfdA 44, 67 ff.) gezeigt worden, und ein zwingender Beweis scheint mir noch nicht dafür erbracht zu sein, dass Braunes Gruppierung wirklich in dem von ihm behaupteten Umfange gelte. Auch bei der Einordnung von J bleiben Schwierigkeiten bestehen. Im übrigen aber hat Braune durch neue Gründe festgestellt, dass A mit dem Wortlaut des Textes ziemlich willkürlich umspringt, dass es nicht selten gegen B die ältere Ausdrucksweise durch eine jüngere ersetzt und dass es im ganzen für den Wortlaut des Textes wenig Vertrauen verdient.

Eine sichere Datierung des Nibelungenliedes ist noch nicht gelungen. Jedenfalls setzt es schon die volle Ausbildung höfischer Kunstübung auch in Österreich voraus. Lachmann setzte den Archetypus nach 1205, die Rezension C vor 1225.[1] Für die schriftliche Verbreitung der Dichtung war man besonders in Tirol thätig.

Unmittelbar auf das Nibelungenlied folgt in seinen drei Versionen, folgte also auch schon im Archetypus die *Klage*,[2] ein Gedicht in Reimpaaren, welches den Schmerz der an Etzels Hofe Hinterbliebenen über die gefallenen Helden und deren Begräbnis schildert, dann die Überbringung der Trauerbotschaft nach Bechelaren, Passau und Worms nebst den dort aufs neue erhobenen Totenklagen ausführt und dabei den Hauptinhalt des Nibelungenliedes verschiedentlich rekapituliert. Das Werk gehört in den Kreis jener Dichtungen, welche aus überlieferten Sagenmotiven eine frei komponierte Erzählung aufbauen. Die Unselbständigkeit und Dürftigkeit des Stoffes wirkt hier, wo statt der Handlung wesentlich nur Rückblicke auf bekannte Ereignisse gegeben werden, besonders

[1] Lachmann wies darauf hin, dass ein Zusatz von C (Zarncke 173, 7) des blühenden Zustandes des Klosters Lorsch gedenkt, während dasselbe 1225 schon sehr in Verfall war. Freilich stammt der wesentliche Inhalt jener Interpolation aus der Klage, aber die Schriftzüge von C deuten auch auf jene Zeit. Für die Datierung des Archetypus ist ihm die Erwähnung von *Zazamanc* 353 massgebend, welches dem Verfasser dieser Strophe, soviel sich aus literarischer Überlieferung nachweisen lässt, nur aus dem ersten Buche des Parzival bekannt sein konnte (Lachmann Anm. z. 353, 2). Die Annahme, dass der Name umgekehrt aus dem Nibelungenliede, wo er an einer einzigen ganz nebensächlichen Stelle vorkommt, in den an orientalischen Beziehungen reichen Parzival entlehnt sei, wo er eine grosse Rolle in der Erzählung spielt, ist mir nicht wahrscheinlich. Eher könnte man an eine gemeinsame Quelle denken. Dass vollends kein Grund vorliegt, die Version C schon vor den Parzival zu setzen, hoffe ich an anderm Orte nachzuweisen.

[2] Hrsg. nach A in Lachmanns Nibelungenausgaben, nach der hier weniger abweichenden Version B von Bartsch Leipz. 1875, B und C parallel hrsg. v. Edzardi Hannover 1875, die beiden letztgenannten Ausgg. mit vollständigem kritischen Apparat. Phototypische Nachbildung zusammen mit dem Nibelungenliede von Laistner a. a. O.

unbefriedigend. Neben dem volksmässigen Element ist der Einfluss der höfischen Dichtung unverkennbar, besonders in metaphorischer und umschreibender Ausdrucksweise, aber der Grundton der Darstellung bleibt einförmig, ärmlich und unbeweglich. Die zusammenhängende Nibelungendichtung, nicht, wie behauptet wird, nur einzelne Bestandteile derselben, hat der Dichter gekannt; aber er weiss von verschiedenen deutschen Dichtungen des Inhaltes, und er nennt als die gemeinsame Grundlage derselben eine lateinische Aufzeichnung, welche der Oheim der Burgundischen Könige und Kriemhildens, Bischof Piligrim von Passau, nach den Erzählungen des heunischen Spielmannes Swemmelin von Meister Konrad dem Schreiber habe machen lassen. Das Nibelungenlied selbst weiss nichts von einer schriftlichen Quelle und der Regensburger Dichter der Kaiserchronik war sich sicher genug, dass eine solche nicht existiere. Siegesgewiss ruft er den verhassten, von ihm als Lügner gebrandmarkten Pflegern des Nationalepos zu, sie möchten doch das Buch vorzeigen, in dem der historisch unmögliche Aufenthalt Dietrichs bei Etzel berichtet werde. Die Berufung der Klage auf ein Buch Pilgrims klingt ganz wie eine Antwort auf derartige Provokationen. Freilich übertraf diese Fabelei, die Bischof Pilgrim († 991) zum Zeitgenossen Etzels macht, noch bei weitem den getadelten Anachronismus. Und doch liegt gerade in der unmittelbaren Verbindung des angeblichen Gewährsmannes mit den Personen, deren Geschichte verbürgt werden sollte, die eigentliche Pointe dieser Berufung. Besser begründet scheint des Dichters Bezugnahme auf eine Quelle seiner eigenen Erzählung: die verbreitete Ansicht, dass er eine ältere deutsche Dichtung bearbeitet habe, wird wenigstens für den ersten Teil seines Werkes zutreffen. Nach Lachmann und Rieger sollten auch diesem inhaltleeren Gedichte einzelne alte Lieder zu Grunde gelegen haben.[1]

§ 37. Für die weitere Entwicklung des Volksepos ist das Nibelungenlied von massgebender Bedeutung, sowohl für die erweiternde Umdichtung älterer Lieder, als für freiere Kompositionen ähnlicher Art. Auf Baiern und Österreich bleibt diese Dichtungsgattung zunächst beschränkt, dann folgen ostfränkische und alemannische Gebiete nach; aus Thüringen, Rheinfranken und Ripuarien liegt kein einziges Denkmal vor. Das Metrum ist nur ausnahmsweise das in der Klage gewählte der höfischen Reimpaare, herrschend ist die strophische Form; zunächst werden Variationen der Nibelungenstrophe angewendet, später diese selbst, jedoch mit häufiger Kürzung der letzten Halbzeile um eine Hebung, dann neue, abweichende Strophengebilde. Dem vornehmeren, gemesseneren Tone des Nibelungenliedes stehen die ältesten dieser Dichtungen am nächsten, aber mehr und mehr dringt die weniger ernsthafte, nachlässigere Art der Spielmannspoesie mit ihren bequemen typischen Wendungen ein, und je nach dem Vorwiegen des einen oder des anderen Elementes, zugleich auch je nach dem Mehr oder Weniger an höfischem Aufputz der Darstellung zeigen sich verschiedene Abschattierungen des epischen Stiles.

Die hervorragendste Stelle unter allen diesen Gedichten, die nächste nach dem Nibelungenliede, gebührt der wohl nicht lange nach ihm in Österreich oder Baiern verfassten *Gudrun*. Deutlich macht sich in ihr

---

[1] Vgl. Bartschs u. Edzardis Einleitungen, Grimm HS 118, Lachmann Anm. S. 287. ZfdA 3, 193. 10, 241. ZfdPh 25, 145 (wo Bieger V. 1—1269 für Bearbeitung eines ursprünglich lateinischen Werkes aus dem 10. Jahrhundert, das Übrige für höfische Fortsetzung im Geschmack des ausgehenden 12. Jahrhunderts hält); Plaehn, *Untersuchungen über die Entstehung der Klage und des Biterolf* Progr. Altenburg 1898. Schönbach, *Christentum i. d. altd. Heldendichtung* S. 57.

der Einfluss der Nibelungen geltend, und manche Stellen sind ihnen direkt nachgebildet.[1] Aber auch die Gudrun ist nur in stark überarbeiteter und interpolierter Fassung auf uns gekommen, die, allein in einer Handschrift aus dem Beginne des 16. Jahrhs. vorliegend, vollends nicht mehr eine sichere Scheidung älterer und jüngerer Bestandteile ermöglicht. Den Kern des schon dem Pfaffen Lamprecht bekannten Stoffes bilden die vermutlich auf Variation ein und desselben Sagenmotives zurückzuführenden Entführungsgeschichten der Hilde und der Gudrun mit den zugehörigen Kämpfen zwischen dem Vater der Geraubten und ihrem Entführer, sowie Gudruns Leiden im Hause des verschmähten Bewerbers und ihre endliche Befreiung durch den in standhaftem Dulden getreulich erwarteten Verlobten. Auch hier steht also ein weiblicher Charakter im Mittelpunkte der Handlung jedes der beiden Teile, doch werden diese durch die Verbindung der beiden Heldinnen als Mutter und Tochter nur äusserlich zusammengehalten, und eine innere Einheit der Fabel ist daher hier nicht in dem Grade wie im Nibelungenliede vorhanden. Festgefügt und folgerecht entwickelt ist jedoch in ihren Grundzügen die eigentliche Geschichte der Gudrun. Auch in ihr ist die Treue wieder das Grundmotiv, und wiederum steht in enger Verbindung damit das Motiv der Blutrache. Denn die unerschütterliche Festigkeit, welche Gudrun allen Leiden und allen Versuchungen am normannischen Hofe entgegensetzt, wurzelt in der Unwandelbarkeit nicht allein der Liebe zu ihrem Verlobten, sondern auch des Hasses gegen den Mörder ihres Vaters, und die glückliche Lösung erfolgt, indem Herwig nicht allein seine Braut befreit, sondern auch den Tod ihres Vaters rächt. Aber dadurch, dass Gudrun selbst nicht als Rächerin, sondern nur als heldenmütige Dulderin erscheint, bleibt ihr Charakter in den Grenzen der Weiblichkeit, über die Kriemhild durch das Schicksal hinausgerissen wird, und ein Zug weiblicher Herzensgüte wird dieser starken und stolzen Frauennatur beigemischt, wie denn überhaupt der ganzen Dichtung mit ihrem versöhnlichen Ausgange eine mildere und heitrere Färbung eigen ist als dem Nibelungenliede. Auch das höfische Element tritt neben dem altnationalen schon etwas stärker hervor. Den alten riesenhaften Reckengestalten eines Wate und Hagen von Irland stehen die höfischen Figuren der im Frauendienste erfahrenen Horant, Herwig und Hartmut gegenüber, wie die neue der alten Zeit. Die Ausdrucksweise ist schon eine gewähltere, ja gesuchtere als im Nibelungenliede; die künstlichere Strophenform des Gedichtes war dabei nicht ohne Einfluss. Romanhaft ist der Abschluss der Erzählung durch eine vierfache Hochzeit. Aber dieser Ausgang ist durch die Haupthandlung schon in einer Weise vorbereitet, dass er nicht erst später anhangsweise hinzugefügt sein kann, und so wird denn eben der Dichter, welcher in diesem Sinne ein älteres Hilde-Gudrunlied frei umgestaltete, demselben auch schon die unter Benutzung der Herzog-Ernstsage erfundene Jugendgeschichte König Hagens vorausgeschickt und fremdartige Sagenmotive, darunter ein dem Rother verwandtes, eingefügt haben, um eine umfängliche epische Erzählung zu Stande zu bringen, die dann noch mancherlei Interpolationen, teilweise in der Form der Nibelungenstrophe, sowie auch andere Veränderungen erfuhr, ehe sie die vorliegende Gestalt gewann.

Dass jener Dichter in seiner Arbeit zwei, vielleicht gar drei verschiedene Paralleldichtungen kontaminierte, suchte Wilmanns (*Entwickelung der Kudrundichtung*, Halle 1873) aus Widersprüchen und mancher Verworren-

[1] Das ist jetzt durch Kettner ZfdPh 23, 145 im einzelnen nachgewiesen.

heit des überlieferten Textes zu erweisen, während Müllenhoff (*Kudrun, die echten Teile des Gedichtes,* Kiel 1845) noch das alte, echte Hilde-Gudrunepos als ein in verschiedenen Liedern und Abschnitten von ein und demselben Verfasser gedichtetes Werk durch einen Auszug aus der überlieferten Dichtung herstellen zu können meinte.[1]

Einfluss des Nibelungenliedes ist auch vorauszusetzen für ein bairisch-österreichisches Gedicht von *Walther und Hildegund,* das, in einer anderen Variation der Nibelungenstrophe verfasst, etwa in dieselbe Zeit wie die Gudrun gesetzt werden mag. Nur geringe Bruchstücke haben sich von ihm erhalten, welche, dem Schlussteile des Ganzen angehörig, Walthers Heimkehr in seines Vaters Land und die Vorbereitungen zu seiner Hochzeit mit Hildegunden berichten und eine Bestätigung dafür bieten, einen wie wesentlichen Bestandteil dieser volksmässig-höfischen Poesie die umständliche Schilderung höfischer Festlichkeiten bildet.[2]

§ 38. Ein besonders ergiebiges Feld bot sich den Bearbeitern nationaler Stoffe in der Dietrichsage,[3] und eine Reihe von erzählenden Dichtungen erwuchs auch hier teils durch erweiternde Umgestaltung alter Lieder, teils durch freie Kombination und selbständige Ausführung überlieferter Sagenmotive. Zu letzterer Gattung gehört das in Reimpaaren verfasste Gedicht von *Biterolf und Dietleib,* welches eine gründliche und ausgebreitete Kenntnis der nationalen Heldensage, zugleich aber auch in der freien Ausgestaltung ihrer Überlieferungen deutlich das Vorbild der höfischen Erzählung verrät. Wie ein Aventiure suchender Artusheld verlässt Biterolf heimlich seine Residenz Toledo, um sich an Etzels Hof zu begeben, wo sich, wie in Artus Tafelrunde, die Blüte der Ritterschaft vereint hat; wie ein anderer Wigalois zieht dann später sein Sohn Dietleib aus, den unbekannten Vater aufzusuchen; und mangelhaft motiviert und zwecklos wie in jenen Romanen sind die ritterlichen Thaten, welche die Helden verrichten, auch der den eigentlichen Hauptteil der Dichtung bildende Kampf, welchen Etzels Helden, unter ihnen Dietrich, Rüdiger, Biterolf und Dietleib, mit den rheinischen, Siegfried, Gunther, Gernot, Hagen und anderen, vor Worms ausfechten. Vollständige Ausbildung des Turnierwesens wird in diesen Schilderungen vorausgesetzt. Auch der Stil zeigt höfische Elemente, bewegt sich der Hauptsache nach aber in den Bahnen der höheren Volksepik, und der Einfluss des Nibelungenliedes ist im Ausdruck wie im Inhalt ganz unverkennbar: ganze Stellen sind daraus entlehnt.[4] Nach Form und Erfindungsweise andererseits ist die Klage so nahe verwandt, dass Lachmann und Wilhelm Grimm beide Dichtungen ein und demselben Verfasser zuschrieben, während der Herausgeber des Biterolf (Jänicke, *Deutsches Heldenbuch* I, Berlin 1866) die Übereinstimmung derselben aus ihrer Entstehung in der gleichen Zeit, Gegend und Dichterschule erklärt. Nicht lange nach 1200 wäre nach seiner Meinung die Originaldichtung, etwa 10 Jahre später die überlieferte, um die einleitende Geschichte

---

[1] Einen ganz anderen Herstellungsversuch hatte Ettmüller *Gudrunlieder* Leipz. 1841, eine Modifikation des Müllenhoffschen hat Plönnies *Kudrun. Übersetzung und Urtext* Leipz. 1853 unternommen. Ausgabe mit Bezeichnung des nach Müllenhoff Echten von Martin Halle 1872 (German. Handbibl. II, vgl. ZfdPh 15, 194); Ausgabe von Bartsch[4] Leipz. 1880 (Deutsche Klassiker des MA. II), von Symons Halle 1883 (altd. Textbibl. 5). Alle drei mit Anmerkungen. Textausgaben von Bartsch 1875 (m. Glossar), von Martin 1883. — Fécamp, *Le poème de Gudrun, ses origines, sa formation et son histoire* Paris 1892. Schönbach, *Christent. i. d. Heldend.* S. 109.

[2] Hrsg. ZfdA 2, 217. 12, 280 (25, 181) vgl. 14, 448. Germ. 12, 88.

[3] Über die Sage vgl. ausser Symons besonders Jiriczek, *Deutsche Heldensagen* I, 119 ff.

[4] ZfdPh 16, 345.

von Biterolfs Ausfahrt vermehrte und auch sonst überarbeitete Fassung entstanden, doch stammt diese vielleicht noch aus weit jüngerer Zeit.[1] Die Heimat der Dichtung ist zweifellos eines der österreichischen Länder; wahrscheinlicher das Donauthal als das früher vermutete Steiermark.[2]

Das Muster des Biterolf wird einen anderen österreichischen Dichter zu einer fragmentarisch überlieferten Erzählung in Reimpaaren vom Kampfe des *Dietrich* mit dem Polenkönige *Wenezlan* angeregt haben. Andeutungen im Biterolf über Kämpfe des Böhmenkönigs Witzlan oder Wineslan mit Etzels Recken gaben das Motiv her; höfische Poesie, speziell die des Wolfram von Eschenbach, beeinflusste die Darstellung (DHB V, 267).

Ein tirolisches Märchen wurde mit der Dietrichsage in der kleinen, gleichfalls in Reimpaaren gedichteten Erzählung vom Zwergenkönig *Laurin*[3] verbunden, in welche auch der junge Held der Biterolfdichtung, Dietleib von Steier, Eingang fand. Ihren Hauptinhalt bilden die Kämpfe Dietrichs und seiner Genossen mit Laurin in dessen sorgfältig gehegtem Rosengarten und dann in seinem unterirdischen märchenhaften Reiche, in das der Zwerg Dietleibs Schwester entführt hat. Diese mit hübschen Schilderungen durchflochtenen Abenteuer werden im Unterschiede vom Biterolf ganz in dem launigen, raschen, überaus formelreichen Stile der Spielmannspoesie, aber doch in einer durch höfischen Einfluss etwas verfeinerten Weise erzählt. Die gemeinsame Grundlage aller Handschriften und Drucke des Gedichtes geht nicht über die zweite Hälfte des 13. Jahrhs. zurück. Viel früher wird auch die Originaldichtung nicht anzusetzen sein, die Bartsch und Lachmann ins 12. Jahrhundert, Müllenhoff in die Zeit 1195—1215 zurückdatierte. Um 1300 erfuhr die beliebte Dichtung einerseits eine glättende Bearbeitung, die später in das Heldenbuch als „der kleine Rosengarten"[4] Eingang fand, andrerseits eine ausführlichere Umgestaltung des Schlusses von derselben schwachen Hand, die auch eine umständliche Fortsetzung, den *Walberan*, hinzufügte.

Inhaltlich berühren sich mit dem Laurin wie mit dem Biterolf die Gedichte vom *Rosengarten*. Die Tradition vom Kampf der gotisch-hunnischen Helden mit den burgundisch-fränkischen und vor allem Dietrichs mit Siegfried ist hier mit der Sage vom Kampf im Rosengarten verbunden. Worms ist der Schauplatz der Handlung, Kriemhild die Streitstifterin, die um den Preis eines Kusses und eines Rosenkranzes aus ihrem Garten die Helden in blutigem Ringen sich messen lässt. Die einzelnen Kämpfe werden in den verschiedenen poetischen Bearbeitungen des Stoffes sehr verschieden berichtet. Eine derselben (F), nur in geringen Bruchstücken überliefert, trägt höfisches Gepräge, während die beiden vollständig erhaltenen Versionen (A und D) und eine aus ihnen kontaminierte (C) eine spielmännische Vergröberung des Nibelungenstiles zeigen, deren Neigung zum Burlesken besonders in der Rolle des kriegerischen Klosterbruders Ilsan mit ihrem komischen Kontraste zwischen Mönchtum und Reckentum Gelegenheit zur Äusserung findet. Die metrische Form ist jene in der letzten Halbzeile meist um eine Hebung verkürzte Nibelungenstrophe. Um 1300 war der Stoff dieser Epen in Steiermark bekannt; vor der zweiten

[1] Holz, *Die Gedichte vom Rosengarten* S. CIII setzt sie um 1240 an. Über Ursprung und Verbindung der beiden Hauptteile der Dichtung vgl. auch Schönbach Wiener SB. 136 (1897) S. 1 ff., dazu AfdA 24, 363.

[2] ZfdA 21, 182.

[3] *Laurin und Walberan* hrsg. v. Müllenhoff DHB I (auch besonders gedruckt); hrsg. v. G. Holz Halle 1897, der gegen Müllenhoff den späten Ursprung des erweiterten Schlusses und dessen Beziehung zum Walberan nachweist. (Vgl. D. Literaturzeit. 1899, 146. AfdA 25, 266).

[4] Hrsg. v. Holz a. a. O.

Hälfte des 13. Jahrhs. ist keines von ihnen entstanden.[1] Wie der Laurin so scheinen auch die Rosengartendichtungen vom bairisch-österreichischen Sprachgebiet ihren Ausgang genommen zu haben; sie verbreiteten sich aber, teilweise in Verbindung mit dem Laurin, sowohl über Mittel- und Niederdeutschland wie nach Alemannien.

§ 39. An ältere Volkslieder aus dem Kreise der historischen Dietrichsage schlossen sich teilweise drei Dichtungen von Dietrichs Kämpfen mit Ermanrich und seinen Recken. Die Ermordung des jungen Alphart durch die von Dietrich zu Ermanrich übergegangenen Witege und Heime und den darauf folgenden Rachekampf zwischen Dietrichs und Ermanrichs Heeren erzählt ein Gedicht, welches sich selbst in einer dem Nibelungenliede nachgeahmten Schlussformel das Buch von *Alpharts Tod* nennt.[2] Auch sonst verrät es die Einwirkung des Nibelungenliedes, dessen Strophenform hier in noch etwas weniger veränderter Gestalt als in den Rosengärten angewandt wird; die Darstellung jedoch zeigt wieder den Übergang in die formelhafte, aber lebendige und grelle Darstellung der Spielmannsdichtung. Auch diejenigen Teile des Gedichtes, welche der Herausgeber aus der vielfach verworrenen und widerspruchsvollen Überlieferung unter Beseitigung erheblicher Erweiterungen als den alten Kern auszusondern suchte und welche den tragischen Untergang des Helden zu rührender Darstellung bringen, stehen jener Manier viel näher als das Nibelungenlied; sie in die beste Zeit des epischen Volksliedes, in die nächsten Jahre vor oder nach 1200 zu setzen, wie früher gemeinhin angenommen wurde, bieten weder ihr Inhalt noch ihr Stil, noch ihre sprachlichen und metrischen Formen Veranlassung.[3] Doch ist aus ihnen die ursprüngliche Fassung des Liedes überhaupt nicht mehr zu erkennen. Die überlieferte Bearbeitung reicht jedenfalls nicht über die zweite Hälfte des 13. Jahrhs. zurück; Baiern wird ihre, vielleicht auch des Originales Heimat sein.

Eine sehr ungeschickte Mischung volksmässiger und höfischer Elemente kennzeichnet die beiden anderen Dichtungen dieses Kreises, *Dietrichs Flucht* und die *Rabenschlacht*, welche ein Österreicher, Heinrich der Vogler, nach des Herausgebers Vermutung nicht lange nach 1282 verfasste.[4] Selber ohne jede poetische Fähigkeit, sucht dieser Fahrende an einzelnen Stellen durch Entlehnungen aus Hartmann, an anderen durch solche aus dem Nibelungenliede seiner ungeschickten Erzählung aufzuhelfen; hier verwertet er Reminiscenzen aus Wolfram von Eschenbach und Walther von der Vogelweide, dort aus der Gudrun und anderen Volksepen; er hascht nach höfischem Schmuck der Darstellung und verwendet doch dabei die bequemen Formeln der Spielmannspoesie, ja auch Flickverse der allerelendesten Sorte in

---

[1] Bruno Philipp, *zum Rosengarten* Halle 1879 mit einem Textabdrucke nach 2 Hss. der Version A. W. Grimm *der Rosengarte* Göttingen 1836 mit einer Ausgabe von C und der Probe einer kritischen Bearbeitung von D. Eine Hs. der Version D abgedruckt Germ. 4, 1. Ein aus 2 Hss. derselben Version gemischter Text in v. d. Hagens u. Büschings, *Deutschen Gedichten des MA.* Bd. II. Die Bruchstücke von F in den *phil. hist. Abhandlungen der Berliner Akademie* 1859, 483 (vgl. Germ. 8, 196) u. ZfdA 12, 530. G. Holz, *Zum Rosengarten.* Leipz. Diss. 1889. Kritische Ausgabe von A, D, F: *Die Gedichte vom Rosengarten zu Worms* hrsg. v. G. Holz Halle 1893.

[2] Hrsg. v. Martin DHB II.

[3] So jetzt auch Em. Kettner, *Untersuchungen über Alpharts Tod* Progr. Mühlhausen 1891. ZfdPh 31, 24. 327. Jiriczek PBB 16, 115. (471). Schönbach, *Christent. i. d. Heldend.* S. 216. — Wilhelm Grimm HS 237 vermutete Kontamination zweier Texte. Vgl. Germ. 25, 300 f. Lachmann (Kl. Schr. I 290 Anm.) behauptete auch hier die Entstehung aus einzelnen Liedern.

[4] Hrsg. v. Martin DHB II. E. Peters, *Heinrich der Vogler* Berlin Progr. 1890. ADB 40, 787 (Uhl).

reichstem Masse. Die Übereinstimmung der beiden Dichtungen im Ausdruck, in den Sprach- und Reimformen ist so gross, dass man nicht umhin kann, dem Verfasser der Flucht auch die Rabenschlacht zuzuweisen, obwohl er sich nur in der ersteren nennt, und obwohl diese in Reimpaaren, die Rabenschlacht dagegen in einer sonst nicht belegten Strophenform gedichtet ist, auch der Inhalt der beiden sich mehrfach widerspricht. Das *buoch von Berne* nennt er selbst das erste Gedicht, das er damit wohl als eine Art Chronik bezeichnen will, wie er denn auch eine durch sieben Generationen geführte fabelhafte Geschichte der Vorfahren Dietrichs von Bern der auf echter Sage fussenden Erzählung von des Helden Vertreibung aus Italien durch Ermanrich, seinem Aufenthalte bei Etzel und der Wiedererkämpfung seines Reiches vorausschickt. Für die Behandlung der beiden letzten Motive hat ihm augenscheinlich schon hier eine Quelle gedient, die er auch in seinem zweiten Werke, der Rabenschlacht, wieder benutzte. Denn teilweise sind es die schon in der Flucht erzählten Ereignisse, welche in ihrer Fortsetzung, der Rabenschlacht, noch einmal in veränderter Gestalt ausgeführt werden, vor allem eben die vor Ravenna (Raben) zwischen Dietrich und Ermanrich geschlagene Schlacht selbst; doch wird ihrer Darstellung nur hier die schon im Meier Helmbrecht (1236—50) erwähnte, mit der Alphartsage verwandte Erzählung einverleibt, wie Witege die jungen Söhne Etzels, Ort und Scharpf, und den jugendlichen Diether, Bruder des Dietrich von Bern, im Kampfe tötet, eine Episode, deren reicher poetischer Gehalt selbst unter dieser plumpen Bearbeitung nicht ganz verloren ging. Eine Herstellung der Vorlagen des Dichters, ja auch nur eine bestimmte Begrenzung ihres Inhaltes ist nicht möglich, und so muss auch dahin gestellt bleiben, inwieweit die Widersprüche zwischen den beiden Gedichten und innerhalb derselben aus der Beschaffenheit der Quellen zu erklären sind und inwieweit sie dem Ungeschick des Dichters in ihrer Benutzung und Erweiterung sowie in ihrer Kombination mit anderen Überlieferungen zur Last fallen.[1]

§ 40. In viel frischerem, munterem Spielmannstone behandeln vier in einer dreizehnzeiligen Strophenform ('der Bernerweise') verfasste Gedichte die Kämpfe des jungen Dietrich mit Riesen, Zwergen und Drachen. Das älteste unter ihnen ist das *Eckenlied,* wenigstens seiner Grundlage nach, die schon gegen die Mitte des 13. Jahrhs. in Oberdeutschland und, wie die Aufnahme ihres Inhaltes in die þidrekssage zeigt, auch in Niederdeutschland verbreitet war. In der zweiten Hälfte des Jahrhunderts war es eines der beliebtesten epischen Lieder, und einer der von Ecke singt, gilt dem Konrad von Würzburg als Typus des Bänkelsängers. Der eigentliche Kern der Dichtung, Dietrichs Kampf mit dem jungen Riesen Ecke und des letzteren Tod, wurde schon früh mit einem Anhange vom Kampfe Dietrichs mit dem Riesen Fasolt, später auch mit einer Einleitung und mit weiteren Fortsetzungen versehen, in denen die verschiedenen Versionen stark auseinander gehen. Den ursprünglichen Anfang des Gedichtes und zugleich seine ursprüngliche Strophenform, in der die siebente und die neunte Zeile reimlos waren, überliefert allein eine Strophe der Carmina Burana. Sonst sind uns nur Bearbeitungen erhalten, welche, jede in ihrer Weise, an jener Stelle Reime eingeführt haben, und zudem durch die mündliche Überlieferung, der sie augenscheinlich zwischen den verschiedenen Stufen schriftlicher Aufzeichnung anheimgegeben waren, teil-

[1] Wegener (ZfdPh Ergänzungsbd. 447 f.) nimmt für die Erzählung von dem Aufenthalte bei Etzel und den Kämpfen mit Ermanrich eine Kontamination dreier Redaktionen als Vorlage an, für die Geschichte von Dietrichs Ahnen eine grosse cyklische Dichtung in höfischer Form. Mindestens in letzterer Beziehung sind seine Ausführungen verfehlt.

weise weit auseinander geraten sind. Die verhältnismässig älteste dieser Fassungen liegt in einer am Schluss unvollständigen Donaueschinger Handschrift,[1] eine andere in Drucken,[2] eine dritte im Dresdener Heldenbuche (§ 61, 6) vor; das Original lässt sich unter diesen Umständen natürlich nicht mehr herstellen.

Unter dem Einflusse des Eckenliedes stehen die anderen Dichtungen dieses Kreises. Eine naiv volksmässige, an das Märchenhafte streifende Erzählungsart, durch hübsche Naturschilderungen belebt, hie und da etwas höfisch aufgeputzt, charakterisiert die älteste der erhaltenen Eckendichtungen; dieselbe Manier mit vielen Übereinstimmungen im einzelnen, doch mit weit stärkerer Ausprägung des höfischen Elementes im Stil wie in der Erfindung zeigt die Dichtung von *Dietrichs erster Ausfahrt* und der Bergkönigin *Virginal*. Unter Benutzung überlieferter, teilweise dem Eckenliede entlehnter Sagenmotive frei komponiert, handelt dieser weitläufige Roman von den ersten Abenteuern, welche Dietrich mit dem alten Hildebrand gegen Heiden, Riesen und Drachen, besonders im Dienste jener jungfräulichen Königin besteht, die nur in einer der beiden Hauptfassungen *Virginal* genannt wird. Denn auch hier ist die Originaldichtung nicht erhalten; die eine jener beiden Bearbeitungen (*Virginal*) hat sich ihr im ersten Teile enger angeschlossen, während sie in den späteren Teilen, die auch metrisch die Kennzeichen späteren Ursprunges tragen, ihre eigenen Wege geht;[3] die andere Bearbeitung (*Dietrich und seine Gesellen*) ist nur auszugsweise im Dresdener Heldenbuche und teilweise in einem dritten, aus beiden Bearbeitungen kontaminierten Texte (*Dietrichs erste Ausfahrt*)[4] erhalten. Am Schlusse jener ersten der überlieferten Redaktionen wird ein anderes Gedicht dieses Kreises vorbereitet, vielleicht das Eckenlied. Einen direkten Hinweis auf dasselbe enthält am Anfang und am Ende ein Gedicht von Dietrichs und Hildebrands Abenteuer mit dem Riesen *Sigenot*,[5] welches, in der ersten Hälfte aus einer verlorenen älteren Dichtung gekürzt, seinerseits wieder einer späteren Bearbeitung als Vorlage gedient hat, die jenen verkürzten ersten Teil nach dem Vorbilde des Eckenliedes erweiternd umdichtete.[6] Weder der Inhalt noch die Darstellung der älteren Bearbeitung des Sigenot zeigt höfischen Einfluss, im Gegensatz zum Ecke und besonders zur Virginal, während das Bruchstück von Dietrich und dem Zwergenkönige *Goldemar*[7] den Berner zwar wie in der Virginal ein Abenteuer im Dienste einer Frau bestehen lässt, im Stile

[1] Kritisch hrsg. v. Zupitza DHB V, 219.

[2] Abdruck eines solchen von Schade *Ecken Ausfahrt* Hannover 1854. Zur Kritik und Entwicklungsgeschichte der Überlieferung s. *Altdeutsche Studien* v. Jänicke, Steinmeyer, Wilmanns Berlin 1871, S. 95. ZfdPh 25, 1.

[3] *Virginal* hrsg. v. Zupitza DHB V, 1.

[4] *Dietrichs erste Ausfahrt* hrsg. v. Stark Lit. Ver. 52. Über das Verhältnis der Bearbeitungen vgl. ZfdA 15, 294. 43, 193. Jiriczek, *Heldensagen* 1, 210. 222.

[5] Hrsg. v. Zupitza DHB V, 207.

[6] *Seltene Drucke mit einl. Text* v. K. Schorbach II *Dietrich v. Bern (Sigenot)* Leipz. 1894. *Dietrich v. Bern (Sigenot)* 14 Strassburger Originalholzstöcke hrsg. v. Heitz Strassb. 1894. Über das Verhältnis der Bearbeitungen vgl. Steinmeyer, Altd. Studien S. 65.

[7] Hrsg. v. Zupitza DHB V, 203. Zupitza sprach alle 4 Gedichte, andere sprachen Ecke Sigenot Goldemar dem Albrecht von Kemenaten zu; wiederum andere (zuletzt Bächtold, *LG d. Schweiz* S. 108 u. Anm.) hielten für den Verfasser des Eckenliedes einen Heinrich von Lînouwe, der nach Rudolfs v. Ems Angabe im Wilhelm *von Ekkenis* (Var. *Eggen, ereckes*) *manheit . . . daz ist der Wallære*, nach der Angabe im Alexander den *Wallære* gedichtet hat. Dass diese Dichtung mit dem Eckenliede nichts zu thun hat, ist ZfdPh 25, 6 (vgl. Germ. Abh. XVI, 125) gezeigt, wo auch die Gründe, die für Helfrich von Lutringen als Dichter des alten Eckenliedes sprechen, erwogen sind.

aber gleichfalls nichts Höfisches hat. Doch ist der Umfang dieses Fragmentes viel zu gering, um den Charakter des ganzen Goldemarliedes und sein Verhältnis zu den verwandten Gedichten sicher bestimmen zu können, und so bietet es denn auch keine ausreichende Grundlage für die Hypothese, dass Albrecht von Kemenaten, der hier als Verfasser des Gedichtes oder seiner Vorlage genannt wird, auch die anderen drei Dichtungen dieses Kreises verfasst oder bearbeitet habe. In ihrer ursprünglichen Gestalt ist keine dieser Dichtungen überliefert oder herzustellen. In den überlieferten Fassungen gehen sie schon metrisch auseinander, so dass der Strophenschluss in Ecke und Sigenot eine andere Form hat, als in Virginal und Goldemar, und auch sonst zeigen sie neben bedeutenden Übereinstimmungen gar manche Verschiedenheiten, welche es richtiger erscheinen lassen, jene verwandtschaftlichen Beziehungen lediglich auf eine nach dem gemeinsamen Muster des Eckenliedes ausgebildete und auf gemeinsamen Traditionen der Spielmannsdichtung fussende Manier zurückzuführen. Sicherlich geht keine der überlieferten Fassungen mit ihren silbenzählenden Versen über die zweite Hälfte des 13. Jahrhs. zurück, und sie können daher mindestens nicht von demjenigen Albrecht von Kemenaten herrühren, welchen Rudolf von Ems im Wilhelm und im Alexander als einen weisen und kunstvollen Dichter lobt. Selbst dass alle diese Dichtungen aus dem oberen Alemannien stammen, scheint mir nicht ausreichend erwiesen.[1]

§ 41. Einen von der ostgotischen Dietrichsage ursprünglich verschiedenen, aber auf mehreren Entwickelungsstufen durch sie beeinflussten Stoff behandeln die Gedichte von *Wolfdietrich*.[2] Eine fränkische Sage, in der sich Traditionen aus der Geschichte des Merowingers Theoderichs I. (Hugdietrich), seines Sohnes Theodebert und vielleicht auch seines Vaters Chlodwig[3] mischten, ist hier in Byzanz lokalisiert. Von dort zieht der unehelicher Geburt bezichtigte, als Kind einst den Wölfen preisgegebene, dann von seinen Brüdern des Erbes beraubte Wolfdietrich aus, wie der Ostgote Theodorich, um sich in Oberitalien ein Reich zu erkämpfen. Auch Wolfdietrich ist vor allem der vom Elend der Verbannung heimgesuchte Fürst; die Treue, die ihm seine Vasallen in aller Not beweisen, und die er ihnen in gleicher Weise durch lange Jahre der Trennung hindurch trotz mancherlei Versuchungen wahrt, bildet das sittliche Grundmotiv der poetischen Behandlungen des Stoffes. Berührt sich die Wolfdietrichfabel schon hierin besonders auch mit dem Rother, so wird der Zusammenhang der beiden noch enger dadurch, dass derselbe ostgotische Berchter von Meran, der mit seinen Söhnen im Rother den Typus der königstreuen Vasallenfamilie vertritt, im Wolfdietrich als Berchtung von Meran mit den Seinen in der gleichen Rolle erscheint. Die Lombardei aber, des historischen Rothari Reich, ist es, welche Wolfdietrich sich erkämpft, indem er zum Lohn für die Erlegung eines Drachen, der den König Ortnit von Lamparten getötet hatte, die Hand von Ortnits Witwe erhält. So kehrt er schliesslich siegreich heim, befreit seine gefangenen

[1] Vgl. jetzt auch H. Fischer, *Zur Geschichte des Mittelhochdeutschen* S. 50. 56. 65. ZfdA 44, 362.

[2] *Ortnit und die Wolfdietriche nach Müllenhoffs Vorarbeiten* hrsg. v. Amelung u. Jänicke DHB 3. 4. Für den Text des Wolfdietrich D, der hier zunächst nur in den Lesarten und Anmerkungen zu B Str. 1—259 berücksichtigt, dann mit C vermischt wird, ist man immer noch auch auf Holtzmanns Ausgabe *Der grosse Wolfdietrich* Heidelb. 1865 angewiesen.

[3] C. Voretzsch, *Epische Studien* I, 254 ff.; ebenda und bei Symons HS § 33—38 die weitere Literatur über die Sage von Ortnit u. Wolfdietrich.

Dienstmannen und erstreitet sich sein väterliches Erbe. Das sind die gemeinsamen Grundzüge der Wolfdietrichepen, die aber in jedem einzelnen verschieden ausgeführt und mit anderen sagenmässigen, märchenhaften und novellistischen Überlieferungen, mit traditionellen Motiven der Spielmannspoesie und mit Beziehungen auf die Kreuzzüge bereichert wurden. Vor allem boten die Fahrten des heimatlos umherirrenden Helden reichlich Gelegenheit zur Einflechtung bunter Abenteuer, bei denen seine Treue gegen die fernen Vasallen durch die Lockungen der Frauenliebe hart auf die Probe gestellt, aber immer wieder bewährt wird.

Die älteste und beste dieser Dichtungen, *Wolfdietrich A*, ist nur in derselben Ambras-Wiener Handschrift überliefert, welche auch die Gudrun enthält. In energischem Fortschreiten stellt sie mit höchst lebhafter Empfindung und realistischer Anschaulichkeit die Schicksale des jungen Helden dar, bei denen hier König Hugdietrichs treuloser Ratgeber Sabene zugleich die Rolle des ungetreuen Sibeche der Dietrichsage und des lüsternen Vasallen der Genovefalegende spielt. Aber nur bis zu einem Erlebnis des königlichen Flüchtlings auf der Fahrt nach Lamparten hat dieser Dichter sein Werk in elf, jedesmal mit einer bestimmten Formel liedartig abgeschlossenen Aventiuren geführt. Von da an verrät sich schon in auffallenden Stilverschiedenheiten die Hand eines schwächeren Poeten, der in mehr Übereinstimmung mit den Wolfdietrichepen B und D die Abenteuer des Helden in Lamparten erzählt; mit der 16. Aventiure, mitten in der Schilderung des Drachenkampfes, bricht der einzige überlieferte Text seines Werkes ab, und nur aus dem elenden gereimten Auszuge des Wolfdietrich A im Dresdener Heldenbuche kann man sich eine Vorstellung von dem weiteren Inhalt dieser Fortsetzung bilden. Wolfdietrich A giebt sich von vornherein als eine Weiterführung der *Ortnitdichtung*, und diese selbst weist ausdrücklich auf eben diese Fortsetzung hin. Diesem engen inhaltlichen Zusammenhange entspricht auch eine so grosse sprachliche, stilistische und metrische Übereinstimmung, dass man trotz einigen unbedeutenden Differenzen kein Bedenken zu tragen braucht, beide Gedichte ein und demselben Verfasser zuzuweisen. Der *Ortnit* erzählt die Entführung einer heidnischen Königstochter durch den Helden und seinen Tod durch einen Drachen, den ihm der erzürnte Heide ins Land schickt. Das alte Spielmannsschema von der Brautfahrt des Helden nach der jenseits des Meeres weilenden Heidentochter ist hier mit ähnlich verschiedenartigen Stoffelementen ausgefüllt, wie sie in den Wolfdietrichdichtungen sich mischen. Der Zwerg Alberich, des Helden Vater, spielt bei der Gewinnung der Braut eine ähnliche Rolle, wie der Rabe im Oswald, und zeigt zugleich bemerkenswerte Beziehungen zu dem Zwerg Auberon in der altfranzösischen Chanson de Geste vom Huon von Bordeaux. Doch ist Auberon selbst erst aus der altdeutschen Alberichsage in die französische übergegangen, und eine direkte Beziehung zwischen dem Ortnit und dem altfranzösischen Epos ist wenig wahrscheinlich. Eben dieses Ortnitepos ist auch in den spärlichen Bruchstücken einer um 1300 angesetzten Handschrift mit einer von A völlig abweichenden Wolfdietrichdichtung verbunden, dem *Wolfdietrich C*, während eine dritte Behandlung der Wolfdietrichsage die Geschichte des Helden durch das Liebesabenteuer seines Vaters Hugdietrich einleitet, der bei Hiltburg, der strengbewachten Tochter König Walgunts von Salnecke (Salonichi), in Mädchenkleidern Zutritt findet, mit ihr den Wolfdietrich zeugt und sie später als Gemahlin nach Constantinopel heimholt. Während Hugdietrichs Brautfahrt in den zahlreichen Handschriften dieser Version (*BD*) ziemlich übereinstimmend wiedergegeben wird, sondern sich dieselben für den weiteren Verlauf in zwei verschiedene Gruppen, deren erste *B* die kürzere, und deren zweite *D*, die ausführlichere Redaktion einer Wolfdietrichdichtung bietet. D hat diese gemeinsame Grundlage unter Benutzung von C vielfach erweitert und umgedichtet, B hat sie namentlich im zweiten Hauptteil gekürzt.

Da der Ortnit sicher ein Ereignis der Kreuzfahrt vom Jahre 1217, wahrscheinlich auch Friedrichs II. Kreuzzug v. J. 1228 voraussetzt,[1] während anderseits schon formale Gründe verbieten, ihn und den Wolfdietrich A viel später anzusetzen, so wird man als Entstehungszeit beider Gedichte die 30er Jahre des dreizehnten Jahrhunderts annehmen dürfen. Wolfdietrich B und C werden dagegen wohl mit Recht in die Mitte, D an das Ende des Jahrhunderts (bald nach 1280) gesetzt. In den bairisch-österreichischen Alpenländern hat sich gewiss zunächst die Ausbildung der Ortnit- und Wolfdietrichsepik vollzogen; doch weisen sprachliche Kriterien nur B und D dem bairisch-österreichischen, A und C dagegen anscheinend dem ostfränkischen Dialektgebiete zu.[2]

Sämtlich in der korrumpierten Nibelungenstrophe (§ 37) verfasst, zeigen alle diese Dichtungen die Rückkehr vom edleren Stile der Nibelungen zur Spielmannsmanier. Während jenem der Ortnit und vor allem der zu den besseren Dichtungen der Zeit gehörige Wolfdietrich A noch etwas näher steht, berührt sich die Version B und besonders D in der massenhaften Verwendung der altüberlieferten Formeln, in der munteren und lebhaften, aber nachlässigen Erzählungsweise, in der Neigung zum Wunderbaren und Übertriebenen wieder sehr nahe mit der älteren Spielmannspoesie, wenngleich die dazwischen liegende Entwickelung der höfischen und der höheren volksmässigen Epik auch an ihnen nicht ganz spurlos vorübergegangen ist.

DIE LYRIK.

Vgl. die Literaturangaben zu § 10.

§ 42. Es ist bereits darauf hingewiesen (§ 36), wie der in Österreich erblühten ritterlich-volksmässigen Lyrik vom Rheine her eine Lyrik nach französisch-provenzalischem Muster begegnete, die auch im Südosten bald die Herrschaft erlangte. Ein längeres Nebeneinander der beiden Richtungen, welches etwa dem Verhältnis des ritterlichen Volksepos zum Kunstepos entspräche, ist auf diesem Gebiete nicht zu verfolgen, Sind doch auch von vornherein die Gegensätze hier nicht so bestimmt wie dort. Denn es handelt sich bei der romanisierenden Lyrik nicht wie bei der Epik um Einführung fremder Stoffe neben der abweichenden Anschauungsweise und Formgebung, sondern nur um diese letzteren allein. Nur die Teilnahme der Deutschen an den Kreuzzügen führt der höfischen Liederdichtung seit Barbarossas frommem Unternehmen neuen Stoff zu, indem auch die deutschen Minnesinger jetzt nach französischem Vorgang und angeregt durch die Kreuzzugspredigten in Liedern und Leichen zu der heiligen Fahrt aufrufen[3] und den Empfindungen Ausdruck geben, welche sie bei der Kreuznahme bewegen. Auch hier aber zeigt sich, wie sehr die Liebeslyrik den Vorstellungskreis dieser Dichter beherrscht; denn der Gedanke an die zurückbleibende Geliebte, der Streit zwischen christlich-ritterlicher Pflicht und weltlicher Minne ist es, der die Kreuzzugssänger ganz besonders beschäftigt. So bleibt der Stoff dieser verfeinerten ritter-

[1] ZfdA 38, 65 ff.

[2] H. Fischer, *Zur Geschichte des Mittelhochdeutschen* S. 55 (65). ZfdA 44, 280. 354.

[3] H. Schindler, *Die Kreuzzüge in der altprovenzalischen u. mhd. Lyrik* Progr. Dresden 1889. Über Kreuzlied u. Kreuzpredigt ZfdA 30, 89.

lichen Lyrik doch im wesentlichen derselbe wie in der Frühzeit, die ritterliche Minne; aber ihre Auffassung wird durch den romanischen Einfluss wesentlich verändert, indem die Dame jetzt als die Herrin, der Ritter als ihr Minnevasall gedacht wird, der in förmlichem Dienste um die Huld der Gebieterin wirbt. Dem Wesen dieses durch die höfische Etikette beherrschten Verhältnisses entsprechend, geht leicht die natürliche Unmittelbarkeit des Ausdruckes verloren, und es ist weniger die Empfindung selbst, als die Reflexion über die Empfindung, was in dieser höfischen Minnepoesie zur Darstellung kommt. Die metrische Form wird eine zierlichere, durch strengere Regelung der Silbenzahl des Verses, durch Einführung neuer Versformen, durch Ineinanderschieben und Häufen der Reime, durch dreiteilige Gliederung der Strophen, deren mehrere jetzt zu einem Liede verbunden zu werden pflegen. Inwieweit bei dem allem etwas durchaus Neues oder nur eine weitere Fortentwickelung und künstlichere Ausbildung von Ansätzen vorliegt, die schon in der nationalen Lyrik vorhanden waren, lässt sich nicht überall entscheiden. Direkte Nachbildung bestimmter provenzalischer oder nordfranzösischer Lieder oder auch nur ihrer metrischen Form ist verhältnismässig selten nachzuweisen, und jedenfalls wurde die veränderte Kunstweise bald selbständig gehandhabt und fortgebildet; immerhin aber ist es der romanische Einfluss, welcher dem deutschen Minnesange die neue Richtung gewiesen hat.

Eine wesentliche Einwirkung auf die deutsche Lyrik der Zeit hat man auch der mittellateinischen zuschreiben wollen.[1] Für die geistlichen Lieder und Leiche, in denen sich jetzt auch weltliche Dichter neben der herrschenden Gattung der Minnepoesie hie und da versuchen, ist sie zuzugeben, wenn sie auch teilweise nur indirekt stattfand, durch die ältere deutsche geistliche Dichtung vermittelt. Aber auch eine weltliche Lyrik in lateinischer Sprache hatte sich bereits seit dem Ausgange des 11. Jahrhs. in geistlich gebildeten Kreisen entwickelt, und sie läuft dann das ganze Mittelalter hindurch der deutschen parallel, besonders gepflegt von den fahrenden Schülern, den Vaganten, welche ihre rhythmisch gebauten und gereimten, teils in Liedform, teils auch in Leichform verfassten Dichtungen an den geistlichen Höfen um des Erwerbes willen, oder auch bei gemeinsamen Zusammenkünften zu eigener Ergötzung vortrugen. Eine im 13. Jahrh. angelegte, im 14. fortgeführte Sammlung des bairischen Klosters Benediktbeuren enthält neben geistlichen auch mannigfache Lieder dieser Art, die zum Teil bis in die zweite Hälfte des 12. Jahrhs. zurückreichen: Satiren, Lob- und Scheltgedichte, Trink- und Bummellieder, und, was vor allem in Betracht kommt, zahlreiche Liebeslieder.[2] Häufig ist diesen lateinischen Gedichten eine einzelne deutsche Strophe angehängt, die ihnen meistens in der metrischen Form, seltener auch im Inhalte entspricht. In einigen Fällen ist die deutsche Strophe zweifellos das Original,[3] in anderen ist das Verhältnis das umgekehrte, oft ist eine sichere Entscheidung für das eine oder für das andere nicht möglich; aber wenn man auch annimmt, dass deutsche Lieder viel häufiger nach Vagantenweisen gedichtet und gesungen wurden, als es sich jetzt noch erkennen

[1] ZfdA 20, 46, vgl. 29, 177 f. ZfdPh 23, 1. Burdach, *Reinmar u. Walther* S. 155 ff. Axel Wallensköld, *Das Verhältnis zwischen den deutschen und den entsprechenden lat. Liedern der CB* (Mém. de la société néo-philol. Helsingfors 171). J. Schreiber, *Die Vagantenstrophe* Strassb. 1894.

[2] *Carmina Burana* hrsg. v. Schmeller Lit. Ver. 16; 2. Abdr. Breslau 1883. Über die Zusammensetzung der Hs. u. ihre Lesarten Z. f. d. öst. Gymnasien 1889, 103. ZfdA 35, 328.

[3] So Carm. Bur. N. CLXXX[a] die erste Strophe des alten Eckenliedes, s. ZfdPh 25, 1. 27.

lässt, so kann doch der Einfluss, den der Charakter unserer Liebeslyrik von dorther erfuhr, gegenüber dem von Frankreich ausgehenden und gegenüber ihren nationalen Elementen kein bedeutender genannt werden. Denn diese Gattung der lateinischen Dichtung hat selbst augenscheinlich erst mittels der Lyrik der Vulgärsprachen, der deutschen volksmässigen wie der französisch-provenzalischen, diejenige Ausbildung erfahren, in der sie uns aus der Beurener Handschrift entgegentritt. Was ihr dagegen selbständig eigen oder durch die ältere lateinische Dichtung überliefert ist, die rege Beziehung zum klassischen Altertum, die sinnliche Fülle der Anschauung und Darstellung, die Lascivität, die bildungsstolze Verachtung des Laientums, der Hass insbesondere gegen den Ritterstand — das alles hat in die deutsche Lyrik nicht Eingang gefunden, ja es steht zu ihrem ausgesprochen ritterlich-romantischen Charakter in direktem Gegensatze.

Die Ritterschaft ist und bleibt zunächst ausschliesslich die Pflegerin des Minnegesanges, und die mannigfachen Abstufungen dieses Standes vom ärmsten Dienstmannen bis zum Kaiser herauf sind auch unter den Minnesängern vertreten.

§ 43. Den Heinrich von Veldeke preist Gottfried von Strassburg als den Vater der kunstmässigen Dichtung auf Grund seiner Lyrik nicht minder als auf Grund seiner Epik. Und Heinrich mag in der That der erste gewesen sein, der die deutsche Liederdichtung nach französischem Geschmack umzubilden suchte. Seine Lieder (MF IX), die noch stärker als die Eneide das Gepräge der heimischen Mundart tragen, zeigen so gut wie sein Epos volkstümliche Elemente. Auffassung und Ton ist teilweise ziemlich derb und realistisch; er neigt hier zum Humoristischen, dort zum Lehrhaften und Sprichwörtlichen; er liebt die Parallelisierung oder Kontrastierung der Stimmung mit der Jahreszeit und er weiss dabei lebendige Naturbilder zu entwerfen oder anzudeuten; nicht wenige seiner Lieder sind noch einstrophig. Aber im Versbau wie in der Reimtechnik, in daktylischen und mehr nach der Silbenzahl als nach dem Rhythmus gegliederten Versen wie in durchgereimten Strophen, blickt deutlich das unmittelbare Vorbild der französischen Lyrik durch. Den Inhalt eines Liedes entlehnt er dem Chrétien v. Troyes, und Frauendienst und höfische Etikette beherrschen seine Anschauung.

Vollständig abgestreift ist die volksmässige Manier schon bei Friedrich von Hausen,[1] einem Zeitgenossen des Veldekers, der einem vornehmen, bei Worms begüterten Geschlecht angehörte und in der Umgebung Kaiser Friedrichs I. wie seines Sohnes Heinrich in Deutschland, Frankreich und Italien als eine angesehene Persönlichkeit urkundlich bezeugt ist. Im Jahre 1190 fand er auf Barbarossas Kreuzzuge, dem er mehrere Lieder geweiht hatte, den Heldentod. Den persönlichen Verhältnissen des Dichters entsprechend sind seine Lieder in rein höfischem Tone gehalten; es ist eine Reflexionspoesie, die sich im Spielen mit Vergleichen, Antithesen und Paradoxieen gefällt, während sie das Naturbild verschmäht. Ihre metrischen Formen sind nicht nur im allgemeinen durch die romanische Lyrik beeinflusst, sondern stellenweise auch, wie das in zwei Fällen nachgewiesen ist, provenzalischen Vorlagen genau nachgebildet.

Der allgemeine Charakter der feineren höfischen Bildung, der Anschluss an den romanischen Minnesang, teilweise auch die unmittelbare Einwirkung der Lieder Friedrichs von Hausen, verschafften dieser Richtung weitesten Eingang. Wenn Heinrich VI. vor seinem Regierungsantritt ein Lied,

[1] MF VIII. Vgl. ZfdA 14, 133. 26, 105. PBB 2, 345. Germ. 28, 272.

welches die Begehrenswürdigkeit seiner Geliebten über die der ihm beschiedenen Krone stellt, in romanisierender Form dichtete,[1] so liegt bei seinen persönlichen Beziehungen zu Friedrich von Hausen die Annahme nahe, dass er dessen Anregung und Beispiel folgte, während bei zwei Liedern ritterlich volksmässigen Stiles, welche nach verbreiteter Annahme fälschlich unter Kaiser Heinrichs Namen überliefert sein sollen,[2] mindestens an die Pflege jener älteren lyrischen Gattung unter dem schwäbischen Adel erinnert werden mag, wie sie durch Meinlohs Dichtung bezeugt wird. — Bestimmte Nachahmung Hausens, zugleich aber auch unmittelbare Abhängigkeit von der romanischen Verstechnik zeigen die Lieder des elsässischen Freiherrn Ulrich von Gutenburg,[3] der in der Zeit von 1172—1200 in Urkunden auftritt, wie Husen Kaiser Friedrich nach Italien begleitete und auch König Heinrichs Vertrauen genoss. Ein umfänglicher *Leich* auf seine Geliebte ist das erste Beispiel für die Übertragung dieser bis dahin nur für geistliche Stoffe verwendeten metrischen Form auf den Minnegesang, und auch hier bietet die romanische Lyrik in dem Übergange der dem Leich entsprechenden Form des Descorts von der geistlichen auf die erotische Poesie ein Analogon.

In der Schweiz findet die neue Richtung ihren ersten Vertreter in dem Grafen Rudolf von Fenis,[4] der am weitesten von allen in der direkten Nachbildung provenzalischer Lieder geht, in Schwaben in Bernger von Horheim[5] und in Heinrich von Rugge.[6] Die auch in Berngers Liedern noch hervortretende Fremdartigkeit der romanischen Kunstform hat Heinrich von Rugge schon überwunden, und die deutsche Versbetonung führt er auch bei metrischen Formen fremden Ursprunges durch. An Veldeke erinnert das lehrhaft Spruchartige einiger seiner Strophen, auch die Naturschilderung fehlt nicht ganz. Aber durchweg herrscht bei Rugge der verfeinerte höfische Ton. Eine ernstere Auffassung des Rittertums tritt in einem Leiche zu Tage, durch den er zum Kreuzzuge aufforderte, nachdem die Kunde vom Tode Barbarossas nach Deutschland gekommen war (Ende 1190).

Wie die von Westen eindringende Strömung sich auch in Baiern verbreitete, zeigen die Lieder des Albrecht von Johannsdorf.[7] Auch sie enthalten Beziehungen auf einen Kreuzzug, dem der Dichter sich anschloss, vermutlich den vom Jahre 1190, und das Motiv wird ähnlich wie es schon bei Friedrich von Hausen geschah, durch die Erörterung des Konfliktes zwischen Kreuzzugsgelübde und Frauendienst für den Minnegesang verwertet. Gewandte Darstellung, die sich besonders in einem zierlich lebendigen Liebesgespräche bekundet, zeichnet neben Ehrlichkeit und Wärme der Empfindung die Lieder dieses Dichters aus.

Weitaus der bedeutendste unter allen Lyrikern vor Walther von der Vogelweide ist aber der erste Thüringische Minnesänger von dem wir wissen, Heinrich von Morungen,[8] der in höherem Lebensalter als

[1] MF 5, 16 mit Unrecht unter die Anonyma gestellt. Vgl. Scherer, *Deutsche Studien* II, 10. Joseph QF 79, S. 79.

[2] MF 4, 17—5, 15.

[3] MF X; Grimme I, 12.

[4] MF XI. Bartsch, *Schweizer Minnes.* I. Vgl. ZfdA 18, 44.

[5] MF XIV. E. Buchholz, *Die Lieder des Bernger v. Horheim* Emden Progr. 1889.

[6] MF XIII. Er. Schmidt, *Reinmar u. Rugge* QF. 4. Grimme, *Minnesinger* I, 127.

[7] MF XII. Germ. 33, 385. 34, 75. D. Mülder, *Albrecht v. J.* Osnabrück Progr. 1894.

[8] MF XVIII. PBB 7, 335. Michel, *H. v. M. u. d. Poesie d. Troubadours* QF 38. K. Schütze, *Die Lieder des H. v. M.* Diss. Kiel 1890 (vgl. AfdA 17, 301. Literaturbl. 1894, 60). Rössner, *Untersuchungen zu H. v. M.* Berlin 1898. E. Lemke, *Textkrit. Untersuchungen z. d. Liedern H.s v. M.* Diss. Jena 1897 (vgl. AfdA 24, 340. 346). Schönbach, *Beiträge z. Erkl. altd. Dichtwerke* I, 112.

Dienstmann des Markgrafen Dietrich von Meissen durch eine zwischen 1213 und 21 ausgestellte Urkunde historisch bezeugt wird. Heinrichs von Morungen Poesie ist nach Form und Inhalt durch die provenzalische beeinflusst; er hat eines seiner Lieder einer Canzone nachgebildet; auch von Hausens Dichtung wird er Einwirkungen erfahren haben; der typische Inhalt der rein höfischen Lyrik, schmachtendes Werben um die Huld der Geliebten, Freude über ihre Gunst, Jammer über ihre Härte, Klagen über Aufpasser und Spötter, bildet auch das Thema seiner Lieder. Und doch nimmt dieser Dichter eine ganz eigene Stellung unter den Minnesingern ein. Hat er vor den meisten schon die Anregungen voraus, die er auch durch die Bekanntschaft mit Ovids erotischer Dichtung empfing, so ist es doch vor allem ein höchst eigenartiges und bedeutendes dichterisches Talent, das in seinen Liedern zum Ausdruck kommt. Durch eine ungewöhnliche Stärke und Leidenschaft der Empfindung, durch eine höchst bewegliche Einbildungskraft bringt er neues, warmes Leben in die überlieferten Typen. Alles gewinnt bei ihm sinnlich anschauliche Form. Er begnügt sich nicht mit dem üblichen allgemein gehaltenen Lobe seiner Dame, er liebt es, sie auch in ihrer äusseren Erscheinung und in bestimmten Situationen vorzuführen; selbst wo er von ihr getrennt ist, wo sich nur seine Phantasie mit ihr beschäftigt, sieht er sie in greifbarer Gestalt an sich herantreten. Besonders aber werden jene aus den allgemeinen Verhältnissen des Frauendienstes fliessenden typischen Empfindungen und Reflexionen in einer Fülle von Bildern und Vergleichen verkörpert, deren überraschende Lebendigkeit, Originalität und Kühnheit am meisten an Wolfram von Eschenbach erinnert, wie denn auch Wolframs lyrische Lieblingsgattung, das Tagelied, schon bei Morungen durch ein hervorragendes Beispiel vertreten ist. Von der gedrängten Schwere des Wolframschen Stiles aber ist er weit entfernt. Seine Ausdrucksweise ist eine viel planere. Die metrische Form seiner Lieder ist mannigfaltig und kunstvoll, von stellenweise sehr gefälligem Rhythmus und wohllautenden, durchaus reinen Reimen. Von einem solchen Dichter könnte man wohl einen bestimmenden Einfluss auf die ganze weitere Entwickelung der Lyrik erwarten; aber derselbe blieb im wesentlichen auf seine engere Heimat beschränkt, und nur in sagenhafter Verdunkelung lebte die Erinnerung an den Morunger auch in weiteren Kreisen noch Jahrhunderte fort.

In Oberdeutschland galt ein anderes Vorbild. Als Gottfried von Strassburg im Tristan den Minnegesang seiner Zeit preist, da nennt er als des vielstimmigen Chores Leiterin die Nachtigall von Hagenau, die nun leider für die Welt verstummt sei, aber durch die von der Vogelweide ersetzt werden solle. Es herrscht kein Zweifel darüber, dass Gottfrieds Lob nur auf einen Minnesänger bezogen werden kann, welchen die Handschriften ohne Hinzufügung eines Geschlechtsnamens Herrn Reimar, oder auch zur Unterscheidung von späteren gleichnamigen Dichtern Herrn Reimar den Alten nennen.[1] Von diesem wissen wir aus seinen Liedern nur, dass er sich im Jahre 1195 am Wiener Hofe aufgehalten und dass er einen Kreuzzug mitgemacht hat; aus Gottfrieds Angaben ist zu entnehmen, dass er vor 1210 gestorben ist und dass er, oder wenigstens sein Geschlecht, aus Hagenau (im Elsass) stammte. Vermutet wird, dass Reinmar lange am Österreichischen Hofe weilte und bereits von dort aus im Gefolge des Herzogs Leopold den Kreuzzug vom Jahre 1190 mitmachte,

[1] MF XX. Er. Schmidt QF 4. Burdach, *Reinmar d. Alte u. Walther v. d. Vogelweide* Leipz. 1880.

dass er also schon vor dieser Zeit aus dem Elsass nach Österreich kam und die romanisierende Lyrik dorthin verpflanzte. Die Formen derselben beherrscht Reinmar mit vollendeter Leichtigkeit; das spezifisch höfische Element ihrer Anschauungs- und Darstellungsweise erhält durch ihn die reinste und einseitigste Ausbildung. Die Empfindung ist bei ihm in das Joch der höfischen Sitte gespannt, deren oberstes Gesetz Mässigung lautet. Alles Natürlich-Leidenschaftliche ist aufs strengste verpönt. Der Kummer über die Gleichgültigkeit der aus gemessenster Entfernung angebeteten *Frouwe* bildet das Grundthema dieser Lieder; aber nicht der lebendige, Phantasie und Herz bewegende Ausdruck desselben ist dem Dichter Ziel und Bedürfnis; als höchste Aufgabe seines Gesanges erachtet er es, jedermann die Anerkennung abzunötigen, dass doch niemand so schön, so verständig und gefällig sein Leid zu ertragen wisse, wie er allein. Im Gegensatze zu Morungen fehlt seiner Poesie durchaus das Körperliche. Konkrete Vergleiche finden sich nur ganz ausnahmsweise, und selten nur liegt einem Liede eine bestimmte Situation zugrunde. Wo sich aber einmal Ansätze dazu finden, wie in einem Klageliede der Herzogin von Österreich um ihren verstorbenen Gemahl, oder wie in einem Gespräche zwischen der Dame und dem Liebesboten, da ist der Zuwachs an poetischem Gehalt gleich ein so bedeutender, dass man die einseitige Pflege einer allgemein gehaltenen Reflexionspoesie bei diesem gewandten Dichter nur umsomehr bedauern kann. Denn auf ein spielendes Ausspinnen, ein geschicktes Hin- und Herwenden, ein zierliches Zuspitzen der Gedanken, läuft doch im wesentlichen seine Dichtung hinaus. Wie wenig er die Wirkung echter Lyrik, die Erregung lebendigen Mitempfindens zu erreichen vermag, bezeugt er, der stets um das Urteil der Welt, das heisst der höfischen Gesellschaft Besorgte, selbst am besten, wenn er sich immer wieder gegen die Zweifel seiner Zuhörer an der Echtheit seines Liebeskummers verwahren muss. Aber in einer Zeit, welche von der Poesie vor allem Vertretung des höfischen Lebensideals, elegante Darstellung und glatte Form erwartete, fand diese gedankenblasse Salonlyrik gleichwohl grosse Bewunderung und eifrige Nachfolge. Selbst bei dem bedeutendsten aller Liederdichter des Mittelalters, bei Walther von der Vogelweide.[1]

§ 44. Freilich, was für Reinmar ein und alles ist, der rein höfische Minnesang, das bildet bei Walther nur einen geringen Teil seiner vielseitigen Kunst. Aus ritterlichem Geschlechte stammend, aber erbelos und auf den Erwerb aus der Dichtung angewiesen, vereinigte Walther in seiner Person die beiden Stände, deren Kunstgebiete bis dahin getrennt waren, das Rittertum, welches den Minnegesang, den Stand des Fahrenden, welcher die Spruchpoesie gepflegt hatte. Und indem Walther sich der einen wie der anderen poetischen Gattung widmete, bereicherte er, der aus den Überlieferungen der höfischen wie der volksmässigen Kunst schöpfte, jede der beiden. Die Fühlung des Minnesanges mit der Volkspoesie stellte er her, indem er sich nicht auf das streng höfische Lied Reinmarschen Stiles beschränkte, sondern auch der *nideren minne*, der von den Fesseln höfischer Etikette

[1] Ausgaben: Lachmann 1827. 6. Aufl. 1891. Wackernagel u. Rieger 1862. Pfeiffer 1864. 6. Aufl. 1880 (= *Deutsche Klassiker d. MA.*). Wilmanns 1869, 2. vollst. umgearb. Ausg. 1883 (= *germanist. Handbibliothek* I). Simrock 1870. Paul 1882, 2. Aufl. 1895 (*altd. Textbibl.* I, dazu PBB 8, 161). Wilmanns Textausgabe 1886 (*Sammlg. germanist. Hilfsmittel* V). Vollständiges Glossar von Hornig 1844. — Biographie: Uhland 1822 (*Schriften z. Gesch. d. Dichtg. u. Sage* V, 1). Rieger Giessen 1863. Wilmanns, *Leben und Dichten Walthers von der Vogelweide* Bonn 1882. Schönbach, *Walther v. d. V., ein Dichterleben* Dresden 1890, 2. Aufl. 1895. Burdach, *Walther v. d. V.* Teil I. Leipzig 1900. — Burdach, *Reinmar u. Walther* Leipzig 1880.

freien Neigung zu einem Mädchen niederen Standes, naturwahren Ausdruck lieh. Die Spruchpoesie rückte er umgekehrt in eine höhere Sphäre, indem er zu dem alten Repertoir der Spielleute zuerst den politischen Spruch hinzufügte, der das Treiben des Papstes, des Kaisers und der Fürsten, die wichtigsten Fragen, welche das Reich in einer stürmischen Zeit bewegten, vor den Richterstuhl der öffentlichen Meinung zog.

Die persönlichen und historischen Beziehungen seiner Sprüche bieten auch fast die einzigen Anhaltspunkte für die Bestimmung seines Lebensganges. Ob Walther, einer populär gewordenen Annahme entsprechend, nach einem in Tirol gelegenen Hofe Vogelweide oder nach einer andern der zahlreichen Örtlichkeiten dieses Namens benannt wurde, lässt sich nicht ausmachen; sicher ist nur, dass er in Österreich singen und sagen lernte und dass dort auf seine künstlerische Ausbildung Reinmar wesentlichen Einfluss ausübte, dem aus dem Schüler bald ein Nebenbuhler erwuchs. Als aber der junge Sänger mit dem Tode Herzog Friedrichs (April 1198) seinen Gönner verlor, gab es für ihn kein dauerndes Bleiben mehr am Wiener Hofe. Friedrichs Bruder und Nachfolger Leopold versagte ihm die ersehnte und mehrfach erbetene Aufnahme in seine Umgebung. Nur auf kürzere Zeit hat Walther sich noch wiederholentlich dort aufgehalten: so im Jahre 1203, wo er vermutlich der Hochzeit Leopolds beigewohnt und seine Freigebigkeit genossen hat; so ferner im Jahre 1219, wo er den vom Kreuzzuge heimkehrenden Herzog willkommen heisst.

Walthers Los war seit Herzog Friedrichs Tode ein unstätes Wanderleben, das ihn von Oberitalien bis Niederdeutschland, von Ungarn bis nach Frankreich führte und ihn mit so mancher politischen Persönlichkeit in Berührung brachte. Zunächst schien sich ihm für das, was er in Österreich verloren hatte, ein willkommener Ersatz bieten zu wollen, als er im Jahre 1198 mit seinen beiden ersten politischen Sprüchen lebhaft, energisch und geschickt für Philipps von Schwaben Krönung und allgemeine Anerkennung eingetreten war. Philipp liess es an einer angemessenen Belohnung nicht fehlen, und jubelnd konnte Walther verkünden 'mich hat das Reich und die Krone an sich genommen'. In der Umgebung des Königspaares wohnte er dann auch im Jahre 1199 zu Magdeburg der unter vollster Entfaltung königlicher Pracht begangenen Weihnachtsfeier bei, die er poetisch verherrlichte, und als später der Papst für König Otto Partei nahm, gegen Philipp und seinen Anhang aber den Bann schleuderte (3. Juli 1201), richtete er einen zornigen Spruch gegen die Kurie. Aber soviel wir wissen, ist dies das letzte Gedicht, mit welchem Walther für die Sache des Staufers gewirkt hat. Er wird sich zunächst an den Hof des Landgrafen Hermann von Thüringen gewendet haben, denn nicht lange nachher ist Walther dort mit Wolfram von Eschenbach zusammengetroffen, vermutlich schon ehe er im November 1203 seinen Gönner, den Passauer Bischof Wolfger, nachherigen Patriarchen von Aquileja, auf der Reise von Wien nach Passau begleitete und von ihm, nach Ausweis des einzigen urkundlichen Zeugnisses, welches wir über Walther besitzen, ein Geschenk erhielt.[1] Den gemeinsamen Aufenthalt der beiden grössten Dichter des Mittelalters am Hofe Landgraf Hermanns, des berühmten Kunstfreundes, verewigte dann die Sage vom Wettstreit der Sänger auf der Wartburg. Walther hat die gastliche Stätte mehr als einmal aufgesucht, und eine Zeit lang hat er zum 'Ingesinde des milden

[1] PBB 17, 441—549.

Landgrafen' gehört. Auch Hermanns Schwiegersohn, Markgraf Dietrich von Meissen, der Dienstherr Heinrichs von Morungen, und verschiedene andere Fürsten und Edele haben dem fahrenden Sänger vorübergehend ihre Gunst erwiesen. Beziehungen dieser Art werden ihn veranlasst haben, in drei Sprüchen, deren einer am wahrscheinlichsten noch in das Jahr 1204 fällt, dem König Philipp und seinen Räten Wohlwollen und Freigebigkeit gegen die Fürsten ans Herz zu legen. So verwendet er sich denn auch später für Dietrich und Hermann in zwei Sprüchen offen bei deren Gegner, dem Kaiser Otto. Zugleich aber heisst er in dem ersten der beiden (im J. 1212) den aus Italien heimkehrenden Welfen, den jetzt des Papstes Bannfluch belastete, als gekrönten Kaiser in Deutschland feierlich willkommen. Denn nach Philipps Ermordung und nach Ottos Bruch mit Rom war von diesem allein das Heil des Reiches und dessen Verteidigung gegen die Hierarchie zu erwarten, und der Verfechtung der Rechte des Kaisertums, einer von Leidenschaft durchglühten Polemik gegen Rom als Quelle alles Elendes in Staat und Kirche sind die wuchtigen Sprüche gewidmet, welche Walther jetzt unter Ottos Herrschaft dichtet. Dass er dabei zu dem Kaiser selbst in ein näheres Verhältnis getreten, ist nirgends zu bemerken. Er machte die auch von anderen ausgesprochene Erfahrung, dass Otto gross im Versprechen, klein im Erfüllen sei, und so wurde es ihm nicht schwer, als Friedrich von Staufen nach seinem Erscheinen in Deutschland schnell die Anerkennung der meisten Fürsten fand, sich mit zwei satirischen Sprüchen von dem kargen Welfen offen loszusagen und sich dem Staufer zuzuwenden (zwischen 1213 und 1218).

Eine eindringliche Bitte des bedürftigen Sängers erfüllte Friedrich, noch bevor er im Jahre 1220 zur Krönung nach Italien zog, durch die Verleihung eines kleinen Lehens, vielleicht eines in Würzburg gelegenen, später Vogelweide genannten Hofes. Während seiner Abwesenheit sehen wir dann Walther in engerer Beziehung zum Reichsverweser, dem Erzbischof Engelbert von Köln, dessen persönlicher Rat ihn bei seiner den öffentlichen Angelegenheiten gewidmeten Dichtung unterstützt; um das Betreiben des Kreuzzuges, dessen Verzögerung wieder einen schweren Konflikt zwischen Kaiser und Papst heraufzubeschwören drohte, wird es sich dabei gehandelt haben. Engelbert fiel am 8. November 1225 der Rache seiner Gegner zum Opfer, und dem im Leben Gefeierten rief der Dichter eine in der Verwünschung des Mörders gipfelnde Klage nach. Die Kreuzzugsangelegenheit aber blieb der Mittelpunkt seiner politischen Dichtung. An die Ritter, an die Fürsten, an den Kaiser selbst richtet er seine Mahnrufe, und als diesen nach dem immer wieder erneuerten Aufschube des Zuges endlich der Bannstrahl trifft (18. November 1227), rät er ihm, sich nicht irre machen zu lassen, schnell die Fahrt auszuführen und nach der Rückkehr mit seinen geistlichen Widersachern gründlich Abrechnung zu halten. In den weitesten Kreisen aber macht er Stimmung für das Unternehmen durch zwei für den Gesang der Pilger bestimmte Kreuzzugslieder, deren eines den vom Anblick des heiligen Landes selbst geweckten Empfindungen Ausdruck giebt. Ob diese Situation eine nur gedachte oder eine erlebte ist, ob Walther selbst nach Palästina kam oder nicht, lässt sich nicht entscheiden; wenn es geschah, so kann er nicht im Jahre 1227 mit dem Heere, sondern erst im Jahre 1228 mit dem Kaiser die Fahrt angetreten haben. Von da an schwinden die Spuren seines Lebens und Dichtens. Dass letzteres sich über einen längeren, als den durch die datierbaren Sprüche begrenzten Zeitraum erstreckte, bezeugt Walther selbst, wenn er in einem Liede sagt, er habe schon 40 Jahre oder länger gesungen. Sein Todesjahr also ist unbestimmt. Dass er in Würzburg begraben sei, meldet eine glaubwürdige Nachricht aus dem 14. Jahrhundert.

Durch seine Lebensschicksale und durch seine Lebensstellung ist der Charakter von Walthers Spruchpoesie stark beeinflusst. Von der Freigebigkeit der Grossen abhängig, nimmt er so wenig wie ein Vagant oder Spielmann Anstand, sie offen für sich in Anspruch zu nehmen, den Milden zu preisen, den Kargen zu tadeln und zu verspotten, Leuten die ihm bei Hofe im Wege sind, scharf zu Leibe zu gehen. Aber niemals erniedrigt er sich zu heuchlerischer Liebedienerei und Schmeichelei; er ist immer ein offener Freund oder ein rückhaltloser Gegner. Das christliche Gebot der Feindesliebe zu erfüllen, erklärt er sich selbst freimütig ausser Stande. Es ist eine kühne und selbstbewusste Sprache, die aus den meisten seiner Lob- und Scheltsprüche redet, denn er kennt die Wirkung seines Gesanges und er weiss, dass es weder den Fürsten noch dem Kaiser gleichgültig sein kann, ob er für oder gegen sie Stimmung macht. Aber es sind nicht nur persönliche, sondern nicht zum wenigsten patriotische Interessen, die er dabei verfolgt. Hineingestellt in die Zeit des heftigsten Konfliktes zwischen den beiden obersten Gewalten, ist und bleibt er unter Philipp wie unter Otto und unter Friedrich ein energischer und unerschütterter Kämpfer für das Kaisertum gegen das Papsttum. Die scharfen Sprüche, die er gegen die Kurie richtet, sind erfüllt von patriotischem Zorn über den heuchlerischen Wälschen, der die Deutschen zum Vernichtungskampfe gegen einander hetze, während er sich mit ihrem Gelde die Taschen fülle; es spricht aus ihnen die Empörung des religiösen Gewissens über die Vergiftung des Christentums durch die weltliche Macht des Papstes, über den Widerspruch zwischen der Lehre und dem Leben der Geistlichkeit, über den Missbrauch, der mit dem Banne, den Schacher, der mit den geistlichen Gaben getrieben wird. Die weltliche Herrschaft gebührt allein dem Kaiser, und er schreckt vor dem Gedanken der Säkularisierung des Kirchengutes nicht zurück. Aber auch für die Gebrechen des Staates und der weltlichen Stände hat er einen offenen Blick und beredte Worte. Von der Zerrissenheit des Reiches weiss er ein ebenso anschauliches wie beschämendes Bild zu entwerfen; schmerzlich beklagt er die rohe Gewaltthätigkeit, die Fried- und Rechtlosigkeit seiner Zeit, den Kultus des Geldes, der auch im Rate der Fürsten und Könige eine Rolle spiele, die Lüge, Heuchelei und Untreue, den Verfall der höfischen Zucht, die Frechheit der Jugend. Dem gegenüber stellt er ein weltliches Tugend- und Lebensideal auf, dessen einzelne Züge er in goldenen Lehren für die Jugend, für die Frauen, für die Ritter und Fürsten andeutet oder ausführt. Die höchste und letzte Lebensaufgabe aber wird auch für ihn durch die Lehren des Christentums bestimmt. Gottes Huld ist das grösste Gut, die Sorge für das Ende die grösste Weisheit; wer das Christentum nur mit den Worten, nicht mit den Werken bekennt, ist ein halber Heide; was man in der Erfüllung der göttlichen Gebote versäumt, kann nur durch wahre Reue gut gemacht werden. Bei alledem ist Walther in seinen religiösen Vorstellungen natürlich ein Kind seines Zeitalters. Die Jungfrau Maria ruft er in einem in die typischen Bilder gekleideten Leiche, der vorzugsweise ihrem Lobe gewidmet ist, als Fürbitterin bei Gott an, und als das sicherste Mittel, durch welches der Ritter sich den himmlischen Lohn verdienen könne, als die vornehmste Aufgabe, die Gott dem Kaiser gestellt habe, als das höchste Ziel seines persönlichen Verlangens feiert er die Kreuzfahrt und die Befreiung des heiligen Landes.

Von den alten Gattungen der lehrhaften Dichtung der Fahrenden, dem persönlichen, dem allgemein moralischen und dem geistlichen Spruche geht Walther aus; aber durch die Beziehung auf die politischen, kirchlichen und sozialen Verhältnisse seiner Zeit führt er die erste Gattung mehr aufs Allgemeine, die beiden letzten mehr aufs Besondere und verleiht diesen wie jener dadurch eine erhöhte Bedeutung, ein lebendigeres Interesse. Von den sonst bräuchlichen Arten der poetischen Einkleidung verschmäht er die Tierfabel ganz, behandelt er die Parabel mehr andeutend als ausführend; wo er seine Lehre erzählend einleitet, stellt er lieber ein eigenes Erlebnis oder die Darstellung einer besonderen Situation, in der er selbst sich befunden hat, an die Spitze; auch sonst tritt er gern in einer bestimmten Rolle vor seine Zuhörer und giebt so seinen Sprüchen eine besonders anschauliche, lebhaft individuelle Färbung.

Auch Walthers Liebeslyrik knüpft an die überlieferte Kunst an. Reinmars höfische Reflexionspoesie ist hier zunächst sein Muster, welches er oft bis in Einzelheiten hinein nachbildet. Aber in einer so einförmigen und abstrakten Manier konnte ein so reiches, ein so gegenständlich denkendes und empfindendes poetisches Genie nicht den befriedigenden Ausdruck finden. Es drängte ihn vom höfisch Konventionellen zurück zum natürlich Einfachen, und so verschmäht er es nicht, statt des respektvollen Werbens um die Huld einer vornehmen Dame auch die trauliche Neigung zu dem *herzelieben frouwelîn* zu besingen, dessen Liebreiz er allem Reichtum und aller Schönheit, dessen gläsernes Ringlein er dem Gold einer Königin vorzieht, oder das schöne Kind vorzuführen, das mit schamhaftem Erröten den Kranz von ihm entgegennimmt, der es zum Tanze schmücken soll, oder ein anderes das stille Glück ausplaudern zu lassen, das es *unter der Linde auf der Heide* mit dem Liebsten genossen. Die harmonische Verbindung der zierlichen Formen höfischer Kunst mit dem lebenswarmen Geiste der Volkspoesie hat in den Liedern dieser Gattung die Meisterstücke nicht allein der Waltherschen, sondern der gesamten mittelalterlichen Lyrik gezeitigt. Für den Vortrag in höfischer Gesellschaft waren auch sie bestimmt; alles Derbe und Bäurische wird in ihnen strengstens vermieden, und sie bezeichnen daher keineswegs etwa einen Bruch mit der höfischen Kunst, sondern nur eine Bereicherung derselben durch neue, poetisch fruchtbarere Motive. So bleibt denn auch daneben der Frauendienst nach wie vor das Thema von Walthers Lyrik; aber auch da gewinnt dieselbe gegen Reinmar bedeutend an Anschaulichkeit und sinnlicher Frische; die bestimmtere Zeichnung der Situation, der grössere Bilderreichtum rückt sie der Poesie Morungens näher, an die sich auch einzelne Anklänge finden; das Herbeiziehen des Lebens der Natur, der Jahreszeit und die Behandlung dieses Motives in anmutigen, durch sinnige Personifikation des Leblosen beseelten Bildern zeigt wiederum ein volkstümliches Element in selbständig künstlerischer Ausgestaltung. Auch Verwandtschaft mit der Spruchpoesie macht sich geltend. Der Dichter erörtert die Ethik der Minne, er straft Ritter und Frauen, die deren Idealen untreu geworden sind, er wendet sich mit förmlicher Lehre an die Jugend, er durchsetzt auch die Lieder mit gehaltvollen Sentenzen und weiss jene so gut wie die Sprüche durch überraschende Schlusspointen trefflich abzurunden. So sehr die kunstvolle metrische Form und die höfischen Anschauungen seiner Lyrik die von Frankreich ausgegangenen Anregungen voraussetzen, nirgend zeigt sich doch bei Walther Nachahmung romanischer Muster, nirgend auch Nachahmung oder Bewunderung französischen Wesens; Deutschland geht ihm über alles, und das schöne Lied, welches er zu Ehren der deutschen Frauen gedichtet, stellt sich seinen patriotischen Sprüchen würdig zur Seite.

§ 45. Walther klagt einmal, dass bei Hofe die wahre Kunst durch ungefügen Gesang beeinträchtigt werde, und er wünscht diesen dahin zurück, woher er gekommen, zu den Bauern. Es kann nicht wohl zweifelhaft sein, wohin sich die Spitze des Vorwurfes richtet. Eine Gattung der Lyrik hatte sich in höfischen Kreisen Eingang verschafft, welche, aus dem bäuerlichen Tanzliede erwachsen, das bäurische Leben mit derbster, ja bis zur Rohheit hinabsteigender Realistik abbildete, im Gegensatze zu Walthers idealisierender Behandlung des Volkstümlichen und im Gegensatze zu der ganzen verfeinerten Empfindungs- und Ausdrucksweise des Minnegesanges. Die *Unfuge* schien hier über jenes Ideal edeler und gefälliger Sitte zu triumphieren, für welches die höfische Dichtung eintrat, und der Verfall der Kunst schien hereinzubrechen. Schöpfer und klassischer Vertreter dieser von Lachmann als höfische Dorfpoesie bezeichneten Gattung ist Neidhart von Reuental.[1] Er trug seinen Beinamen nach einem unbedeutenden bairischen Lehen, dessen dürftiger Ertrag den armen Adelichen mit Neid auf den Reichtum seiner bäuerlichen Nachbaren blicken liess. Im Wetteifer mit ihnen um die Gunst der Dorfschönen zu buhlen, verschmähte er nicht, und bei ihren Tänzen übernahm er gerne die Rolle des Vorsängers, ohne jedoch deshalb in seinen Liedern sein Standesbewusstsein gegenüber dem plumpen Bauernstolze zu verhehlen. Als er in den Jahren 1217—19 Leopold VII. von Österreich auf der Kreuzfahrt folgte, war er schon in weiteren Kreisen als ein Dichter bekannt, der die bäurische Nachäffung des Rittertums verspottete. In die Heimat zurückgekehrt, zog er sich durch seine satirischen Tanzlieder ernsthafte Anfeindungen seitens der Bauern zu, und dieselben werden sicherlich nicht ohne Einfluss darauf gewesen sein, dass er schliesslich bei seinem Lehensherren in Ungnade fiel und sein Gut verlor. Er suchte und fand die Unterstützung Herzog Friedrichs von Österreich, der ihn mit einem Hause in Melk belehnte. Bis in das Jahr 1236 lässt sich sein Dichten verfolgen.

Der ländliche Tanz ist der Lebensboden der gesamten Neidhartschen Poesie. Selbst auf dem Kreuzzuge denkt er an die heimatlichen Reien, und selbst seine Bitt- und Danksprüche an den Herzog sowie seine wenigen und unbedeutenden Strophen im Stile des höfischen Minnegesanges dichtet er nach seinen Tanzweisen. Wie sich der im Sommer auf dem Anger gesprungene Reien von dem im Winter in der Stube aufgeführten Tanze unterscheidet, so sondern sich auch seine sämtlichen Lieder dementsprechend in zwei nach Form und Inhalt verschiedene Gattungen. Ein Jahrzeitbild ist bei beiden der herkömmliche Eingang, jedenfalls im Anschluss an den alten Typus des volksmässigen Tanzliedes. Bei den Sommerliedern folgt, vermittelt durch eine Aufforderung des Dichters zum Reien oder auch unmittelbar, eine Gesprächscene, welche das zum Tanze sich rüstende Mädchen vorführt: die Mutter will die Tochter mit Gewalt zurückhalten, oder die Alte drängt sich im Wetteifer mit der Jungen

[1] Über höfische Dorfpoesie Gosches *Jahrbuch f. LG.* 1, 44. *Neidhart von Reuenthal* hrsg. v. M. Haupt Leipz. 1858, hrsg. v. Keinz Leipz. 1889. Über Neidhart ZfdA 6, 69. 29, 64. Rich. Meyer, *Die Reihenfolge der Lieder Neidharts* Berliner Diss. 1883. Manlik, *Die volkstüml. Grundlagen der Dichtung* N.s v. R. Progr. Landskron 1889/90. O. Puschmann *Die Lieder N.s v. R.* (Textkritik) Strassburg W. Pr. Progr. 1889. A. Bielschowsky, *Geschichte der deutschen Dorfpoesie* im 13. Jh. I. *Neidhart* (Acta Germanica II, 2) Berlin 1891 (vgl. ZfdPh 25, 121). K. Credner *Neidhartsstudien* I. Leipz. 1897. F. Schürmann *Die Entwicklung der parodistischen Richtung bei N. v. R.* Progr. Düren 1898. Zu Neidharts Melodien s. Musikal. Wochenbl. 28, 1.

zum Tanze, oder zwei Gespielinnen machen sich vor dessen Beginne Herzensbekenntnisse. Die Einleitung, die Vorbereitung zum Tanze macht den Inhalt dieser Lieder aus. Das Mädchen steht in ihnen im Vordergrunde; im Hintergrunde taucht in der Regel aus ihrem Gespräche *der von Riuwental* als ihr Abgott auf, der die bäuerlichen Bewerber aus dem Felde schlägt. Frische, ausgelassene Frühlings- und Tanzlust kommt hier zu lebhaftem Ausdruck; die Streitscenen zwischen Mutter und Tochter geben Gelegenheit zur Entwickelung eines derben Humors, der sich jedoch nicht zur persönlichen Satire zuspitzt. Ein flotter Rhythmus bewegt die aus volksmässigen Formen mannigfaltig entwickelten unteilbaren, bezw. in zwei ungleiche Teile gegliederten Strophen. — Bei den Winterliedern, die durchweg in dreiteiligen Strophen gebaut sind, schliesst sich an das Jahrzeitbild die Einladung zum Tanz in eines Bauern Stube und daran die Erzählung irgend eines Vorganges beim Tanze selbst, in welchem sich das täppische Gebahren der stolzen Bauernburschen gegen die Mädchen zeigt. Oder der Dichter knüpft an das Bild der erstorbenen freudlosen Natur unmittelbar eine Klage über Unglück in der Liebe oder sonstiges Unheil, das ihm widerfahren ist, und die bäurischen Nebenbuhler und Widersacher, die das verschuldet haben, werden wiederum in ihrem Protzentum und in ihrer plumpen Nachahmung ritterlichen Aufzuges verspottet. Die persönliche Satire und Invektive bildet im Gegensatze zu den Reien ein wesentliches Element dieser Winterlieder. Das ins Lächerliche gezeichnete Bild der mit Namen genannten *dörper* drängt sich hier in den Vordergrund, und nicht im Dialog, sondern in der Erzählung oder Schilderung entwickelt es sich; dahinter steht auch hier der Dichter selbst, aber er ist meist der unglückliche Liebhaber, der schlecht behandelte, abseits gedrängte Rival der Bauern. Der alte Parallelismus zwischen Sommerlust und Liebesglück, Winterleid und Liebeskummer ist augenscheinlich in den Liedern der beiden Gattungen noch wirksam, und auch der Dialog des Mädchens in der einen, die Verspottung des Nebenbuhlers in der andern, wird auf altvolkstümlicher Tradition ruhen. Für den Tanz der Bauern hat Neidhart zweifellos ursprünglich seine Lieder gedichtet; aber als seine anfänglich harmlosen Hänseleien mehr und mehr zu ernsthaften Händeln ausarteten, musste er jene Kreise meiden. Er belustigte nun die höfische Gesellschaft mit seinen drastischen Bildern aus dem Dorfleben, und seine Verhöhnung der verhassten üppigen Bauern, die es wagten, sich wie Ritter zu gebärden, fand hier ein dankbares Publikum. Die metrische Technik der Lieder entsprach auch den Anforderungen höfischer Kunst, die derbe Komik und manche Zote nahm man als einen Rückschlag gegen den allzu gefühlsseligen Minnegesang gern mit in Kauf. So fand denn Neidharts Poesie nicht nur Beifall, sondern auch Nachfolge. Während die Bauern seine Angriffe mit Trutzstrophen gleichen Tones erwiderten, schwärzten die Spielleute, die seine Lieder verbreiteten, eigene Nachahmungen, darunter auch recht schmutziges Zeug, unter dem berühmten Namen mit ein, und auch vornehmere Dichter pflegten neben dem höfischen Minnesang die Lyrik Neidhartschen Stiles.

§ 46. Neidhart ist der letzte epochemachende Lyriker. Nicht als ob die Sänger der Folgezeit sich nun darauf beschränkt hätten, ihn oder Walther von der Vogelweide oder dessen Vorgänger nachzuahmen. So zahlreich auch die Reimschmiede sind, die sich begnügen, das überkommene Material an Gedanken und Formeln in neue Strophen zu giessen, so fehlt es doch keineswegs auch im weiteren Verlaufe dieser Periode an hübschen Talenten, die manche eigenartigen Empfindungen und Ideen, manche neuen poetischen Motive und Situationen in ansprechende Form zu kleiden wissen. Insbesondere wird das volkstümliche Element keineswegs lediglich nach dem Neidhartschen Schema behandelt. Aber es findet sich unter allen diesen zahlreichen Dichtern doch keiner, welcher der Lyrik ein durchaus neues und fruchtbares Gebiet gewonnen oder sie auf einem schon erschlossenen Felde erst zu voller Blüte gebracht hätte. Immerhin legt die grosse Fülle der erhaltenen Lieder ein erfreuliches Zeugnis ab für die weite Verbreitung des Interesses an der Sangeskunst und an zierlicher metrischer Form, wenn auch mit deren geschickter Behandlung der poetische Gehalt nicht gleichen Schritt hält. Aus den alemannischen wie aus den bairisch-österreichischen und aus den ost-mitteldeutschen Ländern erschallen in vollem Chore die Stimmen der Minnesänger; selbst aus Niederdeutschland erklingen sie hie und da, nur die fränkischen Rheinlande haben aus dem 13. Jahrh. nennenswerte Denkmäler des Minnesanges so wenig aufzuweisen, wie solche des höfischen oder volksmässigen Epos.

Als der beste Vertreter der späteren rein höfischen Lyrik auf bairisch österreichischem Gebiete verdient Ulrich von Lichtenstein auch hier genannt zu werden (s. § 25). Seine meist als Tanzweisen gedichteten Lieder verraten stellenweise lebhafte Empfindung, und sie haben ebenso wie ein Minneleich leichte, gefällige Formen; seine Ausdrucksweise ist meist frisch und anschaulich und in der Verwendung von Bildern manchmal auf Kosten des guten Geschmackes originell. In seinen *ûzreisen*, welche die zum Turnier Ziehenden zum Kampfe um Ritterehre und Frauengunst begeistern, geht er über die geläufigen Gattungen des Minnesanges hinaus; dem nach Dietmars, Morungens, Wolframs und Walthers Vorgang in dieser Periode vielfach gepflegten *Tageliede* giebt er wenigstens in einem nebensächlichen Motive eine neue Wendung, indem er aus höfischen Rücksichten an Stelle des bäurischen Wächters eine Vertraute der Dame treten lässt. So gehört Ulrich, so wenig er sich natürlich dem Einflusse der älteren höfischen Lyrik entzieht, doch auch auf diesem Gebiete entschieden zu den selbständigeren Dichtern und er wiederholt lieber sich selbst als andere. — Wie indes jene Vorbilder auf minder originelle Naturen wirken, zeigt der durch Walther stark beeinflusste Tiroler Rubin (hrsg. v. Zupitza) oder Walther von Metz (MSH N. 53), vermutlich des letzteren Landsmann, der ganz nach Reinmars Weise über sein erfolgloses Werben reflektiert. Beider Tod wird von dem bairischen Minnesänger Reinmar von Brennenberg beklagt, der, 1272 und 1275 urkundlich bezeugt, vor April 1276 ermordet wurde.[1] Der Brennenberger nennt Walther von der Vogelweide seinen Meister, macht den von diesem einmal berührten Streit zwischen *liebe* und *schœne* zum Gegenstand eines Liedes und singt das Lob seiner Herrin meist in spruchartigen Tönen. Neben solchen Lyrikern rein höfischen Stiles fehlen in diesen Gegenden die Nachfolger Neidharts nicht; so dichten der Kärtner von Scharpfenberg (Kummer, *Herrand von Wildonie* S. 181) und der österreichische Bettelsänger Herr Geltar (MSH 111), der auf die Minnesänger schimpft, Lieder nach dem Neidhartschen Reientypus, und weiter geht noch die Nachahmung in jenen Dichtungen, die unter dem Namen ihres Vorbildes verbreitet wurden. — Mit einer neuen Mischung höfischer und volksmässiger Elemente thut sich dagegen der Tannhäuser[2] hervor, ein Sänger von Gewerbe, der wie Neidhart besonders Herzog Friedrichs von Österreich Gunst genoss und

[1] MSH N. 61. Jos. Liese, *Der Minnesinger R. v. B.* Progr. Posen 1897.

[2] MSH 90. Alfr. Oehlke, *Zu Tannhäusers Leben und Dichten* Diss. Königsberg 1890. Joh. Siebert, *Tannhäuser* Berlin 1894. ADB 37, 385 (Meyer). Alemannia 23, 82.

nach dessen Tode (1246) die Freigebigkeit vieler andern Fürsten und Edeln pries und in Anspruch nahm, deren Namen bis in die Zeit um 1270 führen. Seine *Sprüche* zeigen etwas vom Geiste der lateinischen Vagantenweise, wenn er mit gutem Humor über seine Dürftigkeit und über sein liederliches Leben klagt und scherzt. In seinen *Tanzleichen* schickt er der typischen Aufforderung an die mit Namen genannten Mädchen zum lustigen Reien unter der Linde einen ganz fremdartigen Hauptteil voraus, ein ausführliches Lob seines Fürsten, oder die nach dem Muster des altfranzösischen Pastourels zugeschnittene, mit Fremdworten parodistisch überladene Erzählung eines Liebeserlebnisses, oder ein überlanges Register von Namen und Andeutungen aus der deutschen und französischen Erzählungsliteratur, oder auch ein solches von allerlei bunten geographischen Angaben. Komische Namenhäufung scheint die volksmässige Tanzpoesie von jeher geliebt zu haben; literarische und geographische Anspielungen sind schon seit Ulrich von Gutenburg in den Minneleichen mancher höfischen Dichter (Botenlauben, Rotenburg, Gliers) typisch; aus diesen Ansätzen entwickelte sich Tannhäusers kuriose Manier, die auch in einzelnen seiner *Lieder* und *Sprüche* durchblickt.

Wie in Schwaben die höfische Lyrik höheren Stiles diese ganze Periode hindurch fortlebt, zeigen z. B. einerseits die Lieder des Hiltbolt von Schwangau (Hohenschwangau am Lech), deren noch stark unter romanischem Einfluss stehende Form es zweifelhaft erscheinen lässt, ob der Dichter mit einem erst 1221—56 urkundlich bezeugten Dichter jenes Namens identifiziert werden darf,[1] andererseits am Ende dieses Zeitraums ein Lied des in der Landesgeschichte hervorragenden Grafen Albert von Heigerloh († 12. IV. 1298. MSH 15), welches neben zwei Liedern Konradins von Hohenstaufen (MSH 2) zugleich ein Beispiel dafür liefert, dass auch die höchsten Kreise sich an der Pflege dieser Kunst fortdauernd beteiligen. Reich an originellen und lebendigen Empfindungen und Bildern sind die höheren Minnelieder des seit 1226 in Urkunden auftretenden Burkhart von Hohenfels (bei Überlingen am Bodensee), der daneben auch einige frische Tanzlieder nach volksmässiger, stellenweise an Neidharts Reien anklingender Weise dichtete (MSH 38). — Überhaupt pflegen die hervorragendsten schwäbischen Minnesänger sowohl die höfische wie die volksmässige Gattung. So vor allem Gottfried von Neifen,[2] ein in den Jahren 1234/55 urkundlich nachgewiesener Dichter aus vornehmem Geschlechte. Wie Burkhart von Hohenfels und ein ostfränkischer Kunstgenosse, Graf Otto von Botenlauben,[3] hat auch er sich zeitweilig in der Umgebung des leichtlebigen Sängerfreundes König Heinrichs VII. aufgehalten, der an seinen Liedern Gefallen fand. Und in der That sind diese mit ihrer gefällig leichten Behandlung der verwickeltsten Wortspielereien, der schwierigsten Reimstellungen und Reimhäufungen Erzeugnisse eines ungewöhnlichen Formtalentes. Die Technik der höfischen Kunst zeigt sich hier in überaus mannigfaltiger und feiner, ja schon überfeinerter Ausbildung; nicht so ihr Inhalt. Eine Bereicherung desselben durch geistvolle Reflexionen, durch lebendiges Erfassen der höfischen Ideale, durch eigenartige Behandlung der Motive des Frauendienstes darf man bei Gottfried nicht suchen. Ihm ist es mit dem Frauendienste gar nicht so heiliger Ernst wie einem Reinmar oder einem Ulrich von Lichten-

[1] MSH N 36. ADB 33, 184 (Burdach).
[2] Hrsg. v. Haupt Leipz. 1851. Vgl. Knod, *Gottfried v. N.* Thüringen 1877; AfdA 5, 246. Uhl, *Unechtes bei Neifen* Göttinger Beitr. V 1888; ZfdPh. 24, 245. Grimme MS. 135. 277.
[3] S. Vogl, *Otto von Botenlaubens Gedichte* Progr. Karlsburg b. Wien 1897.

stein. Er nimmt keinen Anstand, gelegentlich eine Bauerndirne im Stile der hohen Minne zu feiern, oder auch das Volkslied, teilweise in naivem, teilweise in burleskem Tone unmittelbar nachzuahmen, und selbst das Obscöne meidet er nicht. Durch die ständige Eröffnung seiner höfischen Minnelieder mit einem Jahrzeitbilde mischt er ihnen ein für allemal ein anmutiges Element der volksmässigen Dichtung bei. Darin berührt er sich mit Neidhart, ohne jedoch dessen charakteristische Liedertypen nachzuahmen. — Neifens Lyrik nahe verwandt ist die des Schenken Ulrich von Winterstetten,[1] der einem schwäbischen Dienstmannengeschlecht angehörte und urkundlich zuerst 1241, als Augsburger Canonicus 1258—64, als Pfarrer zu Biberach 1265, zuletzt 1280 bezeugt ist. Auch in seinen Liedern findet sich die künstliche metrische Form, der feststehende Natureingang, der höfisch-conventionelle Inhalt, den hin und wieder dörperliche Töne unterbrechen. Aber das Volksmässige zeigt bei Winterstetten mehr Berührung mit Neidhart und dem Tannhäuser; an Neidharts Reien erinnert ein komisches Gespräch zwischen einer Mutter und der in den Gesang des Dichters vernarrten Tochter, während er mit Tannhäuser den volksmässigen Schluss der Tanzleiche teilt. Die Gattung des Leiches hat er überhaupt vor Neifen voraus, ebenso das Tagelied und in der Metrik die ständige Verwendung des Refrains beim Minnelied.

Besonders reich ist natürlich die Schweiz in der dort entstandenen Hauptsammlung der Minnesänger (§ 10 Anm.) vertreten. Von Ulrich von Singenberg,[2] einem jüngeren Zeitgenossen Walthers von der Vogelweide (urkdl. 1209—28) bis auf den ritterlichen Grafen Werner von Homberg (geb. 1284 † 1320 Bartsch *Schweizer MS.* Nr. XXVI), ist vor allem die edlere höfische Lyrik durch eine stattliche Reihe von Liedern bezeugt, und dem umfänglichen Minneleich rein höfischen Stiles wird in seinen conventionellen Formen von Rudolf von Rotenburg (urkdl. 1257)[3] und dem von Gliers (1267—1314? Bartsch a. a. O. N. XX) besondere Pflege gewidmet. Aber auch die niedere Gattung findet bald ihre Vertreter. Schon bei Ulrich von Singenberg, der in seinen zahlreichen Liedern auf Reinmars und Walthers, in seinen Sprüchen auf des letzteren Bahnen wandelt, klingt einmal aus einem Gespräche, in welchem er sich selbst und seinen Sohn, das Rüedelin, als Nebenbuhler im Minnesang und Minnedienst gegenüberstellt, die burleske Art der Dorfpoesie. — Nachahmung Neidharts, und zwar nicht seiner häufiger nachgebildeten Reien, sondern seiner gegen die Bauern gerichteten satirischen Lieder, verrät deutlich der Baseler Ritter Diethelm von Baden genannt Goeli (urkdl. 1254—76),[4] jedoch mit Übertragung dieses Typus vom winterlichen auf den sommerlichen Tanz. Andere parodieren den höfischen Minnesang, indem sie mehr nach Neifens Art eine Dirne aus dem Volk als ihre Herzenskönigin besingen. So der Taler[5] und vor allem Steinmar, d. i. aller Wahrscheinlichkeit nach Berthold Steinmar von Klingenau,[6] der urkundlich

[1] Hrsg. v. Minor, Wien 1882. ADB 31, 68 (Burdach).

[2] *Walther v. d. Vogelweide nebst Ulrich v. Singenberg u. Leutold v. Seven* hrsg. v. Wackernagel u. Rieger 1862. Bartsch, *Schweizer MS* Nr. II. — ZfdPh 14, 466. L. Kleiber, *Die handschriftl. Überlieferung der Lieder Ulrichs v. S.* Berlin Progr. 1889. ADB 34, 390 (Roethe).

[3] J. Wahner, *Dichtung u. Leben des Minnesängers Rudolf v. Rotenburg* (mit krit. Ausg.) Breslauer Diss. 1892.

[4] Hrsg. v. Bartsch Schweizer MS 12. Vgl. Germ. 29, 34. 31, 326. Grimme Germ. 35, 307 will ihn vielmehr mit einem Vogt Goeli zu Freiburg i. Br. identificieren; vgl. Germ. 36, 311.

[5] Bartsch *Schw. MS.* Nr. IV Germ. 35, 312. ADB 37, 362 (Meyer).

[6] Alfr. Neumann, *Steinmar* Leipzig Diss. 1886. R. Meisner, *Steinmar* Göttingen Diss. 1886. Bartsch, *Schw. MS* 19. ZfdA 39, 237.

1251—93, zuletzt als Bürger in Waldeshut, nachgewiesen ist. Zum Stadtadel gehörig, trug Steinmar zugleich Lehen von dem Thurgauischen Freiherrn Walther von Klingen, der sich selbst im höfischen Minnegesang und dabei auch in Formkünsten nach Neifens Art hervorthat.[1] Auch Steinmar verfasste eine ganze Reihe von Minneliedern des höheren Stiles und zwar in frischem, sangbarem Tone, mit lebhaften, kecken Bildern. Aber wenn schon in diesen hie und da ein derber Naturalismus hervorbricht, so wird derselbe nun vollends in seinen Liedern der niederen Minne in recht offenkundigem Gegensatze zum ritterlichen Frauendienste auf den Schild erhoben, sei es nun, dass der Dichter statt des conventionellen Liebesjammerns seine Sehnsucht nach einer Dienstmagd klagt, deren Gunst nur durch ein paar neue Schuhe zu gewinnen wäre, oder dass er in einem Tageliede nicht den Ritter und die Dame durch den Gesang des Wächters, sondern den Knecht und die Magd durch das Kuhhorn aufschrecken lässt. Ähnlich stellt er einmal dem üblichen Lobe des Frühlings das des Herbstes entgegen, indem er statt der Blumen und des Vogelgesanges Braten, Würste und Wein, statt der Minne die Schlemmerei preist — das erste Beispiel einer bald ziemlich verbreiteten Gattung. — Allen verschiedenen Richtungen der Lyrik seiner Zeit sucht der im Jahre 1302 als Hausbesitzer in Zürich urkundlich nachgewiesene Meister Johannes Hadloub gerecht zu werden.[2] Er besingt wie Steinmar die herbstlichen Gelage, feiert in Ernteliedern die ländlichen Liebesfreuden, erzählt den lächerlichen Streit zweier Dörper um ihre Dirne; aber am höchsten steht ihm doch der höfische Minnesang, und so verfasst er nicht nur eine stattliche Anzahl von Liedern edleren Stiles, Minneliedern, Tageliedern und Leichen, sondern er hängt auch seinen Schlemmerliedern Strophen an, in denen er sich seinerseits ausdrücklich zur Partei der Minner bekennt, und er vermeidet jegliche Persiflage des Frauendienstes. Hadloub ist ein bürgerlicher Genosse des Ulrich von Lichtenstein: seiner Herrin dient er mit nicht minder schwärmerischer Hingabe; den Verkehr vermitteln auch hier dritte Personen; der Erfolg ist beiderseits ein recht bescheidener, und wie Ulrich seine Liebesgeschichte im 'Frauendienst' erzählt, so berichtet Hadloub sie in einzelnen Liedern. Diese Beziehung auf das persönlich Erlebte giebt seinen Gedichten mehr Gegenstand und Farbe als man es sonst vom höfischen Minnesang gewohnt ist; aber auch wo der Sänger sich in dessen gewöhnlichen Geleisen bewegt, spricht er doch vielfach durch etwas lebendigere und bestimmtere Zeichnung an, und seine Poesie bezeichnet nicht ein ganz unvermitteltes Nebeneinander, sondern in gewissen Grenzen einen Ausgleich idealistischer und realistischer Manier.

Unberührt von der 'höfischen Dorfpoesie' bleibt indes das mittlere Deutschland. In Thüringen gewinnt besonders Heinrichs von Morungen Lyrik für lange Zeit massgebende Bedeutung, wie die Lieder des wenigstens wahrscheinlich hierher gehörigen Kristân von Hamle (MSH 31), die des Kristân von Lupîn (MSH 73; urkdl. 1292—1312) und noch weit über den hier behandelten Zeitraum hinaus die des Hetzbold von Weissensee (urkdl. 1312—45 MSH 74) zeigen.[3] Und wie hier so werden auch in den nördlicheren und östlicheren Gegenden die alten Traditionen des vor-

[1] Wackernagel, *Walther v. Klingen* 1845. Bartsch, *Schw. MS* Nr. XI.
[2] Bartsch *SMS* 27. J. A. Schleicher, *Hadloubs Leben und Gedichte* Leipzig Diss. 1888.
[3] Grimme, *Lupin und Morungen*. Münster Diss. 1885. PBB 7, 403 f. H. Jung, *Beiträge z. Gesch. d. nord- u. md. Minnegesangs bes. i. Thüringen* Göttinger Diss. 1891. Germ. 32, 421. ADB 41, 609 (Meyer).

nehmeren Minnesangs festgehalten, und die edelsten Geschlechter beteiligen sich thätig an dessen Pflege. So der 'Herzog von Anhalt', jedenfalls Graf Heinrich I. (reg. 1212 bis wahrsch. 1245, † 1251/2. MSH Nr. 8), des kunstliebenden Landgrafen Hermann Schwiegersohn, der noch unter dem Einfluss der älteren romanisierenden Richtung steht. So Markgraf Heinrich III. von Meissen (geb. 1218 † 1288, MSH Nr. 7), der Sohn jenes Dietrich, dessen Gunst Heinrich von Morungen und Walther von der Vogelweide genossen, er selbst durch Walthers Dichtung beeinflusst. So ferner Herzog Heinrich IV. von Breslau (reg. 1270—90; MSH Nr. 5), König Wenzel II. von Böhmen, den wir schon als Ulrichs von Eschenbach Gönner kennen lernten (MSH Nr. 4) und Markgraf Otto IV von Brandenburg (reg. 1266—1308; MSH Nr. 6). Es ist nicht viel und nicht Bedeutendes, was uns diese fürstlichen Sänger hinterlassen haben, aber ein edlerer höfischer Ton ohne Künstelei in Gedanken und Form und dieser oder jener lebhafte und anschauliche Zug lässt sich den meisten ihrer Lieder nachrühmen.

Schon seit Walther von der Vogelweide hatten ober- und mitteldeutsche Fahrende den Minnesang bis an die Gestade der Ostsee getragen. Am Ausgange dieses Zeitraums versuchte sich dort einer ihrer gepriesenen Beschützer selbst in der Kunst, Wizlav III., Fürst von Rügen (geb. gegen 1268, reg. 1302—1325).[1] Sohn einer Braunschweigischen Herzogstochter, Bruder der norwegischen Königin Euphemia, welche mittelhochdeutsche Epen ins Nordische übertragen liess, hat er wohl schon im Elternhause literarische Anregungen empfangen; ein Stralsunder Magister, der *Ungelârde,* der uns auch anderweitig als Dichter bezeugt ist, hat ihn augenscheinlich in der Kunst unterwiesen. Natürlich waren es hochdeutsche Vorbilder, denen Witzlav folgte, und wie andere niederdeutsche Dichter höfischen Stils hat auch er mitteldeutsch zu schreiben gesucht, doch hat er dabei manchen originellen niederdeutschen Ausdruck und Reim beibehalten. Seine Dichtungen, die mindestens zum Teil vor seinen Regierungsantritt zurückreichen, bewegen sich überhaupt nicht ganz in demselben Kreise wie die Lyrik seiner fürstlichen Standesgenossen. In seinen Liedern bevorzugt er die besonders durch Neifen ausgebildete Manier mit ihren künstlicheren Formen, ihrem Anschluss an die Tanzweise, ihrem lustigeren Tone, ohne jedoch die niedere Minne zu besingen oder die hohe zu verspotten, und auch ein den Genüssen des Herbstes gewidmetes Lied, von welchem nur der Anfang vorliegt, wird schwerlich eine Wendung in letzterem Sinne nach Steinmars Art genommen haben. Mit einer Reihe teilweise durch fremde Vorbilder stark beeinflusster *Sprüche* meist geistlichen Inhaltes steht Witzlav ganz vereinzelt unter den fürstlichen Dichtern.

§ 47. Auch die grosse Menge der adlichen Dilettanten bleibt diesem Gebiete fern. Ulrich von Singenberg bietet das einzige sichere Beispiel eines Vornehmen, der sich neben dem Minnesange auch in der Spruchdichtung versucht. Sonst bleibt diese Gattung nach wie vor in den Händen der Sänger von Beruf, aber seit Walther nicht nur der bürgerlichen, sondern auch der adlichen. Sie pflegen den durch ihn geschaffenen politischen Spruch und daneben die alten, von persönlichen, gesellschaftlichen, allgemein menschlichen und religiösen Verhältnissen handelnden

[1] MSH III Nr. 23. Ins Niederdeutsche umgeschrieben von Ettmüller Quedlinb.-Leipz. 1852. *Baltische Studien* 33, 272 f. 34, 277 f. *Korrespondenzbl. d. Vereins f. niederd. Sprachforsch.* 9, 64. F. Kuntze *Wizlaw III., Der letzte Fürst von Rügen* Halle 1893. AfdA 20, 343. ADB 43. 684 (Pyl.). Roethe, *Reimvorreden z. Sachsenspiegel* S. 60.

Gattungen des Bitt-, Lob- und Scheltgedichtes, des moralischen und geistlichen Spruches; sie wählen als Einkleidung teilweise die Form der Allegorie, der Parabel, der Tierfabel, des Rätsels, der Priamel und behandeln die beiden letzteren auch als selbständige Dichtungsarten, teilweise, ebenso wie das hie und da auftauchende Lügenmärchen, mit humoristischer Wendung. Einstrophigkeit des Spruches bleibt eine Regel, die nur vereinzelt durchbrochen wird. Für geistliche Stoffe wird auch die Form des Liedes und des Leiches gewählt.

Wie Walther von der Vogelweide hält sich eine Anzahl dieser Spruchdichter — unter ihnen vor allem die Adlichen — von gelehrten Prätensionen frei. Sie vertreten eine auf der christlichen und ritterlichen Ethik ruhende Laienbildung und behandeln gemeinverständliche Themata in gemeinverständlicher Form, wenn auch im Zusammenhange mit der Vorliebe für das Rätsel die Ausdrucksweise hin und wieder etwas verdunkelt wird. Reinmar von Zweter[1] ist der Bedeutendste unter diesen. Nach eigener Angabe am Rheine geboren und in Österreich aufgewachsen, hat er hier, vermutlich unter Walthers unmittelbarem Einflusse herangebildet, nachweislich seit 1227 seine Kunst ausgeübt, bis er etwa im Jahre 1234 in Böhmen an König Wenzel I. einen Gönner fand. Seit dem Jahre 1241 aber musste er seine bisherige günstigere Stellung mit dem Gewerbe des Fahrenden vertauschen, welches ihn an verschiedene Höfe, unter anderm auch an den des Erzbischofs Siegfried von Mainz führte. In die Zeit um 1247 reicht sein letzter datierbarer Spruch; bis gegen 1260 mag er gelebt haben. In seiner politischen Dichtung verficht Reinmar die Sache Kaiser Friedrichs, der er jedoch durch dessen zweite Bannung (1239) für einige Zeit untreu wird. Das Ziel seiner Wünsche ist ebenso wie bei seinen dichtenden Zeitgenossen die Beilegung der endlosen inneren Kämpfe, die Herstellung eines gerechten, starken und friedlichen Regimentes in Staat und Kirche, und ein Wechsel der Ansicht über den Weg der dahin führe, kann immerhin mehr als persönliche Rücksichten Reinmars schwankende Parteistellung veranlasst haben. Für das sittliche Leben gilt neben Gottes Geboten dem ritterlichen Sänger die Ehre als vornehmste Richtschnur. Der Frau Ehre Gespielinnen sind alle Tugenden, die sich, wo sie einkehrt, als Hofgesinde einstellen; *froun êren tôn* ist auch die metrisch-musikalische Form genannt, in welcher alle seine bestbeglaubigten Sprüche von Gott und der Welt, mit wenigen Ausnahmen auch die teils persönlich, teils allgemein didaktisch gehaltenen von der Minne gedichtet sind, und als der Ehrenbote lebte er selbst im Andenken der Nachwelt fort. — Reinmar ist ein sittlich ernster Charakter, dem es in seiner Dichtung mehr um seine Ideale, als um seine persönlichen Angelegenheiten zu thun ist. Stärker tritt die Eigenschaft des Gehrenden schon hervor in den Reinmars Art sonst verwandten Sprüchen eines gleichzeitigen Fahrenden, des Bruder Wernher[2] (gegen 1220 bis um 1266), der wie Reinmar zeitweilig in Österreich, unter Friedrich dem Streitbaren, dichtet, wie er zunächst dem Kaiser Friedrich anhängt, dann aber gleichfalls dessen Sache aufgiebt und ihm ebenso viel Schuld am Unglücke des Reiches beimisst, wie dem Papste. Von ernsthafter politischer Überzeugung ist überhaupt nicht mehr die Rede bei dem tirolischen Fahrenden

[1] Hrsg. mit einer für die Geschichte der Spruchdichtung überhaupt wichtigen Einleitung von Roethe Leipz. 1887.

[2] MSH Nr. 117. Karl Meyer, *Untersuchungen über das Leben Reinmars v. Z. u. Bruder Wernhers* Basel 1866. H. Doerks, *Bruder Wernher* Progr. Treptow 1889 (Datiert W.s ältesten Spruch auf 1217). ADB 42, 74 (Meyer).

Friedrich von Sonnenburg[1] (um 1247 bis nach 1275). Seine Politik läuft auf das Lob freigebiger Fürsten hinaus, und aus der Feilheit seiner Poesie macht er kein Hehl; im übrigen hängt er ganz von den kirchlichen Anschauungen seiner Zeit ab, die er auch mit dem als gottlos verschrieenen Stande der Fahrenden auszusöhnen strebt. — Wie er des verstorbenen Kaisers Friedrich als eines vor Gott Verdammten gedenkt, so verurteilte den Lebenden (um 1245) ein schweizer Sänger, der Herr von Wengen,[2] dessen wenige Sprüche jedoch eine edlere Haltung zeigen, ebenso wie die seines Konrad dem IV. ergebenen Landsmannes Hardegger (um 1237, MSH 95). Zugleich mit der von den Genannten ausschliesslich gepflegten Spruchpoesie wird von anderen süddeutschen Fahrenden auch der Minnesang geübt, und zwar nicht allein von adlichen, wie dem Herrn Pfeffel,[3] vermutlich einem schweizer Ritter, der jedoch zeitweise in Österreich (vor 1246) dichtete, sondern auch von bürgerlichen, wie dem Magister Walther von Breisach,[4] dem durch einige originelle Motive ausgezeichneten wilden Alexander,[5] dem Schulmeister Heinrich von Esslingen (urkdl. 1279—81),[6] der in seinen Sprüchen den König Rudolf von Habsburg besonders wegen seiner auch von anderen Sängern gerügten Kargheit in unverschämter Weise angreift.

Neben dieser mehr laienmässigen, von adlichen und nichtadlichen Berufsdichtern vertretenen Richtung der Spruchpoesie, welche an Walther und die älteren Traditionen anknüpft, geht eine ausschliesslich von bürgerlichen Sängern gepflegte Dichtungsweise einher von entschieden gelehrter Färbung. Mit nicht geringem Stolze berufen sich diese *Meister* den niederen Fahrenden und allen dummen Laien gegenüber auf ihre *Kunst*, die sie mit einem geheimnisvollen Nimbus umgeben und von der sie durch eine abenteuerliche Gelehrsamkeit staunenerregende Proben abzulegen bemüht sind. Aus scholastischen Quisquilien und den Fabeleien des Physiologus (§ 13) stammt im wesentlichen ihre theologisch-naturwissenschaftliche Weisheit, die sie in möglichst gespreizter und geschraubter Form vorbringen. Mit lächerlicher Eifersucht streben sie es einander darin zuvorzuthun, und die gewöhnliche Begleitung des Gelehrten- und Künstlerdünkels, kleinlicher Konkurrenzneid, Zanksucht, Grobheit und Ehrabschneiderei, macht sich breit in den Streitgedichten, mit welchen sie sich gegenseitig zu Leibe gehen.

In Süddeutschland ist besonders Boppe (1275 bis nach 1287)[7] ein charakteristischer Vertreter dieser Kunst der Meister mit jener ungehobelten Polemik und mit jener geheimthuerischen Gelehrsamkeit, die er unter anderm auch durch massenhafte Anhäufung von Namen nach Tannhäusers Vorbilde zu zeigen sucht, wie er denn auch in dem einzigen Minneliede, welches wir von ihm besitzen, ganz einem Tannhäuserschen Muster folgt. Bei dem Tannhäuser selbst, bei Konrad von Würzburg, bei dem Kanzler,[8] gleichfalls einem Süddeutschen, der Spruchdichtung und Minnesang vereinigte, tritt jene Richtung mehr nebenbei hervor,

[1] Hrsg. v. O. Zingerle Innsbr. 1878 (*ältere Tirolische Dichter.* II, 1). ADB 37, 780 (Roethe).
[2] Bartsch, *Schw. MS* Nr. 7.
[3] Ebenda Nr. 5.
[4] MSH 97. Grimme *Gesch. d. Minnesinger* I, 66. 247.
[5] MSH II Nr. 135, III Nr. 5, ZfdA 42, 371.
[6] MSH 96. Grimme I, 202. 294.
[7] MSH Nr. 138. Tolle, *Der Spruchdichter Boppe* Göttingen Diss. 1887; ders. *Versuch einer krit. Ausgabe* Sondershausen Progr. 1894.
[8] Grimme, *Gesch. d. Minnesinger* I, 182. 287.

stärker schon bei dem Marner,[1] einem gelehrt gebildeten schwäbischen Fahrenden, der vermutlich aus Ulm stammte, nachweislich seit 1231 dichtete und zwischen 1267 und 1287 als blinder Greis ermordet wurde. Der Marner kann als Musterbeispiel eines vielseitigen Fahrenden dienen. Von den seiner Zeit üblichen Dichtungsarten ist ihm keine ganz fremd. Er sucht als Vagant die Höfe der Prälaten auf, feiert sie in lateinischen Liedern und erntet in einer Chronik das Lob eines *egregius dictator;*[2] im Wetteifer mit den ritterlichen Dichtern verfasst er Minnelieder, Tagelieder und Tanzlieder, teilweise in künstlichen Formen, aber ohne natürliche Grazie; auch den Vortrag von Gedichten aus der deutschen Heldensage verlangte sein Publikum von ihm, und nicht minder weiss er von Stoffen der höfischen Epik zu singen; vor allem aber pflegt er die verschiedenen Gattungen der Spruchpoesie, indem er teilweise noch auf Walthers Bahnen wandelt, andrerseits aber auch schon wie jene Meister seine Gelehrsamkeit nach Kräften leuchten lässt und seine Konkurrenten heftig befehdet. So schleudert er gegen Reinmar von Zweter einen wütenden, bis zur Albernheit ungerechten Streitspruch und wird selbst wieder von einigen Berufsgenossen mit nicht geringerer Grobheit bedient, während andere ihn als bedeutenden Dichter loben. Sehr charakteristisch für die Art der Polemik und die Art der Gelehrsamkeit wie sie auch in Mitteldeutschland bei diesen Spruchdichtern zu Tage tritt, ist ein Angriff des Meissners,[3] eines durch Reinmar von Zweter beeinflussten, aber von meisterlicher Weisheit übersprudelnden Sängers (1260—84), der den Marner einen aller Kunst baren Lügner schilt, weil er nicht richtig angegeben habe, auf welche Weise der Strauss seine Eier ausbrüte, der Phönix sich verjünge und die Jungen des Pelikan getötet werden, was er selbst dann mit überlegener Kunst alles besser berichtet. Ein anderer Gegner des Marner, der Niedersachse Rûmezland (1273—87)[4] versucht nicht mit derartigen Kenntnissen zu prunken, ist aber darum in seinen Streitsprüchen nicht weniger grob und bissig, während der hessische Spruchdichter Stolle[5] zwar gegen die Kargheit der Vornehmen das allergröbste Geschütz auffährt, aber einen Streit mit dem Hardegger über die Sündenvergebung durch Gottes Gnade in durchaus massvoller Weise führt.

Es sind nicht ausschliesslich Anlässe persönlicher Art, aus welchen solche Leistungen entspringen; auch das Interesse für die Gattung des Streitgedichtes als solche[6] ist dabei mit im Spiele. Ihm verdankt auch das mitteldeutsche Gedicht vom Sängerkriege auf der Wartburg[7] seine Entstehung. Wie die Epen vom Biterolf und dem Rosengarten die Hauptthelden der Nationalsage im Kampfe einander gegenüber stellten, ähnlich so wollte man die alten berühmten Sänger im Liederstreite auftreten lassen, und es entstanden zwei im Inhalte wie in der Strophenform verschiedene Reihen von Wechselgesängen, in welchen sich dieser an den berühmten Hof des Landgrafen Hermann von Thüringen verlegte Wettkampf

---

[1] Hrsg. v. Strauch QF 14; vgl. ZfdA 22, 254. Das Wort Marner bezeichnete in Ulm einen Weber grober wollener Tücher. Vgl. Germ. 32, 419. ZfdA 41, 88.

[2] ZfdA 23, 90.

[3] MSH III Nr. 24. A. Frisch, *Untersuchungen über die mhd. Dichter, welche den Namen Meissner führen.* Jena Diss. 1887.

[4] MSH Nr. 136. III Nr. 20. F. Panzer, *Meister Rûmzlants Leben u. Dichten.* Leipz. Diss. 1893.

[5] Wolfg. Seydel *Meister Stolle nach der Jenaer Handschrift.* Leipzig Diss. 1892.

[6] Herm. Jantzen, *Geschichte des deutschen Streitgedichtes im Mittelalter.* Germ. Abh. XIII Breslau 1896.

[7] Hrsg. MSH Nr. 72, III Nr. 29; v. Simrock Stuttg. 1868.

abwickelt. Ein 'geteiltes Spiel', das Lob des edlen Fürsten von Österreich auf der einen, das des Thüringers auf der andern Seite, bildet den Gegenstand des ersten Teiles; jenes wird durch Heinrich von Ofterdingen, einen aus verlässlichen und selbständigen Quellen sonst nicht nachweisbaren Dichter verteidigt, dieses durch den tugendhaften Schreiber,[1] von dem uns einige Minnelieder erhalten sind. Den Schreiber unterstützen der mit Reinmar von Hagenau verwechselte Reinmar von Zweter, Wolfram von Eschenbach und Walther von der Vogelweide, bis Walther durch eine geschickte Wendung den Ofterdinger schliesslich besiegt. Ein Biterolf,[2] welcher gleichfalls für den Landgrafen eintritt und seinem Lobe das eines Grafen von Henneberg gesellt, wäre nach Wilmanns Vermutung (ZfdA 28, 206 ff.) der Verfasser dieses als Festsingspiel zu Ehren zweier Enkel Hermanns, nämlich des Markgrafen von Meissen und Landgrafen von Thüringen Heinrichs des Erlauchten (1247—88) und des Grafen Hermann von Henneberg († 1290), in den sechziger Jahren gedichteten Stückes.[3] In dem zweiten Teile, einem Rätselstreite,[4] wird Wolfram von Eschenbach einer Gestalt seiner eigenen Dichtung, dem im Parzival auftretenden Zauberer Klingsor, sowie einem teuflischen Helfershelfer desselben, gegenüber gestellt, um als grösster Held in jener mystischen Weisheit zu glänzen, in der sich die meisterlichen Sänger selbst hervorzuthun suchten und von der sie manche Probe auch wirklich in Wolframs Werken fanden. Es zeigt sich hier deutlich, wie diese Richtung der Spruchpoesie nicht minder als die geheimthuerisch geschraubte Manier der Epik durch Wolfram beeinflusst war. Einen unmittelbaren Zusammenhang der beiden bemerkten wir denn auch schon in der Anknüpfung der *Lohengrindichtung* an den wahrscheinlich ältesten Bestandteil dieses Rätselstreites, an welchen sich dann andererseits in der weit auseinandergehenden und arg verworrenen Überlieferung des Wartburgkrieges mannigfache, teilweise ganz fremdartige Bestandteile angesetzt haben; unter ihnen auch ein gegen die Besteuerung der Sakramente gerichteter Abschnitt *Aurons Pfenning,* dessen historische Voraussetzung Beschlüsse einer Mainzer Synode vom Jahre 1233 bilden. Für das Motiv des Sängerkrieges selbst existierte, soviel wir wissen, keine weitere thatsächliche Grundlage, als das hohe Ansehen, welches Leopold VII. von Österreich und Hermann von Thüringen als Kunstgönner bei den Dichtern ihrer Zeit genossen, und der Verkehr der Sänger am Hofe des Landgrafen, insbesondere auch Wolframs und Walthers dortiges Zusammensein. Aber schon im Ausgange des 13. Jahrhs. wurde der Dichtung der Wert eines urkundlichen Zeugnisses beigelegt, und die Tradition vom Wartburgkriege fand alsbald in die thüringische Geschichtsschreibung Eingang.

So sehr sich auch die Manier der Meister in diesem fingierten Sängerstreite breit macht, es war doch ein Gefühl der Ehrfurcht und Bewunderung für die überlegene Kunst der alten Dichter, welches bei dieser Fiktion einen wesentlichen Anteil hatte. Andere dachten weniger pietätvoll. Als

---

[1] MSH Nr. 102. Vgl. PBB 13, 256.

[2] Einen Biterolf nennt Rud. v. Ems als Verfasser eines uns nicht erhaltenen *Alexander* (Germanistische Studien Supplem. z. Germania 1, 2).

[3] Strack (*Zur Geschichte des Gedichtes vom Wartburgkriege* Berlin Diss. 1883) setzt dasselbe um 1230. Vgl. AfdA 10, 326. Roethe *Reinmar v. Z.* S. 79 ff. Oldenburg, *Zum Wartburgkriege* Rostock Diss. 1892 AfdA 21, 75.

[4] R. Schneider, *Der 2. Teil des Wartburgkrieges und dessen Verhältnis zum Lohengrin.* Leipzig Diss. 1875.

Heinrich von Meissen, genannt der Frauenlob,[1] das geteilte Spiel, ob Frau oder Weib der edlere Name sei, mit seinem Nebenbuhler Regenbogen in einem langen Liederstreit von der Gattung des Wartburgkrieges ausficht, da bezeichnet er Reinmar, Walther und Wolfram, auf die jener sich berufen hat, als Leute, die ihren Gesang aus dem Schaume geschöpft haben, sich selbst dagegen als denjenigen, dessen Kunst aus des Kessels Grunde gehe und der sie alle übermeistere. Sein Gegner erklärt ihn zwar darauf hin für einen grossen Narren, aber vom Gesichtspunkte damals verbreiteter ästhetischer Begriffe aus hat Frauenlob nicht Unrecht. Er steht in der That auf dem Gipfel jener meisterlichen Kunst, welche in der korrekten Bewältigung schwieriger metrischer Formen, in gesuchter Ausdrucksweise und in gelehrtem Prunke die höchsten Leistungen der Poesie erblickte. Theologische Kenntnisse standen ihm in verhältnismässig reichem Masse zur Verfügung; dass er sich die Dichtung seiner Vorgänger sehr wohl zu Nutze zu machen wusste, zeigen zahlreiche Reminiscenzen an jene grossen Meister, über die er sich so erhaben dünkte. Ihm selbst fehlt es nicht an Phantasie und Formgeschick, und so beherrscht er mit Virtuosität die verschiedenen lyrischen Gattungen, den geistlichen und den Minne-Leich, das Liebeslied und vor allem die verschiedenen Arten der Spruchdichtung. Was ihm fehlt, ist nur der Geschmack und die natürliche poetische Empfindung. Alles ist bei ihm auf den Effekt berechnet, ganz besonders der geschraubte, an rhetorischen Kunststücken reiche Stil, der in seiner Überladung mit auffallenden Umschreibungen, Bildern, sagengeschichtlichen und gelehrten Anspielungen wiederum die Ausartungen der Wolframschen Manier vor Augen führt. Schon in jungen Jahren muss sich Frauenlob als Dichter hervorgethan haben. Dem frühreifen Wunderkinde liess ein älterer Meister, Hermann Damen, eine wohlwollende Ermahnung zuteil werden, welche den damals schon, nicht erst von dem Streite mit Regenbogen Frauenlob genannten vor allzu hohem und stolzem Fluge warnt.[2] Seit dem Jahre 1278 können wir an der Hand zahlreicher Lobsprüche auf vornehme Gönner Frauenlob an den Höfen verschiedener Könige und Fürsten, auf Sängerfahrten von Kärnthen bis an die Ostsee verfolgen. In Mainz, wo er die letzten Lebensjahre zubrachte, starb er im Jahre 1318; einige Decennien später wusste man zu berichten, dass er von Frauen zu Grabe getragen sei. Denn auch sein Nachruhm übertraf den seiner Kunstgenossen, und wie er selbst schon jüngere in seiner Kunst schulmässig ausbildete,[3] so steht auch später sein Name obenan unter den bürgerlichen gelehrten Sängern des 13. Jahrhs., deren Lieder und Sprüche in den Singschulen vorgetragen und nachgebildet werden und deren ganze Dichtungsweise im *Meistergesange* des folgenden Zeitalters ihre unmittelbare Fortsetzung fand.

DAS LEHRGEDICHT.

§ 48. Die Behandlung didaktischer Gegenstände beschränkt sich nicht auf die knappe Form des Spruchgedichtes. In dem loseren und bequemeren Gewande der Reimpaare, selten nur in der Form grösserer zu-

[1] Hrsg. v. Ettmüller Quedlinb.-Leipz. 1843. R. Biedermann, *Einwirkung der Colmarer Hs. auf die Textgestaltung des Ged. Heinrichs v. Meissen* Berlin Diss. 1897. Erklärungen Germ. 26, 257. 379. 29, 1. Streit mit Regenbogen Ettmüller Nr. 150—72. Regenbogens Sprüche MSH Nr. 126. Regenbogen ADB 27, 547 (Roethe).

[2] Ettmüller S. XXI f. MSH III, 167. Vgl. auch den wohl nicht von sondern an Frauenlob gedichteten Spruch Ettm. Nr. 266.

[3] Vgl. den Spruch Ettm. Nr. 108.

sammenhängender Strophenreihen werden daneben teils dieselben Themata in ausführlicher Darstellung, teils auch viel umfassendere Stoffe lehrhafter Art erörtert. Zunächst bleibt diese Gattung noch in den Händen der Geistlichkeit, aber in der reineren metrischen Form zeigt sich auch hier die aufsteigende Entwickelung. So setzt um 1187 ein bairischer Mönch oder Klosterschüler mit gewissenhaftester Kleinmalerei alle Herrlichkeiten des *Himmelreiches* in einem umfänglichen Gedichte von meist klingend ausgehenden Langversen auseinander, die sich augenscheinlich an den Typus des Vagantenverses, nicht, wie man meinte, des Hexameters anschliessen.[1] So preist und erörtert ein ripuarischer Priester voll mystischer Gefühlsseligkeit die göttlichen Eigenschaften, die Leiden und Freuden und die himmlische Verklärung der Jungfrau *Maria*.[2] Ein frommer Büsser hat durch Flucht aus dem Strudel weltlichen Treibens den *Trost in Verzweiflung*[3] gefunden und beginnt in einem fragmentarisch erhaltenen Gedichte die Geschichte seiner Bekehrung zu erzählen, mit manchen Anklängen an Hartmann, besonders an den Prolog zum Gregor. Ein alemannischer Geistlicher erteilt poetische Lebensregeln für Nonnen und stellt für die Befolgung derselben die sinnlich ausgeführten Himmelsfreuden in Aussicht — wenn anders dieser in einer Handschrift des 14. Jahrhs. überlieferte *geistliche Rat*[4] wirklich, wie man vermutet hat, ins 12. Jahrh. zurückreicht.

Wie aber die Geistlichen auf dem Gebiet der erzählenden Dichtung seinerzeit selbst mit der Behandlung weltlicher Stoffe den Anfang machten, so auch jetzt auf dem der Didaktik. Um dieselbe Zeit etwa als Heinrich von Veldeke in Thüringen die deutsche Aeneis vollendete, noch bevor ebendort Herbort von Fritzlar zur Behandlung des trojanischen Krieges veranlasst wurde und Albrecht von Halberstadt die Umdichtung des Ovid begann, bearbeitete der Kaplan Wernher von Elmendorf ein beliebtes moralisches Schulbuch, welches ihm der i. J. 1171 nachgewiesene Propst Dietrich von Heiligenstadt in Thüringen zugänglich gemacht hatte, zu einer deutschen Tugendlehre in Versen. Es war die *moralis philosophia de honesto et utili* (auch *moralium dogma philosophorum* genannt), eine Compilation aus Sentenzen lateinischer Klassiker, vor allem Senecas, Ciceros und Horazens, die vielleicht von Wilhelm von Conches zusammengetragen ist.[5] Wernher benutzte seine Vorlage mit Auswahl, und teilweise in näherem Anschluss, teilweise in freierer Umgestaltung. Er wusste die antiken Sentenzen den Verhältnissen seiner Zeit anzupassen, die er mit gesundem, weltoffenem Sinne beurteilte. — Eine der vier Haupttugenden, die aus Ciceros Pflichtenlehre auch in seine Darstellung Eingang fanden, ist die *temperantia*, die *mâze*, jene weise Selbstbeschränkung, wie sie den Hauptvertretern echt höfischer Anschauungsweise, einem Hartmann, einem Reinmar als Lebensideal vorschwebt. Aber auch schon vor diesen wurde *diu mâze* in einer besonderen kleinen Dichtung den Rittern wie den Frauen ans Herz gelegt.[6] Welchen Ritter die Dame ihrer Minne würdigen darf, ist ein wichtiges Kapitel weiblicher Lebensregeln, welches dabei mit berührt wird. Es wird auch in einem in Briefform gehaltenen poetischen Fragmente erörtert, das man *Ratschläge für Liebende* genannt hat,[7] obwohl

---

1 Hrsg. ZfdA 8, 145. Hävemeyer, *Daz himilriche*. Gött. Diss. Bückeburg 1891.
2 Hrsg. ZfdA 10, 1. Vgl. PBB 9, 412.
3 Hrsg. ZfdA 20, 346.
4 Hrsg. Altd. Blätter 1, 343.
5 Fragmente aus dem 13. Jahrh. Altd. Bll. 2, 207. Am Schluss unvollständige Hs. des 14. Jahrh. ZfdA 4, 284. Vgl. ZfdA 26, 87. 30, 1. 34, 55. AfdA 17, 78. 344.
6 Hrsg. Germ. 8, 97.
7 Hrsg. Docen *Misc.* 2, 306-7. Vgl. AfdA 2, 239. — Über alle Stücke handelt Scherer QF 12.

in demselben auf die bezügliche an die Frau gerichtete Belehrung, für die Männer nur allgemeine Lebensregeln folgen.

§ 49. In grösseren Lehrdichtungen gewinnt die moderne höfisch-ritterliche Bildung erst Ausdruck, als Epik und Lyrik schon längst in voller Blüte stehen. Im Jahre 1215—16 verfasste Thomasin von Zirclære aus Friaul, urkundlich bezeugt als Kanonikus von Aquileja, in fast 15000 Versen eine Tugendlehre, die er als *wälschen Gast*, d. h. als den aus Wälschland kommenden Fremden in die deutschen Lande entsandte.[1] Durch geistlich-gelehrte Schulstudien einerseits, durch den Verkehr in höfischen Kreisen andererseits hat Thomasin sich die verschiedenen Elemente der höheren Bildung seiner Zeit völlig zu eigen gemacht und so einen Standpunkt gewonnen, von dem er ihr geistiges und gesellschaftliches Leben überschaut. In den höfischen Epen ist er ebensowohl bewandert wie in der geistlichen Literatur und in einigen lateinischen Klassikern, deren Sittenlehren jedoch auch ihm vor allem durch jene schon von Wernher v. Elmendorf benutzte philosophia moralis zugänglich geworden waren. Unter Heranziehung von Vorbildern aus jenen ritterlichen Dichtungen lehrt er im ersten Buche seines Werkes die adelichen Junker und Fräulein die auf Verbindung edler Sitte und korrekter gesellschaftlicher Form ruhende höfische Zucht, wie er demselben Gegenstande schon früher eine jetzt verlorene wälsche Schrift gewidmet hatte. Eine tiefer greifende Behandlung der menschlichen Tugenden und Laster mit stetem Hinblicke auf die Zustände seiner Zeit bieten die übrigen 9 Bücher. Aus der *unstæte*, der sittlichen und religiösen Haltlosigkeit, werden die Laster, aus der *stæte* die Tugenden abgeleitet; aber selbständig daneben werden doch wieder die *mâze* und *unmâze*, sowie auch das *reht* (die Gerechtigkeit) und die *milte* in besonderen Büchern erörtert. Weltliche und geistliche Historien, Sinnbilder, die teilweise aus dem Physiologus stammen, Tierfabeln, Beispiele aus der Zeitgeschichte werden zur Veranschaulichung und Bestätigung der Lehren eingeflochten, und wie sich Thomasin hier mit den Spruchdichtern nahe berührt, so behandelt er an einer andern Stelle in einer eindringlichen Aufforderung zum Kreuzzuge ein auch der Lyrik geläufiges Thema mit den herkömmlichen Mitteln. So wird die übrigens in einer klaren, einfachen und edlen Sprache gehaltene Darstellung mannigfaltig belebt. Freilich, von einer wirklich poetischen Gestaltung des Gegenstandes ist bei alledem nicht die Rede, und das kann bei einem Schriftsteller nicht Wunder nehmen, der alle Dichtung lediglich nach ihrem moralischen Werte beurteilt. Wie die Eigenschaft als Didaktiker, so schränkt auch die streng kirchliche Gesinnung Thomasins Standpunkt ein, und wenn er die Anwendung rohester weltlicher Gewalt gegen die Ketzer mit Schadenfreude begrüsst, so zeigt sich, wie doch auch bei dem sonst feingebildeten und weitherzigen Manne der Blick über den Horizont seiner Zeit und seines Standes nicht hinausreicht.

Ganz auf die einfache Religiosität und praktische Lebensweisheit des vornehmeren Laien sind die Lehren gegründet, welche in einem *der Winsbeke* überschriebenen strophischen Gedichte ein alter Ritter seinem Sohne erteilt.[2] Jene Überschrift ist auf den Verfasser zu deuten, einen Angehörigen des bairischen Geschlechtes der Herren von Windesbach, über dessen Person sich nichts weiter feststellen lässt, als dass er nach Wolframs

[1] Hrsg. v. Rückert Quedlinb.-Leipz. 1852. Vgl. ZfdPh 2, 431. Schönbach, *Anfänge d. Minnesangs* Cap. 3—5. ADB 45, 944. Öchelhäuser, *Der Bilderkreis zum Wälschen Gaste*. Heidelb. 1890. Burdach, *vom MA. zur Reformation*, S. 11.

[2] Winsbeke u. Winsbekin hrsg. v. Haupt Leipz. 1845, von Leitzmann Halle 1888.

Parzival, auf den er Bezug nimmt, und vermutlich vor dem Freidank, also etwa um dieselbe Zeit wie Thomasin dichtete. Eine gemütvoll und ethisch vertiefte Auffassung der Minne und des Schildesamtes, eine schöne Verbindung von Frömmigkeit und Weltsinn, von körperlicher und sittlicher Tüchtigkeit, von edlem Benehmen und edler Gesinnung kommt in dem Musterbilde ritterlicher Lebensführung zum Ausdrucke, welches sich aus den Einzellehren des erfahrenen Alten zusammensetzt. Die Idee des Rittertumes zeigt sich hier in reinster Ausbildung, etwa auf der Stufe Wolframscher Anschauungsweise. Wie wenig freilich eine solche der geistlichen Bevormundung entwachsene Laienethik klerikalen Ansprüchen genügte, beweist eine alberne Fortsetzung, in welcher mönchische Gesinnung die ganze Tendenz jener ritterlichen Lehren in ihr Gegenteil zu verkehren sucht. Gleichfalls recht schwach, aber doch dem alten Gedichte nicht so offenkundig widersprechend ist eine andere, *die Winsbekin* überschriebene Fortsetzung, eine im Gespräche zwischen Mutter und Tochter entwickelte weibliche Tugendlehre, die in der Hauptsache auf eine Rede von der Minne hinausläuft. Die echte Dichtung erinnert mehrfach an die Belehrung des jungen Parzival durch Gurnemanz bei Wolfram, welcher andrerseits wieder eine solche des Wigalois durch seinen Vater Gawein bei Wirnt zur Seite steht. Als Abschnitt aus einem Epos, wie diese Stücke, könnte man ein dem Windsbeken nach Inhalt und Ausführung verwandtes, gleichfalls durch den Parzival beeinflusstes Gedicht auffassen, die Lehren des Königs *Tirol von Schotten* an seinen Sohn *Fridebrant.*[1] Wenigstens ist es in derselben Strophe gedichtet, wie das epische Tirolfragment (§ 32), zeigt mit ihm manche Berührung und würde inhaltlich ganz wohl in einen solchen Zusammenhang passen. Die handschriftliche Überlieferung freilich weiss nichts von solcher Zugehörigkeit des Lehrgedichtes, dagegen schickt sie ihm noch ein geistlich gelehrtes Rätselspiel zwischen Tirol und Fridebrant voraus. Dies ist augenscheinlich Fragment und mag aus einem von derartiger mystischer Rätselweisheit erfüllten Buche von König Tirol stammen, welches der in dieselbe Gattung gehörige zweite Teil des Wartburgkrieges und der Spruchdichter Boppe erwähnen.

§ 50. Von altersher war in Deutschland ein Schatz von Spruchweisheit in Umlauf, der teils der Heimat, teils fremden Quellen, besonders der Bibel entstammte. In mannigfach wechselnden Formen von Geschlecht zu Geschlecht überliefert, wurde er schon früh in lateinischen Sammlungen benutzt, und in der mittelhochdeutschen Periode tritt er sowohl aus der epischen wie aus der lyrischen und didaktischen Dichtung vielfach zu Tage. Einen sehr wesentlichen Bestandteil aber bildet er vor allem in dem verbreitetsten mittelhochdeutschen Lehrgedichte, der *Bescheidenheit* des Freidank.[2] Verständigkeit, Einsicht und einsichtiges Handeln in geistlichen und weltlichen Dingen ist nach dieser Benennung das Ziel der Lehren, die Freidank meist in lose aneinander gereihten Sentenzen erteilt, zum guten Teil eben in Sprüchwörtern, denen er selbst doch erst die besondere Form gab. Neben diesen finden sich dann auch Proben jener biblischen und naturgeschichtlichen Weisheit, wie wir sie bei den Spruch- und Rätseldichtern kennen lernten, aber sie werden anspruchslos und mit naivem Wohlgefallen an derlei Wunderdingen vorgetragen; ferner

[1] Hrsg. v. Leitzmann ebenda. Str. 35 setzt eine epische Situation voraus.

[2] Hrsg. v. W. Grimm Göttingen 1834. 2. Aufl. 1860; v. Bezzenberger Halle 1872. Bis V. 2389 hrsg. v. Paul Münchener SB 1899, S. 167. — Vgl. W. Grimm, *Kl. Schrr.* 2, 449. 4. 1 f. Pfeiffer, *Zur deutschen Literaturgeschichte* Stuttg. 1855 S. 37 f., Ders. *Freie Forschung* Wien 1867 S. 161 f. — ZfdPh 2, 172 f.

Gebete, deren eines, schon in einer Handschrift des 12. Jahrhs. nachgewiesen (ZfdA 18, 455) ein Beispiel dafür liefert, wie auch abgesehen von den Sprüchwörtern keineswegs alles was der Dichter bietet, wirklich sein Eigentum ist. Die kirchlichen und politischen Zustände seiner Zeit behandelt er vor allem in einem gegen die römische Pfaffenwirtschaft gerichteten Stücke und in einem Abschnitte *von Akers*, der lebhaft die heillosen Verhältnisse des halbheidnischen, halbchristlichen Landes schildert, wie sie Freidank auf Friedrichs II. Kreuzfahrt vom Jahre 1228 zu seiner grossen Enttäuschung kennen lernte. Dieser im Anfange des Jahres 1229 verfasste Teil bildete ursprünglich den Schluss des vom Dichter zu verschiedenen Zeiten und grossenteils ohne bestimmtes Ordnungsprinzip niedergeschriebenen Werkes. Später stellte man die Sprüche dem Inhalte nach gruppenweise zusammen.[1] — Eine Verbindung allgemein menschlicher, volkstümlicher Lebensweisheit mit ritterlichen und geistlichen Anschauungen bildet die geistige Signatur dieser reichhaltigen Dichtung. Gegen Eigennutz und herrschsüchtige Übergriffe der Fürsten richtet Freidank derbe Worte, und unbeirrt durch den Glanz der höchsten weltlichen Würden hebt er gern die Gemeinsamkeit menschlichen Looses hervor, die auch den Kaiser mit dem geringsten Manne verbindet. Mit seiner religiösen Überzeugung steht er ganz auf dem Boden der Kirche, aber er hat sich dabei einen offenen Blick für ihre Schäden und Übergriffe und ein freies Urteil über die nichtchristlichen Religionen gewahrt. In dem grossen Kampfe zwischen weltlicher und kirchlicher Gewalt vertritt er mit Entschiedenheit die Rechte von Kaiser und Reich. Er verdammt wie Walther von der Vogelweide die weltliche Herrschaft des Papstes nicht minder als den Missbrauch der kirchlichen Machtmittel, insbesondere des Ablasses und des Bannes, ohne darüber die Ehrfurcht vor der Stellung des Oberhauptes der Christenheit zu vergessen. Seine ehrliche Erbitterung über das Treiben in Rom richtet sich mehr gegen die päpstliche Umgebung als gegen den Papst. Die Exkommunikation des Kaisers Friedrich hält er zwar für ungerecht, aber dessen Politik findet darum noch nicht seinen ungeteilten Beifall. So zeigt er selbst, wie die Weisheitlehren des Volkes, welche er wiedergiebt, ein bedächtiges Urteil, klare und sinnige Beobachtung der Dinge, einfache Frömmigkeit und gesunde Moral. Seine Darstellungsweise ist sinnlich anschaulich und hie und da trägt sie eine gemütlich humoristische oder ironische Färbung.

Eine Sammlung locker aufgereihter Sprüche wie Freidank, in der Form der Lehre des Vaters an den Sohn wie Winsbeke und Tirol, bietet nach lateinischer Quelle der *deutsche Cato*,[2] eine gereimte Übersetzung der seit dem 4. Jahrh. n. Chr. bezeugten und im Mittelalter sehr beliebten *Disticha Catonis*. Die nicht lange nach der Bescheidenheit verfasste, etwa Zweidrittel der lateinischen Vorlage wiedergebende Originalübersetzung wurde in der Folgezeit vielfach erweitert und überarbeitet. Unter den späteren Interpolationen befindet sich ein in älterer Fassung auch selbständig überliefertes Gedicht *die Hofzucht*, dessen Grundlage ein Excerpt aus dem 1. Buche des Welschen Gastes bildet. Hier, im erweiterten Cato, ist es noch vermehrt durch Stücke aus einem verwandten Gedichte, der *Tischzucht*, von welchem verschiedene Versionen überliefert sind, darunter eine

[1] Paul, *Die ursprl. Anordnung von Freidanks Bescheidenheit* Leipz. Diss. 1870, ZfdPh 4, 479. Abweichend Wilmanns ZfdA 28, 73 und Schlesinger, *Beitrag zur Lösung der Frage nach der ursprünglichen Anordnung von Freidanks Bescheidenheit* Progr. Berlin 1894. Dagegen Paul, Münchener SB a. a. O.

[2] Hrsg. u. erörtert von Zarncke, *Der deutsche Cato* Leipz. 1852.

die des **Tannhäusers** Namen trägt.[1] Eine höfische Sitten- und Anstandslehre, wie diese Reimereien, giebt auch der Österreicher **Konrad von Haslau** in seinem Gedichte *der Jüngling,*[2] aber er wählt die besondere Form der Strafreden gegen die einzelnen jugendlichen Unsitten, die er höchst anschaulich nach dem Leben zu schildern weiss. — Mit der ritterlichen Lebensauffassung und dem höfischen Geschmack muss jetzt selbst die geistliche Lehrdichtung rechnen. Ein *die Warnung* überschriebenes, vermutlich im Jahre 1246 verfasstes österreichisches Gedicht behandelt wie einst Heinrich von Melk das Memento mori.[3] Es stellt wie er der Weltfreude die Schrecken des Todes gegenüber, hält wie er der irdischen Liebe die grausige Entstellung der zur Leiche verwandelten geliebten Gestalt entgegen, aber an Stelle der wuchtigen, rauhen, um die äussere Form unbekümmerten Rede des alten Satirikers ist hier die glatte, breit ausgeführte Behandlungsweise der höfischen Poesie getreten, mit ihren gefälligen Versen, sogar nicht ohne ihre Wortspiele und Reimhäufungen. Die geselligen Vergnügungen der höfischen Gesellschaft, ihre Freude an der Natur, der Begriff der Ehre, Frauendienst und Minnesang werden mannigfach beleuchtet; der Minnegesang hat die Ausdrucksweise des Dichters stellenweise beeinflusst; es scheint sogar, als ob er, der selbst einst dem weltlichen Leben ergeben war, auch in seinen Anschauungen sich jener in den Lehrdichtungen vertretenen ritterlichen Ethik nähere, wenn er die mâze empfiehlt, die Ehe als einen heiligen Stand lobt, und ein mit den täglichen Versuchungen der Welt siegreich ringendes Leben über das Mönchtum stellt; aber schliesslich ist es doch weniger die Veredelung als die Verachtung des Lebens, worauf seine Moral hinausläuft. Alle Schönheit der Welt ist nichts wert: Blumen und Gras, Weib und Vogelsang und die lichten, langen Tage — alles vergeht; memento mori ist der Inbegriff aller Lebensweisheit. — Ziemlich farblos und allgemein sind die gereimten Strafpredigten auf alle Stände gehalten, welche ein bairisch-österreichischer Geistlicher im Jahre 1275—6 aus einem etwa 50 Jahre älteren lateinischen Reimgedichte, den *sermones nulli parcentes* frei übersetzte.[4] Jene scharfe Beobachtung und kräftige Zeichnung der Wirklichkeit dagegen, die schon die älteren bairisch-österreichischen Satiriker, Heinrich von Melk, Neidhart und Werner den Gärtner auszeichnet, begegnet uns jetzt nicht allein bei Konrad von Haslau, sondern vor allem auch bald nach ihm in den 15 Gedichten eines unbekannten niederösterreichischen Ritters, die nach unberechtigtem Herkommen unter dem Namen einer gelegentlich darin auftretenden Persönlichkeit *Seifried Helbling* gehn.[5] Der Dichter selbst hat mit Bezugnahme auf den bekannten, in Frage und Antwort zwischen Schüler und Lehrer gehaltenen Lucidarius (§ 53) den in die entsprechende Form eines Gespräches zwischen Ritter und Knecht gekleideten Hauptbestandteil den *kleinen Lucidarius* genannt. In den Jahren von 1283—1299 verfasst, entwerfen diese Satiren ein sehr charakteristisches Bild von den österreichischen Zuständen in der ersten Zeit der habsburgischen Herrschaft. Anfänglich ein entschiedener Gegner der Habsburger mit ihrem schwäbischen Gefolge und den schwäbischen

[1] **Geyer**, *Altdeutsche Tischzuchten.* Altenburger Progr. 1882.

[2] Hrsg, ZfdA 8, 550 f.

[3] Hrsg. ZfdA 1, 438 f., wo zwei Blätter der Handschrift übersprungen und zwei vertauscht sind; s. die Ergänzung ZfdA 33, 402; ferner Germ. 35, 286; A. **Wallner**, *Die Entstehungszeit der Warnunge* Progr. Laibach 1896, ZfdA 42, 93.

[4] *Das Buch der Rügen* hrsg. mit der lat. Quelle ZfdA 2, 15 f. vgl. 16, 476; zur Heimatbestimmung s. H. **Fischer**, *Zur Geschichte des Mittelhochdeutschen* S. 65.

[5] *Seifried Helbling* hrsg. v. **Seemüller** Halle 1886.

Sitten, die den altösterreichischen Brauch verdrängen wollen, söhnt sich der Dichter allmählich mit der neuen Dynastie aus, nicht aber mit den sozialen Zuständen seiner Zeit und seiner Heimat. Mit beissendem Spotte weiss er seinen Landsleuten ihre Nachäfferei aller möglichen deutschen und nichtdeutschen Stämme vorzurücken, weiss er die Thorheiten und Laster der verschiedenen Stände und Geschlechter aufzudecken, nicht in allgemeinen Reflexionen, sondern unter greifbar anschaulicher Vorführung persönlicher Vertreter der einzelnen Typen, in kleinen Bildern aus dem Leben, in Scenen voll dramatischer Bewegung. Er beobachtet um so genauer, je enger ihm der Gesichtskreis durch Stammes- und Standesgefühl eingegrenzt ist. Überall merkt man den Österreicher und den Einschild-Ritter, der sich nach oben wie nach unten, gegen die kargen Dienstherren wie gegen die aufstrebenden Bauern zur Geltung zu bringen sucht. Dass ihm dabei gewisse Elemente geistlicher Bildung nicht fremd sind, zeigen die religiösen Stücke, welche sein Werk beschliessen. Von den Dichtern des 13. Jahrhunderts sind ihm neben den genannten Vertretern der bairisch-österreichischen Satire Walther von der Vogelweide und vor allem Wolfram von Eschenbach bekannt, dessen Idealgestalten er der grob materiellen Gesinnung des Adels seiner Zeit schroff gegenüber stellt. Das Beste aber verdankt er doch sich selbst, der Gabe scharfer Beobachtung und lebhaft realistischer Zeichnung, durch die seine Gedichte unter die besten ihrer Gattung gerückt werden.

§ 51. In derselben Zeit als der österreichische Ritter seine letzten Satiren verfasste, sass in dem Bamberger Vororte Teuerstadt ein alter Schulmeister, Hugo von Trimberg, über einem riesigen Lehrgedichte, welches in seiner bürgerlichen Nüchternheit und geistlichen Sittenstrenge der ritterlichen Lebensanschauung völlig fremd gegenüber steht. Er nannte es selbst den *Renner,* weil es die Kreuz und Quer über die verschiedensten Gebiete des menschlichen Lebens hinschweift als eine Strafrede wider alle Laster und wider alle Stände. Eine Allegorie giebt ihm die Disposition her. Die Menschen sind wie Birnen an einem Baume; wenn Fürwitz der Wind sie schüttelt, so fallen sie nieder, in die Dornen, in den Brunnen, in die Lache, auf das Gras. Die Dornen bezeichnen die Hoffart, der Brunnen die Habgier, die Lache die Schlemmerei. Das sind die drei ersten von den sieben Todsünden, die in umfänglichen Abschnitten abgehandelt und denen die vier anderen, Unkeuschheit, Zorn, Neid und Lassheit als untergeordnet angefügt werden. Das Gras endlich ist die Reue, die zum Himmel führt — wie das geschieht, soll auseinandergesetzt werden, aber wie schon vorher aller Orten, so schweift auch hier der Dichter bald von seinem eigentlichen Thema ab. Das Streben, unter einem Kapitel eine einzelne Sünde und zugleich möglichst vollständig die Schwächen der jener Sünde besonders ausgesetzten Stände zu behandeln, verwischt schon vielfach die Grenzen der Disposition; die Redseligkeit des Alters, die Mannigfaltigkeit der Quellen, die besondere Art der Entstehung des Werkes trägt ein Übriges dazu bei. Denn dem im Jahre 1296 begonnenen, im Jahre 1300 vollendeten Gedichte hat Hugo noch bis zum Jahre 1313 allerlei nachträglich eingefügt, und schon in die erste Gestalt hatte er Teile eines im Jahre 1266 verfassten, aber unvollendeten Gedichtes aufgenommen. Es war das der *Sammler,* eines der acht deutschen, jetzt verlorenen Büchlein, die er ausser fünftehalb lateinischen vor dem Renner nach eigener Angabe geschrieben hatte. Fleissiges Zusammentragen scheint von je seine besondere Neigung gewesen zu sein; der *Sammler* und ein *Registrum multorum auctorum,* ein Verzeichnis alt- und mittellateinischer

Schrifsteller in lateinischen Reimversen vom Jahre 1280, deutet schon darauf, nicht minder aber der Renner selbst. Eine ganze Reihe lateinischer Klassiker, Kirchenväter und späterer Autoren hat er in diesem seinem Hauptwerke herangezogen, vor allem aber hat er die Bibel, und von deutschen Dichtern den Freidank in ausgiebiger Weise benutzt, daneben auch mündliche Tradition. So flicht er denn allerlei Sprüche und Priameln, lebhaft vorgetragene weltliche und geistliche Historien, naturgeschichtliche Notizen, Fabeln, Erzählungen, Beschreibungen und satirische Bilder aus dem Leben seinen im Tone der volkstümlichen Predigt gehaltenen und stark durch sie beeinflussten Strafreden ein. Bei aller Gelehrsamkeit liegt ihm jede anmassliche Geheimthuerei fern; sein Sinn ist auf das Gemeinverständliche und Praktische gerichtet. Von den Idealen des Rittertums will er nichts wissen: der Krieg ist ihm ein Greuel, Waffenspiele und andere höfische Lustbarkeiten sind ihm Thorheit und Sünde, die Frauen verschont er nicht mit härtestem Tadel. Gegen die weltliche Epik nimmt er schon wieder einen ähnlichen Standpunkt ein, wie die geistlichen Dichter des 12. Jahrhs., während nicht nur die Spruchdichter, sondern merkwürdiger Weise auch die älteren Minnesänger Gnade vor seinen Augen finden. Der Geist, welcher die Literatur der Folgezeit beherrscht, hat hier schon den Sieg über die höfische Romantik davon getragen; kein Wunder, dass der Renner bis tief in das Reformationszeitalter hinein eins der gelesensten deutschen Bücher war [1]

§ 52. Die Allegorie, auf welche wir schon die Anlage des Renners gegründet sahen, gewinnt in anderen Dichtungen des Zeitalters noch breiteren Spielraum. Als ein selbständiges Gedicht dieser Gattung lernten wir Konrads von Würzburg Klage der Kunst (§ 30) kennen; wenigstens einem wesentlichen Bestandteile nach gehört ihr das Büchlein von *der minne lêre* an, welches ein schweizerischer Dichter nicht vor der Mitte des 13. Jahrhunderts verfasste. Eine mit Liebesbriefen durchflochtene Erzählung seines Minnewerbens leitet er durch ein ausführlich geschildertes Traumbild ein, welches dem in das Land der Venus Entrückten allerlei Wunderdinge von sinnbildlicher Bedeutung vorspiegelt. Zahlreiche lateinische Citate und die Art der Auffassung und Ausführung des Minnemotivs machen es wahrscheinlich, dass in dem allegorischen Teil und den eigentlichen Lehren der Frau Minne eine lateinische Quelle aus dem Kreise erotischer Didaktik der Kleriker benutzt wurde, während die eingelegte poetische Korrespondenz an die bei den Epikern seit Heinrich von Veldeke ausgebildeten Traditionen des höfischen Liebesbriefes anknüpft und stilistische wie sachliche Reminiscenzen aus der höfischen Poesie, die bis auf Rudolfs von Ems Wilhelm hinabreichen, sich über die ganze Dichtung erstrecken. Es ist das erste selbständige Denkmal der im 14. und 15. Jahrhundert dann reich entwickelten allegorischen und rhetorischen Minnepoesie, die teilweise auch den Einfluss dieser *Minnelehre* zeigt. Die Überlieferung des Gedichtes führt im Einklang mit seinen Sprachformen auf Konstanz. Ein Heinzelin von Konstanz, Küchenmeister des 1298 verstorbenen Grafen Albrecht von Heigerloh, ist uns als Verfasser zwei kleinerer Gedichte bezeugt, die, beide der Gattung des geteilten Spiels angehörig, gleichfalls schon einer poetischen Richtung des 14. Jahrhunderts entsprechen und gleichfalls einerseits mit der lateinischen Dichtung der

---

[1] Der Renner ist aus einer Erlanger Hs. abgedruckt vom histor. Verein z. Bamberg 1833—4. Vgl. ZfdA 28, 145 ff. Germ. 30, 129 ff. ADB 39, 762 (Meyer). — Das Registrum multorum auctorum hrsg. mit Einleitung v. Huemer Wiener SB 116, 145 f.

Kleriker, anderseits mit der höfischen Poesie Fühlung haben. Das eine behandelt den schon in einem der bekanntesten Vagantenlieder geführten Streit, ob die Minne eines Ritters oder die eines Klerikers den Vorzug verdiene, während das andere in einer Variation der Vagantenstrophe zwei Nonnen über die höhere Würde Johannes des Apostels und Johannes des Täufers streiten lässt. Wenn auch diese Streitgedichte aus demselben Kreise hervorgegangen sein werden wie die Minnelehre, so werden wir doch wegen metrischer und stilistischer Abweichungen nicht alle drei Dichtungen, wie ihr Herausgeber gethan hat,[1] dem Heinzelein zuschreiben dürfen.

Im 13. Jahrhundert wird wie im 12. die Allegorie vor allem im geistlichen Lehrgedichte gepflegt; ist sie doch überhaupt im wesentlichen aus der symbolisierenden theologischen Exegese in die Dichtung übergegangen. So hat der Dichter der schon erwähnten *Erlösung* (§ 33) nach einer besonders durch Bernhard von Clairvaux verbreiteten Vorstellung die Menschwerdung Christi an eine eingehend erzählte prozessartige Verhandlung der Gottheit mit den allegorischen Figuren Gerechtigkeit, Wahrheit, Barmherzigkeit, Friede angeknüpft, ein Motiv, welches auch in einem selbständigen Gedichte behandelt wurde und später in die geistlichen Spiele überging. So hat ferner Heinrich von Kröllwitz aus Meissen eine weitschweifige *Auslegung des Vaterunsers,*[2] die er Ende 1252—55 dichtete, reichlich mit allegorischen Bildern und Deutungen *gesimelet.* Diese gehen teilweise auf Bibel, Kirchenväter und Physiologus, teilweise auch auf die *Lapidarien* zurück, jene weitverbreiteten mittelalterlichen Lehren von den Edelsteinen mit ihrer symbolischen und magischen Bedeutung, die im symbolischen Sinne seinerzeit schon im Vorauer Moses und im 'himmlischen Jerusalem' (§ 3) verwertet waren, während sie jetzt mit Beschränkung auf das Magische etwa gleichzeitig mit Heinrich von Kröllwitz von einem alemannischen Dichter Volmar in einem poetischen *Steinbuche*[3] erörtert und gegen einen aufgeklärten Angriff des Strickers verteidigt werden. — Neben der auch in jenem Vaterunser und in den Lapidarien besonders benutzten Apokalypse hat von jeher vor allem das Hohelied eine reiche Fundgrube symbolisch-allegorischer Beziehungen gebildet. Die Deutung dieser hebräischen Erotik auf die Brautschaft Christi mit der menschlichen Seele, wie sie neben anderen Auslegungen besonders wiederum durch Bernhard von Clairvaux bekannt geworden und in Deutschland schon im St. Trutperter Hohenlied (§ 13) aufgetreten war, bildet den eigentlichen Keim der mystischen Phantasieen von der minniglichen Vereinigung der Seele mit Jesus, die jetzt in Visionen und Dichtungen Ausdruck gewinnen. In Magdeburg, wo in den Jahren 1250—65 die Begine Mechtild ihre von diesem Gedanken durchlebten poesievollen Betrachtungen und Offenbarungen in niederdeutscher Sprache aufgezeichnet hatte, verarbeitet im Jahre 1276 ein vornehmer Bürger Brun von Schonebek das *Hohelied*[4] zu einer Erzählung von Salomons Brautwerbung und Hochzeit, in die er das Gespräch der beiden Liebenden einlegt und die er dann ausführlich

[1] *Heinzelin von Constanz* v. Fra. Pfeiffer Leipz. 1852. F. Höhne, *Die Gedichte des Heinzelein von Konstanz und die Minnelehre.* Diss. Leipzig 1894 (vgl. AfdA 22, 234) Ernst Meyer, *Die gereimten Liebesbriefe des deutschen Mittelalters* Diss. Marburg 1898.

[2] Hrsg. v. Lisch Quedlinb.-Leipz. 1839. Thümmler, *Zum Vater Unser des H. v. K.* Diss. Leipz. 1897.

[3] Hrsg. v. Lambel (Heilbronn 1877), der in der Einleitung auch über andere Bearbeitungen orientiert. ADB 40, 259, (Uhl).

[4] Arw. Fischer, *Das Hohe Lied des Brun v. Schonebeck* Germ. Abhh. VI Breslau 1886. Ausgabe von demselben Stuttg. Lit. Ver. 198. ADB 33, 484 (Roethe). Über einen Theophilus des Brun s. Roethe, Reimvorr. des Sachsenspiegels S. 37, 5.

erst auf Maria, sodann auf die minnende Seele und weiterhin auf die Christenheit ausdeutet. Alles ist ohne poetisches Talent ausgeführt, mit Freiheiten im Versbau, die dem Niederdeutschen geläufig waren, und in einer augenscheinlich als Hochdeutsch beabsichtigten Mischsprache. — Ganz auf das Motiv der Brautschaft der Seele mit Christus ist eine lateinische allegorische Prosaerzählung, die *filia Syon*, gegründet, aus welcher zwei deutsche poetische Behandlungen der *Tochter Syon* erwachsen sind, eine kürzere, die von einem ungenannten alemannischen Dichter,[1] und eine weit ausführlichere, die von einem dem Dialekt nach aus Ostfranken stammenden Regensburger Franziskanerbruder Lamprecht verfasst wurde. Schon vor der *Tochter Syon*, auch schon ehe er in den Orden trat, nicht lange nach 1237, hatte Lamprecht ein *Leben des heiligen Franciscus* gedichtet. War er in diesem der vom Thomas von Celano geschriebenen Vita S. Francisci treulich gefolgt, so geht er in seiner Tochter Syon weit über den Inhalt jener lateinischen Quelle hinaus; und doch ist er auch hier nicht selbständig, sondern er folgt den mündlichen Mitteilungen seines Provinzialministers Gerhard, die er ebenso wie die Franzlegende ohne viel Phantasie und poetische Empfindung in eine keineswegs kunstvolle, aber doch durch Reimhäufung am Schlusse der Abschnitte etwas herausgeputzte metrische Form bringt.[2] — Das Gebet, die personifizierte Oratio, geleitet mit der Minne zusammen die Tochter Syon zu ihrem himmlischen Bräutigam. Wie die liebende Seele durch immer inbrünstigeres Gebet stufenweise zu ihm emporsteigt, führt das *Gedicht von den sieben Graden* aus, welches, stark beeinflusst durch die Lehren des h. Bernhard, dagegen noch unberührt durch Meister Eckharts Mystik, noch an das Ende dieses Zeitraumes zu setzen sein wird. Mit durchschlagenden Gründen hat man es einem Mönche des zwischen Ansbach und Nürnberg gelegenen Cisterzienserklosters Heilsbronn zugeschrieben, der als Verfasser einer mit gereimtem Vor- und Nachwort versehenen Prosa von den 6 Namen des Fronleichnams bezeugt ist.[3] Ein thatkräftigerer Geist weht uns aus *der Sünden Widerstreit* an, dem mitteldeutschen Gedicht eines Deutschordensmannes, der das mystische Aufgehen der Seele in Gott durch rittermässigen Kampf gegen die als streitbares Gefolge der Sünde gedachten einzelnen Untugenden bethätigt wissen will.[4]

DIE PROSA.

§ 53. Treten auf dem Gebiete der Poesie die Leistungen der Geistlichkeit gegenüber der reich und kunstvoll entwickelten weltlichen Literatur sehr in den Hintergrund, so sind sie dagegen für die Ausbildung der Prosa von um so grösserer Bedeutung. In der ersten Hälfte dieses Zeitraumes noch von den lateinischen Vorbildern abhängig, wird seit der Mitte des 13. Jahrhs. vor allem die Predigt und neben ihr auch schon die asketische Literatur in eine populärere Richtung gelenkt durch die als Nachfolger des armen Lebens Christi und der Apostel umherwandernden Volksprediger vom Orden der Franziskaner. Die Bethätigung dieses Wirkens in der deutschen Literatur ist an zwei eng verbundene Namen geknüpft, David von Augsburg und Berthold von Regensburg. David ist etwa

[1] *Das buochlin von der tohter Syon.* ed. O. Schade. Hall. Diss. 1849.

[2] Lamprecht v. Regensburg, *St. Francisken Leben u. Tochter Syon* hrsg. v. Weinhold Paderborn 1880. Zur Mundart: Rosenhagen, *Untersuchungen zu Strickers Daniel* S. 44

[3] A. Wagner, *Der Mönch von Heilsbronn* QF 15.

[4] Eine Niederschrift ist auf 1278 oder wenig später datiert. *Der Sünden Widerstreit* hrsg. v. Zeidler Graz 1892 (vgl. AfdA 23, 272).

zwischen 1230 und 40 als Novizenmeister im Minoritenkloster zu Regensburg Bertholds Lehrer gewesen; er hat den predigend Reisenden zeitweilig begleitet und unterstützt; seine Thätigkeit galt wie die des Berthold der religiös sittlichen Reform seines Volkes. Und doch ist das Wesen und Wirken der beiden ein sehr verschiedenes. Sieht man von Davids zeitweiliger Thätigkeit als Inquisitor ab, die ihn, wie sein Traktat *de inquisitione haereticorum* zeigt, ganz in den Bann mittelalterlich kirchlicher Barbarei zog, so erscheint er uns als eine klare und milde Natur. Seine Lehre steht unter dem Einflusse der älteren Mystik, mehr noch in seinen lateinischen als in seinen beiden deutschen Schriften, einem *Traktate von den 7 Vorregeln der Tugend* und dem *Spiegel der Tugend.*[1] Gegen die mystischen Excentricitäten freilich verhält er sich ablehnend. 'Traumgesichte und Wahrsagungen', so ruft er, 'gehen in einem Tone und sind gar oft gelogen', oder 'mögen von hohen Begnadigungen prahlen, die da wollen, rechte Demut dünkt mich höher als alle ihre Begnadigungen'; und nicht theosophische Spekulationen, sondern praktische Ethik, eine Ethik christlicher Entsagung, Demut und Nächstenliebe trägt er in seinen deutschen Schriften vor. Aber die Vereinigung der Seele mit Gott gilt ihm mit der Mystik doch als Ziel schon des irdischen Lebens, und so trägt ihm die Nachfolge Christi schon ihren Lohn in sich selbst, so braucht er nicht erst die Freuden des Himmels und die Schrecken der Hölle in Bewegung zu setzen, um seine Leser zu ihr anzuspornen. Es sind die Lehren eines über alle Leidenschaften hinaus zu innerem Frieden gereiften Mannes, die hier in einer schlichten, klaren und warmen, durch treffende Bilder vielfach belebten Sprache geboten werden. Von Davids Predigten ist uns nichts erhalten; sie werden sich von denen seines Genossen erheblich unterschieden haben.

Denn Bruder Berthold ist aus härterem Holze geschnitzt. Sein Gott ist ein starker, eifriger Gott, dessen Strafgericht er immer wieder in seinen Busspredigten dem Sünder vor Augen führt, um ihn zur Reue und Besserung zu scheuchen. Höllenpein oder Himmelslohn — das ist es, um was es sich handelt, und beides weiss er mit den sinnlichsten Farben, in den kühnsten Hyperbeln auszumalen. Erbarmungslos verfolgt er das Laster bis in seine dunkelsten Winkel. Vor allem ist es die Habgier, gegen die er zu Felde zieht. Wer nicht allen ungerechten Erwerb wieder herausgiebt bis auf den letzten Pfennig, ist auf ewig verloren, mag er sonst fromme Werke verrichten, so viel er will. Aber auch was zu weltlicher Ergötzung und zum heiteren Schmucke des Lebens dient, verfolgt er mit asketischem Ingrimm. Turnier und Tanz verabscheut er, und die Spielleute gelten ihm als rettungslos dem Teufel verfallen. Trotzdem beurteilt er die Welt nicht von der Klosterzelle aus. Er steht mitten inne im wirklichen Leben, aus dem er immer diesen oder jenen ganz bestimmten Punkt in seinen Predigten herausgreift, um ihn mit eindringender Kenntnis der menschlichen Gesellschaft zu erörtern. Niemals bewegt er sich in Allgemeinheiten, immer geht er auf das Individuelle. So liebt er es denn, den Vertreter eines bestimmten Lasters, den Angehörigen einer besonderen von ihm gerade angegriffenen Menschenklasse persönlich anzureden, und gegen sich selbst erhebt er Einwendungen und Fragen im Namen eines der Zuhörer. Wird so seine Predigt dramatisch belebt, so weiss er weiterhin auch dadurch die Spannung seines Publikums zu erregen, dass er

[1] Pfeiffer, *Deutsche Mystiker* I, 309/41. ZfdA 9, 8 f. Preger, *Gesch. d. deutsch. Mystik* I, 269 f. AfdA 9, 118 f. Zeitschr. f. Kirchengesch. 19, 15. Herzogs Realencykl.[3] 4, 503 (Lemp).

einen wichtigen Begriff anfänglich unbestimmt, dann immer bestimmter umschreibt, bis dann endlich die Benennung erfolgt; und mancherlei andere wirksame rhetorische Mittel stehen ihm zu Gebote. Aber alles das ist nicht künstlich ausgeklügelt, sondern der Ausfluss einer mächtigen inneren Erregung. Seine Sprache ist von natürlicher Kraft, volkstümlich in ihren Wendungen, Bildern und Redensarten; manche seiner Stileigenheiten, wie der Gebrauch typischer Formeln, Wiederholungen und Variationen, erinnern geradezu an das Volksepos. Kein Wunder, dass solche Predigtweise eine unerhörte Wirkung ausübte, dass Tausende zusammenströmten, wo der schnell berühmte Mönch unter freiem Himmel seine gewaltige Rede erhob, dass unter dem unmittelbaren Eindruck seiner Worte offene Schuldbekenntnisse abgelegt, unrechtmässiger Besitz zurückerstattet, modischer Putz und Schmuck fortgeworfen wurde. So durchzog Berthold predigend ganz Ober- und Mitteldeutschland. Im Jahre 1253 tritt er in Niederbaiern auf, dann am Rhein, in der Schweiz, in Schwaben, wieder am Rhein, hierauf in Österreich, Mähren, Böhmen, Ungarn, Schlesien, Thüringen, in Franken und wieder in Baiern, wo er am 14. Dezember 1272 zu Regensburg starb. Am 15. Nov. 1271 war ihm sein Lehrer und Gefährte David von Augsburg im Tode vorangegangen. Lange noch wussten die Chroniken von dem grossen Prediger und seinen mächtigen Erfolgen zu erzählen, die von der Tradition einer wundersüchtigen Zeit bald ins Übernatürliche, Legendenhafte gesteigert wurden.[1] Auch mit dem Wortlaut seiner deutschen Predigten hat die Überlieferung augenscheinlich sehr frei geschaltet, und da Berthold selbst nur lateinische Sammlungen herausgegeben hat, die vorliegenden deutschen Texte aber auf Niederschriften seiner Zuhörer, teilweise auch auf Rückübersetzungen der lateinischen Aufzeichnungen zurückgehen, so bieten sie für eine genaue Wiedergabe keine Gewähr und gehen in der That oft stark auseinander. Immerhin reichen die deutschen Fassungen aus, um sich von der gewaltigen und höchst eigenartigen Predigtweise des Mannes ein Bild zu machen.

Für die weitere Entwickelung der deutschen Predigt konnte Bertholds Wirken nicht ohne Bedeutung bleiben. Wie sein Einfluss und seine praktisch-populäre Richtung neben den scholastisch-theologischen und mystischen Traditionen zur Geltung kommt, zeigen die dem Ende des 13. Jahrhs. angehörigen Predigten eines Schwarzwälder Ordensgeistlichen.[2] Aber kein Volksredner von seiner Bedeutung ist neben oder nach ihm aufgestanden. Und kein Prosadenkmal hat diese Periode aufzuweisen, welches in demselben Grade wie Bertholds Predigten schon durch die Diktion ein selbständiges, über den Stoff hinausgehendes Interesse besässe.

Zwar wird der Bereich der deutschen Prosa nicht unbeträchtlich erweitert; sie erstreckt sich jetzt mehr und mehr auch auf das weltliche Gebiet, aber sie dient hier erst recht lediglich praktischen Zwecken. Zur gemeinverständlichen Belehrung der Laien über Gott und Welt liess Herzog Heinrich von Braunschweig seine Kaplane nach verschiedenen

[1] Berthold von Regensburg Bd. I hrsg. v. Pfeiffer, Bd. II v. Strobl Wien 1862—80; vgl. AfdA 2, 337. Lateinische Aufzeichnungen: G. Jakob, *Die lat. Reden des Berthold v. R.* Regensburg 1880; *Bertholdi a. R. sermones ad religiosos XX.* ed. Hötzl Monachii 1882; vgl. AfdA 10, 31. Schönbach, *Über eine Grazer Handschrift lat.-deutscher Predigten* 1890, vgl. Literaturbl. 1891, 258. — Herzogs Realencykl.[3] 2, 649 (Steinmeyer). — Zu den Nachrichten über sein Leben s. bes. Germ. 26, 316; ferner Grimm, Kl. Schrr. 4, 296, Unkel, *Berthold v. R.* Köln 1882.

[2] Hrsg. v. Grieshaber *Predigten.* Stuttg. 1844/6.

lateinischen Quellen eine deutsche Encyklopädie zusammenstellen, die er selbst *Aurea gemma* genannt wissen wollte, während der Redaktor des deutschen Werkes den Titel *Lucidarius* vorzog, weil es 'ein Erleuchter' sei. So berichtet wenigstens in einer Gruppe von Handschriften die gereimte Vorrede, und wenn diese dem Original entstammt, so kann mit jenem Herzog nur Heinrich der Löwe gemeint sein, der etwa zwischen 1190 und 95 die Arbeit veranlasst haben mag. Sie behandelt in der beliebten Form von Frage und Antwort im ersten Buch das Wissenswerteste aus der Kosmologie, Geographie und Physiologie, im zweiten die wichtigsten kirchlichen Einrichtungen und im dritten theologische Lehren, welche vor allem die letzten Dinge betreffen. Wesentlich nur für dies letzte Buch hat ein 'Elucidarium' betiteltes Compendium der Dogmatik als Quelle gedient, welches man wohl mit Unrecht dem Honorius von Autun zuschrieb. Das zweite Buch scheint wenigstens in der Anlage sich der Gemma animae dieses Gelehrten angeschlossen zu haben, während für die echt mittelalterliche Welt- und Menschenkunde des ersten Buches vor allem die wohl um 1152 vollendete imago mundi des Honorius und daneben die philosophia mundi des Wilhelm von Conches benutzt wurde. Eine ausserordentliche Verbreitung wurde diesem ältesten deutschen Katechismus der allgemeinen Bildung zu Teil. Zweiundvierzig Handschriften sind von ihm nachgewiesen, in zweiundachtzig Drucken wurde er aufgelegt, ins Dänische, Niederländische, Tschechische wurde er übersetzt. Von der Wende des 12. und 13. bis in den Anfang des 19. Jahrhunderts reichen seine Ausgaben, in denen neben *Lucidarius* und *Aurea gemma* auch *Elucidarius* und in einem seit 1655 gedruckten Auszuge *kleine Cosmographia* als Titel erscheint.[1]

Auch das heimische Recht wird jetzt zuerst in deutscher Sprache schriftlich aufgezeichnet, zunächst das *sächsische Land- und Lehenrecht* von dem urkundlich 1203—33 bezeugten Ritter Eike von Repchowe (Reppichau im Anhaltischen). Sein Buch soll den Niedersachsen ihr Recht wie in einem Spiegel zeigen, und so nennt er es selbst in einer gereimten Vorrede *spiegel der Sassen*. Ursprünglich hatte Eike dem literarischen Brauche seiner Zeit gemäss sein Werk, für welches ihm die Erfahrungen seiner ausgebreiteten Schöffenpraxis zu Gebote standen, lateinisch niedergeschrieben. Graf Hoyer von Falkenstein erst veranlasste den anfänglich Widerstrebenden zu der deutschen Redaktion, die nun die lateinische völlig verdrängte. Ob Eike sich auch bei ihrer ersten Niederschrift durch die mitteldeutsche Literatursprache beeinflussen liess, wie es in seiner gereimten Vorrede zweifellos geschah, ob er ebensowohl eine mitteldeutsche wie eine niederdeutsche Ausgabe veranstaltete, oder ob er selbst dem Rechtsbuch lediglich die niederdeutsche Fassung gab, ist noch nicht endgültig festgestellt. Jedenfalls gehen schon im 13. Jahrh. niederdeutsche und mitteldeutsche Handschriften nebeneinander her. Beispiellos verbreitet, durch Glossen erläutert, erweitert und ausgezogen, ist der *Sachsenspiegel* für das norddeutsche Rechtsleben von grösster Bedeutung, ist er überhaupt die bekannteste und am meisten benutzte deutsche Rechtsquelle geworden.[2] War

---

[1] Die ältesten Bruchstücke Anz. f. Kunde d. d. MA 1834 Sp. 311. Die Widmung an Herzog Heinrich Germ. 17, 408. Zur Geschichte des Lucidarius vgl. Brandt, *Lucidarius* Kjöbenhavn 1849. ZfdPh. 12, 387. Grundlegende Vorarbeit zu einer kritischen Ausgabe: K. Schorbach, Studien über das deutsche Volksbuch Lucidarius Strassb. 1894 (QF 74) vgl. ZfdA 41, 296. — Gegen Honorius als Verfasser des Elucidarium s. Kelle, Wiener SB 143 Abh. 13.

[2] Hrsg. v. Homeyer I[3] 1861, II, 1. 2 1842—44, und von Weiske-Hildebrand [1] 1840, [6] 1882. Roethe, *Die Reimvorreden des Sachsenspiegels* (Abhandlungen d. Göttinger Gesellsch. d. Wissensch. NF II, 8) 1899. AfdA 26, 117.

Eike schon hie und da, besonders in der Heranziehung des Reichsstaatsrechtes, über das speziell sächsische Rechtsgebiet hinausgegangen, so suchte man nun in Oberdeutschland auf der Grundlage seines Werkes ein allgemeines deutsches Recht aufzubauen; eine Aufgabe, welche teilweise in dem *Spiegel der deutschen Leute* (nach 1235),[1] vollständiger dann im Anschluss an diesen in dem sogenannten *Schwabenspiegel*[2] ausgeführt wurde. Dass letzterer von David von Augsburg oder von Berthold von Regensburg verfasst sei, hat man früher aus Berührungen mit deren Schriften ohne Berechtigung geschlossen. Auch die Annahme, dass der 'Schwabenspiegel' in Augsburg entstanden sei, ist nicht genügend begründet; Ostfranken, speziell Bamberg und Würzburg wird eher als seine Heimat gelten können.[3] Seine Entstehung wird von einer Seite noch in die Zeit vor 1268,[4] von anderer auf 1275 oder eines der nächstfolgenden Jahre gesetzt.[5] Während der Deutschenspiegel nur in einer einzigen Hs. erhalten ist, hat der Schwabenspiegel eine ausserordentliche Verbreitung gefunden. — Neben diesen umfassenden Rechtsbüchern gehen seit der Mitte des 13. Jahrhs. auch deutsche Aufzeichnungen der Stadtrechte einher, und auch Urkunden in deutscher Sprache werden in diesem Zeitraume allmählich häufiger, nachdem solche schon in der ersten Hälfte des Jahrhunderts stellenweise aufgetaucht sind.

Dagegen wird für die Unterhaltungsliteratur auch jetzt noch durchaus die poetische Form gewählt, und es ist eine ganz vereinzelte Erscheinung, wenn einmal im 13. Jahrh. eine französische Lanzelotprosa auch in ungebundener Rede übersetzt wird. Erhalten ist dieser älteste hochdeutsche Prosaroman nicht, aber er ist als die gemeinsame Grundlage eines um 1300 in hochdeutsch gefärbtem Niederdeutsch geschriebenen, in geringen Fragmenten erhaltenen Textes einerseits und späterer hochdeutscher Hss. anderseits mit Sicherheit zu erschliessen.[6]

III. PERIODE. DAS 14. UND 15. JAHRH. HERRSCHAFT DER BÜRGERLICHEN DICHTUNG.

§ 54. Schon gegen Ende der vorigen Periode sahen wir den ritterlichen Charakter der Dichtung stark beeinträchtigt. Neben den adelichen Minnesängern sahen wir die Meister mit ihrer lehrhaften und gelehrten Lyrik mehr und mehr Boden gewinnen, und gleichzeitig mit den letzten höfischen Epen in ausgebildeter Kunstform sahen wir schon ein so durch und durch unritterliches Werk entstehen wie den Renner des Bamberger Magisters. Den Nebenbuhlern und Gegnern des Rittertums gehörte die Zukunft. Wie im 14. und 15. Jahrh. so oft die Scharen der Ritter im Kampfe vor den Heeren der Bürger und Bauern unterlagen, wie das Rittertum für die Kriegführung allmählich seine Bedeutung verlor und durch die Soldtruppen verdrängt wurde, wie sich Macht, Reichtum und Luxus von den Burgen auf die Städte zog, in denen sich konzentrierte was die Zeit an aufstrebendem und aufblühendem Leben besass, so wurde

[1] Hrsg. v. Ficker Innsbr. 1859.

[2] Das Landrecht hrsg. v. Wackernagel Zürich u. Frauenfeld 1840. Land- u. Lehenrecht hrsg. v. Lassberg Tübingen 1840.

[3] Rockinger Abhh. d. bair. Akademie hist. kl. Bd. 18 Abt. II, 1 ff.

[4] Ficker, Wiener SB 77, 795 ff. Im übrigen vgl. zur Rechtsliteratur Amira, *Recht*, Abschn. IX dieses Grundrisses § 14/15.

[5] Münchener SB 1870 II S. 39. Germ. 23, 441. 28, 141.

auch auf geistigem Gebiete das Rittertum durch das Bürgertum verdrängt. Wohl wurde auch in diesem Zeitraum das Unterhaltungsbedürfnis noch vielfach durch die fleissig abgeschriebenen alten Ritterepen befriedigt; wohl taucht noch hie und da ein ritterlicher Dichter auf, und nach der Mitte des 15. Jahrhs. scheint noch einmal an den Höfen, am pfälzischen, am bairischen und an dem des Kaisers Maximilian, das Interesse für die deutsche Poesie wieder aufzuleben; aber von einer leitenden Stellung der höfisch-ritterlichen Kreise und von der Bestimmung des Gesamtcharakters der Literatur durch eine eigenartig höfisch-ritterliche Bildung kann nicht mehr die Rede sein. Die nichtritterlichen Stände beherrschen die Literatur; gelehrte, bürgerliche, volkstümliche Anschauungen, Neigungen und Eigenheiten geben ihr das charakteristische Gepräge. An Stelle des romantischen Idealismus der ritterlichen Periode tritt ein nüchterner Realismus; an Stelle des Hanges zum Phantastischen die Richtung auf das Nützliche und Lehrhafte; an Stelle zierlicher Etikette derbe Natürlichkeit, aber auch widrige Roheit; an Stelle des feinen Formensinnes wachsende Abstumpfung des Gefühles für das Anmutige und Gefällige.

Ein rohes Stoffinteresse beherrscht mehr und mehr die erzählende Dichtung. Die mit kunstvoller Seelenmalerei, mit Bildern und sonstigen rhetorischen Mitteln reich geschmückte Darstellung der älteren höfischen Epik wird durch eine unbeholfene und trockene Erzählungsweise verdrängt, welche die prosaischsten Wendungen, die elendesten Flickverse nicht scheut und im besten Falle durch treuherzige Naivetät und Urwüchsigkeit des Ausdruckes anspricht. Sucht sich ein Dichter zum geschmückten Stil zu erheben, so pflegt er schwülstiger Unnatur und Ziererei zu verfallen. Im Reime wird der Gleichklang, im Versbau die Silbenzahl oder der natürliche Rhythmus wieder vernachlässigt. Unter der Verwahrlosung der Form hat auch die Überlieferung der alten Gedichte zu leiden. deren metrische Gesetze schon durch die mit der sprachlichen Entwickelung fortschreitende Dehnung der Stammsilben und Kürzung der Endsilben verwischt wurden, und so kann man es nur als einen Fortschritt begrüssen, wenn schliesslich der Prosaroman die unerträglichen Verse dieser Epen verdrängt. Mit mehr Glück als das Epos wird die kleinere poetische Erzählung gepflegt, und wenngleich es auch hier nicht an Roheiten des Inhaltes und der Form fehlt, die geringen Anforderungen, welche diese Gattung an die Kunst der dichterischen Gestaltung stellt, der geeignetere Spielraum, den sie der Richtung der Zeit auf das Derbkomische und Satirische, auf das Lehrhafte und Allegorische bietet, ermöglicht hier wie auf dem gesamten, reich angebauten Gebiete der didaktischen Poesie weit bessere Leistungen.

Gegenüber diesen vom Epos bis zum Reimspruch mannigfach abgestuften erzählenden und lehrhaften Gattungen, die sich der in jener nachlässigeren Weise behandelten Reimpaare bedienen, ist die an die Musik gebundene Lyrik auf strengere Formen angewiesen. Die kunstgerechte Handhabung derselben war den bürgerlichen Berufsdichtern, den Meistern, von deren Standesgenossen aus dem 13. Jahrh. überliefert. Mit pedantischer Sorge um die äusserliche metrische Regel, aber wiederum ohne alles wirklich poetische Formgefühl wird dieser Meistergesang treulich nach den alten Traditionen gepflegt und schulmässig fortgepflanzt. Und auch als er dann von den gewerbsmässigen Sängern auf die sesshaften Bürger übergeht, schliesst sich die eigentliche Schulkunst vom Gesange des Volkes ab. Nähere Fühlung halten mit diesem die vereinzelten ritterlichen Lyriker dieses Zeitraumes, und umgekehrt hat auch das Volkslied

Elemente des ritterlichen Minnesanges in sich aufgenommen, als es jetzt in die literarische Überlieferung eintritt, um bald seine vollste und reichste Blüte zu entfalten. Dem Volkstümlichen drängt auch die geistliche Dichtung zu. Die religiöse Lyrik stimmt in den Ton des Volksliedes ein, das geistliche Spiel vertauscht endlich das lateinische Gewand mit dem nationalen, und so wird die deutsche Literatur um die Gattung des Dramas bereichert.

Bedeutend erweitert sich das Gebiet der deutschen Prosa. Historische und unterhaltende, gelehrte und erbauliche Stoffe werden in immer weiterer Ausdehnung in dieser Form behandelt. Übertragungen von Schriften des klassischen Altertums und der italienischen Renaissance spiegeln die Anfänge der humanistischen Bewegung in Deutschland wieder. Die Bibelübersetzung rückt den Laienkreisen die Quelle der christlichen Religion näher; die deutschen Schriften der Mystiker machen ihnen die Idee vom unmittelbaren Verkehre der Seele mit Gott vertraut.

So wird jener Emanzipation des Laientumes in Wissenschaft und Religion vorgearbeitet, welche die Signatur der Neuzeit bildet.

DAS RITTERLICHE EPOS.

§ 55. Unter den älteren poetischen Romanen, die auch dem 14. und 15. Jahrhundert noch als Unterhaltungslektüre dienten, genossen Wolframs und seiner Nachahmer Werke das grösste Ansehen. Das macht sich auch in den neu entstehenden Werken dieser Gattung geltend. Eine massige *Erweiterung von Wolframs Parzival* steht an ihrer Spitze, eine treue gereimte Übersetzung der von einem Anonymus, von Gaucher von Dourdan und von Mannecier herrührenden Fortsetzungen des Chrétienschen Perceval, welche Claus Wisse und Philipp Colin (letzterer ehemals Goldschmied in Strassburg), nach Anleitung ihres Dolmetschers, des Juden Samson Pine, für Herrn Ulrich von Rappoltstein in den Jahren 1331/6 verfertigten.[1] Sie schoben dieses Werk von mehr als 36000 Versen zwischen das 14. und 15. Buch des Wolframschen Parzival ein und erweiterten ihn überdies besonders in den beiden letzten Büchern durch einige Zusätze nach der französischen Vorlage. Einen ebenfalls aus dieser entnommenen Prolog fügte Wisse an Wolframs zweites Buch; ein von Colin zu Ehren seines Gönners, jenes Ulrich von Rappoltstein, gedichteter Epilog beschliesst das Ganze. Hier sucht sich Colin zu höfischer Zierlichkeit der Gedanken und der Sprache nach Art der Gottfriedschen Schule zu erheben, aber wenn er zwischen eine in diesem Stile gehaltene Verherrlichung der Minne und der Milte eine genaue Kostenberechnung seiner Arbeit einlegt und mit dem Wunsche schliesst, dass ihn der Lohn für sein Werk in Stand setzen möchte, sein Geschäft als Goldschmied wieder aufzuthun, so bricht doch da die natürliche Nüchternheit dieses Banausen in ihrer ganzen Krassheit wieder hervor. Und so zeigt denn auch die Übersetzung keine Spur von poetischer Befähigung. Nicht nur, dass auf jeden Versuch verzichtet wird, sich in der Darstellung des überkommenen Abenteuerwustes über die Quelle zu erheben und eine Annäherung an Wolframs Behandlungsweise seines Stoffes zu suchen, auch die metrische Form ist gröblich verwahrlost, und die vielen über das regelrechte Mass hinausgehenden Verse, die elenden Notreime dieses nicht etwa in schlechter Überlieferung, sondern in der Originalniederschrift vorliegenden Werkes legen ein

[1] Hrsg. v. Schorbach *(Elsässische Literaturdenkmäler V)* Strassb. London 1888.

sprechendes Zeugnis dafür ab, wie sehr sich schon in der ersten Hälfte des 14. Jahrhs. das dichterische Formgefühl abstumpft.

Beziehungen auf Wolfram zeigt auch ein nach dem Wilhelm von Österreich (1314) und vor Füeterers Buch der Abenteuer [1] verfasstes schwäbisches Gedicht von den Helden- und Liebesabenteuern Herzog *Friedrichs von Schwaben.* Volkstümliche märchen- und sagenhafte Überlieferungen sind hier mit Motiven der älteren höfischen Epen und eigener Erfindung des Dichters eine merkwürdige Mischung eingegangen. Aus dem in Konrads Partonopier und Meliur (§ 30) behandelten Stoffe stammt der erste Teil der Geschichte des Helden, aus der Wielandsage ein späteres, ähnlich in der Edda vom Völund erzähltes Abenteuer desselben, wie denn auch Herzog Friedrich auf seinen Ritterfahrten den Namen Wieland annimmt. Zwischendurch tauchen dann Reminiscenzen aus den verschiedensten Dichtungen auf, sowohl in Anspielungen als auch in Erzählungsmotiven und Namen. Augenscheinlich aus Veldekes Turnus und Eneas setzt sich der Verfasser den Namen eines Helden Turneas zusammen; wie dem Tristan die Brangäne, so ist dem Friedrich eine Pragenet in seiner Liebesangelegenheit behülflich; wie im Lohengrin die Elsa von Brabant, so wird hier eine Osan von Brabant durch den Helden von ihrem Bedränger erlöst. Mit besonderer Vorliebe wird Wolframs Willehalm mit Türlins Vorgeschichte herangezogen, aber von Wolframs Geist oder auch nur von seiner Manier ist auch hier nichts auf die anscheinend überaus trockene und plumpe Darstellung übergegangen. Freilich ist man für die Beurteilung derselben bisher auf fragmentarische Mitteilungen aus schlechten Handschriften angewiesen.[2]

Auf eine ähnliche Verbindung von Motiven aus der Volkssage mit solchen aus höfischen Abenteuerromanen war der *Seifried von Ardemont* des Albrecht von Scharfenberg gegründet, ein Epos, von welchem uns ebenso wie von dem nach einer französischen Prosa gedichteten *Merlin* desselben Verfassers nur ein Auszug in Ulrich Füetrers *Buch der Abenteuer*[3] erhalten ist. In München, wo Meister Ulrich als Maler lebte und auf Veranlassung Herzog Albrechts IV. in den Jahren 1478—81 eine bairische Chronik in Prosa schrieb, fehlte es nicht an Anregung für die Beschäftigung mit den alten romantischen Epen. Ihr eifrigster Freund und Sammler, Ritter Jakob Püterich von Reicherzhausen, hatte sich in seinen letzten Lebensjahren (bis gegen 1470) am Hofe Albrechts aufgehalten. Was er alles an alten Rittermären nach rastlosem Bemühen auf ehrliche und unehrliche Weise zusammengebracht hatte, berichtete Püterich im Jahre 1462 der als Beschützerin von Kunst und Wissenschaft rühmlich bekannten Pfalzgräfin bei Rhein und Erzherzogin von Österreich Mathilde in einem *Ehrenbriefe,*[4] den er, der begeisterte Verehrer Wolframs und seines vermeintlichen Meisterwerkes, des jüngeren Titurel, des *hauptes ob teutschen puechen,* in der Titurelstrophe dichtete. Schon aus der Verwendung dieser

[1] Eine Beziehung Füeterers auf Salme und Malmelon geht nämlich nicht, wie v. d. Hagen d. Ged. d. MA 1 Salomon u. Morolf, XXIII Anm. annahm, auf den Salman und Morolf, sondern auf den Friedrich von Schwaben. Die älteste datierte Hs. ist 1464 vollendet, doch setzt man eine andere Hs. noch ins 14. Jahrh.

[2] Auszüge: *Bragur* 6, 1, 181. 6, 2, 190. 7, 1, 209. Adelung, *Altd. Gedichte in Rom* S. 109. v. d. Hagens *Germania* 7, 95. Uhland, *Schriften* 1, 481. L. Voss, *Überlieferung und Verfasserschaft des mhd. Ritterromans Friedrich von Schwaben* Diss. Münster 1895, der umfängliche Partieen des Gedichtes einem Interpolator zuweist.

[3] Noch ungedruckt; vgl. bes. ZfdA 27, 158. 262. Hamburger, *Untersuchungen über Füeterers Dichtung.* Strassb. Diss. 1882.

[4] Hrsg. ZfdA 6, 31.

pomphaften metrischen Form für einen wesentlich aus einem Bücher- und Geschlechterverzeichnisse bestehenden Brief tritt hier die geschmacklos-mechanische Handhabung der alten Traditionen zu Tage. Sie zeigt sich in Verbindung mit demselben Interesse für die ältere höfische Literatur und mit derselben Lust am Sammeln auch bei Ulrich Füetrer, der durch Püterich persönliche Anregung erfahren hatte. Füetrer unternahm in seinem um 1490 wiederum für den Herzog Albrecht gedichteten Buche der Abenteuer eine Bearbeitung des ganzen grossen Cyklus der Artus- und Gralsage im Anschluss an die älteren Einzeldichtungen dieses Kreises und besonders auf Grundlage des jüngeren Titurel, nach dessen Strophenform auch er, so gut oder schlecht es eben gehen wollte, das ganze Werk zuschnitt. So behandelte er zunächst den trojanischen Krieg, den Merlin, Parzival, die Krone und den Lohengrin, indem er sie mit dem Titurel als dem eigentlich leitenden Faden verknüpfte. Dann fügte er den Seifried de Ardemont, Meleranz, Iwein,[1] Persibein, Poytislier, Flordimar hinzu und schliesslich noch den umfänglichen Lanzelet, für welchen ihm eine von ihm selbst früher redigierte Prosa als Quelle diente.[2]

§ 56. Während hier die Nüchternheit und Unbeholfenheit des 15. Jahrhs. mit der Kunstweise einer entschwundenen Epoche die wunderlichste Verbindung eingeht, hat in den Rheinlanden der höfische Roman eine andere Richtung genommen. Für das Reimepos giebt dort die niederländische Poesie, deren derbe Realistik viel mehr dem Geiste der Zeit entspricht, das Vorbild her, und vor allem ist es der Inhalt französischer Chansons de Geste aus der Karlssage, welcher durch niederländische Bearbeitungen den Deutschen vermittelt wird. Auch hier macht sich dabei der Hang zum Zusammenbringen grösserer Stoffmassen geltend. Ein mittelfränkischer Dichter des 14. Jahrhs. schweisst verschiedene niederländische und deutsche Dichtungen zu einem cyklischen Epos von Karl dem Grossen[3] zusammen, ähnlich wie später Füetrer seinen Artuscyklus. Aber er macht sich nicht wie dieser die Mühe, den Stoff in eine neue Form zu giessen; er giebt die Gedichte wieder, wie er sie vorfindet, unter nur ganz unvollkommener Beseitigung der seiner Mundart nicht gemässen Sprachformen, und er fügt selbst verhältnismässig Weniges hinzu. Nur auf den ersten Bestandteil dieser Kompilation, ein niederländisches Gedicht von Karls Jugend nach französischer Quelle,[4] passt eigentlich der vom Herausgeber für das Ganze gewählte Titel *Karlmeinet* (d. i. der kleine Charlemagne). An diese Jugendgeschichte knüpft der Bearbeiter zunächst die ältere mittelfränkische Dichtung von *Morant und Galie* (§ 16); daran ein längeres Stück eigener Mache; an dieses schliesst sich wieder eine niederländische Dichtung von *Karl und Elegast*, und an sie eine Bearbeitung von Konrads *Rolandslied*, deren letzter Teil jedoch jüngeren Texten der Chanson de Roland folgt, und in die überdies ein aus anderer Quelle stammendes Stück *Ospinel* eingeschoben ist; den Schluss hat der Kompilator selbst hinzugefügt. Auch seine verhältnismässig geringen eigenen Beigaben lehnen sich eng an fremde Darstellungen an, besonders an des Vincenz von Beauvais Speculum historiale und, was für die Datierung der Kompilation wichtig ist, an die brabantische Reimchronik des Jan Boendale, deren Hauptteil

[1] Über dessen Verhältnis zu Hartmann und einige sagenhafte Züge, die er vor diesem voraus hat, s. ZfdA 34, 170.

[2] Hrsg. v. Peter. Lit. Ver. 175.

[3] *Karlmeinet* hrsg. Lit. Ver. 45 von Keller. Bartsch, *Über Karlmeinet* Nürnb. 1861.

[4] Bruchstücke eines französ. Meinet des 12. Jahrhs., der neben wichtigen Übereinstimmungen auch mancherlei Abweichungen zeigt, Romania 4, 305.

im Jahre 1316/17 vollendet wurde. — In die Achener Gegend setzt man die Abfassung des Karlmeinet. Im südwestlichen Deutschland ist die niederländische Epik um die Mitte des 15. Jahrhs. bekannt. Nach Püterichs Ehrenbrief vom Jahre 1462 befanden sich damals ein *Malagis*, ein *Reinalt* (so zu lesen statt *Reinhart*) und eine *Margareta von Limburg* in der Büchersammlung der Pfalzgräfin Mathilde, und im Jahre 1474 kam in den Besitz ihres Sohnes, des Grafen Eberhard von Wirtemberg, eine deutsche Handschrift der beiden ersten Werke, die jetzt ebenso wie die einer gleich zu nennenden Übersetzung der Margareta von Limburg und eine solche des *Ogier* (Hs. v. J. 1479) der Heidelberger Bibliothek angehört. Die nur fragmentarisch auf uns gekommenen niederländischen Epen vom Reinout van Montalbaen, Malagijs und Ogier waren Bearbeitungen französischer Chansons de Geste, welche sich ebenso wie ein Teil der in den Karlmeinet aufgenommenen Gedichte um die Feindschaft und die Kämpfe Karls des Grossen mit seinen Vasallen drehten. Es ist ein recht roher und ungeschlachter Geist der in dieser Poesie lebt. Das Gebahren der Helden spottet der Regeln der Courtoisie; Prügelscenen, Misshandlung von Frauen, Grausamkeiten aller Art sind nichts Seltenes; in der Darstellung werden die grellsten Farben aufgetragen, possenhafte Elemente werden eingemischt, bequeme Reimformeln reichlich verwertet — kurz, der Charakter dieser Epen ist der Spielmannsdichtung viel näher verwandt als der höfischen Poesie. Die Arbeit des deutschen Übersetzers ist wenigstens in dem bisher allein veröffentlichten *Reinold*[1] eine überaus flüchtige und ungeschickte, die sprachliche und metrische Form völlig verwahrlost.

Einem anderen Kreise gehört die *Margareta von Limburg* an, ein Helden- und Liebesroman, der von Heinrik van Aken 1280—1317 in niederländischer Sprache gedichtet, von dem Heidelberger Singermeister, nachmaligem Doktor der Medizin, Johann von Soest für seinen derzeitigen Herren, den Pfalzgrafen Philipp, ins Deutsche übersetzt und ihm im Jahre 1480 überreicht wurde. Erinnerungen an antike Sagen, Motive des byzantinischen Romans, der Artusdichtungen, der Chansons de Geste, der allegorischen Poesie seiner Zeit haben die Phantasie des Niederländers befruchtet, als er diese wüste Abenteuermasse ersann. Die eigentliche Handlung, Margaretas Entführung, ihre Liebesgeschichte, ihre Wiedervereinigung mit den Angehörigen, wird ganz erstickt unter allen den abenteuerlichen Episoden, die ein rohes Stoffinteresse, unbekümmert um künstlerische Komposition, darüber aufgehäuft hat. In welcher Weise der deutsche Bearbeiter seine Quelle behandelt hat, lässt sich nach dem Auszuge,[2] durch den allein sein Werk bisher bekannt ist, nicht bestimmen. Nach seinen kleineren Dichtungen zu urteilen, unter denen neben einem *Lobspruche auf Frankfurt*[3] und geistlichen Stücken[4] vor allem eine *gereimte Selbstbiographie*[3] zu nennen ist, fehlt es ihm zwar durchaus an Phantasie

---

[1] Hrsg. v. Pfaff Lit. Ver. 174. Vgl. AfdA 13, 397. Germ. 33, 34. — Malagis vgl. Bartsch, *Heidelberger Hss.* Nr. 150. 168; über Ogier ebenda Nr. 190.

[2] *Anz. f. deutsche Vorz.* 1835 S. 164. Vgl. Bartsch, *Heidelberger Hss.* Nr. 51. Über Johann von Soest vgl. Archiv f. Frankfurts Geschichte u. Kunst 1889, S. 184 und bes. Pfaff, *Allgem. conserv. Monatsschrift* 1887 S. 147 f. 247 f. wo u. a. auch des Dichters Neigung zu lehrhaften Ausführungen in der Margareta hervorgehoben wird.

[3] Fichards *Frankf. Archiv* 1811 S. 77. S. 84. *Wie man eine Stadt regieren soll* Anz. f. deutsche Vorz. 1865 S. 468.

[4] *Gereimte Beichte* v. J. 1483 Germ. 33, 129. *Gereimte Erklärung des Textes der Evangelien* auf die meisten Sonn- und Feiertage des Jahres v. J. 1503 erwähnt Fichard S. 75. *V. d. unbefleckten Empfängnis Mariae* nennt v. d. Hagen *Deutsche Gedd. d. MA.* I, XXIII.

und geschmackvoller Formgebung, nicht aber an lebendiger Auffassung und der Gabe naiv-realistischer Erzählung. Bei seinen Versen achtet er wenigstens auf die Silbenzahl, so wenig er auch bei aller seiner musikalischen Bildung ein Ohr für metrischen Wohllaut besitzt. Mit Interesse aber folgt man in seiner biographischen Dichtung den Lebensschicksalen des begabten Mannes, der als Knabe wegen seines schönen Gesanges vom Herzog Johann von Cleve an seinen Hof genommen wird, in der niederländischen wie in der englischen Singkunst sorgfältig ausgebildet, im Verlauf seines bewegten Künstlerlebens an den Höfen in Kassel und Heidelberg in angesehener Stellung weilt, bis er die Sangeskunst mit der Heilkunst vertauscht und endlich als Stadtarzt zu Frankfurt am Main seine feste Wohnstätte findet, wo er dann am 2. Mai 1506 starb.

§ 57. Aus der in der Margareta von Limburg hie und da gestreiften antiken Sage werden auch die alten beliebten epischen Stoffe aufs neue poetisch bearbeitet. Den *Trojanischen Krieg* behandelt im 14. Jahrh. ein Nachahmer Wolframs von Eschenbach, der sich bald selbst für Wolfram ausgiebt, bald diesen als seinen Gewährsmann nennt und in einer fast 30000 Verse umfassenden Erzählung den Stoff ganz willkürlich und abenteuerlich, stellenweise unter Verwertung von Namen und Motiven aus den Artusdichtungen umgestaltet.[1] Die Geschichte des *Alexander* erzählt ein Österreicher Seifried im Jahre 1352 nach der historia de proeliis; soweit man nach den geringen Mitteilungen über das Werk[2] urteilen kann, in recht trockener Weise und ohne Beeinflussung durch die ältere Epik, obwohl auch hier einmal Wolfram von Eschenbach erwähnt wird. Demselben Gegenstande widmete vor 1397 und vermutlich nach 1389 ein alemannischer Dichter eine äusserst unbeholfene Reimerei, die sich ziemlich treu an eine von Quilichinus von Spoleto im Jahre 1236 in Distichen verfasste Alexandreis anschliesst.[3]

Eine durch den antikisierenden Roman wenigstens mit beeinflusste Sage, die im 13. Jahrh. in der Erzählung von Mai und Beaflor poetisch behandelt war (§ 26), wurde in der *Königstochter von Frankreich* erneuert, die Hans von Bühel, vermutlich Angehöriger eines bei Rastatt ansässigen Geschlechtes, im Jahre 1400 dichtete.[4] Der Büheler kennt seinen Vorgänger nicht und er folgt einer abweichenden Quelle. Mit elsässischen Dichtern des 14. Jahrhunderts und auch mit Konrad von Würzburg zeigt er Berührungen, aber dem Kunststil der älteren höfischen Epik ist er doch im Grunde schon ganz entfremdet, während ihm die volksmässigen Formeln geläufig sind. Seine Darstellung entbehrt aller feineren Kunstmittel; sie leidet an ganz ungeschickten Übergängen, an Wiederholungen und namentlich gegen das Ende hin an breitem Ausspinnen unbedeutender Motive. Bei alledem spricht die Erzählung durch eine gewisse naive Herzlichkeit des Tones an, mehr als durch die bis zum Abgeschmackten übertriebenen Rührscenen, mit denen der Verfasser seinem Publikum so stark zusetzt, dass er es erst durch den tröstlichen Hinweis auf einen guten Ausgang wieder beruhigen muss. — Zwölf Jahre später brachte der damals zu Poppelsdorf bei Bonn im Dienste des Kölner Erzbischofs Friedrich von

[1] Ungedruckt. Göttweiher Hs. d. 14. Jahrh. Vgl. MSH 4, 221/2. Dunger, *Sage vom troj. Kriege* S. 70 ff.
[2] Wiener Jahrb. 57 Anzeigebl. S. 19/24. ZfdA 4, 248.
[3] PBB 10, 315.
[4] Nach einem Druck v. J. 1500 hrsg. v. Merzdorf Oldenburg 1867. Bruchstücke einer ältern, wesentlich abweichenden Handschrift Germ. 36, 246. Vgl. ebenda S. 241 und Euling Germ. Abh. 16, 25.

Sarwert stehende Dichter die deutsche Prosaübersetzung einer der beliebtesten lateinischen Novellensammlungen, der *Historia septem sapientum* in Verse. *Dioclecianus Leben*[1] nannte er selbst sein Gedicht nach dem Helden der Rahmenerzählung. Dieser, eines römischen Kaisers Sohn, wird von seiner Stiefmutter verleumderisch angeklagt. Durch ein Sternenorakel zu siebentägigem Schweigen verurteilt, vermag er sich zunächst nicht zu rechtfertigen. Seine sieben weisen Lehrmeister jedoch wissen jeder durch eine auf die Unzuverlässigkeit der Weiber zielende Erzählung den Kaiser zu veranlassen, die Vollstreckung des über den Sohn verhängten Todesurteils je um einen Tag zu verschieben, während dieselbe von der Kaiserin jedesmal durch eine Erzählung entgegengesetzter Tendenz gefordert wird, bis endlich der Tag kommt, wo nun Dioclecianus seine Unschuld und die geheimen Verbrechen der Stiefmutter aufdecken darf. Aus Indien stammend, über den Orient und in Griechenland verbreitet, hat diese Tradition sich auch das Abendland in verschiedenen lateinischen Fassungen erobert, aus denen dann poetische und prosaische Bearbeitungen in den Nationalsprachen hervorgingen. Neben dem Büheler hat auch ein unbekannter hessischer Dichter, jedenfalls vor der Mitte des 15. Jahrhs., dieselbe lateinische Version, welche jenem durch die deutsche Prosa vermittelt wurde, direkt in deutsche Verse übertragen, mit noch geringerer Kunst und mit noch häufigerer Verwertung formelhafter Reime und dürftiger Flickverse.[2]

KLEINERE ERZÄHLUNGEN UND SCHWÄNKE IN VERSEN.[3]

§ 58. Solche Erzählungen wie sie im Dioclecian zu einem Cyklus vereint sind, wurden nach wie vor auch einzeln bearbeitet. Sie behandeln teilweise ähnliche Stoffe wie der poetische Roman, von dem sie sich dann nur durch knappere Anlage und Ausführung unterscheiden: so im Anfang des 14. Jahrhunderts der *Peter von Staufenberg*,[4] dessen Verfasser Egenolt mit einem Egenolf von Staufenberg in der Ortenau identificiert werden darf, ferner der sicher nicht spätere *Busant*[5] aus benachbartem mitteldeutschem Gebiet, und aus der zweiten Hälfte des 14. Jahrhunderts des Alemannen Schondoch *Königin von Frankreich*.[6] Der Inhalt dieser Dichtungen ist den späteren Volksbüchern von der Melusine, der schönen Magelone, der Königin und dem ungetreuen Marschall verwandt, ihr Stil zeigt, wie am Oberrhein durch die Bekanntschaft mit Konrad von Würzburg der kleineren Erzählung zunächst noch gewisse Traditionen höfischer Epik erhalten bleiben. Andere Dichter beschränken sich mehr auf ein

---

[1] Hrsg. v. Keller Quedlinb.-Leipz. 1841. Über beide Werke und die Prosavorlage vgl. Strassburger Studien 3, 243.

[2] Hrsg. v. Keller *Altd. Gedichte.* Tüb. 1846. Vgl. Anzeiger f. deutsches MA 1834 Sp. 99 f. P. Paschke *Über das anonyme mhd. Gedicht von den 7 weisen Meistern.* Breslau Diss. 1891.

[3] Sammlungen der kleineren poet. Erzählungen: v. d. Hagen *Gesamtabenteuer* 3 Bde. 1850. Lassberg *Liedersal* (Abdruck einer Sammelhandschrift, die meist didaktische und allegorische kleine Dichtungen enthält) 3 Bände 1820—42. *Erzählungen aus altdeutschen Handschriften* hrsg. v. Keller Lit. Ver. 35. Vgl. Keller, Verzeichnis altd. Hss. hrsg. von Sievers 1890.

[4] Hrsg. v. Jänicke, *Altdeutsche Studien* 1870, v. E. Schröder, *2 altdeutsche Rittermären* Berlin 1894. Vgl. ZfdA 38, 105. 40, 123. P. Jaeckel, *Egenolf von Staufenberg ein Nachahmer Konrads von Würzburg.* Diss. Marburg 1898.

[5] Hrsg. Gesamtabenteuer Nr. 16.

[6] Hrsg. ebenda Nr. 8. Rassek *Der Littauer und die Königin von Frankreich.* Diss. Breslau 1899.

einzelnes und einheitliches Motiv, wobei denn Frauenlist und Buhlerei, wie schon in den Geschichten der sieben weisen Meister, das beliebteste Thema bilden. Dahin gehören z. B. die wohl aus dem Ende des 14. Jahrhs. stammenden, nach Form und Darstellung nicht ungeschickten, gleichfalls noch durch Konrads Kunst beeinflussten Reimerzählungen des Kaufringer,[1] eines dem Augsburgischen Gebiet angehörigen Dichters, der trotz der laxen Moral, die er in solchen Ehebruchsgeschichten kundgiebt, doch zeitweilig auch eine fromme Miene aufsetzt und erbauliche Stoffe, darunter eine Predigt des Bruder Berthold, in Reime bringt. Allmählich schwindet in den Novellen und Schwänken die zierlich gefällige Erzählungsweise zusehends, und immer unverhüllter bricht die roheste Obscönität hervor. Aber in anschaulicher Darstellung des wirklichen Lebens, in urwüchsiger Komik und treffender Satire zeigt doch gerade diese Dichtungsgattung auch vorteilhaftere Seiten. Wird wie bei Kaufringer mit der Erzählung die Lehre verbunden, so berührt sich der Schwank mit der in dieser Periode besonders beliebten Form der didaktischen und satirischen Rede in Reimpaaren; wird ein solcher Gegenstand, eine solche Scene ganz in Gesprächsform behandelt, so ist das Fastnachtsspiel hergestellt, und die auf diesen drei Gebieten besonders thätigen Nürnberger Dichter Hans Rosenplüt und Hans Folz (§ 66 und 74) bieten genug Belege dafür, wie leicht das eine in das andere übergeht.

Ein Gegenstand des Gespöttes bleibt auch in dieser Periode der Bauernstand, in dessen Verachtung sich Städter und Ritter vereinen. So nimmt sich auch die satirische Erzählung den *dörper* zur Zielscheibe. Ein schwäbischer Dichter des 14. Jahrhs. berichtet von *Metzen*, der Bauerndirne, *Hochzeit*[2] und schildert die Fresserei, den Tanz und die Schlussprügelei der Bauern ganz im Stile Neidharts und seiner Nachfolger. Ein Schweizer, Heinrich Wittenweiler, erweitert in der ersten Hälfte des 15. Jahrhs. diesen Stoff zu einem satirischen Epos *der Ring*,[3] welches einen lehrhaften Zweck vorgiebt, thatsächlich aber doch nur durch die Erzählung von einem Bauernturnier, vom Minnewerben des Bertschi Triefnas und von einer Hochzeit mit zugehörigem Fressen, Tanzen und Raufen wiederum den Bauern, der ein Junker sein will, verspottet. Das Ganze ist roh nach Inhalt und Form, aber voll drastischer Komik und kecker Phantasie, die schliesslich gar die Helden und Riesen der volksmässigen und höfischen Epen in Bewegung setzt, um den Kampf der Dörper ausfechten zu helfen. Neidhart selbst tritt im ersten Teile dieses Gedichtes in seiner typischen Rolle als witziger Bauernfeind auf. Er war allmählich zu einer sagenhaften Persönlichkeit geworden. Andeutungen, die er selbst in seinen Liedern gegeben, waren von seinen Nachahmern willkürlich ausgeführt und ergänzt, bekannte Schwankmotive wurden auf ihn übertragen. Er verhöhnt jetzt noch mehr durch Thaten als durch Worte die Bauern, und seine Gestalt gewinnt mehr und mehr Ähnlichkeit mit der in dieser Periode schon beliebten Figur des höfischen Lustigmachers, des Hofnarren. Sein Verhältnis zum Wiener Hofe wird festgehalten, aber in eine ganz andere Zeit, in die

---

[1] Hrsg. v. Euling Lit. Ver. 182, anderes von Schmidt-Wartenberg *Inedita des Heinrich Kaufringer* (University Chicago Germanic studies 3) 1887; vgl. AfdA 24, 296. Euling *über Sprache und Verskunst Kaufringers* Progr. Lingen 1892. Ders. *Studien über H. K.* Germ. Abh. 18. Breslau 1900.

[2] Lassberg LS 3, 399. *Liederbuch der Hätzlerin* S. 259.

[3] Hrsg. v. Bechstein, Lit. Ver. 23 (1851). Vgl. Bächtold, *Gesch. d. deutschen Lit. d. Schweiz.* S. 182 ff. Bleisch, *Zum Ring H. Wittenweilers* Halle Diss. 1892.

Herzog Ottos des Fröhlichen († 1339) versetzt; er selbst erhält durch eine noch nicht genügend aufgeklärte Übertragung den Beinamen Fuchs. Und so stellt denn am Ende des 15. Jahrhs. ein Ungenannter ein lyrisches Schwankbuch vom *Neidhart Fuchs*[1] aus einer grossen Anzahl von Liedern zusammen, in welchen die grobkomischen Streiche des Helden teils durch diesen selbst, teils in dritter Person erzählt werden. Tanzlieder werden hineingemischt, wie denn diese 'hübschen und abenteurigen' Gedichte kurzweilig zu lesen und zu singen sein sollten.

In einem Nachwort vergleicht der Kompilator den Neidhart mit dem *Pfarrer von Kalenberg*, und das Beispiel des um die Figur dieses Schelmenpfaffen konzentrierten Schwankcyklus mag ihn zu seinem Unternehmen angeregt haben. Auch der Kalenberger soll unter jenem österreichischen Herzog Otto seine Schalksstreiche getrieben haben, bei denen wiederum die Übervorteilung und Verhöhnung der Bauern wie die Belustigung des Hofes eine besondere Rolle spielt. Die zunehmende Roheit der Dichtung nach Form und Inhalt tritt bei einer Vergleichung dieser von Philipp Frankfurter zu Wien in Reime gebrachten Kalenberg-Schwänke[2] mit den Erzählungen des Strickers vom Pfaffen Amis in ein grelles Licht. Freilich ist Frankfurters Gedicht in seiner ursprünglichen Gestalt nicht erhalten. Schon das um 1470 anzusetzende Fragment eines Augsburger Druckes deckt sich augenscheinlich nicht mit dem Originaltext, noch weniger der älteste datierte Druck, der 1490 in Heidelberg erschien, und eine ungefähr gleichzeitige Nürnberger Ausgabe. Eine niederdeutsche Bearbeitung, die wir durch geringe Bruchstücke, eine Prosaübertragung ins Niederländische und eine aus dieser geflossene englische Prosa kennen, hilft Entstellungen und Verstümmelungen der oberdeutschen Version berichtigen. Bis ins 17. Jahrhundert hinein wurde das bei aller Unbeholfenheit beliebte Schwankbuch neu aufgelegt.

LEGENDEN.

§ 59. Auch in den kleineren und grösseren gereimten Erzählungen geistlichen Inhaltes, in den Legenden, wird die Darstellung mehr und mehr vernachlässigt. Es ist eine Ausnahme, wenn einer der Vertreter dieser Gattung sich noch an höfische Vorbilder anschliesst, wie um die Mitte des 14. Jahrhunderts der Strassburger Kunz Kistener, der in den *beiden Jakobsbrüdern*,[3] einer novellistisch ausgestalteten Legende aus dem Kreise der Freundschaftssage, Konrad von Würzburg nachahmt, oder wie der Österreicher Lutwin, der eine aus vorchristlich jüdischer Quelle geflossene lateinische Legende von *Adam und Eva* gleichfalls in freierer Weise und unter Entlehnung von mancherlei höfischen Wendungen, besonders aus dem Wigalois, behandelt.[4] Selbst dass einer dieser Dichter sich durch näheren Anschluss an volksmässige Überlieferung zu einer lebhaften und anschaulichen Erzählungsweise aufschwingt, wie sie bei aller Roheit der Verse und Reime einen im 14. Jahrh. verfassten bairisch-

---

[1] Hrsg. v. Bobertag, *Narrenbuch* (Kürschners Nationalliteratur 11). Zur Neidhartlegende ZfdA 31, 64. 32, 430. Gusinde *Neidhart mit dem Veilchen* Germ. Abh. 17.

[2] Hrsg. v. Bobertag a. a. O. Vgl. *Jahrbuch f. niederd. Sprachforschung* 1875 S. 66. 1876 S. 145. 1887 S. 129. Centralbl. f. Bibliothekswesen 10 (1893) S. 433. K. Meyer i. d. Sammlung bibliothekwissenschaftlicher Arbeiten hsg. v. Dziatzko H. 6, 62. 64.

[3] Hrsg. v. Euling Germ. Abhh. 16.

[4] Hrsg. v. K. Hofmann u. W. Meyer Lit. Ver. 153; vgl. AfdA 8, 222.

österreichischen *Christophorus*[1] auszeichnet, ist unter den überlieferten Denkmälern eine seltene Erscheinung. Die Regel ist vielmehr, dass sich die Legendenschreiber mit einer trockenen und mehr oder weniger unbeholfenen Wiedergabe ihrer lateinischen Quelle begnügen und dass sie nicht poetische, sondern ausschliesslich geistliche Interessen verfolgen.

Mit besonderer Vorliebe werden jetzt Frauenlegenden behandelt. So zweimal im 14. Jahrh. das *Leben der Maria* nach jener schon von Walther von Rheinau bearbeiteten metrischen Vita (§ 31), das einemal von Bruder Philipp,[2] der, seinem Dialekte nach ein Westmitteldeutscher, in der Karthause zu Seitz in Steiermark schrieb und mit seinem nüchternen, wenn auch nicht ungeschickten Werke, nach dessen handschriftlicher Verbreitung zu schliessen, grossen Anklang fand; das anderemal, vor 1382, von einem Schweizer Werner.[3] So ferner die teilweise in ganz verschiedenen Bearbeitungen erhaltenen und noch im 16. Jahrh. durch den Druck verbreiteten brutalen Martergeschichten der *Margareta, Dorothea, Katharina, Barbara,*[4] und in besonders verwilderter metrischer Form die von der *Cäcilia.*[5] Ein gereimtes Leben der heiligen *Elisabeth*[6] dichtete nach 1421, unter Benutzung der bezüglichen Abschnitte seiner eigenen thüringischen Chronik (§ 76), im Anschluss an die Vita des Dietrich von Apolda und lokale Tradition, der auch als Dichter eines Pilatus und einer Passion, sowie als Didaktiker und besonders als Geschichtsschreiber thätige Eisenacher Domherr Johannes Rothe († 1434); und ein alemannischer Dichter des 14. Jahrhs. stellte die Legende der Maria mit denen von 10 Märtyrerinnen in einer Dichtung zusammen, die er *der maget krône*[7] benannte, weil Maria die Krone über alle Frauen, jene heiligen Jungfrauen aber die Marterkrone tragen. Ein umfassender Legendencyklus, ein *Buch der Märtyrer,* wurde in der ersten Hälfte des 14. Jahrhs. auf niederschwäbisch-fränkischem Gebiete für eine Gräfin von Rosenberg nach der Legenda aurea gedichtet, in streng kirchlichem Sinne und mit weit geringerer Kunst, als sie der Dichter des Passionals bei der Behandlung desselben Stoffes bewiesen hatte.[8]

Mehr Interesse können einige Legenden beanspruchen, welche in weltliche Stoffkreise übergreifen. So behandelt das in einer mitteldeutschen Handschrift des 14. Jahrhs. überlieferte, aber der Grundlage nach ältere Gedicht von den Abenteuern des irischen Mönches *St. Brandan* einen in lateinischer Fassung wie in den Vulgärsprachen weit verbreiteten geistlichen Reiseroman.[9] Die wunderlichen Fata dieses heiligen Seefahrers

---

[1] Hrsg. ZfdA 17, 85 (Schönbach), vgl. 26, 83. Über die Verbreitung dieser Legende in Deutschland und ihre Bearbeitungen vgl. Konr. Richter *Der deutsche Christophorus* (Acta Germanica V, 1) Berlin 1896 (vgl. AfdA 23, 159).

[2] *Bruder Philipps Marienleben* hrsg. v. Rückert. Quedlinb.-Leipz. 1853.

[3] Ungedruckt; Auszüge in v. d. Hagens Germania 8, 239 ff.

[4] Schade *Geistl. Gedd. v. Niederrhein* (1854). Margareta: PBB 1, 263. Hrsg. v. Stejskal Znaim Progr. 1880 vgl. ZfdA 32, 423. 33, 394. 37, 13. Eine andere Margaretenlegende dichtete Hartwig von Hage, über die Alb. Rode Diss. Kiel 1890 handelt.

[5] Hrsg. ZfdA 16, 165. Weitere Legendenliteratur bei Wackernagel LG I[2] S. 214 f. und in dem feilich nicht unbedingt zuverlässigen Legendenverzeichnisse bei Goedeke Grundr. I[2] 221 ff.

[6] Hrsg. Menken, *Script. rer. Germ.* II, 2033. Vgl. *Zs. d. Ver. f. thür. Gesch.* 7, 359. Über den Dichter bes. Germ. 6, 45. 257. 7, 354. 9, 172. Vgl. *Zs. d. Ver. f. thür. Gesch. N. F.* 9, 259.

[7] Hrsg. v. Zingerle Wiener SB. 47, 489.

[8] J. Haupt, *Das md. Buch der Märtyrer* Wiener SB. 70, 102; über eine andere Hs. Zingerle ebenda 105, 1.

[9] St. Brandan, *1 lateinischer und 3 deutsche Texte* hrsg. v. C. Schröder 1871. Vgl. Germ. 16, 60. Roman. Studien I, S. 553 f.: bes. S. 559. G. Schirmer *Zur Brendanus-Legende* Leipz. Habilit.-Schr. 1888. ZfdA 33, 129. 257.

berühren sich teils mit den Visionen des Tundalus, teils mit den Erlebnissen des Herzog Ernst, und in ihrer Darstellung wird der kurze, trocken legendarische Bericht durch manche lebhaftere Schilderung weltlichen Stiles, hin und wieder sogar durch einen humoristischen Versuch unterbrochen. — Viel weitschweifiger, langweiliger und strenger nach der lateinischen Quelle erzählt ein sehr umfängliches, vermutlich Regensburgisches Gedicht aus dem Anfange dieses Zeitraumes in fabuloser Verschlingung die Bekehrungskriege Karls des Grossen und die Gründung der Schottenklöster in Regensburg, sowie die Legenden einzelner dieser 'schottischen' (irischen) Mönche und Missionare.[1] — Eine sehr viel gelesene Reimerei von *Sibyllen Weissagung* verbindet sogar die Legende vom Holze des heiligen Kreuzes und die Begegnung Salomons und der Königin von Saba mit den Geschicken der deutschen Kaiser, indem sie die Sibylle, d. i. jene Königin von Saba, den Gang der christlichen Weltgeschichte bis zum Ende der Dinge prophezeien lässt. Unter Benutzung eines Meistergesanges vom Jahre 1321, der später manche Erweiterung erfuhr, wurde zu Karls IV. Zeit dies erzählende Gedicht verfasst, welches dann bis ins 17. Jahrh. gedruckt wurde.[2] Daneben war sein Inhalt schon früher für eine gleichfalls oft aufgelegte Prosa von den Weissagungen der 12 Sibyllen mit verwertet, wie denn auch Brandans Abenteuer und die Schottenlegende später als prosaische Volksbücher verbreitet wurden.

Reimchronik und historisches Lied.

§ 60. Der Zusammenhang mit der ritterlichen Epik geht in dieser Periode auch der Reimchronik verloren, die sich jetzt mit Ausnahme jener Kompilation des Heinrich von München (§ 29) und kurzer Summarien der Weltgeschichte auf engere Stoffgebiete beschränkt. Am längsten sucht noch im Deutschordenslande die in der ersten Hälfte des 14. Jahrhs. dort ziemlich reich entwickelte geschichtliche und geistliche Dichtung wenigstens gewisse Traditionen höfischer Kunst zu wahren. Die um 1340 verfasste *Deutschordenschronik* des hochmeisterlichen Kaplanes Nikolaus von Jeroschin[3] und die Fragmente einer Legende vom *heiligen Adalbert* desselben Verfassers[4] zeigen ebenso wie die geistlichen Dichtungen des Heinrich von Hesler (§ 70), dass man dort die höfische Sprache und das Beispiel der alten Meister noch als massgebend anerkennt. Jeroschin wie Hesler stellen bestimmte metrische Kunstregeln auf, aber beiden gilt wenigstens theoretisch die Silbenzählung schon als das Grundprinzip des Versbaues, und die reichen rhetorischen Mittel des epischen Kunststiles sind auf ein bescheidenes Mass beschränkt. Jeroschins geschichtliche Dichtung ist eine im ganzen recht schmucklose Übersetzung der lateinischen Chronik des Peter von Dusburg; seine Legende, eine wohl etwas freiere Bearbeitung einer Vita des Adalbert, sollte, wie es scheint, eine Lücke des Passionals ausfüllen, und dies mag er denn auch hauptsächlich im Auge gehabt haben, wenn er von kunstvollen deutschen Gedichten redet, denen das seine nicht gleichkommen könne. Aber auch diese bescheidene Kunst gerät bald in Verfall. Eine von Wigand von Marburg, vermutlich

---

[1] *Karl der Grosse und die Schottischen Heiligen* bei Bächtold, *Deutsche Hss. im britischen Museum* Schaffhausen 1873 S. 3. Perry, *Die Sprache des mhd. Gedichtes Karl d. Gr. u. d. schott. Heiligen* Diss. Marburg 1892.

[2] PBB 4, 48.

[3] Hrsg. im Ausz. v. Pfeiffer Stuttg. 1854; vollständig *Scriptores rerum Prussicarum* I, 291.

[4] Hrsg. *Script. rer. Pruss.* II, 423 f.

einem hochmeisterlichen Wappenherolde, gedichtete *Chronik der Kriegszüge des deutschen Ordens in Preussen* von den Jahren 1311—94, die, ursprünglich sehr umfangreich, nur in Bruchstücken erhalten ist,[1] bezeichnet in dem Ungeschick der Darstellung wie der metrischen Form schon einen erheblichen Rückschritt gegen Jeroschins Werk. Wie schnell sich anderwärts der Bruch mit den höfischen Traditionen vollzog, zeigt sich, wenn in Böhmen noch um 1310 ein kunstvolles Epos wie Heinrichs von Freiberg Tristan, um 1345 aber ein in Ausdruck, Versbau und Reim so verwildertes Machwerk wie die *gereimte Übersetzung der tschechischen Chronik des Dalimil* entstehen konnte.[2] Auch auf diesem Gebiete herrscht eben wieder lediglich das Interesse für den Stoff, und der Sinn für dessen gefällige Gestaltung geht verloren. Eine *Appenzeller Reimchronik*,[3] welche Ereignisse der Jahre 1401/4 behandelt, und die zu Breisach im Jahre 1480 verfasste gereimte Erzählung von den Thaten des burgundischen Landvogtes im Oberelsass, des verhassten *Peter von Hagenbach*,[4] bieten weitere Beispiele dafür.

Bei diesem Mangel an Formensinn mag es wunderlich erscheinen, wenn in der zweiten Hälfte des 15. Jahrhs. einige Chronisten sich die Mühe machen, ihren meist nicht minder ungeschickten Erzählungen doch eine strophische Form zu geben. Das ist weder Zufall noch Laune, sondern ein Ergebnis der besonderen Entwickelung der historischen Dichtung dieses Zeitraumes.

Ebensowohl wie das romantische Epos wird jetzt auch die umfängliche Reimchronik, von dem Vordringen der Prosa ganz abgesehen, durch die kleinere poetische Erzählung in den Hintergrund gedrängt. Geschichten des Altertums wie der neueren Zeit, Lokal- und Personalhistorie werden in dieser knappen Form behandelt, teilweise rein episch, teilweise aber auch mit Hervorkehrung einer bestimmten Tendenz, besonders der Verherrlichung oder Herabsetzung einer einzelnen Persönlichkeit, einer Partei oder eines Ortes, so dass dann auch hier wiederum der Übergang zur Rede in Reimparen sich fast unmerklich vollzieht. Aber nicht nur in dieser Form, auch in Strophen werden diese kleineren historischen Dichtungen verfasst. Und sowohl der Meistergesang als auch die Volkslyrik bemächtigt sich dieser Gattung. Zwängt jener historische Stoffe der verschiedensten Art, besonders solche aus der älteren Geschichte, gewaltsam in die Form weitschichtiger und teilweise verwickelter Strophengebäude, so behandelt diese Ereignisse der Gegenwart oder einer näher liegenden Vergangenheit in einfacheren und natürlicheren Formen. Berührungen zwischen den beiden Gattungen bleiben nicht aus, denn neben den Personen verschiedenen Standes, welche an den Ereignissen die sie besingen, selbst teilgenommen haben, fehlt es auch nicht an meisterlich geschulten Dichtern, die gleichfalls auf Grund eigenen Erlebnisses oder nach dem Hörensagen solche Lieder für das grosse Publikum verfertigen. So ist denn auch der Charakter dieser sogenannten historischen Volkslieder ein recht verschiedener. Nicht alle sind in jenem naturfrischen, lebendige Mitempfindung weckenden Tone gehalten, den wir vom Volksliede erwarten. Pedantische und trockene Berichterstattung ermüdet bei den einen, während

[1] Hrsg. a. a. O. II, 429 f. IV, 1 f.
[2] Hrsg. Lit. Ver. 48. *Fontes rerum Bohem.* III. 5 f.
[3] Hrsg. v. J. v. Arx 1830; vgl. über sie, sowie über die des Nikolaus Schradin *vom Schwabenkriege* (gedruckt 1500) und überhaupt über die historische Poesie der Schweizer Bächtold, *LG. d. Schweiz.* S. 194 f., 199 f.
[4] Hrsg. v. Mone, *Quellensammlung z. badischen Landesgeschichte* Bd. III.

bei den anderen anschauliche, aus der Fülle des Lebens gegriffene Züge erfreuen. Episch ausgeführte Darstellung und Schilderung ist den meisten fremd; die Ereignisse werden oft nur bildlich angedeutet, für Personen und Parteien werden z. B. scherzhaft ironisch ihre heraldischen Abzeichen eingesetzt. Auch die epische Objektivität fehlt diesen Liedern. Die Verherrlichung der eigenen, die Verspottung der gegnerischen Partei ist ihnen Hauptzweck; so gehören sie zum grossen Teil mehr in die Gattung der politischen als in die der erzählenden Dichtung. Die inneren Zwistigkeiten der Bürgerschaften, die zahllosen Fehden der Städte, Ritter und Fürsten, besonders auch die Kämpfe der schweizerischen Eidgenossen bildeten die Anlässe, aus denen diese Lieder in immer wachsender Fülle im Laufe des 14. und 15. Jahrhs. entstanden.[1]

Die Geschichte einzelner dieser Dichtungen zeigt Analogieen zur Entwickelung der Volksepik. Aus kurz gefassten Liedern entstehen hie und da grössere Gedichte durch erweiternde Bearbeitung eines einzelnen oder mehrerer auf denselben Gegenstand bezüglichen Gesänge. So wird in der zweiten Hälfte des 15. Jahrhs. das unter Halbsuters Namen gehende grosse *Lied von der Sempacher Schlacht* mit Verwertung einiger kleinerer, teilweise bis unmittelbar an das Ereignis selbst (1386) heranreichender Gedichte verfasst (Liliencron N. 32/4), so unter Benutzung eines kurzen *Liedes von der Schlacht bei Näfels* (1388) eine ausführliche Behandlung desselben Gegenstandes (Liliencron N. 35/6). Die Grundlagen herauszuschälen würde auch hier, wenn die erweiterten Dichtungen allein überliefert wären, nicht möglich sein. Und wie dann endlich im Kreise der Volksepik auch umfängliche, wesentlich für das Lesen berechnete Werke entstanden, welche, selbständig gedichtet, doch die durch die älteren Lieder üblich gewordene strophische Form übernahmen, so führte hier die entsprechende Entwickelung zu jenen strophischen Reimchroniken.

Eine solche ist Hans Erhart Tüschs im Jahre 1477 zu Strassburg gedruckte *burgundische Historie*, ein entsetzliches Geleier in mehr als 600 Strophen von Karls des Kühnen Feldzügen.[2] Weit geschickter ist des Neussischen Stadtsekretärs Christian Wierstrat *Geschichte der Belagerung von Neuss* durch eben jenen Herzog Karl (1474), ein Gedicht, welches durch die Verwendung wechselnder Strophenformen für verschiedene Abschnitte der Erzählung noch deutlicher den Zusammenhang dieser metrischen Form der Reimchronik mit dem historischen Liede verrät.[3] Und so schmückt auch der Schweizer Johann Lenz, Schulmeister zu Freiburg, die Reimpaare seiner im Jahre 1500 abgeschlossenen weitschichtigen Chronik des Schwabenkrieges[4] mit einigen teils älteren, teils von ihm selbst verfassten Kriegsliedern. Der Hauptvertreter jener Gattung aber ist Michael Beheim.

Im Jahre 1416 zu Sulzbach in Württemberg geboren, vom Vater zunächst zum Weberhandwerk angelernt, hat Beheim, nachdem er dies Gewerbe aufgegeben, teils als Kriegsmann, teils als Meistersinger, teils als beides zugleich, im Solde verschiedener Fürsten gestanden. Feldzüge und Sängerfahrten führten ihn bis an die Grenzen der Christenheit, ostwärts bis Belgrad und nordwärts bis Drontheim; schliesslich scheint er in seinem

[1] Hauptsammlung: Liliencron, *Die historischen Volkslieder der Deutschen vom 13. bis 16. Jahrh.* 4 Bde. Leipz. 1865—9. Vgl. Uhland, *Schriften* Bd. II, 361 ff. — *Schweizerische Volkslieder* hrsg. v. Tobler Frauenf. 1882. S. I f. 1 f. II, I f. 1 f.

[2] Hrsg. Stöber, *Alsatia* 1875—6. S. 341 f. ADB 39. 26 (Röthe).

[3] Hrsg. v. Groote Köln 1855. Hsg. v. Ulrich u. Nörrenberg in Chroniken deutscher Städte Bd. 20, S. 481.

[4] Hrsg. v. Diessbach 1849. Vgl. Bächtold a. a. O. S. 200. Anm. S. 49.

Heimatorte Schultheiss geworden und in den siebziger Jahren dort ermordet zu sein. Unter seinen überaus zahlreichen Liedern, welche die herkömmlichen geistlichen und weltlichen Stoffgattungen der Meistersingerei behandeln, finden sich insbesondere auch alle Arten der vom persönlich Erlebten oder Gehörten ausgehenden historischen Dichtung in strophischer Form vertreten. Er verfasste kleinere und grössere geschichtliche Lieder, in denen teils das Lob des Brotherren, der Tadel der Gegner, teils die Erzählung selbst Hauptzweck ist; mit einigen, wie mit den Gedichten von König Ladislaus' Kampf gegen die Türken und von den Türkenkriegen der Jahre 1453/6, nähert er sich schon der strophischen Reimchronik, und zwei umfängliche Werke dieser Art liefert er dann in seinem *Buch von den Wienern* und in seiner Geschichte *Friedrichs von der Pfalz*. Im Wienerbuch erzählt der Dichter aus eigener Anschauung den Aufruhr der Stadt gegen den Kaiser Friedrich, in dessen Dienst er damals stand, besonders die Belagerung der Hofburg vom Jahre 1462 und daran sich anschliessende Ereignisse der nächsten drei Jahre. Durch die groben Angriffe auf die Wiener Bürgerschaft, von denen das Buch voll ist, wurde er genötigt, die Stadt zu verlassen. Er trug kein Bedenken, bei einem alten Widersacher seines Kaisers, dem Kurfürsten Friedrich von der Pfalz, ein Unterkommen zu suchen und unter Beihülfe des Matthias von Kemnat, in Anlehnung an eine Prosachronik die dieser verfasst, jene von Lobhudeleien überströmende gereimte Geschichte des Kurfürsten zu schreiben (1469/72). Beheims Dichtungen bieten meist nichts anderes als eine mit den rohesten Gewaltmitteln in das metrische Schema gezwängte Prosa. Rücksichtslos zählt er seine vielfach sprachwidrig gereckten und verstümmelten Silben in die Verse und Strophen hinein, nicht allein unter Vernachlässigung der natürlichen Betonung, sondern auch ohne alles Gefühl für Harmonie zwischen Satzbau und metrischer Gliederung; und dass zur Poesie auch eine poetische Ausdrucksweise gehört, scheint ihm vollends nicht bewusst zu sein. Möglich dass die in den Handschriften zum Teil mitüberlieferten Melodien seiner Lieder mehr Lob verdienen. Selbst dem mehr als 2000 Strophen ein und desselben Tones umfassenden Buche von den Wienern gab er eine Melodie bei, damit man es nach Belieben als ein Lied singen oder als einen Spruch lesen könne. In derselben Form, der 'Wiener Angstweis' ist auch die pfälzische Chronik verfasst.[1]

VOLKSEPOS UND BALLADE.

§ 61. Grössere epische Dichtungen aus dem Kreise der nationalen Heldensage hat das 14. und 15. Jahrh. nicht mehr erzeugt. Man begnügt sich mit der handschriftlichen Vervielfältigung und Neubearbeitung der älteren Epen. So wird das Nibelungenlied in einer Handschrift des 15. Jahrhs. auf den Ton der niederen Volkspoesie heruntergeschraubt und in Verse von gleichmässiger Silbenzahl gebracht;[2] in einer anderen erfährt

[1] Beheims *Buch von den Wienern* hrsg. v. Karajan Wien 1843, ebenda über des Dichters Leben, und S. LXXI Handschriften seiner Werke; vgl. auch Bartsch, *Die altdeutschen Handschriften in Heidelberg*. Das 2. u. 3. Buch der Chronik des Kurfürsten Friedrich hrsg. v. Hofmann in *Quellen und Erörterungen zur bayerischen und deutschen Geschichte* Bd. III (1863). Historische Lieder Beheims hrsg. v. Karajan in *Quellen u. Forschungen zur vaterländ. Geschichte* Wien 1849. Geistliche Lieder bei Ph. Wackernagel, *Kirchenlied* Bd. 2, 166 f. Anderes in v. d. Hagens *Sammlung f. altd. Lit.* Breslau 1812. S. 37 f. Über Beheims Lebensende Germ. 22 412 f.

[2] *Das Nibelungenlied nach der Piaristenhandschrift* hrsg. v. Keller Lit. Ver. 142. Vgl. PBB 20, 345.

es eine selbständige Änderung und Erweiterung der denkbar geschmacklosesten Art;[1] in einer dritten, von der nur ein Aventiurenverzeichnis erhalten ist, war es mit einer Dichtung von Siegfrieds Jugend und seinem Kampf mit dem Drachen kontaminiert.[2] — Lieder aus diesem Teile der Siegfriedsage waren schon im 13. Jahrh. bekannt. Ein aus zwei verschiedenen Bestandteilen aufs ungeschickteste zusammengeflicktes und mehrfach interpoliertes Lied vom *hörnen Seyfried* hat ihren Inhalt in der rohen Form der Dichtung des 15. Jahrhs. bis ins 17. hinein fortgepflanzt.[3]

Die Neigung der Zeit zum cyklischen Zusammenfassen der älteren Einzeldichtungen führte auch dazu, verschiedene Volksepen in mehr oder weniger modernisierter Gestalt zu vereinigen. Die unter Durchführung des Cäsurreimes durch gleichmässige Verkürzung der letzten Halbzeile auf das Mass des 'Hildebrandstones' gebrachten Gedichte vom Ortnit, Wolfdietrich und dem Rosengarten wurden mit dem in Reimpaaren belassenen Laurin unter Hinzufügung einer prosaischen Auseinandersetzung über Zwerge, Riesen und Helden zu einem *Heldenbuche* zusammengestellt, welches zuerst ohne Ort und Jahr, vermutlich in Strassburg, dann 1491 zu Augsburg, und weiterhin wiederholentlich bis zum Jahre 1590 gedruckt wurde.[4] — Einen grösseren Kreis umfasst ein teilweise von Kaspar von der Roen im Jahre 1472, teilweise von einem Ungenannten geschriebenes, auf der *Dresdener* Bibliothek befindliches *Heldenbuch*,[5] nämlich den Ortnit, Wolfdietrich, Ecke, Rosengarten, das Meerwunder, den Sigenot, Etzels Hofhalt (auch 'der Wunderer' genannt), Herzog Ernst, Laurin, Dietrich und seine Gesellen und das Hildebrandslied. Die beiden ersten Stücke und der Dietrich, alle von der Hand des Ungenannten, sind rücksichtslos gekürzt, damit man 'auf einem Sitzen Anfang und Ende hören könne'; der Laurin liegt hier zuerst in strophischer Form vor und zwar in jenem Hildebrandstone, der auch für die übrigen Dichtungen durchgeführt ist, soweit sie nicht in der dreizehnzeiligen Bernerweise verfasst sind. Um der auf einen gleichmässigen Leierton gebrachten Verse und der Reime willen wird die Sprache nicht selten gemisshandelt; der Ausdruck ist in den meisten Stücken platt und nüchtern; wo die Bearbeitung auch in den Inhalt der teilweise guten Vorlagen eingreift, wird sie konfus und abgeschmackt. Die nur hier überlieferte kleine Dichtung vom *Meerwunder* verarbeitet eine alte dunkele Sagenerinnerung[6] mit ganz besonderer Geschmacklosigkeit, und nicht höher steht das breit und matt ausgeführte Lied vom *Wunderer*,[7] welches ein gleichfalls altes Motiv unter Verwertung von Reminiscenzen aus der nationalen Heldensage, aber daneben auch unter Einwirkung der Artusdichtung behandelt. Ein in Reimpaaren verfasstes Spielmannsgedicht desselben Inhaltes, von welchem nur der Anfang erhalten und als *Spruch vom König Etzel* herausgegeben ist,[8] zeigt, wie

[1] In der ehemals Hundeshagenschen, jetzt Berliner Hs. *b*. Vgl. Bartsch, *Nibelunge nôt* I S. XIII; II, 1 S. 289—92.
[2] Hs. *m*; vgl. Bartsch, *Nibelunge nôt* I. S. XXV f.
[3] Nur im Drucken des 16. u. 17. Jahrhs. überliefert; hrsg. von Golther (in Braunes Neudrucken 81—2) Halle 1889.
[4] Hrsg. v. Keller Lit. Ver. 87.
[5] Hrsg. in v. d. Hagens u. Büschings *Deutsche Gedd. d. MA.* Bd. II. Vgl. Germ. 1, 53 ff., ZfdPh 3, 241 f.
[6] Müllenhoff, *Die merovingische Stammsage* ZfdA 6, 430 f.
[7] Fragment eines vielfach abweichenden Druckes desselben Gedichtes hrsg. in v. d. Hagens *Heldenbuch* (Leipz. 1855) II. S. 531 f. Vgl. Zimmerstädt, Programm des Luisenstädtischen Realgymnasiums zu Berlin 1888. Warnatsch, *Beitr. z. germ. Mythologie* Progr. Beuthen 1895.
[8] Keller, *Erzählungen aus altdeutschen Hss.* Lit. Ver. 35.

die alten typischen Formeln dieser Dichtungsgattung, aus denen es im wesentlichen zusammengestückt ist, der Erzählung immer noch viel mehr Leben und Frische verleihen, als eine Reimerei vom Schlage des Dresdener Heldenbuches es vermag.

Wie an diesem Fragmente, so können wir auch an der Oswalddichtung und an den Umgestaltungen des Orendel und Morolf das Fortleben der erzählenden Spielmannspoesie verfolgen (§ 35). Beliebter aber scheint jetzt wieder das kürzere Gedicht in sangbarer strophischer Form, und Spielleute sowohl wie Meistersinger pflegen diese Gattung. Dabei ist die Behandlungsart eine verschiedene. Die sagenhaften Stoffe werden teilweise in zusammenhängender epischer, wenn auch wenig ins Detail gehender Weise erzählt; so in dem ausser durch Kaspar von der Roen auch noch in zwei etwas umfänglicheren Versionen überlieferten Gedichte vom *Herzog Ernst*[1] und in dem inhaltlich aufs engste damit verwandten von *Herzog Heinrich dem Löwen*, welches Michael Wyssenhere vor 1474 verfasste.[2] Bei anderen aber tritt, wie im historischen Liede, das Epische stark in den Hintergrund; die einzelnen Vorgänge werden wieder mehr andeutend behandelt, mehr in dem Eindrucke, den sie auf die Personen der Handlung machen, in den Reden und Gebärden derselben abgespiegelt, als ausdrücklich berichtet; manches wird übersprungen und der stillschweigenden Ergänzung des Hörers überlassen, dessen Teilnahme lebhaft in Anspruch genommen wird. Das *Hildebrandslied,* von welchem das Dresdener Heldenbuch anderen in Handschriften und Drucken verbreiteten Texten gegenüber eine erweiterte Fassung bietet,[3] ist das einzige hochdeutsche Beispiel für die Behandlung eines Stoffes aus der nationalen Heldensage in dieser lyrisch-epischen Weise. Die heitere Wendung, welche das durchweg in munterem Tone gehaltene Lied dem ursprünglich tragischen Stoffe giebt, indem der Kampf zwischen Vater und Sohn mit der beiderseitigen Namennennung, ihrer Versöhnung und Heimkehr zur Frau Ute abschliesst, muss sich schon in einer bis in die erste Hälfte des 13. Jahrhs. zurückreichenden Fassung gefunden haben, deren Inhalt die þidrekssaga wiedergiebt; doch ist die Erzählung des Kampfes dort noch eine viel eingehendere. Das Zurücktreten des epischen Elementes wird also hier erst im 14. und 15. Jahrh. erfolgt sein. — Aber auch selbständige Dichtungen dieser Stilgattung entstehen jetzt in erheblicher Anzahl.[4] Nur behandeln sie sagenhafte Überlieferungen anderer Art. So erscheinen in diesen Balladen historische Persönlichkeiten oder Ereignisse in sagenhafter Umgestaltung, in Verknüpfung mit uralten Traditionen teilweise mythischen Ursprunges. Das Interesse der Spielleute und Meistersinger für die alten Dichter, aus dem seiner Zeit schon das Gedicht vom Wartburgkriege und später der Neidhartcyklus erwuchs, bewirkte, dass Sänger des 12. und 13. Jahrhs. jetzt als solche Sagenhelden in den Liedern jener Leute auftreten. So wird in der Spielmannsballade vom *edelen Moringer*[5] eine alte, auch in dem Gedichte von Heinrich dem Löwen behandelte Heimkehrsage auf den Minnesänger Heinrich von Morungen übertragen; in Meistergesängen und

[1] PBB 4, 476 f.

[2] Hrsg. v. Massmann, *Denkmäler deutscher Sprache u. Lit.* München 1828. Heft 1, S. 122 ff.

[3] Germ. 19, 315. MSD[3] II S. 20.

[4] Uhland, *Alte hoch- und niederdeutsche Volkslieder* Stuttgart 1844—6; Abhandlung und Anmerkungen dazu in Uhlands Schriften Bd. 2. 3. — Böhme, *Altdeutsches Liederbuch* Leipzig 1877. — Liliencrons Sammlung *deutsches Leben im Volkslied um 1530* (Kürschners Nationalliteratur 13) enthält auch manches ältere Lied und eine wichtige Einleitung.

[5] PBB 12, 431. Schröders Ausführungen ZfdA 43, 184 f. haben mich nicht überzeugt.

in einem Volksliede vom *Tannhäuser*[1] wird dieser leichtfertige Poet des 13. Jahrhs. mit der Sage vom Venusberge in Verbindung gebracht, und die traurige Liebesgeschichte, welche einst Konrad von Würzburg im *mære von der minne* behandelt hatte, wird jetzt wohl in Erinnerung an den vor 1276 ermordeten Lyriker Reinmar von Brennenberg in dem Liede vom *Brennberger* besungen.[2] Andere berichten märchen- und sagenhafte, novellistische und schwankartige Begebenheiten, ernsthafte oder komische Liebesabenteuer von historisch nicht bestimmbaren Persönlichkeiten, die mehr oder weniger undeutlich benannt oder nur nach dem Stande bezeichnet werden, wie der Herr von Falkenstein, der Graf von Rom, der Ritter und die Herzogstochter, die Müllerin und der Reiterknabe, der Bettler und des reichen Mannes Frau. So treten statt der Individuen die Typen ein; die in der ganzen Gattung schon an und für sich so wenig ausgeführte Erzählung geht dadurch noch mehr ins Unbestimmte und Allgemeine; es kommt noch mehr die Situation auf Kosten des Ereignisses, das lyrische auf Kosten des epischen Elementes zur Geltung. Nicht nur berufsmässige Sänger, auch Dilettanten der verschiedensten Stände beteiligen sich an dieser Dichtungsart, und eine kleine Liebesballade, welche in ihrem engen Zusammenhange mit dem Tageliede die nahe Berührung der Gattung mit der Lyrik besonders veranschaulichen kann, ist durch die Überschrift als Bauerngesang bezeichnet.[3]

VOLKSLIED UND MINNESANG.[4]

§ 62. Auch während des 12. und 13. Jahrhs. hat in den niederen Volkskreisen eine nach Ursprung und Wesen nationale Lyrik existiert: wir lernten sie durch Vermittelung einzelner Gattungen der Kunstlyrik kennen, welche durch sie angeregt und beeinflusst waren, wie der altösterreichische Minnegesang, die Vagantendichtung, die Lieder der niederen Minne, die höfische Dorfpoesie. Jetzt tritt sie uns unmittelbar in schriftlichen Aufzeichnungen entgegen; und zugleich gewinnt das volksmässige Element der Lyrik bei dem Aufstreben der niederen Stände einerseits, bei dem Sinken des Rittertums andererseits eine weitere Ausdehnung und tiefergreifende Wirkung. Alle Gesellschaftsklassen, die gebildeten nicht ausgeschlossen, nehmen jetzt Teil an einer Liederdichtung, die in schlichteren metrischen Formen und mit jenen einfachen doch wirksamen poetischen Mitteln, wie sie sich in der ältesten, aus dem Volksgesange eben herauswachsenden ritterlichen Lyrik zeigten, allgemein menschlichen, durch keine Standesetikette mehr beengten Empfindungen Ausdruck leiht. Auf der anderen Seite haben sich auch Traditionen des höfischen Minnegesanges diese ganze Periode hindurch lebendig erhalten. Seine verwickelteren Strophenformen, seine Reimkünste und seine Phrasen werden noch häufig genug angewendet; ja Lieder dieses Stils sind uns auch aus dem 14. und

---

[1] Böhme, Nr. 21; ebenda Verweisungen auf Meisterlieder des 15. Jahrs.; ein solches auch Germ. 28, 44 f. Vgl. auch Keller, *Fastnachtspiele Nachlese* Nr. 124 Tannhäusers Gespräch mit der Frau Welt. Uhland, *Volksl.* 297, Schriften 4, 259 f. Grässe, *Tannhäuser u. der ewige Jude* Dresden 1861. Wichtige Nachweise bei Kluge, *Der Venusberg* Münchener Allg. Zeitung 1898 Beil. Nr. 66. 67.

[2] Böhme, Nr. 23; daselbst auch Nachweis von Meisterliedern des Inhaltes u. weitere Literatur.

[3] Böhme Nr. 18.

[4] Vgl. die Literaturangaben § 61 S. 301 Anm. 4. Verzeichnisse von alten Sammlungen bei Uhland S. 973 f., Hoffmann, *Fundgruben* I S. 327 f. Böhme S. 771 f. (freilich nicht ganz zuverlässig), Eitner s. u. Anm. 7.

15. Jahrh. in weit grösserer Anzahl schriftlich überliefert als echt volksmässige. Aber das Geschick in der Handhabung der Form, die Zierlichkeit der Worte, das feine Spiel der Gedanken schwindet in ihnen; die Ausdrucksweise wird einfacher, teilweise recht hausbacken, teilweise aber auch natürlicher und herzlicher und dadurch wiederum mehr der Volkslyrik angenähert. Vor allem aber sind nun jene Überlieferungen der höfischen Kunst nicht mehr an eine ritterliche Standespoesie gebunden, sondern auch sie sind Gemeingut geworden, so gut wie die Überlieferungen der Volksdichtung, und ausser den Meistern, welche neben der von ihnen mehr begünstigten lehrhaften und erzählenden Lyrik auch den künstlichen Minnesang pflegen (§ 65), bedienen sich so gut wie adeliche auch bürgerliche Dilettanten der aus der alten höfischen Dichtung entwickelten Kunstmittel. Gewiss werden ganz in diesem Stile gehaltene Lieder nur selten über die gebildeteren Kreise hinausgedrungen sein; aber in eben diesen Kreisen folgte man daneben auch der einfachen Weise des Volksliedes, und zwischen beiden Gattungen finden sich so mannigfaltige Übergänge, dass eine durchgreifende Scheidung nicht möglich ist. So nehmen denn auch die alten Sammlungen Volkslieder und *Hoflieder,* wie man wohl die künstlichere Gattung jetzt nennt,[1] ohne Unterschied auf; werden doch auch die Hoflieder meist ohne Verfassernamen überliefert. Alle Volksklassen sind an der aus dieser Zeit auf uns gekommenen Lyrik beteiligt. Das Interesse am Gesange ist ein so allgemeines, dass die Limburger Chronik es für wert hält, zu einzelnen Jahren anzugeben, welche Lieder damals aufgekommen und mit Vorliebe gesungen seien.[2] Spielleute und Mönche, Bürger und Bauern, Studenten oder 'Schreiber', Jäger, Reiterbuben und Ritter, sind die Dichter; auf der Strasse, unter der Dorflinde, beim Tanze, in der Trinkstube, im Hause des Bauern, des Bürgers und auf der ritterlichen Burg werden ihre Lieder gesungen.

Was uns von solchen Liedern vorliegt, ist teils durch verstreute Niederschriften, teils durch Sammlungen auf uns gekommen, unter denen namentlich eine jetzt verschollene, ehemals Herrn v. Fichard in Frankfurt gehörige Handschrift[3] aus der Mitte des 15. Jahrhunderts, sowie zwei Augsburger Liederbücher, das eine v. J. 1454,[4] das andere im J. 1471 von Klara Hätzlerin abgeschrieben,[5] neben den künstlicheren Gedichten ritterlicher und bürgerlicher Verfasser auch schlicht volkstümliche Lieder enthalten. Und während diese drei nur Texte überliefern, bieten drei ähnliche Sammlungen des 15. Jahrhunderts, nämlich das 'Locheimer Liederbuch',[6] das des Nürnberger Arztes und Historikers Hartmann Schedel (geb. 1440, † 1514)[7] und ein auf der Berliner Bibliothek befindliches,[8] zu den Worten auch die Weisen in dreistimmigem Satze. Denn mindestens seit dem Anfang des 15. Jahrhunderts war auch in Deutschland neben den alten einstimmigen Weisen der Minnesinger und Meister ein mehrstimmiger weltlicher Gesang aufgekommen, für den einige zweistimmig

---

[1] Liliencron, *Volkslied um 1530* S. XXIV.
[2] MG. Deutsche Chroniken IV.
[3] Hrsg. von Fichard, *Frankfurtisches Archiv f. ält. deutsche Lit. u. Gesch.* T. 3 (1815) S. 203 f.
[4] Hrsg. v. Bolte, Alemannia 18, 97. 203.
[5] Hrsg. v. Haltaus Quedlinb.-Leipz. 1840. K. A. Geuther, *Composition und Entstehung des Liederbuches der K. H.* Halle 1899.
[6] Bearbeitet v. Arnold u. Bellermann in *Jahrbuch f. musik. Wissenschaft* Bd. II (1867).
[7] Hrsg. v. Eitner in *Das deutsche Lied des 15. u. 16. Jahrhs.* Bd. II. (*Beilage zu den Monatsheften f. Musikgesch.* B. 12. 1880.) Ergänzungen ZfdPh 15, 104 f.
[8] Hrsg. v. Eitner a. a. O. Bd I (Beilage z. d. Monatsheften Bd. 8—10. 1876—78.)

komponierte Lieder der Mondsee-Wiener Handschrift des Mönches von Salzburg (unten § 64) das erste Beispiel bieten. Mit besonderer Vorliebe werden Volkslieder den mehrstimmigen Kompositionen zu Grunde gelegt, und so entwickelt sich in der Zeit, wo die Musik unter niederländischem Einfluss besonders an den deutschen Fürstenhöfen einen ganz neuen Aufschwung nahm, ein kunstmässiger polyphoner Gesang, der doch zugleich ebenso wie die lyrische Kunstdichtung der Zeit lebendige Fühlung mit dem Volksliede behält. Seit dem Anfange des 16. Jahrhs. treten neben Einzeldrucken, fliegenden Blättern, auch gedruckte Liedersammlungen mit vierstimmigen Melodien hinzu, die vieles aus früherer Zeit mit übernehmen und so auch für diese als wichtige Quelle mit in Betracht kommen.

Populäre Lieder hatten durch die mündliche Überlieferung häufig die mannigfachsten Wandelungen zu erfahren, ehe sie zu der uns vorliegenden Aufzeichnung gelangten. Wer das Lied nur unvollständig kannte oder es durch einen guten Einfall bereichern zu können meinte, nahm keinen Anstand, es selbständig zu ergänzen oder zu vermehren; war der Wortlaut einer Strophe nicht genau erinnerlich, so gab man ihr nach eigenem Ermessen eine andere Form; auch Anklänge an andere Lieder beeinflussten oft unbewusst die Überlieferung, und Unzusammengehöriges wurde mit einander verschmolzen. So gehen diese Lieder, die sich nicht selten über ganz Deutschland und weiter verbreiten, in den verschiedensten Versionen um, und bei so manchem haben Verstümmelungen, fremdartige Ergänzungen und Umgestaltungen den inneren Zusammenhang verdunkelt oder völlig aufgehoben. Unter diesen Umständen ist es natürlich schwierig, die Entstehungszeit der einzelnen Gedichte dieser Art auch nur ungefähr zu bestimmen; doch ermöglicht in manchen Fällen ihre Benutzung in geistlichen Parodien (§ 64) oder in den aus Liedanfängen zusammengestückten Quodlibets [1] ihre Existenz für eine vor den erhaltenen Niederschriften oder Drucken liegende Zeit festzustellen.

Der Charakter dieser populären Lyrik trägt wieder in weit höherem Grade als der höfische Minnegesang die Merkmale der 'Gelegenheitspoesie'. Meist tritt der bestimmte Anlass, dem das Lied entsprungen, die besondere Situation, der es gilt, lebendig hervor. Oft geht es geradezu von einer kleinen Erzählung aus, oder es geht in eine solche über, so dass es sich dann aufs nächste mit jenen Volksballaden berührt. In anderen Fällen wird die zu Grunde liegende persönliche Erfahrung, das Erlebnis, nicht ausdrücklich ausgesprochen, aber es lässt sich aus dem Zusammenhange erraten oder es wird auch bildlich angedeutet. Reich und bis ins Einzelne ausgebildet ist die symbolische Verwertung des Naturlebens; die einzelnen Farben und Blumen, die Vögel und ihr Ruf haben ihre besondere Bedeutung. Das Gefühl eines persönlichen Zusammengehörens mit der Natur macht sich auch da, wo solche bestimmten sinnbildlichen Beziehungen fehlen, gerne geltend; sie wird zur Zeugin und Teilnehmerin der menschlichen Empfindungen gemacht, ausdrücklich oder stillschweigend durch das Nebeneinanderstellen der Scenerie und des Stimmungsausdruckes.

Das ergänzende Mitempfinden, die ausgestaltende Phantasie des Hörers wird durch diese Eigenheiten, sowie durch die schlichte Knappheit des Ausdruckes, durch das häufige Fortlassen von Zwischengliedern auch hier wiederum lebendig angeregt; eben diese eigentümlich reizvolle Weise des Volksliedes aber wird durch jene sorglose Überlieferung leicht ins Unverständliche und Sinnlose gezogen.

[1] Solche aus der Berliner Hs. u. spätere bei Eitner a. a. O.

Nicht nur einer noch erkennbaren Gelegenheit entsprungen, auch für eine bestimmte Gelegenheit gedichtet sind viele dieser Lieder. Die alte Gattung des Liebesgrusses kehrt unter anderm auch in poetischen Neujahrsglückwünschen an die Geliebte wieder;[1] bei der Hochzeit zieht man vor die Thür der Braut und des Bräutigams, singt jedem Lobpreisungen und Glückwünsche und heischt eine Gabe dafür (Böhme 240); und vor allem wird der Tanz nach wie vor mit Gesang begleitet, teilweise mit einfachen kleinen Versreihen einer Gattung, wie sie verkümmert noch in den Ringelreien-Liedern der Kinder fortlebt, teilweise mit längeren Liedern, die auch von Spielleuten gedichtet und vorgetragen wurden (Böhme 291). Mit dem Tanze verbindet sich auch das Kranzlied, in welchem der Sänger die Jungfrau um ihr Rosenkränzlein bittet und dasselbe durch die richtige Beantwortung einer Reihe von Rätselfragen erwirbt (Uhland 2). Es ist das eine besondere Form des Rätselstellens und -lösens, welches wie in der Dichtung der Meister so auch in der Volks- und Spielmannspoesie gepflegt wurde; und so lässt denn im 14. Jahrhundert ein Spielmannslied dieser Gattung die typische Gestalt des Fahrenden, den Meister *Traugemund*, als den unüberwindlichen Rätsellöser auftreten.[2] Auch eine andere Art des Wett- oder Streitgedichtes, das geteilte Spiel, ist in verschiedenen Wendungen vertreten; und wenn in dieser Form von jeher der Streit um den Vorzug dieses oder jenes Standes mit Vorliebe ausgefochten wird,[3] so wird andererseits auch ein einzelner Stand verspottet, wie denn das satirische Element in der Volkspoesie überhaupt reich vertreten ist; oder es wird das Lob eines besonderen Standes gesungen, wie das der Studentenschaft, der *freien bursenknechte* (Uhland 261). Im Studentenliede leben die Überlieferungen und der alte Geist der Vagantenlyrik fort, das fröhlich stolze Standesbewusstsein, die Ausgelassenheit, die selbst die Verspottung des Heiligen nicht scheut, die komische Mischung deutscher Verse und Strophen mit lateinischen, bei der selbst Worte der Bibel und der Liturgie parodistisch für Buhl- und Trinklieder verwertet werden.[4] Dem Trinklied gesellt sich das Schlemmerlied, das teilweise dem Lobe der Schmausereien des Martinsfestes gilt[5] und so wie das Fastnachtslied wiederum einer besonderen Gelegenheit gewidmet ist.

Mit der älteren höfischen Lyrik berührt sich diese Poesie natürlich am nächsten da, wo jene selbst schon in eine niedere Sphäre hinabgestiegen war. So setzt sich im Schlemmerlied unmittelbar die schon durch Steinmar und Hadloub vertretene Gattung fort, und das Tanzlied hat mit Neidhart Fühlung. Der Typus des Wortstreites zwischen der Mutter und der zum Tanz eilenden Tochter, wie er Neidharts Sommerreien entspricht, lebt noch im 16. Jahrh. im Tanzliede der Ditmarsischen Bauern fort, gewiss nicht lediglich in Anknüpfung an die volksmässige Grundlage der Neidhartschen Poesie, sondern unter Einwirkung dieser selbst, wie die Einführung des Ritters als des begünstigten Tänzers und Liebhabers zeigt (Uhland 37, Böhme 292). Bestimmtere Nachahmung Neidharts tritt in satirischen, gegen die plumpen Bauern gerichteten Tanzliedern hervor, die teilweise unter Neidharts Namen (vgl. § 45 a. E. § 58), teilweise auch selbständig während dieses Zeitraums und noch weit über ihn hinaus auf-

[1] Schade i. Weimar. Jahrb. 2, 76.
[2] Uhland 1, MSD 48. Die seit Lachmann ziemlich allgemeine Annahme, das Gedicht gehöre dem 12. Jahrhundert an, ist in keiner Weise begründet.
[3] Vgl. Jantzen, *Geschichte des deutschen Streitgedichtes.* Germ. Abh. 13.
[4] Fichard Nr. 1. 2. 40. Vgl. H. Hoffmann, *In dulci jubilo* (1854) S. 15 f. 74 f.
[5] Böhme 349. Mayer-Rietsch, *Mondsee-Wiener Liederhandschrift* S. 531.

treten (Fichard 57, Uhland 245 ff.). Besonders hat sich ein oberbairischer Dichter Hans Heselloher[1] in dieser Gattung hervorgethan, der zuerst i. J. 1450, zuletzt als Stadt- und Landrichter zu Weilheim i. J. 1483 nachgewiesen und 1486 als Verstorbener erwähnt ist. Hesellohers Kunst wird von Ulrich Füetrer rühmlich erwähnt, und eines seiner dörperlichen Tanzlieder wurde weit verbreitet und in der Folgezeit vielfach benutzt. Es ist ihm in der That gelungen, den Ton von Neidharts Winterliedern mit Geschick und gutem Humor zu treffen.

Von den ernsten Gattungen des höfischen Minnegesanges wird vor allem das Tagelied[2] in dieser Periode gepflegt, und in mannigfachen Abstufungen lässt sich hier die Wendung zum Volkstümlichen verfolgen. Neben künstlichen Formen treten die einfachsten Volksliedstrophen auf; an Stelle des Ritters oder des 'Helden' und der 'Frouwe' bilden schon weit häufiger der 'Knabe' und das 'Fräulein', das minnigliche Mägdlein und der gute Gesell, manchmal auch der Dichter selbst neben dem Wächter die Personen der Handlung oder des Gesprächs. Aber auch in rein lyrischen schlichten Volksliedern lässt manches Motiv und manche Wendung einen Nachhall höfischer Kunst vernehmen.

§ 63. So zeigen nun andererseits auch die ritterlichen Lyriker dieses Zeitraums nahe Berührung mit dem Volksmässigen. Wenn ein verlorenes Lied 'ich weiss ein blaues Blümelein', welches Graf Johann von Habsburg bald nach 1350 den Chroniken zufolge im Gefängnis verfasst haben soll, einem späteren Liede 'weiss mir ein blümli blaue'[3] zu Grunde gelegen hat, so ist es sicher im Tone und aus dem Bilderkreise des Volksliedes heraus gedichtet gewesen, und die beiden einzigen ritterlichen Sänger des 14.—15. Jahrhs., von welchen uns grössere Liedersammlungen überliefert sind, Graf Hugo von Montfort (im Vorarlberg, geb. 1357, † 1423)[4] und Oswald von Wolkenstein (in Tirol, geb. um 1367, † 1445)[5] stehen unter dem gleichen Einfluss, wenn er auch nicht das wesentlichste Element ihrer Kunst bildet.

Gar mancher verwandte Zug lässt sich im Leben und im Dichten dieser beiden Minnesänger verfolgen. Angesehenen Adelsgeschlechtern angehörig, spielen sie beide ihrer Zeit eine nicht unbedeutende politische Rolle; ritterliche Abenteuerlust treibt sie auf Kriegsfahrten über die Grenzen ihres Vaterlandes hinaus. In der Jugend schwärmen beide in ritterlichem Frauendienst, später aber bringen sie — eine für die Zeit sehr charakteristische Wendung des Minnegesanges — ihren Gattinnen poetische Huldigungen dar. Die persönlichen Erlebnisse finden, im Gegensatz zu der ungewissen und allgemein gehaltenen Art der älteren höfischen Lyrik, in ihren Gedichten bestimmten Ausdruck. Wie im Inhalt so ist auch in der Sprache ihre Poesie eine weit realistischere, übereinstimmend mit dem Volksliede und mit der allgemeinen Richtung der zeitgenössischen Literatur;

---

[1] Hrsg. v. Hartmann Erlangen 1890 (Aus: *Romanische Forschungen*, Festschrift f. K. Hofmann). Bolte *Der Bauer im deutschen Liede* Acta germanica I, 3. AfdA 17, 213.

[2] Vgl. bes. Hätzlerin S. 1—36.

[3] Uhland, *Schriften* 4, 49 f. Uhland, *Volkslieder* Nr. 54.

[4] Hrsg. v. Wackernell Innsbruck 1881 (= *Ältere Tirolische Dichter* III) mit Abhandlung über des Dichters Leben und Kunst; daselbst auch die weiteren Literaturnachweise. Hrsg. v. Bartsch Lit. Ver. 143.

[5] Hrsg. v. Beda Weber Innsbruck 1847. Zu O.'s Leben: Derselbe, *Oswald v. W. u. Friedrich mit der leeren Tasche* ebenda 1850. — Wiener SB. 64 S. 619 f. ZfdA 24. 268 f. 27, 179 f. Zeitschr. d. Ferdinandeums f. Tirol u. Vorarlberg 1882 S. 101 f. 1883 S. 1 f. Mitteilungen d. Vereins f. Gesch. u. Altertumskunde i. Hohenzollern 13, 879 f. Vierteljahrschr. f. Literaturgesch. 3, 602. ADB 44, 137 (Schatz). Ladendorf i. N. Jahrb. f. klass. Altert. u. s. w. Jahrg. IV (1901).

aber da sie daneben zugleich den geschmückten Stil der alten Kunstpoesie anstreben oder selbst zu überbieten suchen, so ergiebt sich nicht eben selten jene wunderliche Mischung von Schwulst und Trivialität, von Pathos und Pedanterie, wie wir sie, wenn auch in weit stärkerem Masse, bei Püterich und Füetrer vorfanden. Auch die teilweise an das Liebeslied sich anschliessende geistliche und lehrhafte Dichtung pflegen die beiden; und so treffen die verschiedenen Hauptrichtungen der Literatur ihrer Zeit in ihrer Poesie zusammen.

Und doch ist ihre Kunst und ihr Charakter recht verschiedener Art. Anders als im Leben, erscheint Hugo in seinen Gedichten als eine etwas zaghafte Natur. Er schwärmt noch für das alte Rittertum; Parzival ist sein Ideal; Albrechts Titurel und Hadamar von Laber (§ 67) beeinflussen seine Anschauungen und seine Ausdrucksweise. Aber der freudigen Hingabe an den Gegenstand seiner Verehrung stellen sich auf Schritt und Tritt geistliche Bedenken entgegen; über die Jugendthorheiten, die er im Minnedienste verbrochen hat, macht er sich als guter Ehemann schwere Vorwürfe, und doch mag er vom Minnegesange nicht lassen. So schwankt er denn ewig hin und her zwischen weltlichen Neigungen und frommen Erwägungen des bösen Ausganges, zu dem sie führen; er wiederholt sich in der Aufführung von allerlei Beispielen für die trügerische Natur der Welt und der Minne, gelobt sein weltliches Singen aufzugeben, aber neben seiner geistlichen und didaktischen, teilweise allegorisch ausgeschmückten Poesie, die solchen Reflexionen entspross, sucht er dann doch auch die Liebeslyrik wenigstens in einer für das Seelenheil möglichst ungefährlichen Weise fortzusetzen. Am besten sind ihm einige frische Lieder aus der Zeit gelungen, wo er sich solche Skrupel noch nicht machte; durch seinen ehrlichen und herzlichen Ton spricht bei allen sonstigen Schwächen ein und der andere poetische Liebesbrief an, den der dreimal glücklich Verheiratete an sein geliebtes Ehegemahl richtet; auch in der Umbildung des Tageliedes ins Geistliche hat er sich nicht ohne Glück versucht, aber als er den Versuch macht, auch seine Hausfrau in ihrem eigenen Auftrage durch ein Tagelied zu verherrlichen, verfällt er ins Abgeschmackte und muss seine Unfähigkeit selbst bekennen. Es fehlt ihm eben doch die Gabe, die verschiedenartigen Einflüsse, die er auf sich wirken lässt, zu der von ihm angestrebten Einheit zu verarbeiten und sie künstlerisch zu beherrschen. Es fehlt ihm auch sehr an formalem Geschick. Die musikalische Komposition seiner nicht zahlreichen Lieder überliess er seinem Knechte Burk Mangold; der schwierigeren Form dieser Gattung zog er die an musikalische Begleitung nicht gebundene des zwischen Lied und Büchlein stehenden *Briefes* und der *Rede in Versen* vor, auf die ihn freilich auch schon seine Neigung zur lehrhaften Betrachtung hinführte; aber selbst die einfachen Metren, die er für solche Gedichte wählte, freie vierzeilige Strophen und Reimpare, bereiteten ihm Schwierigkeiten, und von den berufsmässigen Vertretern der poetischen Rede, den Reimsprechern, in dieser Kunst beeinflusst, blickte er zu einem Suchenwirt als zu einem überlegenen Dichter auf.

Anders Oswald von Wolkenstein. Er besitzt für seine Zeit ein ganz hervorragendes Formtalent. Auf das Spielen musikalischer Instrumente versteht er sich ebensowohl wie auf den Kunstgesang. Augenscheinlich hat er eine meistersingerische Ausbildung genossen. So bedient er sich fast ausschliesslich strophischer und zwar teilweise sehr langatmiger, künstlicher und reimüberladener Formen. Wie Michel Beheim behandelt er in dieser Gestalt auch die eigene Lebensgeschichte und historische Ereignisse seiner Zeit, aber mit ganz anderem Geschick, lebhaft, mit kräftigem Humor. Es sind wechselvolle, abenteuerliche Erlebnisse, von denen er uns, meist freilich mehr andeutend als ausführend, berichtet. Als Knabe schon läuft er in die Fremde; als Pferdejunge und als Ritter, als Pilger und als ein von Fürsten und Königinnen ausgezeichneter Sänger durchschweift er mit der Zeit ganz Europa und den Orient. Ein Parteigänger und Vertrauter des Kaisers Sigismund, ein Widersacher seines Landesherren, des Herzogs Friedrich von Österreich, wird er dem Zorn des Herzoges, der Feindschaft und Gewinnsucht einer ehemaligen Geliebten und ihres Vaters preisgegeben; Jahre schmachtet er angekettet im Kerker, und als im J. 1427 die Aussöhnung mit seinem Landesherren wie mit seinem Privatfeinde erfolgt ist, hat er bis zu seinem Lebensende noch mannigfache Wechselfälle des Schicksals zu bestehen. So tönen die allerverschiedensten Stimmungen vom tollsten Übermut bis zur beweglichen Klage unerträglichen Elends aus seinen Liedern, und viel anschaulicher und mannigfaltiger ist sein dichterischer Ausdruck als der eines Hugo von Montfort. Sein derberer Sinn lässt ihn unter den älteren Vorbildern vor allem an der höfischen Dorfpoesie Gefallen finden; seine Tanzlieder, seine Erzählungen von Abenteuern niederer Minne neigen stark zum Obscönen, teilweise auch seine lebhaft realistischen Tagelieder. Der unmittelbare Einfluss des Volksliedes ist bei ihm noch deutlicher als bei Hugo. Dazwischen zeigt sich auch Meistergelehrsamkeit und ein bizarres Gefallen am Anhäufen von Namen und Fremdworten nach Tannhäusers Art. Aber alle die höfischen, dörperlichen und meistersingerischen Anregungen, die er empfangen, weiss der originelle und gestaltungskräftige Dichter selbständig fortzubilden. Seine geistlichen Lieder verraten wie in der Form so teilweise auch in der Art und Färbung des Inhaltes wiederum den Einfluss des Meistergesanges; einige schliessen sich dem Minnegesange an, und wie Hugo das Wächterlied vergeistlicht, so preist Oswald nicht nur in Anknüpfung an das Tagelied, sondern auch in der Gestalt des Tanzliedes die heilige Jungfrau und ihren Sohn; andere Gedichte verfolgen die Bahnen des älteren moralischen Spruches, und die persönliche Erfahrung, die Leiden seiner Gefangenschaft, die reumütigen, um das Seelenheil sorgenden Gedanken, die sie in ihm aufsteigen lässt, gewinnen stellenweise lebhaften Ausdruck. So ist seine Dichtung auch auf diesem Gebiete recht mannigfaltig. Überhaupt muss Oswald als der Reichste und poetisch Begabteste seines Zeitalters gelten, obwohl auch seine Kunst dessen Schwächen keineswegs verleugnet.

GEISTLICHE LYRIK.[1]

§ 64. Wie in der weltlichen, so gehen auch in der *geistlichen Lyrik* kunstmässige und populäre Dichtung neben einander her. Das religiöse Kunstlied ist, abgesehen von den Meistern (§ 65), wie im 13. Jahrh. so auch in dieser Periode noch durch ritterliche Sänger vertreten. Neben dem Montforter und dem Wolkensteiner bietet Graf Peter von Arberg mit seinen geistlichen Tageweisen[2] ein Beispiel. Vor allem aber war

[1] Hauptsammlung: *Das deutsche Kirchenlied von der ältesten Zeit bis zu Anfang des 17. Jahrhs.* von Phil. Wackernagel. Bd. I—V. Leipzig 1864—77. Der 2. Bd. enthält die hier in Betracht kommenden Lieder. Vgl. Böhme Nr. 511—660. Uhland Nr. 301 ff. — (Heinr.) Hoffmann von Fallersleben, *Geschichte des deutschen Kirchenliedes bis auf Luthers Zeit.*[2] Hannover 1854. ([3] 1861). W. Bäumker, *Das katholische deutsche Kirchenlied in seinen Singweisen von den frühesten Zeiten bis gegen Ende des 17. Jahrhs.* Bd. I. Freiburg 1886. II. das. 1883.

[2] Bartsch, *Lieder der Kolmarer Hs.* (Lit. Ver. 68) S. 179. 578 f. Germ. 25, 210 f.

natürlich auf diesem Gebiete auch die Geistlichkeit thätig, und ihre Kunst wurde sowohl durch die lateinische kirchliche als auch durch die deutsche weltliche Poesie beeinflusst. So verfasste im 14. Jahrh. Bruder Hans vom Niederrhein, der sein heimisches Niederdeutsch der hochdeutschen Dichtersprache annäherte, fünf Bücher eines *Marienlobes* in der Titurelstrophe. Jedes Buch umfasst 100 Strophen, deren Anfangsbuchstaben nach dem Vorbilde der *laus b. virginis* des Bonaventura die lateinischen Worte des englischen Grusses ergeben; ein sechstes Buch mit dem gleichen Akrostichon fügte der versgewandte Dichter in einer noch schwierigeren, reimreicheren Strophenform hinzu, und um die Künstelei auf die Spitze zu treiben, schickte er dem Ganzen 15 mit den einzelnen Worten jenes Grusses eingeleitete Strophen voraus, in denen deutsche, französische, englische und lateinische Verse regelmässig abwechseln.[1] Das Werk ist trotz lehrhaften und erzählenden Partien entschieden lyrisch gehalten, und warme, auf persönlicher Erfahrung ruhende Empfindung bricht durch die künstlichen Formen hindurch; aber natürlich war es bei seinem Umfange nicht sowohl zum Singen als zum Lesen bestimmt.

Singbare geistliche Lieder hat zugleich mit sehr weltlichen höfischen, dörperlichen und volkstümlichen Liebesliedern der Mönch von Salzburg gedichtet, der in der ältesten und besten Handschrift Hermann, in zwei späteren Johannes genannt wird. Sein Gönner war Erzbischof Pilgrim von Salzburg († 1396), ein im Minnedienste nicht weniger als in geistlichen Dingen bewanderter Herr. Der Mönch konnte ihm ebensowohl mit einem Minneliede wie mit einer Sequenz auf die heilige Jungfrau dienen, die des Bischofs Namen und Würden akrostichisch verewigte. Die geistlichen Lieder des Mönches stehen in Text und Melodie noch sehr unter dem Einfluss der lateinischen Hymnen und Sequenzendichtung; vielfach sind sie lateinischen Vorlagen unmittelbar nachgebildet.[2] — Besser steht der religiösen Lyrik das deutsche Gewand an, wenn sie selbständigere Bahnen wandelt oder sich der weltlichen anschliesst.

Wir sahen schon die ritterlichen Sänger dieses Zeitraums den Typus des Tageliedes, und den des Tanzliedes für geistliche Gegenstände verwerten. Solcher Wendung des Tageliedes kam das geistliche Morgen- und Wecklied entgegen, welches in lateinischen Hymnen schon seit dem 4. Jahrh. vertreten ist. Es berührte sich leicht mit der Vulgärdichtung, wie ein mit provenzalischem Weckruf als Refrain versehener, aus dem 10. Jahrh. stammender Hymnus dieser Art zeigt; im 13. Jahrh. tritt das geistliche Wecklied auch in deutscher Sprache auf; seit dem 14. schliesst es sich bestimmter an die Kunstform des weltlichen Tageliedes an, und Denkmäler dieser Gattung werden nun immer häufiger.[3] — Die Anlehnung der geistlichen Lyrik an das Tanzlied und überhaupt an den Minnegesang wurde besonders durch jene vom Hohenliede ausgehenden mystischen Vorstellungen von der Brautschaft der Seele mit Christus vorbereitet, wie wir sie schon früher in der didaktisch-allegorischen Poesie hervortreten sahen. So wird denn auch vor allem in den Kreisen der Mystiker eine fromme Erotik ausgebildet, deren Formen und Vorstellungen sichtlich unter dem Einfluss der weltlichen Lyrik stehen.[4] Andrerseits bot auch

[1] *Bruder Hansens Marienlieder* hrsg. v. Minzloff. Hannover 1863. Vgl. ZfdA 24. 373. 25, 127. 34, 40.

[2] Hrsg. bei Wackernagel KL II S. 409 ff. Die weltlichen Lieder mit den Melodien bei F. A. Mayer u. H. Rietsch, *Die Mondsee-Wiener Liederhandschrift und der Mönch v. Salzburg* Berlin 1896.

[3] W. de Gruyter, *Das deutsche Tagelied* S. 127 f.

[4] Hoffmann a. a. O. S. 91 ff.

die Marienverehrung in ihrer engen Verwandtschaft mit dem Frauendienste mancherlei Motive, die sich im Geiste des Minnegesanges verwerten liessen; so wurde z. B. die Verheissung der Empfängnis an Maria gerne nach Art einer Liebesbotschaft ausgeführt. Aber nicht nur solche allgemeinere Beeinflussung durch Geist, Formen, Gattungen und Motive der weltlichen Liederdichtung empfing die geistliche; es wurden auch geradezu bestimmte profane Lieder in religiöse umgedichtet. Dabei schloss man sich vorwiegend volksmässigen Liedern an. Stand doch die Vokalkomposition des 15. Jahrhunderts und der nächsten Folgezeit überhaupt unter dem Einfluss des Volksliedes, und beliebte Volksmelodien sicherten geistlichen Texten, die auf sie gedichtet waren, die weiteste Verbreitung, zumal wenn diese auch mit wörtlichen Anklängen an die populären Originale durchflochten waren. In manchen Fällen beabsichtigte man sicherlich die weltlichen Vorbilder durch diese geistlichen Parodien oder *Contrafacta* zu verdrängen, und die von Otfried bis in das Reformationszeitalter immer wieder hervorbrechende Konkurrenz der geistlichen Dichtung mit der Volkspoesie tritt hier in einer besonders charakteristischen Form zu Tage; doch darf man auf diese bestimmte Tendenz keineswegs die ganze Erscheinung zurückführen. In immer wachsender Anzahl lassen sich durch das 14., 15. und 16. Jahrh. hindurch derartige Lieder verfolgen, die bald den Inhalt der weltlichen Originale oder wesentliche Teile desselben ins Geistliche travestieren, bald nur an ihre bekannten Eingangsworte anknüpfen oder auch allein ihre Melodie übernehmen.[1]

Diese wie die übrigen Arten des geistlichen Liedes finden wir besonders bei dem Schweizer Heinrich Laufenberg vertreten, der, anfänglich Priester und Dekan in Freiburg und Zofingen, i. J. 1445 als Mönch in das Strassburger Johanniterkloster eintrat, seit 1413 dichtete und 1460 starb. Er war ein ziemlich fruchtbarer Schriftsteller. Ausser einer Predigtsammlung verfasste er gereimte Verdeutschungen des *speculum humanae salvationis* (1437) und eines *Opus figurarum* des Konrad von Alzei (1441): jenes eine umfassende, von symbolisch gedeuteten biblischen und weltlichen Historien durchzogene Heilsgeschichte, dieses ein noch umfänglicheres, der Marienverehrung gewidmetes Werk, welches die biblischen Geschichten des alten Testamentes als Figuren oder Symbole auf die heilige Jungfrau deutete; beide sind ebenso wie die Predigtsammlung jetzt verloren, während die i. J. 1429 verfasste poetische Bearbeitung einer lateinischen Gesundheitslehre, des *regimen sanitatis*, und seine zahlreichen *geistlichen Lieder* sich erhalten haben. Die Lieder hat Heinrich von Laufenberg wie der Salzburger Mönch, dessen Einfluss er verrät, zum Teil aus lateinischen Hymnen und Sequenzen übertragen; in andern hat er seiner mystischen Jesusminne und einem überschwänglichen Marienkultus selbständigen Ausdruck geliehen; besonders aber liebt er die Contrafacta von Volksliedern, und in ihnen sehen wir die verschiedensten Arten weltlicher Lyrik, Liebes- und Tagelieder, Neujahrsminnegrüsse, Fastnachts- und Martinslieder durchscheinen. Die Übersetzungen sind nicht frei von Latinismen, teilweise auch aus lateinischen und deutschen Versen gemischt; in den selbständigen Gedichten, namentlich den Marienliedern, finden sich nicht selten akrostichische und ähnliche Künsteleien; am ungehemmtesten und lebhaftesten bringen die einfachen Lieder im Volkstone seine innige Religiosität zum Ausdruck.[2]

---

[1] Verzeichnis bei Böhme S. 810 f.

[2] Laufenbergs Lieder bei Wackernagel II S. 528 f. — Vgl. E. R. Müller, *Heinrich Loufenberg* Berlin 1889 (vgl. AfdA 16, 108).

Sehen wir hier eine volksmässige geistliche Lyrik im Anschluss an die weltliche entstehen, so hatte sich andrerseits auch schon in viel früherer Zeit ein geistlicher Volksgesang aus dem kirchlichen Leben heraus entwickelt. Freilich war und blieb der lateinische Gregorianische Choral der liturgische Gesang, und dieser wurde von den Geistlichen ausgeübt. Aber das innerhalb desselben verschiedentlich wiederkehrende *Kyrie eleison* wurde bereits im 8. Jahrh. auch vom Volke gesungen.[1] Allmählich ward dieser bei mancherlei Gelegenheiten angestimmte Gebetruf durch deutsche Zusätze erweitert; bald waren es wenige Worte, wie das für das 10. Jahrh. und mehrfach später bezeugte «Christe ginâdo! die heiligen alle helfen uns!» (MSD 29), bald auch kurze Versreihen, die sich zu Strophen gliederten und in das Kyrie eleison als Refrain ausliefen; das deutsche Petruslied des 9. Jahrhunderts ist das älteste Beispiel dieser Gattung. Ihrem Ursprung aus dem *Kyrie eleison* gemäss wurden nun solche geistlichen Liedchen, die von Laien im Chor oder unter dessen Beteiligung gesungen wurden, überhaupt *Leise* genannt. Bei den verschiedensten Anlässen waren diese Gesänge zu vernehmen. Vor der Schlacht lässt schon das Ludwigslied den König ein heiliges Lied singen, das Heer mit Kyrie eleison einfallen, und aus dem 12. bis 15. Jahrh. liegen weitere Belege für die Verwendung der Leise als Schlachtlieder vor.[2] Auch bei Wallfahrten wurden sie angestimmt, wie das schon durch Gottfried von Strassburg bezeugte „in gotes namen varen wir", ein sehr beliebtes Lied, welches auch bei Kreuz- und Kriegsfahrten erklang.[3] Über die verschiedensten Gegenden Deutschlands hin verbreiteten sich die Lieder volksmässigen Stiles, mit welchen die im Pestjahre 1349 auftretenden Geisler ihre Umzüge und Kasteiungen begleiteten,[4] und nicht minder bekannt wurde das im 15. Jahrh. verfasste, im 16. vielfach umgedichtete Lied der nach St.-Jago di Compostella wallfahrenden Pilger,[5] welches aus dem Kreise der Leise heraus ganz in den Ton der Volksballade übertritt. Aber auch in der Kirche fand der deutsche Laiengesang seinen Platz. Ein Weihnachtsleis «syt willekomen heirre kirst», der sich u. a. mit Melodie in einer Hs. v. J. 1389[6] neben weltlichen Liedern findet, wurde im Aachener Münster vom ältesten Schöffen während der Christnachtmesse angestimmt.[7] Zu Ostern und Pfingsten sang man bereits im 13. Jahrh. die Leise 'Christ ist erstanden' und 'nu bitten wir den heiligen geist', die sich beide ebenso wie der auf die Melodie des ersteren gedichtete, seit dem Beginne des 16. Jahrhs. überlieferte Himmelfahrtsleis 'Christ fur gen himele' bis in die Gegenwart erhalten haben (Böhme N. 552, 566/7). Mit ihnen begleitete das Volk die in der Kirche üblichen symbolischen Darstellungen des Grabesbesuches, der Ausgiessung des heil. Geistes und der Himmelfahrt, oder es sang die einzelnen Strophen dieser und anderer deutscher Lieder zwischen den einzelnen Absätzen

---

[1] Bäumker I. S. 7.

[2] Hoffmann S. 42—6. 68 f. Wackernagel LG. I². 339.

[3] Böhme Nr. 568. Hoffmann Nr. 12. 97—9. Mettin, *Die ältesten deutschen Pilgerlieder*. Philol. Studien Halle 1896, S. 277.

[4] Mitgeteilt in Fritsche Closeners *Strassburgischer Chronik (Chroniken der deutschen Städte* VIII, S. 105 f.); In der *Limburgischen Chronik* (*MG. Deutsche Chroniken* IV S. 31 f.). Ferner in der metr. Chronik des Hugo v. Reutlingen *Forsch. z. d. Gesch.* 21, 54 f. Germ. 25, 40 f. *Die Lieder und Melodien der Geissler des J. 1349 nach der Aufzeichnung Hugo's von Reutlingen* hrsg. v. P. Runge Leipz. 1900. Vgl. Hœniger, *Der schwarze Tod* 1882 S. 12 f. Hoffmann S. 130 f.

[5] Uhland Nr. 302, vgl. Schriften 4, 310 f. Bäumker II, 9 Anm. 3.

[6] Zeitschr. d. Aachener Geschichtsvereins 11, 50 (59) *Gregoriusblatt* 1889 N. 10. 11. Vierteljahrsschr. f. Musikwissensch. 1888, S. 158.

[7] Hoffmann S. 29 f. Noch im Antwerpener Gesangbuch von 1648.

der an den hohen Festen von der Geistlichkeit vorgetragenen Sequenzen (Bäumker 2, 11 f.); doch waren wenigstens jener Oster- und Pfingstleis auch sonst im Volksgesange bräuchlich. In den geistlichen Spielen wurden nicht nur schon frühe von den Darstellern deutsche Lieder gesungen (§ 73), unter denen besonders die beim Kindelwiegen in der Christnacht üblichen, seit dem 14. Jahrh. bezeugten, volkstümliches Gepräge tragen, sondern es werden auch mehrfach die Zuschauer zum Anstimmen eines solchen aufgefordert.[1] Und selbst ohne diese ausserordentlichen Anlässe ist schon im 12. und 13. Jahrh. der deutsche Gemeindegesang beim Gottesdienste dadurch bezeugt, dass verschiedentlich am Schlusse von Predigten dieses Zeitraums die Hörer zum Singen eines nach seinen Eingangsworten bezeichneten Leises veranlasst werden.[2] Dass derartige Gesänge nicht nur nach sondern auch vor der Predigt erhoben wurden, ist wenigstens für das 15. Jahrh. verbürgt.[3] Doch hat sich dieser gottesdienstliche Gemeindegesang wohl im wesentlichen auf die einfachsten und bekanntesten kleinen Leise beschränkt. — Wie die weltlichen so werden auch die geistlichen deutschen Lieder schon im 15. Jahrh. in Gesangbüchern vereint. Eine mit Melodien versehene Sammlung aus dem böhmischen Stifte Hohenfurt bietet ein bemerkenswertes Beispiel dafür.[4]

MEISTERGESANG.[5]

§ 65. Die eigentlichen Pfleger der Traditionen und strengeren Regeln der mittelalterlichen Kunstlyrik sind in diesem Zeitraume die Meistersinger. Sie sind die unmittelbaren Nachfolger jener kunststolzen Berufsdichter des 13. Jahrhs., deren poetische Manier in Frauenlob ihren Höhepunkt erreichte. Sie singen die Lieder, Leiche und Sprüche dieser alten Meister und dichten neue Texte auf ihre Töne. Aber auch ihre eigenen Erfindungen bewegen sich in dem alten Geleise fort; nur gilt jetzt an Stelle der ursprünglichen Einstrophigkeit des Spruches die Regel, dass mehrere, gewöhnlich 3 oder 5, auch 7 dieser umfänglichen und teilweise sehr verwickelten Strophen zu einem Ganzen, einem *Bar* oder *Par* vereinigt werden. Der Vers wird genau nach der Silbenzahl gemessen; der Reim wird vielfach unreiner, oder der Sprache mit Gewalt aufgezwungen, obwohl diese 'Nachmeister' in künstlichen Reimhäufungen, Verschlingungen und sonstigen Spielereien keineswegs hinter ihren Vorbildern zurückbleiben. Dass ihre Technik auf die kunstmässige erotische und geistliche Lyrik der Dilettanten wesentlichen Einfluss ausgeübt hat, ist zweifellos. Aber

---

[1] So Fdgr. 2 S. 285, 14 f. 336, 4 f.

[2] MSD[3] II, 157.

[3] Bäumker II S. 13.

[4] Ein deutsches geistliches Liederbuch mit Melodien aus dem 15. Jahrh., hrsg. v. W. Bäumker Leipz. 1895.

[5] Aus der Literatur über den Meistergesang kommt für diese Periode bes. in Betracht: Grimm, *Über den altdeutschen Meistergesang* Göttingen 1811. Uhland, *Schriften* Bd. 2. 284 ff. (Hans Sachs hrsg. v. Gödeke in *Deutsche Dichtungen des 16. Jahrhs.* Bd. 4 S. XIX f.; Schnorr v. Carolsfeld, *Z. Gesch. d. Meistergesanges* 1872). Plate, *Kunstausdrücke der Meistersinger* in d. Strassburger Studien 3, 147. Jacobstal, *Musikal. Bildung der Meistersinger* ZfdA 20, 69. Martin, *Die Meistersinger v. Strassburg* 1882. (Vortrag). — Mitteilungen aus alten Sammlungen: Görres, *Altdeutsche Volks- und Meisterlieder* Frankf. 1817 (unkritisch). Docen in Aretins *Beiträgen* Bd. 9, S. 1128 f. Holzmann Germ. 3, 307 f. 5, 210 f. Zingerle, *Wiltener Meistersingerhs.* Wiener SB. 37, 331, u. vor allem *Meisterlieder aus der Kolmarer Hs.* hrsg. v. Bartsch Lit. Ver. 68; ihre Melodien hrsg. v. P. Runge, *Die Singweisen der Kolmarer Hs. u. die Liederhs. i. Donaueschingen* Leipz. 1896 (vgl. AfdA 24, 167. Monatshefte f. Musikgesch. 30. Beil. z. Nr. 12.)

ihr eigenstes Gebiet ist nicht das rein Lyrische. Themen des Minnegesanges lieben sie mehr in didaktischer als in eigentlich lyrischer Weise zu behandeln, eine Mischgattung, wie sie besonders Meister Suchensinn (urkdl. 1392) in seinen übrigens doch noch vom Geiste des althöfischen Frauenkultus erfüllten Liedern pflegte.[1] Auch ihre geistlichen Gedichte sind viel seltener Ausdruck religiöser Empfindung, als lehrhafte und gelehrte Erörterungen biblischer und dogmatischer Stoffe mit den üblichen mystischen Ausdeutungen und scholastischen Spitzfindigkeiten. Derartiger theologischer und nicht minder mancherlei weltlicher, natur-, welt- und sagenhistorischer Wissenskram wird mit der alten Geheimthuerei und Prätension vorgebracht. Aus den sieben freien Künsten leiten sie die Anforderungen an Inhalt und Form des regelrechten Meistergesanges ab; seine Regeln erörtern sie gern in ihren Gedichten, und seine richtige Ausübung machen sie sich in ihren nach wie vor üblichen Kampf- und Wettgesängen unter den gröbsten Angriffen streitig.

Als die vornehmste, auch bei solchem Wettsingen bevorzugte Gattung gelten die Lieder aus der Schrift, von Gott und seiner Mutter, oder auch von den Geheimnissen der Astronomie. Aber auch die übrigen von den älteren Dichtern behandelten lehrhaften Stoffe werden nicht verschmäht, und auch die Einkleidung in Bîspel und Fabel bleibt dabei noch in Brauch. Wo sie angewandt wird, gestattet die jetzt übliche Mehrstrophigkeit eine weitere Ausdehnung des erzählenden Teiles. Die Erzählung kann auch als Hauptsache betrachtet werden, oder man verzichtet ganz auf die moralische Beigabe, und die Meistersinger liefern lyrische Seitenstücke zu den Historien, Novellen und Schwänken in Reimpaaren, oder zu den historischen Volksliedern und zu den Volksballaden. In solchen Gedichten wird die gewöhnliche Strophenzahl des Bar mehrfach überschritten, so z. B. in Beheims historischen Liedern. Wird dann auch statt der weitschichtigen und komplizierten eine einfachere und kürzere Strophenform gewählt, so berührt sich diese Gattung wenigstens formell mit der volksmässigen Dichtung.

Sänger von Beruf sind zunächst diese Meister so gut wie die des 13. Jahrhs. Auch sie suchen ihr Brot an den Höfen der Fürsten und Herren, wo je nach der Verschiedenheit ihrer Bildung und ihrer Leistungen natürlich auch ihre Stellung eine sehr verschiedene war. Wenn einer dieser Leute, Gilgenschein, der sich selbst wenigstens für einen wohlbekannten Dichter hielt, auf den Pfalzgrafen Friedrich (i. J. 1462) zwei Lieder im Tone und in Strophenformen des Volksgesanges verfasst[2] und das eine mit einem nicht misszuverstehenden Hinweis auf seinen ewig leeren Beutel beschliesst, so unterscheidet er sich in nichts mehr von einem armen Spielmann; und doch wird er von Hans Folz und Kunz Nachtigall unter den Meistersingern aufgezählt.[3] In ganz anderm Ansehen stand jedenfalls ein Sänger wie Heinrich von Mügeln aus Meissen,[4] der längere Zeit im Dienste Karls IV. zu Prag dichtete und ähnliche Beziehungen mit anderen Höfen pflegte. Er hatte wirklich eine gelehrte Bildung genossen, von der er Proben ablegte, indem er die Erläuterungen

[1] Hrsg. bei Bartsch, *Kolmarer Hs.* Nr. 32. Fichard, *Frankf. Archiv* 3, 223—48. *Liederbuch der Hätzlerin* 92. ADB 37, 103 (Roethe).

[2] Liliencron, *Volkslieder* Nr. 112. 113.

[3] Gödeke, *Grundr.* I² S. 309. Bei Val. Voigt (1558) wie bei Nachtigall der Lilgenfeinn MSH 4, 892b.

[4] Schröer, *Die Dichtungen des H. v. M. nach den Hss. besprochen.* Wiener SB. 55, 451 f. A. Benedict *Über die Sprache H.s v. M.* Progr. Smichow 1889. — PBB 21, 240.

des Nikolaus von Lyra zu den Psalmen, eine ungarische Chronik und i. J. 1369 den Valerius Maximus [1] aus dem Lateinischen ins Deutsche übersetzte und andererseits eine ungarische Chronik wesentlich im Anschluss an seine eigene Verdeutschung in lateinischen Reimversen und Strophen schrieb. So paradiert er denn auch in seinen deutschen Dichtungen mit seinen Kenntnissen. In einem grösseren allegorischen Gedichte, dem *Kranz der meide,* [2] in dem er Heinrichs von Neustadt Gedicht von Gottes Zukunft und dessen Quelle, den Anticlaudianus benutzt hat, erörtert er das Wesen der zur Zwölfzahl erweiterten freien Künste und der Tugenden, wobei er die ersteren als Jungfrauen vor den Kaiser treten und von ihm das Urteil empfangen lässt, welche unter ihnen die vorzüglichste sei. Ähnliches findet sich in seinen Liedern, die auch im übrigen die üblichen geistlichen und weltlichen Themen mit besonders reichem Aufwande phantastischer, besonders astronomischer Meistersingerweisheit behandeln, falls nicht, wie in seinen *Fabeln* und einigen *Minneliedern,* [3] schon der Gegenstand eine einfachere und anspruchslosere Art der Ausführung mit sich brachte. Er steht denn auch nach dem Urteil der Folgezeit obenan unter den späteren Meistern.

Nächst ihm wird Muskatblut besonders geschätzt, ein aus Nordbaiern stammender Meister, der in der ersten Hälfte des 15. Jahrhs. an den Höfen seine Kunst ausübte. [4] Von seinen datierbaren Gedichten ist das erste im Jahre 1415, das letzte 1438 verfasst; da er sich schon im Jahre 1433 einen alten Mann nennt, so wird er mit einem in den Jahren 1453 und 58 vom Erzbischof Dietrich von Mainz vermutlich als Sänger besoldeten Konrad Muskatblut nicht identifiziert werden können. [5] In seinen zahlreichen geistlichen Gedichten lässt auch er es an Gelehrsamkeit nicht fehlen; besonders zum Lobe der Maria setzt er wie Frauenlob und Mügeln den ganzen Apparat mystisch-allegorischer Schriftdeutung und Natursymbolik in Bewegung, und er mischt stellenweise lateinische Sätze zwischen den deutschen Text. Sein Minnegesang zeigt in den langatmigen Strophenformen und oft auch in der lehrhaften Wendung die meisterliche Färbung; aber es fehlt bei ihm doch auch nicht an rein persönlich gehaltenen Liebesliedern, und die häufige Verwertung des Naturbildes, die Anknüpfung an die Jahreszeit, mit der er sogar einzelne geistliche Lieder einführt, erinnert an die Volkslyrik. In seinen moralisch-satirischen Sprüchen findet sich manche lebendige Beziehung auf die Verhältnisse seiner Zeit. Die Anerkennung, die seinem Talente gebührte, hat er gefunden. Dass er bei hohen Fürsten und Herren reichen Lohn geerntet habe, erfahren wir durch Michael Beheim, der seiner als eines begünstigteren Vorgängers gedenkt.

Wenn dagegen Beheim mit seiner ungeschickten und handwerksmässigen Massenproduktion (§ 60) nicht den gewünschten Erfolg hatte, so dünkt uns das erklärlich genug. Er selbst fühlt sich gleichwohl den übrigen 'Nachmeistern' gewachsen, und seine Wett- und Streitgedichte stehen in

---

[1] Schönbach, *Miscellen aus Grazer Handschriften* (Mitt. d. histor. Ver. f. Steiermark 46, 1) 1898.

[2] PBB 22, 135. Benedict, *Die Metrik in H.s v. M. der meide kranz* Progr. Smichow 1891.

[3] H. v. M. *Fabeln u. Minnelieder* hrsg. v. W. Müller Gött. 1848 (aus den Göttinger Studien). — ZfdA 14, 155. 30, 345.

[4] *Lieder* Muskatbluts hrsg. v. Groote Köln 1852. Wackernagel, *Kirchenlied* 2, 487 ff. Puls, *Lautlehre der Lieder Muskatbluts* Kiel Diss. 1881.

[5] ZfdA 31, 287 (39, 152).

der groben Herabsetzung seiner Nebenbuhler hinter dem Ton der Polemik, den er im Buche von den Wienern anschlug, nicht zurück.[1]

Dergleichen Liederstreite, die uns schon im 13. Jahrh. entgegentraten, setzen gelegentliche Zusammenkünfte der Meister zu gemeinsamer Kunstübung voraus, und diese werden mit der Zeit ähnlich bestimmte Formen angenommen haben, wie sie im 16. Jahrh. für die Haupt- und Freisingen in den Singschulen durch schriftliche Ordnungen festgestellt wurden. Wie bei diesen, so mag auch schon bei jenen älteren Wettkämpfen der Berufssänger, wenn sie in einer Stadt aufgeführt wurden, das Publikum gegen ein beliebiges Eintrittsgeld zugelassen sein. Die am Orte weilenden Sänger stritten dabei um einen Preis, einen Kranz; oder ein fremder Meister musste vor ihnen eine Probe seiner Kunst ablegen, ehe er diese am Orte ausübte. So finden sich auch die Ansätze zu zunftmässiger Organisation schon unter den berufsmässigen Meistersingern.[2]

Dass seit Frauenlob, der auch andere schulmässig in der Kunst ausbildete, Mainz eine Hauptpflegestätte des Meistergesanges blieb und dass dorther die später in Kolmar befindliche grosse Meisterliederhandschrift des 15. Jahrhs. stammt, darf man späterer Überlieferung wohl glauben. Die älteste bestimmte Angabe über die Einrichtung einer städtischen Singschule aber betrifft Augsburg, wo eine solche nicht lange vor 1450 gegründet wurde (Liliencron, Volksl. Nr. 90, 15). In Strassburg wurde nach Angabe einer Erneuerungsurkunde vom Jahre 1598 die 'uralte löbliche Kunst des teutschen Meistergesanges durch etliche kunstliebende, gottesfürchtige Personen vor ungefähr 105 Jahren aufgerichtet'.[3] Auch in Worms und in Nürnberg muss der Meistergesang schon im 15. Jahrh. geblüht haben, doch lässt sich über seine Organisation nichts Bestimmtes feststellen. Der älteste Stiftungsbrief einer städtischen Singerbrüderschaft, der bisher bekannt geworden ist, wurde zu Freiburg im Breisgau im Jahre 1513 ausgestellt;[4] die älteste Tabulatur, d. h. schriftliche Aufstellung der Kunstregeln und der Ordnung der Meistersingerschule, ist der 'Schuelzettel zu Nürnberg' vom Jahre 1540. Dass schon die Augsburger Singschule nicht lediglich Berufssänger einschloss, lässt sich mit Bestimmtheit annehmen. Wenn wir schon um 1300 in dem Schmied Regenbogen und später in dem Weber Michel Beheim Leute kennen lernen, die ihr Handwerk mit dem meistersingerischen Gewerbe vertauschen, so zeigt dies, dass sich schon damals Vertreter bürgerlicher Berufszweige mit der Erlernung kunstmässigen Gesanges abgaben; im Verlauf des 15. Jahrhs. wird es allmählich üblicher geworden sein, dass dergleichen auch aus Liebhaberei geschah, dass sesshafte Bürger, insbesondere Handwerker, den Meistergesang nicht als Erwerbsquelle, sondern lediglich zu eigenem Ergötzen neben ihrem Gewerbe pflegten, sich zu seinem gemeinsamen Betriebe vereinigten und der Richtung der Zeit entsprechend sich zunftmässig organisierten. Damit wurde diese Kunst mehr und mehr zur Schulübung; die Dichtungen wurden mehr auf den Kreis der Zunftgenossen eingeschränkt und vom öffentlichen literarischen Leben abgetrennt.

Die Form, aus der sich die ganze Gattung entwickelt hatte, der strophische Spruch, war in ihrer besonderen Ausbildung auch immer ungeeigneter

---

[1] Germ. 3, 309 f.
[2] Wettgesänge in der Singschule Germ. 3, 315 f. u. in der Kolmarer Hs.
[3] Schilter, *Thesaurus* 3, 89.
[4] Mones *Badisches Archiv* 2, 195 f.

geworden, das allgemeine Interesse zu beanspruchen. Je unnatürlicher und schwerfälliger sie in den meistersingerischen Baren wurde, um so mehr wurde für die populäre Behandlung lehrhafter Themen die auch für die erzählende Gattung in dieser Periode so beliebte Form des kleinen Gedichtes in Reimpaaren bevorzugt, die denn schliesslich auch mancher Meistersinger wählte, wo er sich an ein grösseres Publikum wandte, während er seine Bare für die Schule dichtete.

REIMSPRECHER.[1]

§ 66. Es giebt kaum ein Gebiet des physischen und geistigen, des politischen und sittlichen Lebens, welches nicht in dieser Gattung von Gedichten, der *gereimten Rede,* erörtert wäre, und neben der einfachen Lehre treten auch hier alle die besonderen Formen auf, welche schon in der strophischen Spruchdichtung bräuchlich gewesen waren: Bîspel, Allegorie, Fabel, Priamel,[2] Rätsel, geteiltes Spiel. An den Höfen und in den Städten suchten und fanden neben den Sängern die Vertreter dieses Kunstzweiges, die Reimsprecher, ihre Zuhörerschaft, mochten sie nun eine bestimmte Persönlichkeit, ein historisches Ereignis, eine Festlichkeit verherrlichen oder sonst zur Belehrung und Unterhaltung ihre Sprüche hersagen oder improvisieren. Oft handelt es sich dabei lediglich um ein Spiel des Witzes; der Gegenstand kann ein ganz gleichgültiger, ja ein lächerlich unbedeutender sein, wenn ihm der Reimsprecher nur irgend etwas abzugewinnen weiss. Im geteilten Spiel war dergleichen von altersher üblich gewesen. So hatte schon im 11. Jahrh. Hermann von Reichenau die Vorzüge des Schafes gegen die des Flachses in einem lateinischen Gedichte abgewogen, so Walther von der Vogelweide den Wert des Kornhalmes gegen den der Bohne verteidigt (Lachm. 17, 25), und ganz ähnlich wie er, wenn auch ohne einen solchen Gegensatz, hatte Spervogel die Ähre gepriesen (MF 23, 29). In der ersten Hälfte des 14. Jahrhs. machte ein ostfränkischer Poet, der besondere Beziehungen zu Würzburg zeigt, der König vom Odenwald, dergleichen Reimereien zu seiner Spezialität.[3] Er verherrlicht das Stroh auf Kosten der Seide, das Huhn zu Ungunsten der Singvögel, das Schaf, die Kuh u. s. w. Die geflissentliche Hervorkehrung des derb Materiellen gegenüber der alten höfischen Anschauungs- und Empfindungsweise und andrerseits das Zusammentragen und Ausbreiten möglichst vieler Einzelheiten ist ihm die Hauptsache dabei. Auch später findet sich dergleichen nicht selten, wie das Aufzählen von 'allerlei Hausrat' und Ähnliches. — Viel ernstere und höhere Gattungen vertritt Heinrich der Teichner, ein Österreicher, der etwa in der Zeit von 1350—75, anfänglich als Fahrender, dann in günstigeren Lebensverhältnissen, mehr als 700 Reimreden geistlichen, moralischen und satirischen Inhaltes dichtete.[4] Seine Darstellungen aus dem Leben seiner Zeit sind bei weitem nicht so

---

[1] Viele Gedichte dieser Gattung in Lassbergs *Liedersal.* Historische Sprüche in Reimpaaren in Liliencrons *Volksliedern.* Handschriften b. Keller, *Fastnachtspiele* 3 (Lit. Ver. 30) 1326 f. *Nachlese* (Lit. Ver. 46) 324. Vgl. Mitteil. a. d. germ. Mus. 1893, 25.

[2] W. Uhl, *Die deutsche Priamel.* Leipzig 1897.

[3] Hrsg. v. Bahder Germ. 23, 193. 292. *Die Gedichte des Königs vom Odenwalde* hrsg. v. E. Schröder Darmstadt 1900 (aus d. Archiv f. Hessische Gesch. u. Altertumsk. NF III, 1). S. hält den Dichter für einen Würzburger Koch, während v. Bahder in ihm einen Spielmannskönig sah.

[4] Teilweise hrsg. mit Abhandlung über d. Dichter v. Karajan: Denkschriften der Wiener Akad. 6, 85 f. ADB 37, 544 (Seemüller).

anschaulich realistisch wie die jenes älteren österreichischen Didaktikers im 'Seifried Helbling', welchen Teichner kennt; seine Beispiele sind nicht so hübsch abgerundet wie die des Strickers, des ältesten Vertreters der Rede in Reimpaaren. Er ist eine beschauliche, in sich gekehrte Natur, die gern über sittliche und religiöse Probleme reflektiert und dabei etwas tiefer eindringt, als man es von einem Ungelehrten jener Zeit erwartet. Bei aller Strenge seiner moralischen Grundsätze ist doch sein Urteil, wo es sich nicht um Gegner des kirchlichen Glaubens handelt, ein mildes; seine zahlreichen Strafreden auf die Unsitten des Zeitalters sollen nicht Personen, sondern die Sache treffen. Ein friedfertiges, bürgerlich ehrbares und frommes Leben ist sein Ideal; ritterlichem Wesen ist er abhold, nicht nur dem wüsten Treiben des Raubrittertums, sondern auch dem Frauendienste, den Turnieren und Ritterfahrten. Seine Sprüche fanden Anerkennung und Verbreitung; sie eroberten sich ihren bescheidenen Platz neben jenen Werken eines Thomasin, Freidank, Trimberg, die dem Zeitalter als weltliche Sittenlehren dienten. — Dass Teichners Leben seinen Lehren entsprach, erfahren wir durch seinen jüngeren Landsmann und Kunstgenossen, Peter Suchenwirt,[1] der um 1356—95 dichtete und in einem poetischen Nachruf den edlen Charakter des Verstorbenen ebensosehr wie seine Dichtung gepriesen hat. Auch Suchenwirt ist ein Reimsprecher, wenn er sich auch neben den Reimpaaren in einigen Gedichten der Kreuzreime mit vierzeiliger Gliederung bedient; und auch er behandelt in der Form der Rede teilweise moralische und religiöse Gegenstände wie der Teichner. Aber er hatte sich zugleich ein besonderes Gebiet gewählt, das ihm eine ganz andere Stellung zum Rittertum anwies, als dem Freunde. Er war einer von den Leuten, die er selbst einmal *die knappen von den wappen* nennt, *die von den wappen tichtens phlegen.*[2] Dieser Heroldspoesie, der sich schon Konrads von Würzburg Turnei von Nantes näherte und die wir schon in den Gedichten auf die Schlachten bei Dürnkrut und Göllheim vertreten fanden, gehören zum grossen Teile Suchenwirts Gedichte an. Es sind *Ehrenreden* auf verstorbene Fürsten und Edele, die mit einer kurzen Erzählung ihrer Thaten eine Totenklage und eine Beschreibung ihrer Wappen verbinden. Ein solcher Dichter ist natürlich ein entschiedener Anhänger des Rittertums; der Verherrlichung ritterlicher Tugenden und der Minne alten Stils oder der Klage über ihren Verfall widmet Suchenwirt mit Vorliebe auch die nicht unter jene heraldischen Nekrologe fallenden Reden, für die er gern eine allegorische Einkleidung wählt, und die verschiedenen Gattungen pflegt er mit dem steifen Zierrat des geblümten Stils zu schmücken. Andererseits führt die Heroldspoesie mit ihrer Verherrlichung der Verdienste einer geschichtlichen Persönlichkeit leicht auf das Gebiet jener Gattung historischer und politischer Reimreden, die uns schon als ein Seitenstück zum historischen Volksliede entgegentrat (§ 60) und die wie von anderen Reimsprechern so auch von Suchenwirt gepflegt wird.

Aber nicht nur in den Dienst der Fürsten und Herren, auch in den der Städte stellen solche Dichter ihre Kunst. Beides geschieht in den Ge-

[1] P. Suchenwirt's *Werke* hrsg. v. Primisser Wien 1827. Gedichte die sich auf den Deutschen Orden beziehen: Scriptores rer. Pruss. 2, 155 f. — 5 Ehrenreden Wiener SB. 88, 99 f. (Koberstein, *Sprache Suchenwirts, Quaestiones Suchenwirtianae, Betonung mehrsilbiger Wörter in Suchenwirts Versen* Naumburger Programme 1828. 42. 43.) Germ. 34, 203. 303. 431. ZfdA 41, 193. ADB 37, 774 (Uhl).

[2] Primisser VII, 11. 13. Sie wurden mit zu den Spielleuten gerechnet, vgl. Karlmeinet 287, 13 'mynistrere de wir nennen speleman ind van wapen sprechen kan'.

dichten des Hans Schnepperer genannt Rosenplüt.[1] Er bezeichnet sich selbst einmal als einen höfischen Wappendichter, und diese Eigenschaft blickt in manchen allegorischen Beziehungen seiner Gedichte durch; aber unter seinen historischen Reimsprüchen, die sich v. J. 1427 bis 1460 verfolgen lassen, enthält nur der vom Herzog Ludwig von Baiern (1460) das Lob eines Fürsten in Verbindung mit der Beschreibung seines Wappens; in den andern findet er genug an Fürsten und Rittern zu tadeln. Den eigentlichen Lebensboden seiner Poesie bilden auch nicht ritterliche sondern städtische Verhältnisse und Anschauungen. Erst in späterem Alter wird er sich in der gewerbsmässigen Wappendichtung versucht haben, im übrigen ist er nach Neigung und Lebensstellung ein Bürger. Wir dürfen ihn sicherlich mit einem Hans Schnepperer in Nürnberg identificieren, der, früher als Gelbgiesser bezeugt, i. J. 1444 als Büchsenmeister (d. i. Geschützmeister) dort angestellt wurde und auch in den folgenden Jahren als solcher auftritt. So hat er denn auch i. J. 1450 in der Schlacht bei Hembach auf Seiten der Nürnberger gegen den Markgrafen Albrecht gestanden, und er verherrlicht den Sieg seiner Mitbürger in ebenso entschieden städtischer Gesinnung, wie er sie in einem *Lobspruch auf die Stadt Nürnberg,* auf ihren Rat, ihre Bürgerschaft, ihre Einrichtungen an den Tag legt. In Nürnberg hat er hauptsächlich gewirkt. Sein poetisches Eigentum ist noch nicht überall hinreichend festgestellt; jedenfalls ist es weit mehr, als was er selbst durch Nennung seines bürgerlichen Namens Schnepperer oder seines Dichternamens Rosenplüt als solches zu erkennen giebt.[2] Neben den teilweise unstrophischen, teilweise in einfachen Strophenformen verfassten historischen Gedichten hat er noch die verschiedensten Arten der kleineren Dichtung in Reimpaaren gepflegt: geistliche Reden im Tone des Volkspredigers, Sprüche von Sitten und Unsitten der Zeit, aber auch Erzählungen und Schwänke in grosser Anzahl. Die Gesprächsform, die er schon für einzelne seiner moralisch-satirischen Erörterungen wählt, bildet er besonders im Fastnachtspiel aus (§ 74). Unter den besonderen Arten des kurzgefassten Spruches, zu denen auch *Weingrüsse* gehören, behandelt er die *Priamel* mit grosser Vorliebe und nicht ohne Geschick. Wie er hier aus dem nationalen Sprüchwörterschatze schöpft, so macht er sich auch sonst die kräftige und derbe Ausdrucksweise des Volkes zu Nutze. Seine Darstellung ist bilderreich und voll sinnlicher Anschauung, vielfach mit kräftigem Humor gewürzt, aber seine Derbheit sinkt nicht selten bis zum Schmutz. Seine Verse sind frei; er scheut sich nicht, die regelrechte Silbenzahl des Verses weit zu überschreiten, aber er schliesst sich mehr als mancher seiner Zeitgenossen dem natürlichen Tonfall der Rede an.

Rosenplüts Dichtungsweise wird in Nürnberg durch den Barbier (Chirurgus) Hans Folz fortgesetzt, der, aus Worms stammend, seit 1479 in Nürnberg nachgewiesen ist und vor 1515 starb.[3] Auch er dichtet *Reden, Schwänke*

---

[1] Rosenplüts historische Gedichte in Liliencrons *Volksliedern* Nr. 61. 68. 93. 109—10. Mitteilung u. Nachweisung anderer Gedichte bes. bei Keller, *Fastnachtspiele* 3, 1077—1195. *Nachlese* 301 f. Ders., *Erzählungen aus altd. Hss.* (Lit. Ver. 35) 365. 426. ZfdA 32, 436. Der Lobspruch auf Nürnberg hrsg. v. Lochner Nürnberger Progr. 1854. Weingrüsse Altd. Blätt. 1, 401 f. — Zu R.s Leben: Wendeler im *Archiv f. Gesch. deutscher Sprache u. Dichtung* 1, 97. 385, wo auch die Überlieferung, nach welcher R. schliesslich Dominikaner geworden sein soll, als sehr mangelhaft verbürgt erwiesen wird. — ADB 29, 222 f. (Roethe).

[2] Über Rosenplüts Eigentum s. Euling, *100 deutsche Priameln* Göttinger Studien 1887. Michels, *Fastnachtspiele* (QF. 77) S. 119—214.

[3] Archiv f. Literaturgesch. 3, 324 f. Mitteilung und Nachweisung Folz'scher Gedichte bes. bei Keller, *Fastnachtspiele* 3, 1195—1324. *Nachlese* 309 f.

und *Fastnachtspiele,* auch er behandelt geistliche und komische, moralische und obscöne Stoffe. Die historische Dichtung liegt ihm ferner als dem Schnepperer; er erzählt wohl einmal von einem Feste, welches Kaiser Maximilian zu Nürnberg abgehalten, giebt einmal einen gereimten Abriss von der Geschichte des römischen Reiches, aber sein Interesse richtet sich mehr auf das private als auf das öffentliche Leben. Schilderungen von menschlichen Thorheiten, von einzelnen Ständen und ihren Gebrechen, von häuslichen Zuständen, Einrichtungen und Bedürfnissen sind seine Lieblingsthemen, bei denen er auch seine medizinischen Kenntnisse und Neigungen zu Worte kommen lässt und gelegentlich bis zu so unbedeutenden Gegenständen hinabsteigt, wie sie der König vom Odenwald behandelte. Er bevorzugt in den didaktisch-satirischen Dichtungen noch mehr als Rosenplüt die Gesprächsform; von der kleineren Spruchgattung verwertet er den bei Rosenplüt in einem hübschen Gedichte vertretenen Klopfan, den poetischen Neujahrsgruss, in derbsatirischer Weise. Aber Hans Folz ist auch ein Meistersinger. Er dichtet Bare geistlichen und weltlichen Inhaltes in mancherlei Tönen; und wenn seine sonstige Dichtung inhaltlich durch die ernstere Richtung des Meistergesanges wenig genug beeinflusst wird, vielmehr an Unanständigkeit das Mögliche leistet, so verrät doch ihre Metrik mit der im Gegensatze zu Rosenplüt durchgeführten Silbenzählung die Einwirkung meistersingerischer Technik.

MINNEREDEN UND ALLEGORIEN.

§ 67. Der naturalistischen Derbheit und Roheit eines Rosenplüt und Folz steht in den Reimreden anderer Dichter noch die alte idealistische Auffassung der Minne entgegen. Erörterungen von der Minne in der Form der Reimpaare lernten wir bereits in Hartmanns Büchlein und mit allegorischer Einleitung in der Konstanzer Minnelehre (§ 52) kennen; im 14. und 15. Jahrh., wo sie uns schon bei Montfort und Suchenwirt entgegentraten, bilden sie eine ganz besonders beliebte Dichtungsgattung. Sowohl von Dilettanten als von berufsmässigen Reimsprechern [1] wird diese gepflegt. In Reden und Briefen, in Monologen und Gesprächen werden persönlich oder allgemein gehaltene Gegenstände aus dem Minneleben, Erfahrungen und Fragen, Lehren und Regeln abgehandelt, teilweise noch ganz aus dem ritterlichen Anschauungskreise heraus, teilweise in jener allgemeingültigen Form, die auch in der Liederdichtung verbreitet war, teilweise vom bürgerlichen Parteistandpunkte.[2]

Die poetischen Liebesbriefe beschränken sich naturgemäss mehr auf den Empfindungsausdruck und die rhetorischen Künste der geblümten Rede; dabei setzen sich typische Formen fest, wie z. B. ein Briefsteller für Liebende zeigt, den um die Mitte des 14. Jahrhunderts ein alemannischer Kleriker in Gestalt eines Kranzes poetischer Musterbriefe unter starker Benutzung Konrads von Würzburg und der Konstanzer Minnelehre zusammenreimte.[3] Andrerseits erhalten die Reimreden von der Minne auch oft eine erzählende Einkleidung, ähnlich wie wir sie in der Minnelehre und in Konrads von Würzburg Klage der Kunst kennen lernten. Auch hierfür

[1] Reimsprecher: 'sulche ouch dâ wâren dê van minnen ind lêve sprâchen sunder brêve' Karlmeinet 287, 16.

[2] Sammlung von Gedichten dieser Gattung bes. in Lassbergs Liedersal und im Liederbuche der Hätzlerin.

[3] A. Ritter, *Altschwäbische Liebesbriefe* (Grazer Studien z. deutsch. Philologie) 1897. E. Meyer, *Die gereimten Liebesbriefe des deutschen Mittelalters* Marburg Diss. 1898; vgl. ZfdPh 32, 549.

bilden sich feststehende Typen. Dem Dichter erscheint die Liebste im Traum, oder er kommt auf einsamem Spaziergange in einen tiefen Wald, auf eine schöne Aue, und in der mehr oder weniger ausführlich geschilderten Naturumgebung begegnet ihm irgend eine typische Gestalt, sei es aus dem Leben, sei es aus der Sage; oder, was besonders beliebt ist, eine allegorische Figur, die Minne, die Verkörperung irgend einer Tugend u. dgl. erscheint, und nach diesem einleitenden Teile entspinnt sich nun ein lehrhaftes Gespräch.

Didaktische Themen verschiedener Art, vor allem aber solche, die sich auf die Minne beziehen, werden in dieser Form erörtert. Dahin gehört neben vielen kleineren Stücken besonders ein umfängliches Gedicht vom Jahr 1404, *der Minne Regel*,[1] welches der Mindener Kanonikus Eberhard von Cersne (Zersen), der sich auch als Lyriker bethätigt hat und im Jahr 1408 urkundlich bezeugt ist, nach dem alten Brauche der höfisch dichtenden Niederdeutschen hochdeutsch reimte, so gut es eben gehen wollte. Eine Rahmenerzählung schliesst ein Gespräch zwischen dem Dichter und der Minne ein, in dem sowohl die allgemeineren Vorschriften als eine detaillierte Casuistik der Minne entwickelt werden. Dabei folgt Eberhard in freier Weise dem lateinischen *Tractatus amoris* des nordfranzösischen Kaplans Andreas, der später von Johann Hartlieb in deutsche Prosa gebracht wurde (§ 75). Von einer Codifikation der Minnegesetze, wie sie Andreas unternommen hatte, war es kein weiter Schritt mehr zu der Vorstellung von einer Vereinigung der Minner und Minnerinnen unter einer Ordensregel, und so wurde dieser Gedanke einer Dichtung vom *Kloster der Minne* zu Grunde gelegt; ob der Plan des Dichters, wie man vermutet hat, auch durch die Einrichtungen des von Ludwig dem Baiern i. J. 1330 für ritterliche Ehepaare begründeten Klosters Ettal bei Oberammergau beeinflusst wurde, mag dahin gestellt bleiben.[2] Ungefähr um dieselbe Zeit wie das Kloster der Minne, gegen 1350, wurde eine der beliebtesten Dichtungen dieser Gattung, *die Minneburg*, von einem ostfränkischen Poeten verfasst, der seine ziemlich konfuse allegorische Erzählung und Schilderung nicht nur mit lehrhaften Auslegungen, sondern auch noch mit zahlreichen selbständigen Minnereden in geblümtem Stil durchflocht.[3] Ein Meister Egen von Bamberg, den er als überlegenen Künstler feiert, scheint sich in zwei Minnereden, die von ihm vorliegen, in der That als einen noch grösseren Meister unklaren Schwulstes kundzugeben. Berechtigteren Beifall als Egen und sein Bewunderer fand der vornehme bairische Ritter Hadamar von Laber (um 1335—40)[4] mit seiner in Titurelstrophen verfassten *Jagd*, einer bis ins Einzelste geführten Allegorie, die uns vorführt, wie der Liebende als Jäger, von dem Herzen auf die Fährte geleitet, der Geliebten, dem Wilde, nachspürt, unterstützt von den Hunden Glück, Lust, Liebe, Trost, Treue u. s. w., gefährdet von den Wölfen, den Merkern. Gespräche und Lehren werden auch hier vielfach eingeflochten. Die grosse Verbreitung und Verehrung, die Hadamars

[1] Hrsg. v. Wöber Wien 1861. Vgl. Germ. 7, 481. 8, 268. E. Bachmann, *Studien über Everhard Cersne* I. Berlin 1891.

[2] ZfdA 38, 361. G. Richter, *Beiträge zur Interpretation und Textrekonstruktion des mhd. Ged. Kloster d. Minne* T. I. Berlin 1895.

[3] Wichtige Untersuchung von Ehrismann PBB 22, 257.

[4] Hadamars v. Laber *Jagd u. 3 andere Minnegedichte seiner Zeit u. Weise, des Minners Klage, der Minnenden Zwist u. Versöhnung, der Minne Falkner* hrsg. von Schmeller Lit. Ver. 20. Jagd hrsg. von Stejskal Wien 1880, vgl. ZfdA 22, 263 f. E. Bethke, *Über den Stil Hadamars v. Laber* Berlin 1892. (Zweifel in betreff der Person Hadamars s. Germ. 37, 296. 62.)

Dichtung zu Teil wurde, rief mehrfach Nachahmungen hervor, und auch in freier Weise benutzte man Hadamarsche Motive, wenngleich die auch in der Lyrik dieses Zeitraumes beliebten Beziehungen zwischen Minne und Jagd nicht überall auf ihn zurückgeführt werden dürfen, sondern älteren Ursprunges sind.

Auf alemannischem Gebiet ist die Minne-Allegorie in Reimpaaren neben den Gedichten des Elsässers Meister Altswert[1] besonders in den Werken des schwäbischen Ritters Hermann von Sachsenheim vertreten.[2] Ein ziemlich abenteuerliches, mit Reminiscenzen aus der höfischen, besonders der Wolframschen Epik, aber auch mit Zügen aus der Volkssage ausstaffiertes Märe dieser Gattung, *die Möhrin,* widmete er im Jahre 1453 der Pfalzgräfin Mechtild und deren Bruder Friedrich von der Pfalz. Ein Abenteuer vom *Spiegel,* mit welchem er vermutlich ein Jahr früher der Mechtild eine Huldigung dargebracht hatte, ist der Möhrin auf das allerengste verwandt, während er in seinem Gedichte vom *Schleierlein* eine überempfindsame Liebesgeschichte wenigstens in die für die allegorische Poesie typische Rahmenerzählung einfügte. Unter den Minneallegorikern erwarb auch Sachsenheim sich kein geringes Ansehen. Seine Möhrin wurde noch bis über die Mitte des 16. Jahrhunderts hinaus gedruckt, ein Kreis von Nachahmern schloss sich ihm an.[3] Gerade bei ihm aber drängt sich die bei den spathöfischen Dichtern schon mehrfach gemachte Wahrnehmung besonders wieder auf: zwischen einem aus der alten ritterlichen Poesie angelernten, geblümten oder hochtrabenden Stil, scheint die hausbackene und derb zugreifende Art der Anschauung und des Ausdruckes durch, welche dem Zeitalter die geläufigere war. Die stellenweise humoristische Behandlung seines Themas erweckt bei Sachsenheim schon den Verdacht, dass es ihm überhaupt mit der alten höfischen Auffassung der Frauenverehrung nicht recht ernst war; und so parodiert denn der auch sonst zur Selbstverspottung neigende Dichter gelegentlich einmal den Minnedienst und sich selbst aufs gröbste in einer schmutzigen Gesprächserzählung (*von der Grasmetzen*), die der rohen Art eines Folz nahe genug verwandt war, um diesen zur Nachahmung anzuregen. Wo sie sich im Kote finden, da verstehen sie sich gleich, der höfische und der bürgerliche Poet. Der Geschmack am Obscönen hinderte freilich den einen so wenig wie den anderen, nebenher auch geistliche Themata zu behandeln; und so verherrlicht auch Hermann von Sachsenheim, wiederum unter Verwertung der Allegorie, die Jungfrau Maria in einem Gedichte *der goldene Tempel* (1455) und Christus in einem Liede *Jesus der Arzt.*

FABELN.

§ 68. Die Einkleidung praktischer und sittlicher Lehre in das Gewand der Fabel ist seit Herger in der strophischen, seit Stricker in der Reimpaardichtung durch zahlreiche Einzelbeispiele vertreten.[4] Zu einem grossen

[1] *Meister Altswert* hrsg. von Holland u. Keller Lit. Ver. 21. Ihm gehören nur die dort S. 1—128 mitgeteilten Gedichte *Altswert, Kittel, der Tugenden Schatz* u. der *1. Spiegel.* Ka. Meyer, *Meister Altswert* (Gött. Diss. 1889) setzt die Gedichte um 1380, doch ohne durchschlagende Gründe.

[2] *Hermann v. Sachsenheim* (Möhrin, Tempel, Jesus) hrsg. von Martin Lit. Ver. 137. Spiegel u. Schleier bei Keller, *Altswert* S. 117 f. Grasmetze: *Liederb. d. Hätzlerin* S. 279.

[3] H. Hofmann, *Ein Nachahmer Hermanns v. S.* Marburg Diss. 1894. Geuther, *Liederbuch der Hätzlerin* S. 62 etc.

[4] Auch bei Teichner und dem König von Odenwald (§ 66) Pfeiffer, *Altd. Übungsbuch* S. 155. Anderes z. B. in Lassbergs LS, Altd. Bll. 1, 113 f. Keller, *Erzählungen aus altd. Hss.* 495 f.

Cyklus verarbeitete zuerst der Berner Dominikaner Ulrich Boner (urk. 1324/49) Stoffe dieser Gattung. Den *Edelstein* nannte er seine gegen 1349 abgeschlossene Dichtung, die, für den als Lyriker bekannten Johann von Rinkenberg verfasst, 100 dem Inhalte nach geordnete Fabeln nebst Vor- und Nachwort enthält.[1] Was Boner selbst angiebt, dass er mit schlichten Worten lateinische Vorlagen nacherzähle, ist durch den Nachweis der Quellen für fast sämtliche Fabeln bestätigt. Vor allem hat er die äsopischen Fabeln des Avian und des von Jsaak Nevelet 1610 herausgegebenen Anonymus benutzt, daneben verschiedene, teilweise sehr verbreitete mittelalterliche Sammlungen von Erzählungen mit lehrhafter Pointe. Aber er weiss seine Stoffe geschickt zu verarbeiten. Sein Versbau ist regelrecht, seine Darstellung einfach und klar, hie und da durch harmlosen Humor belebt, ohne den rhetorischen Schmuck, aber nicht ohne die Gefälligkeit der älteren Erzählungsweise. Er sucht weder das Künstliche, noch das Gelehrte, noch das Tiefsinnige; er will vor allem gemeinverständlich sein. In seinen Moralisationen, die er den Beispielen nicht ausschliesslich anhängt, sondern mehrfach auch noch voranschickt und einflicht, verleugnet er nicht den geistlichen Standpunkt; aber er bringt ihn ohne Härte und Bitterkeit gegen das weltliche Leben zur Geltung und er bereichert seine Lehren, vielfach unter Anlehnung an Freidank, aus der Weltweisheit, aus dem Sprichwörterschatze seines Volkes. Auch seine Sprache, die offen die Kennzeichen seiner schweizerischen Mundart zur Schau trägt, verschmäht die enge Fühlung mit dem Volkstümlichen nicht. So wurde denn der Edelstein bald populär, in Handschriften weit verbreitet und schon im Jahre 1461 als eins der ersten deutschen Bücher gedruckt. Sein unmittelbarer Einfluss zeigt sich schon in einer Fabelauslegung, die in der ersten Hälfte des 15. Jhs. ein mitteldeutscher Dichter teilweis auch nach denselben Quellen wie Boner, freilich mit geringem Geschick zusammengereimt hat.[2]

SENTENZEN.

§ 69. Nicht nur als Bestandteil anderer Dichtungen, wie in Boners Fabeln, in Rosenplüts und anderer Priameln, in mancherlei sonstigen didaktischen und erzählenden Gedichten, lebte das Sprichwort und die biblische oder gelehrte Sentenz in der Literatur dieser Zeit, auch selbständig wurde vieles derartige aufgezeichnet, und die grösseren Spruchdichtungen des 13. Jahrhs., Freidank und Cato, werden jetzt häufig vollständig oder stückweise vervielfältigt und in mancherlei Weise ausgenutzt. Von den mittellateinischen Spruchsammlungen wurde eine der am frühesten und weitesten verbreiteten im 14. Jahrh. zum erstenmale in deutscher Sprache bearbeitet, *die Wechselreden des Salomon und Markolf.*[3] Jenem Sagenkreise von Salomon und den Dämonen, aus welchem der Stoff des Spielmannsepos Salman und Morolf erwuchs, gehörten auch die Überlieferungen von Salomons Gesprächen mit dem Dämonenkönig an, auf welche vielleicht schon eine im Jahre 496 für apokryph erklärte *Contradictio Salomonis* bezogen werden darf. Im 9. Jahrh. behandeln zwei angel-

[1] Bonerius, *Der Edelstein* hrsg. von Benecke Berlin 1816; hrsg. von Pfeiffer, Leipz. 1844. Vgl. Lessing, *Werke* (Lachm.) 9, 1—65. Gottschick, *Zeitfolge i. d. Abfassung v. B.s Fabeln* Halle Diss. 1879; Ders. Charlottenburger Progr. 1875 u. 1886. Chn. Waas, *Die Quellen der Beispiele Boners.* Diss. Giessen 1897. Bächtold LG d. Schweiz S. 172 u. Anm.

[2] Ka. Eichhorn, *Mitteldeutsche Fabeln.* Meininger Programme 1896/8 (AfdA 25, 61); Ders., *Untersuchungen über die von Pfeiffer ZfdA 7 herausg. Fabeln.* Meining. Progr. 1899.

[3] Hrsg. bei v. d. Hagen u. Büsching, *Deutsche Gedichte des Mittelalters* Bd. I. Vgl. PBB 2, 1.

sächsische Gedichte Gespräche zwischen Salomon und dem Dämonenfürsten Saturnus, im Beginn des 11. Jahrhs. ist dem Notker Labeo die Tradition schon in der besonderen Wendung bekannt, welche in Deutschland die allgemein gültige bleibt, nämlich als ein von den Proverbia Salomonis ausgehender Wortstreit zwischen Salomon und Markolf, und Freidank weiss, dass Salomons Weisheitslehren durch Marolf parodiert wurden. Die nur in späteren, aber zahlreichen Handschriften und Drucken erhaltene lateinische Prosa dieses Inhaltes verbindet mit den Sprüchen, in welchen Salomons Weisheit gegen des bäurischen Markolf derben, oft unflätigen Witz den Kürzeren zieht, einzelne Rätsel und Schwänke der gleichen Tendenz. Ein mittelfränkischer Mönch bearbeitete im 14. Jahrh. das Büchlein in deutschen Versen, unter Beseitigung des schlimmsten Schmutzes, aber unter Wahrung des grobkomischen, oft genug auch des cynischen Tones der Quelle, und mit mancherlei selbständigen Zuthaten. Zu diesen gehört auch ein Anhang, welcher eine ältere Fassung der im Spielmannsgedichte erzählten Geschichte von der Entführung und Wiedergewinnung der Frau des Salomon auszugsweise wiedergiebt. — Es war ganz im Sinne des Zeitalters, den weisen König durch den schlauen Rüpel, das Ideale durch das Gemeine, das Erhabene durch das Lächerliche übertrumpft zu sehen, und so wurde die lateinische Prosa immer wieder aufs neue deutsch bearbeitet, um 1450 in Versen von Gregor Hayden,[1] der sich näher an das Original anschliesst als sein Vorgänger, mehrfach auch in dramatischer Form und besonders in einer Prosaübersetzung, die, als Volksbuch verbreitet, noch bis in die klassische Literaturperiode hinein die Erinnerung an Markolf fortleben liess.

BIBLISCHE UND THEOLOGISCHE DICHTUNG.

§ 70. Während in Salomons und Markolfs Streit biblische Überlieferungen arg parodiert erscheinen, giebt auf der anderen Seite nach wie vor auch die ernsthafte Behandlung biblischer und theologischer Schriften Stoffe für die lehrhafte Dichtung her. So brachte schon im Jahre 1300 zu Wien ein Priester des Johanniterordens, Johannes aus Frankenstein in Schlesien, die Passionsgeschichte, unter Einlegung von Erklärungen, ohne poetisches Talent, in die seinem Dialekte gemässen Verse und Reime,[2] und nicht besser geriet augenscheinlich die gereimte Bearbeitung der *vier Evangelien,* die ein oberhessischer Geistlicher in der ersten Hälfte des 14. Jahrhunderts unter mannigfachen Anklängen an die Elisabeth und Erlösung seines älteren Landsmannes (§ 33) verfasste.[3] Besonders war in der ersten Hälfte des 14. Jahrhs. der deutsche Orden in dieser Richtung thätig. Jener Heinrich von Hesler, der wie Nikolaus von Jeroschin noch die alten Meister verehrte und wie er metrische Gesetze konstruierte (§ 60), verarbeitete *die Offenbarung Johannis* zu einem umfänglichen Reimwerke,[4] desgleichen um 1300 das apokryphe *Evangelium Nicodemi*[5] und in einem nur fragmentarisch überlieferten Gedichte *die Geschichte der*

[1] Hrsg. in Bobertags *Narrenbuch.* Vgl. E. Schaubach, *Haydens S. u. M.* Leipziger Diss. 1881.

[2] Johannes v. Frankenstein, *Der Kreuziger* hrsg. v. Khull Lit. Ver. 160 (1882).

[3] Schönbach, *Mitteilungen aus altdeutschen Handschriften* VI *Evangelienwerk aus St. Paul* Wiener SB 137.

[4] Auszug: v. d. Hagens Germ. 10, 81 f.

[5] Abdruck einer unvollständigen Hs. in Pfeiffers altd. Übungsbuch S. 1 f. K. Amersbach, Die Identität des Verfassers des gereimten *Evangelium Nicodemi mit Heinr. Hesler.* Konstanz Progr. 1883—4. ZfdA 33, 115. PBB 24, 85. ZfdA 43, 180.

Erlösung.[1] Einen ähnlichen Gegenstand wie den letztgenannten behandelte für den Hochmeister Luther von Braunschweig, der selbst eine jetzt verlorene Barbaralegende gedichtet hatte, der Schulmeister Thilo von Kulm in seinem 1331 beendeten *Buche von den sieben Siegeln,* d. i. von den sieben Hauptmomenten in Christi irdischem und überirdischem Wirken, welche durch eine Geschichte des Sündenfalles eingeleitet werden.[2] Von demselben Verfasser rührt vermutlich eine *poetische Paraphrase des Buches Hiob* vom Jahre 1338 her,[3] und eine solche des *Buches Daniel* entstand in den Jahren 1331/5 gleichfalls im Kreise des Deutschordens.[4]

Auch im weiteren Verlaufe stirbt die Poesie dieser Art nicht aus, wie die schon erwähnten Dichtungen des Johannes Rothe vom *Pilatus* und der *Passion*[5] sowie Heinrich Laufenbergs *Heilsspiegel* und *Figurenbuch* zeigen (vgl. § 64). Das *Speculum humanae salvationis* war schon vor Laufenberg in Mitteldeutschland wie in Alemannien und in Österreich in deutschen Versen bearbeitet worden, so gegen Mitte des 14. Jahrhunderts vermutlich in Schlesien, so wohl um 1400 von dem Bischofszeller Chorherren Konrad von Helmsdorf[6] und um dieselbe Zeit von dem steirischen Cisterziensermönch Andreas Kurzmann († vor 1428), der auch andere geistliche Reimereien verfasste.[7] Auch deutsche Prosaübersetzungen und sehr zahlreiche Handschriften und Drucke des lateinischen Originales, die ebenso wie die Übertragungen vielfach mit Bildern geziert sind, beweisen, wie sehr das Buch dem Geschmack der Zeit für das Sinnbildliche und Geistlich-Lehrhafte entsprach.[8]

UMFÄNGLICHERE MORALISCHE UND SATIRISCHE LEHRGEDICHTE.

§ 71. Mehr in das Leben der Zeit greift jedoch die moralisch-satirische Lehrdichtung ein, bei der gleichfalls allegorische Einkleidung vielfach verwertet wird. Die Figuren des Schachspiels hatte im Ausgange des 13. Jahrhs. der lombardische Dominikaner Jacobus de Cessolis in einer Reihe von Predigten auf die einzelnen Stände gedeutet; er hatte auf diese Weise eine populäre Form für seine lehrhaften Ausführungen über die Pflichten der verschiedenen Gesellschaftsklassen gewonnen, und durch Einflechten einer grossen Fülle von Erzählungen mit moralischer Pointe wusste er die Kost seinen Zeitgenossen noch schmackhafter zu machen. Sein so entstandenes *Schachbuch* wurde denn auch sowohl im lateinischen Original als auch in poetischen und prosaischen Übersetzungen im ganzen Abendland eine beliebte Lektüre. In Deutschland haben es im 14. Jahrh. vier Dichter unabhängig von einander in Verse gebracht: um 1300 der Alemanne Heinrich von Beringen,[9] im Jahre 1337 der schweizer Mönch und Leutpriester Konrad von Ammenhusen,[10] im Jahre 1355 ein

---

[1] ZfdA 32, 111 f. 446 f.
[2] ZfdA 13, 516—8. Strehlke *Scriptores rer. Pruss.* I, 646 f.
[3] W. Müller, *Über die md. poet. Paraphrase des Buches Hiob* Halle Diss. 1883.
[4] *Script. rer. Pruss.* I, 645. Pfeiffer, *Nikolaus v. Jeroschin* S. XXVI.
[5] Anzeiger f. deutsche Vorz. 1864 Sp. 364 f. Germ. 9, 172 f. Vgl. § 59.
[6] Scherer, *Verzeichnis der Mss. der Vadianischen Bibliothek in St. Gallen* S. 18 f. S. 92.
[7] Schönbach, Wiener SB 88, S. 807 ff.
[8] P. Poppe, *Über das speculum humanae salvationis und eine md. Bearbeitung desselben.* Strassburger Diss. 1887. Centralbl. f. Bibliothekwesen 1898 S. 420. Publications of the modern language association of America Vol. XIV, 137.
[9] Hrsg. v. Zimmermann Lit. Ver. 166.
[10] Hrsg. (mit der Quelle) v. Vetter *(Ergänzungsband zur Bibliothek älterer Schriftwerke der deutschen Schweiz)* 1887 f. Vgl. Zeitschr. f. d. österr. Gymn. 43, 1093.

mitteldeutscher Pfarrer vom Hechte,[1] zwischen 1357 und 75 ein niederdeutscher Schulmeister Stephan. Das lose Gefüge der Vorlage machte es den Bearbeitern leicht, sie nach Belieben zu kürzen oder zu erweitern, und so ist denn auch bei ihnen allen, mit Ausnahme des mitteldeutschen Pfarrers, die Behandlung eine freiere. Beringen lässt so manche Partien ganz fort und führt andere breiter, teilweise auch ganz selbständig aus; vor allem gilt das letztere von Erzählungen und Erörterungen, die sich auf die Minne beziehen, wie er denn das Ganze noch im Stile der höfischen Kunst und besonders in Nachahmung der Ausdrucksweise Wolframs behandelt. Ammenhusen ist es dagegen lediglich um den Stoff zu thun, und er vermehrt ihn beträchtlich durch Belehrungen und Erzählungen, die er aus mancherlei anderen Quellen zusammenträgt. Er hatte mit seinem Werke den grössten Erfolg; es wurde weit verbreitet und von Späteren mehrfach benutzt.

Während im Schachbuche alle Stände der Reihe nach durchgenommen werden, fehlt es auch nicht an Gedichten, welche sich mit den Pflichten eines einzelnen Standes beschäftigen, wie Johannes Rothes *Ritterspiegel*[2] und sein Gedicht von den städischen Beamten und den Ratgebern der Fürsten *(des râtis zuht)*,[3] oder auch der 1497 von dem pfälzischen Hofmeister Johann von Morsheim gedichtete, 1515 und mehrfach später gedruckte *Spiegel des Regimentes*,[4] der unter Benutzung von Ammenhusens Schachbuch und von Brants Narrenschiff das Leben bei Hofe charakterisiert. Andere erörtern einzelne Tugenden oder Laster, wie wiederum Rothes *Buch von der Keuschheit*[5] und manches kleinere Stück derart. Eine ausführliche und zusammenfassende Tugendlehre bieten die von dem vornehmen Tiroler Hans Vintler i. J. 1411 vollendeten *Blumen der Tugend*,[6] eine gereimte Übersetzung des italienischen *fiore di virtù* und eines demselben in verschiedenen Handschriften beigegebenen Anhanges, der aus Schriften des Albertanus von Brescia (13. Jahrh.) gezogen ist. Wie bei Cessole die einzelnen Stände, so werden im fiore di virtù und danach bei Vintler die einzelnen Tugenden und das jedesmal entsprechende Laster vorgeführt, und die betreffenden Lehren werden hier wie dort durch zahlreiche Sprüche und Erzählungen illustriert, bei denen Vintler ebenso wie Ammenhusen dem sonst ziemlich treu übersetzten Originale mancherlei einschaltet, was ihm aus anderen Quellen zufloss. Auch er wendet der Form wenig Sorgfalt zu, weiss jedoch in seinen freieren satirischen Ausführungen die Lebensverhältnisse seiner Zeit leidlich anschaulich zur Darstellung zu bringen. — Die Erörterung der Hauptsünden verbindet mit einer durch das Schachbuch beeinflussten Satire auf alle Stände ein wahrscheinlich zwischen 1415—18, jedenfalls vor 1441 entstandenes alemannisches Gedicht *des Teufels Netz*,[7] welches den Teufel im Gespräche mit einem Einsiedler, dem Verfasser selbst, berichten lässt, wie er in seinem von den sieben Todsünden als Knechten gezogenen Netze die Angehörigen der einzelnen Stände wegen ihrer ausführlich dargestellten Fehler und

[1] Hrsg. ZfdA 17, 162 f.

[2] Hrsg. v. Bartsch Lit. Ver. 53 S. 98 f.

[3] *Von der stete ampten und der fursten râtgeben* hrsg. v. Vilmar. Marburg 1835. (Gymnasialprogr.)

[4] Hrsg. v. Gödeke Lit. Ver. 37. Urkundliches über den Dichter Germ. 20, 383. 21, 66 (1491 Vogt i. Germersheim, 1509 Hofmeister des Pfalzgrafen Ludwig).

[5] Adelungs Magazin 2, S. 108 f. Heidelberger Jahrbücher 1872 S. . .

[6] Hrsg. v. Zingerle *(Ältere Tirol. Dichter* I) Innsbr. 1874. ADB 40, 5 (Zingerle).

[7] Hrsg. v. Barack Lit. Ver. 70 (1863). J. Maurer, *Über das Lehrgedicht des Teufels Netz.* Progr. Feldkirch 1889.

Laster fängt. Die fast gleichmässige gallige Anschwärzung aller Stände vom Papst bis zum Mistträger wirkt um so monotoner, als diese massig aufgehäuften Sittenschilderungen oder Karrikaturen nicht wie in jenen anderen Lehrgedichten von Erzählungen unterbrochen werden. Die Einkleidung ist ziemlich ungeschickt durchgeführt; der Einsiedler hat fast nur stereotype Fragen zu stellen, während der Teufel oft genug aus seiner eigentlichen Rolle in die des Sittenpredigers fällt; die Verse sind eben so roh wie die Sprache; aber der derb volkstümliche Ausdruck und manche Detailschilderung besonders aus dem Treiben der niederen Stände bringt doch hin und wieder Farbe in das sonst unerfreuliche Einerlei.

§ 72. Wo die Satire des ungehobelten und weltverachtenden Einsiedlers den Teufelsbraten wittert, da sieht die des klassisch gebildeten Doctor juris und Universitätslehrers Sebastian Brant den Narren. Sebastian Brant ist der einzige deutsche Dichter dieser Periode, der an der humanistischen Bewegung Anteil genommen hat. Im Jahre 1457 zu Strassburg geboren, bezog er im Jahre 1475 die Universität Basel, wo damals der Streit zwischen den beiden scholastischen Parteien, der realistischen und der nominalistischen, mit Heftigkeit geführt wurde. Brant schloss sich dem Führer der Realisten, Johannes a Lapide, an, der neben dem Kampfe für seine theologisch-philosophischen Prinzipien auch für das Studium der klassischen Autoren eifrig wirkte und in dieser Beziehung bei Reuchlin, Jakob Wimpheling und anderen, unter ihnen auch Brant, Unterstützung fand. Als lateinischer Poet war Brant schon im Jahre 1480 in Basel bekannt, und auch seitdem er, im Jahre 1489 zum Doctor utr. jur. promoviert, als Rechtslehrer an der dortigen Universität wirkte, vernachlässigte er über den Berufspflichten nicht die humanistischen Neigungen und Beschäftigungen. Als Dedikationen und Schlussschriften zahlreicher unter seiner Mitwirkung gedruckten Ausgaben meist theologischer und juristischer Schriften, aber auch selbständig, liess er seine den antiken Mustern nachgebildeten Poeme persönlichen, politischen, moralischen und geistlichen Inhaltes ausgehen. Das Lob der heil. Jungfrau, die Verteidigung ihrer von den Realisten mit grosser Energie vertretenen unbefleckten Empfängnis, die Verherrlichung des von dem Baseler Freundeskreis als berufener Retter des Reiches und der Christenheit verehrten jungen Königs Maximilian liess er sich unter anderm angelegen sein. Teilweise brachte er seine lateinischen Gedichte auch in deutsche Reime, und auch in der poetischen Übertragung anderer Dichtungen, der Mariensequenz *Ave praeclara maris stella* und verschiedener Spruchsammlungen, des *Cato*, des *Facetus*, *Moretus* und der *Thesmophagia*, versuchte er sich, ehe er sein Hauptwerk, das im Jahre 1494 erschienene *Narrenschiff* vollendete.

Auch den Inhalt des Narrenschiffs bildet die Satire auf die allgemein menschlichen Schwächen und die Satire auf die einzelnen Stände, ohne dass jedoch eine Scheidung dieser beiden Gesichtspunkte versucht würde. Eine Disposition hat Brant überhaupt nicht durchgeführt. Ähnlich seinen einzeln als fliegende Blätter unter Beigabe eines Holzschnittes veröffentlichten lateinischen Gedichten stellt er hier durch eine Abbildung und durch die gegenüberstehenden zugehörigen Reime die Vertreter eines bestimmten sittlichen Gebrechens, der Fehler eines bestimmten Standes, als eine Klasse von Narren dar und vereinigt das Ganze in beliebiger Ordnung. Auch die äussere Einkleidung, unter der er alle diese Narren zusammenbringt, ist keine streng einheitliche; sie erscheinen als die gemeinsamen Insassen eines Schiffes oder einer Flotte, oder überhaupt als eine Reisegesellschaft, deren Ziel Narragonien, nach der bitteren

Auffassung einzelner Abschnitte aber auch die Hölle ist. Weder dieses zusammenfassende Bild noch die Darstellung menschlicher Fehler als Narrheiten war Brants eigene Erfindung, aber die Einkleidung wurde doch hier zum erstenmale für eine grosse satirische Dichtung verwertet und sie war zweifellos besser dafür geeignet als die in den älteren Lehrgedichten gewählten Formen, da sie im Gegensatze zu diesen dem humoristischen Element der Satire zu seinem Rechte verhilft. Auch die Lehren und die hier nicht ausführlich erzählten, sondern nur kurz angedeuteten Beispiele aus der Geschichte sind grossenteils nicht des Dichters Eigentum, sondern aus der Bibel und den klassischen Autoren zusammengetragen; aber gerade eine solche gelehrte Sammelarbeit imponierte seiner Zeit mehr als selbständiges Schaffen. Dem Volkstümlichen stand Brant ziemlich fern, aber immerhin nicht so fern, dass er nicht durch Aufnahme von Sprichwörtern, drastischen Ausdrücken, Bildern und Wendungen, durch Beziehungen auf lokale Neckereien seine Darstellung bereichert hätte. Seine Sprache ist klar und ungezwungen; seine Verse sind streng nach der Silbenzahl gebaut, zugleich aber doch auch mit dem sichtlichen Bestreben, die natürliche Betonung so wenig wie möglich zu verletzen. Der Richtung seines Zeitalters auf das Lehrhafte und Satirische kam der Inhalt seines Werkes entgegen, der Vorliebe für die kurzgefasste Reimpaardichtung die Gliederung desselben in die kleinen selbständigen Abschnitte; das Interesse auch der Ungebildeten fesselten schon die trefflichen Abbildungen, das der Gelehrten die vielen Reminiscenzen aus der klassischen Literatur und die gebildete Form der Dichtung; alle sahen in ihr ein lebendiges Spiegelbild der zeitgenössischen Gesellschaft. An die sittenrichterliche Auffassung war man in der Lehrdichtung gewöhnt, den etwas bänglichen Beigeschmack, den für uns die Vermischung der Begriffe Narrheit und Verworfenheit hat, empfand der härtere Sinn jener Zeit nicht; kein Wunder, dass das Narrenschiff überall als ein literarisches Ereignis begrüsst wurde. Brants Baseler Studienfreund Geiler von Kaisersberg hielt in Strassburg eine lange Reihe von Predigten über die einzelnen Kapitel des Gedichtes; die humanistischen Genossen Tritheim, Wimpheling, Locher ergingen sich in den kühnsten Lobpreisungen; sie, wie noch später Ulrich von Hutten, sahen in Brant den Neubegründer der deutschen Poesie. Beispiellos schnell verbreitete sich das Buch in Nachdrucken und Neuauflagen; im Jahre 1497 wurde es ins Niederdeutsche und durch Locher ins Lateinische, später auch ins Niederländische, Englische und Französische übersetzt; bis ins Jahr 1629 lassen sich die Neubearbeitungen und Auszüge des Werkes verfolgen, und auf die Literatur des 16. Jahrhs. gewann es ausgebreiteten Einfluss.

In der That hat das 15. Jahrh. keine Dichtung aufzuweisen, in welcher die Anschauungen der massgebenden Gesellschaftsklassen, des Gelehrten- und Bürgerstandes, einen ähnlich treffenden Ausdruck gewonnen hätten. Aber über diesen Gesichtskreis geht Brant auch nirgend hinaus. So eifrig er sich mit dem Studium des klassischen Altertums beschäftigte, gegenüber den freigeistigen Neigungen der jüngeren Humanisten bleibt er in strengkirchlicher Rechtgläubigkeit befangen. So sehr er eine Reform der Kirche wünschte, an einen Bruch mit der Tradition hat er doch nie gedacht, und dem humanistischen Kampf gegen die Dunkelmänner steht er so fern wie den Anfängen der Reformation, die (er starb im Jahre 1521) in seine letzten Lebensjahre hineinreichen. Mit seiner grossen Satire hat er den Höhepunkt seines literarischen Wirkens erreicht. Nachdem er im Jahre 1501 in Strassburg durch Verwendung Geilers das angesehene Amt eines Stadtschreibers erhalten, hat er in deutscher Sprache nichts mehr von annähernd ähnlicher Bedeutung gedichtet; eine Reihe poetischer Vor- und Nachreden und sonstiger Reimsprüche, sowie eine flüchtige, mit einigen eigenen Zusätzen versehene Bearbeitung des *Freidank* — das ist alles was aus jener Zeit stammt; und auch die lateinischen Gedichte dieser Periode bilden keine erhebliche Bereicherung der im Jahre 1498 erschienenen Sammlung seiner *varia carmina*.

Seb. Brant, *Narrenschiff* hrsg. v. Zarncke Leipz. 1854 (mit reichen Beigaben auch aus Brants anderen Schriften). Hrsg. v. Goedeke (*Deutsche Dichter des 16. Jahrhs.* 7) Leipzig 1872. Verzeichnis der Drucke seiner Schriften in Goedekes Grundr. I² S. 383—92. ADB 3, 256 (Steinmeyer).

GEISTLICHES DRAMA.

Geschichte des altdeutschen Dramas im allgemeinen und der Passions- und Weihnachtsspiele im besondern: Wichtigstes zusammenfassendes Werk: W. Creizenach, *Geschichte des neueren Dramas* Bd. I Mittelalter u. Frührenaissance Halle 1893. — Ferner: Pichler, *Über das Drama des Mittelalters in Tirol.* Innsbruck 1850. Hase, *Das geistl. Schauspiel.* Leipz. 1858. Wackernagel, Kl. Schr. 2, 69. Wilken, *Gesch. der geistl. Spiele i. Deutschl.* Gött. 1872. R. Heinzel, *Abhandlungen zum altdeutschen Drama* Wiener SB 134, 10. 1896. Ders. *Beschreibung des geistl. Schauspiels im deutschen Mittelalter.* Hamburg u. Leipz. 1898. — Froning (Bernh.), *Zur Gesch. u. Beurteilung d. geistl. Sp. d. MA., insbes. der Passionsspiele.* Frankf 1884. Wackernell, *Die ältesten Passionsspiele in Tirol.* Wien 1887 (= Wiener Beiträge zur deutschen u. engl. Philologie II). L. Wirth, *Die Oster- und Passionsspiele bis zum 16. Jahrh.* Halle 1889. Wilmotte, *Les passions allemandes du Rhin dans leurs rapports avec l'ancien théâtre français* Paris 1898 (vgl. Gött. gel. A. 1900, 70.) — Weinhold, *Weihnachtspiele und -lieder aus Süddeutschland u. Schlesien.* Graz 1853. W. Köppen, *Beiträge zur Geschichte der deutschen Weihnachtsspiele* Paderborn 1893. F. Vogt, *Die Schlesischen Weihnachtspiele* Leipz. 1901. Weitere Literatur zu den Weihnachtsspielen ZfdA 29, 104. Märkische Forschungen 18, 211 f. — Sammlungen: H. Hoffmann, *Fundgruben* II, 239 f. Mone, *Altd. Schauspiele.* Quedlinb.-Leipz. 1841, Mone, *Schauspiele des Mittelalters.* Karlsruhe 1846. *Erlauer Spiele* hrsg. von Kummer, Wien 1882. *Sterzinger Spiele* hrsg. von O. v. Zingerle Bd. 1. 2 Wien 1886. *Das Drama des Mittelalters* hrsg. von R. Froning. T. 1—3 (Kürschners Nationalliteratur 14) Stuttg. (1891). *Altdeutsche Passionsspiele aus Tirol.* Mit Abhandlungen hrsg. von Wackernell Graz 1897.

§ 73. In den gottesdienstlichen Festgebräuchen der christlichen Kirche ruhen die Anfänge des mittelalterlichen ernsten Dramas. Am Ostermorgen wurde nach altem Brauch ein aus dem Festevangelium hervorgegangener Wechselgesang von wenigen Sätzen aufgeführt, der in Rede und Gegenrede zwischen dem Engel am Grabe und den Frauen, welche den Gekreuzigten suchen, die Verkündigung der Auferstehung enthält. Durch die entsprechende Kostümierung der Sänger, durch Andeutung des Grabes, zu welchem die Frauen im Zuge schreiten, kam zum Dialog das scenische Element; das Gespräch wurde mehrfach erweitert, Hymnen und Sequenzen wurden damit verbunden. Diese immerhin noch einfachste Form der lateinischen Osterfeier[1] lässt sich vom 10. bis ins 18. Jahrh. nachweisen. Daneben treten aber bald andere Fassungen auf, welche durch neue dramatische Scenen, den Wettlauf des Johannes und Petrus zum Grabe, oder die Erscheinung des Auferstandenen vor der Maria Magdalena (beides nach Ev. Joh. 20) bereichert sind. — Im Karfreitagsritus bot der Wechselvortrag des Passionsevangeliums und die symbolische Andeutung der Grablegung dramatische Keime; neben ihnen entwickelte sich aus den altchristlichen, den Klageliedern Jeremias entnommenen Karfreitags-

[1] Ka. Lange, *Die lat. Osterfeiern.* München 1887. Milchsack, *Die Oster- und Passionsspiele* I. Wolfenbüttel 1880.

lamentationen eine Klage der unterm Kreuz stehenden Maria, die dann zu einem Wechselgesang zwischen ihr und Johannes erweitert wurde. Seit dem Ausgange des 12. Jahrhs. tritt sie vielfach auch in deutscher Bearbeitung auf, zunächst selbständig, später auch innerhalb der geistlichen Spiele.[1]

Wie hier die Ansätze zu einem dramatischen Passions- und Ostercyclus vorliegen, so erwachsen aus den kirchlichen Weihnachts- und Epiphaniasgebräuchen augenscheinlich unter Einfluss der dramatischen Osterfeier die *Weihnachtsspiele.* Am Weihnachtstage wird die evangelische Verkündigung des Engels an die Hirten und deren Erwiderung gesungen. Wie am Ostertage das Grab, so wird hier die Krippe in der Kirche aufgestellt; zu ihr schreiten die Hirten, und ein Wechselgesang zwischen ihnen und zwei Darstellern der nach alter Legende an der Krippe stehenden Hebammen wird unmittelbar demjenigen nachgebildet, der am Ostermorgen zwischen den zum Grabe gehenden Frauen und den dort weilenden Engeln ausgetauscht wird, und hier wie dort folgt ein Lobgesang. Am Epiphaniastage wurde der Gang der Magier zur Krippe und ihre Anbetung ganz ähnlich ausgeführt; das Erscheinen des Sternes und die Darreichung der Gaben boten hier weitere scenische Motive. Am Tage der unschuldigen Kindlein wird das Evangelium von Herodes' Kindermord durch einen Wechselgesang der nach den Worten des Evangeliums untröstlichen Rahel und einer Trösterin erweitert, und wie dies Stück leicht mit den Epiphaniastexten verbunden wurde, so konnte sich auch der am letzten Advent vorgetragene evangelische Dialog von Mariä Empfängnis der liturgisch-dramatischen Weihnachtsfeier vorbereitend angliedern.

International wie die Kirche waren auch die kirchlichen Festgebräuche, international auch zunächst ihr weiterer dramatischer Ausbau, wie er bei den Weihnachtsspielen schon im 11. Jahrhundert über die liturgische Grundlage hinausgeführt wurde. Damals wurden in Deutschland zwei solcher auch in Frankreich nachgewiesenen lateinischen Stücke in Freisingen aufgezeichnet, deren eines, ein *Dreikönigsspiel,* die Ereignisse von dem Schatzungsgebot des Kaisers Augustus bis zum Kindermord behandelt, während das andere, der für das Fest der unschuldigen Kindlein bestimmte *Ordo Rachelis,* mit der Verkündigung des Engels an die Hirten beginnt und mit dem Gesange Rachels und der Trösterin schliesst.[2] Trotz knappster Fassung des Textes ist doch hier das Personal bereits über den biblischen Bestand hinaus erweitert, und zu den kirchlichen Textworten und Hymnen gesellen sich sowohl selbständige Reimverse und Hexameter als auch Reminiscenzen aus klassischen Schriftstellern. Gerade an den Weihnachtsspielen scheinen die Schüler, die während jener Festperiode ihre besonderen Freiheiten hatten, früh auch einen besonderen Anteil gehabt zu haben. Bald sehen wir Schulstudium, Scholarenpoesie und Schulaufführungen so wesentlich beteiligt bei der Erweiterung des Inhaltes und der Stoffgebiete der geistlichen Spiele sowie bei ihrer Loslösung vom kirchlichen Ritus und der kirchlichen Stätte, dass man das Drama auf dieser zweiten Entwicklungsstufe gegenüber den alten liturgisch-dramatischen Feiern wohl das *lateinische Schul- und Vagantendrama* nennen kann.

---

[1] Schönbach, *Über die Marienklagen.* Graz 1874. Osk. Fleischer, *Neumenstudien* II, 16. 23.

[2] Beide in Münchener, ehemals Freisinger Hss. (vgl. *Catal. clm.* 6264a, 6264) abgedruckt bei Weinhold a. a. O. S. 56 f. Ein lat. Dreikönigsspiel in einer weil. Strassburger, jetzt Londoner Hs. v. J. 1200 hrsg. ZfdA 32, 412. Andere Texte verzeichnen Creizenach S. 62 Anm. Köppen S. 9 f.

Schulaufführungen sind uns schon aus der Zeit um 1120 bezeugt. Gerhoh von Reichersberg nahm damals als Vorsteher der Augsburger Domschule an den üblichen theatralischen Vorstellungen lebhaften Anteil und liess seine Zöglinge im Refectorium des Stiftes Herodes den Kindermörder und andere *spectacula theatralia* vor den Brüdern spielen.[1] Schon hier scheint der unmittelbar aus den kirchlichen Feiern erwachsene Kreis überschritten zu sein. Um 1160 tritt uns dann das lateinische *Tegernseer* Spiel vom Erscheinen und Untergange des *Antichrist* entgegen,[2] welches gleichfalls für einen gebildeten Zuhörerkreis gedichtet war; denn es geht weit über die dem grossen Publikum geläufigen und aus der blossen Handlung verständlichen Traditionen hinaus, indem es dem Stoff einen politischen Hintergrund giebt und dabei die Idee einer christlichen Weltmonarchie deutscher Nation zum Ausdruck bringt, wie sie damals in Friedrich Barbarossas Glanzzeit neue Nahrung gewann. Ob Gerhoh von Reichersperg, der später reumütig seiner ehemaligen Theaterliebhaberei gedachte, den Tegernseer Antichrist im Sinne hatte, als er im Jahr 1161/2 gegen solche Spiele eiferte, ist nicht ganz sicher. Er geisselt mit harten Worten Antichristaufführungen mit Teufelslarven und Totenerweckungen ebenso wie Weihnachtsspiele mit der Darstellung des schreienden Christkindes, der Maria als Kindbetterin, des feurigen Sternes der Magier, des Kindermordes, des wütenden Herodes, der klagenden Rahel. Jedenfalls wird man schon nach Gerhochs Zeugnissen, denen sich bald ähnliche Klagen der Herrad von Landsperg anschliessen,[3] eine weitere Verbreitung und reichere Entwicklung der geistlichen Spiele in jenem Zeitraume folgern müssen, als sie sich aus den spärlich überlieferten Denkmälern erkennen lässt. Die Entwickelung des lateinischen Dramas im 12. Jahrhundert stand mit dem Aufblühen der lateinischen Vagantenpoesie wie der geistlichen Vulgärdichtung dieser Periode in engstem Zusammenhange. Den grossen gemeinsamen Hintergrund für diese geistlichen Spiele wie für die ganze religiöse Poesie des Zeitalters bildete die Vorstellung von dem für Zeit und Ewigkeit durch die christliche Offenbarung festgestellten Weltplan, dem sich Schöpfung und Sündenfall, Erlösung und Weltgericht wie die einzelnen Akte eines gewaltigen Dramas einordnen. Hatte der Tegernseer Antichrist den Schlussakt dargestellt, so wurde andrerseits auch der erste Teil dieses Dramas schon im 12. Jahrhundert behandelt. Am 7. Februar 1194 wurde zu Regensburg ein Spiel aufgeführt, welches die Erschaffung der Engel, den Sturz des Luzifer, die Schöpfung und den Sündenfall des Menschen und die Propheten darstellte; die Eintragung dieses Ereignisses in die Regensburger Annalen zeigt, dass es als eine wichtige öffentliche Angelegenheit betrachtet wurde.[4]

Gewöhnlich wird sonst das Prophetenspiel als Vorbereitung auf das Erscheinen Christi mit dem Weihnachtspiel verbunden. Eine alte unter Augustinus Namen irrig überlieferte Weihnachtspredigt gab hierzu besondern Anlass, da sie schon in halbdramatischer Anlage den Redner die Propheten des alten Testamentes als Zeugen für Christus einzeln aufrufen

---

[1] Gerhoh, *Comment. in Psalmos* Migne Patrologia Ser. II T. 194, p. 890 D f.

[2] Hrsg. von v. Zezschwitz, *Vom römischen Kaisertum* 1877 und u. d. T.: *Das mal. Drama vom Ende d. röm. Kaisertums* 1880 (danach auch bei Froning). Wichtigste Ausgabe Münchener SB 1882, 1 von W. Meyer. Vgl. ZfdA 24, 450.

[3] Gerhoh, *De investigatione Antichristi (Opera hact. ined. cur.* Scheibelberger T. 1, Linci 1875). Cap. V. Die ähnlichen Beschwerden Herrads bei Engelhardt, *Herrad v. Landsperg* S. 104.

[4] MGSS. XVII, 590.

und die Propheten dann ihre messianischen Weissagungen vorbringen liess.[1] Indem man ihnen dann noch die zweifelnden Juden gegenüberstellte, fand man Gelegenheit, eine schulmässige Disputation für und wider das Christentum anzubringen. In dieser Gestaltung finden wir das Prophetenspiel und nach ihm die Scene von Mariä Verkündigung mit dem Weihnachtsdrama vereinigt in einem Texte der Carmina Burana aus dem 13. Jahrhundert. Fast durchweg in den Formen der Vagantenlyrik verfasst, mit der es in dieser Handschrift vereint ist, erweist sich dies *Benedictbeurener Weihnachtsspiel*[2] auch in seinen gelehrten, teilweise dem Tegernseer Antichristspiel entlehnten Disputationen, in seinen Beziehungen auf die Schulstudien, und nicht am wenigsten in dem Auftreten des *Episcopus puerorum*, des nach altem lustigen Weihnachtsbrauche gewählten Schülerbischofs, als ein echtes Erzeugnis der lateinischen Schul- und Vagantendramatik. Demselben Codex ist von anderer Hand ein *Passionsspiel* beigefügt,[3] welches mit der Berufung der Jünger beginnt und bei der Vorbereitung der Grablegung abbricht. Es ist gleichfalls, von den biblischen Bestandteilen abgesehen, wesentlich in den Formen der Vagantendichtung gehalten. Aber dem lateinischen Texte, vor allem der hier zuerst eingefügten Scene von der Bekehrung der Magdalena werden deutsche Lieder, meist als Paraphrasen der lateinischen, eingeschaltet, und so sehen wir hier das geistliche Drama schon auf dem Übergange zur dritten Stufe seiner Entwickelung, dem populären Schauspiel in deutscher Sprache.

Viel weiter als die Benediktbeurener Passion ging in dieser Richtung schon der Dichter eines aus *Muri* in der Schweiz fragmentarisch überlieferten *Osterspiels* des 13. Jahrhunderts. Er bedient sich durchweg der deutschen Sprache und überträgt die reinen Formen und die gebildete Sprache der höfischen Poesie auf diese geistliche Dichtungsgattung.[4] Ob das ein ganz vereinzeltes Unternehmen war, können wir bei der dürftigen Überlieferung der dramatischen Literatur dieser Zeit nicht entscheiden; jedenfalls ist kein weiteres Denkmal dieser Art erhalten, und soviel ist sicher, dass ein deutsches höfisches Drama, zu welchem hier der Ansatz gemacht scheint, nicht zur Entwickelung gebracht ist, weder von der geistlichen noch von der weltlichen Dichtung aus; denn auch für die Fortbildung des weltlichen Wettgesanges zum Singspiele liegt neben dem Wartburgkriege kein anderes Beispiel vor. Auch das volksmässige Drama in deutscher Sprache ist im 13. Jahrh. nicht über die allerersten Anfänge hinausgekommen, und wenn sich stellenweise auch Laien an den geistlichen Aufführungen beteiligten, so werden sie teils als stumme Personen, teils durch das Sprechen einzelner deutscher Versreihen mitgewirkt haben, die meist als erklärende Übersetzungen hinter lateinischen Gesängen recitiert wurden.

Erst im 14. und 15. Jahrh., mit dem Vordringen des volksmässigen Elementes auf den verschiedensten Literaturgebieten, ist auch das deutsche geistliche Volksschauspiel zur eigentlichen Ausbildung gelangt. Wenngleich auch in diesem Zeitraume das Lateinische noch nicht durchweg aus

[1] Sepet, *Les prophètes du Christ* Paris 1878.
[2] Carm. Bur. N. CCII. Froning S. 875.
[3] Carm. Bur. CCIII. Froning S. 278.
[4] Hrsg. Germ. 8, 284, Froning 1, 225, Schweizer Schauspiele des 16. Jhs. hrsg. von Bächtold I, 275. Das Facsimile eines Blattes bei Vogt und Koch, Literaturgesch. S. 248 ergiebt mehrere Berichtigungen dieser Texte. Bartschs Datierung „Anfang des 13. Jahrhunderts“ stützt sich auf die h-ähnliche Form des z, die jedoch bis in den Anf. des 14. Jhs. nachgewiesen ist, vgl. ZfdA 27, 137 Anm.

den geistlichen Spielen verbannt ist, so hat doch entschieden die Nationalsprache schon die Oberhand, und aus allen Gegenden Deutschlands tauchen jetzt Stücke in dieser Form auf. Einmal und vor allem sind unter ihnen wieder die Weihnachts-, Passions- und Osterspiele vertreten, die sich nun teils auf die Darstellung der in den alten kirchlichen Feiern behandelten Motive beschränken, teils dem Stoffe jene grössere Ausdehnung geben, welche er schon in den Benediktbeurener Stücken gewonnen hatte; in beiden Fällen aber wird die Handlung breiter ausgeführt und durch mancherlei Details bereichert. Dabei blickt der alte Kern noch durch; vielfach werden die Bibelworte und die Hymnen noch in lateinischer Form beibehalten; aber auch die Erweiterungen und Fortbildungen des alten Bestandes tragen in den einzelnen Spielen kein eigentlich individuelles Gepräge. Es bilden sich auch hier bald bestimmte Traditionen unter der Einwirkung der Bibel, des Kirchengesanges, der geistlichen lehrhaften und erzählenden lateinischen und deutschen Literatur in Poesie und Prosa, vor allem aber durch die gegenseitige Beeinflussung dieser Dramen selbst, deren Texte in den verschiedensten Gegenden Deutschlands verbreitet und benutzt wurden. Häufig finden sich wörtliche Entlehnungen. So findet sich z. B. der lateinische Text der Benediktbeurener Magdalenenscene grossenteils wörtlich in dem Wiener Fragmente eines mit dem Sündenfall anhebenden Passionsspiels, welches nach mitteldeutscher Vorlage im 14. Jahrhundert aufgezeichnet wurde und die deutsche Sprache schon in viel grösserer Ausdehnung anwendet, als das Benediktbeurener Spiel.[1] Ähnliche Beziehungen sind zwischen grossen Gruppen ganz deutsch verfasster Stücke nachzuweisen. So ging von einem grossen Frankfurter Passionsspiel des 14. Jahrhunderts, das wir aus einer Dirigierrolle des Baldemar Peterweil kennen, eine ganze Familie rheinischer Stücke aus, die uns aus Frankfurt, Friedberg, Alsfeld, Heidelberg überliefert sind, während die alte Frankfurter Passion ihrerseits schon von der mitteldeutschen Grundlage eines St. Galler Stückes beeinflusst war. Die beiden letztgenannten haben andrerseits ebenso wie die genannte Wiener Passion auch ein grosses Tiroler Spiel beeinflusst, welches in verschiedenen Texten überliefert ist; und wiederum scheint die Tiroler Version sowohl auf jene jüngere rheinische Gruppe als auf das grosse Egerer Fronleichnamsspiel und ein Augsburger Stück des 15. Jahrhunderts gewirkt zu haben, welches eine der Grundlagen des berühmten Oberammergauer Passionsspieles bildet; jedenfalls liegen auch hier offenkundige Übereinstimmungen vor.[2]

Auch an Einwirkungen des französischen Dramas wird es nicht gefehlt haben; wenigstens in der Inscenierung und in einigen über die geistliche Tradition hinausliegenden Zügen scheinen solche erkennbar; doch zeigt sich daneben auch hier der in Deutschland längst selbständig wirkende Trieb nach weiterer dramatischer Ausgestaltung der alten Grundlage

---

[1] Hrsg. im *Archiv f. d. Geschichte deutscher Sprache u. Dichtung* I, 355. (Auch bei Froning S. 302). Der Herausgeber (J. Haupt) meint, m. E. nicht mit Recht, es gehe aus dem Gefüge der Verse mit aller Sicherheit hervor, dass das Spiel dem 13. Jahrh. und zwar nicht erst dem Ende desselben angehöre.

[2] Frankfurter Dirigierrolle u. Frankfurter Passion von 1493 bei Froning. Das Alsfelder Passionsspiel, dessen Überlieferung auch veranschaulicht, wie solche Stücke allmählich erweitert wurden, hrsg. von Grein Kassel 1874 und bei Froning. Auszug einer Friedberger Dirigierrolle ZfdA 7, 545. Die Heidelberger Passion hrsg. v. Milchsack Stuttgart Lit. Ver. 150; Die St. Galler bei Mone 1, 72. Die Tiroler Stücke mit wichtiger Untersuchung bei Wackernell. Das Augsburger bei Hartmann, *Das Oberammergauer Passionsspiel in seiner ältesten Gestalt* Leipz. 1880.

lebendig. Derb realistische Scenen, Reden und Lieder weltlichen und vielfach possenhaften Inhaltes dringen in das geistliche Volksschauspiel ein;[1] auch hieran haben herumziehende Schüler augenscheinlich starken Anteil, aber ihre Kunst ist jetzt durch die Spielleute stark beeinflusst, mit denen sie bei den Aufführungen vielfach zusammenwirkten.[2]

Ansätze zu solchen realistischen Einlagen und Ausführungen finden sich schon in früher Zeit. Von jener bereits durch Gerhoh getadelten Darstellung des schreienden Christkindes ist kein weiter Schritt zu dem seit dem 14. Jahrh. sicher bezeugten Kindelwiegen,[3] das sich als Weihnachtsbrauch in manchen Kirchen bis weit in die Neuzeit herein erhalten hat. Es wurde mit einem Wechselgesang zwischen Maria und Joseph begleitet, und dazwischen schlangen sich lateinische Hymnen der Diener und Engel, welche die Krippe umstanden oder auch in fröhlichem Reigen umzogen. Ein im 15. Jahrhundert aufgezeichnetes hessisches Weihnachtspiel, welches auch zuerst eine später sehr beliebte realistische Scene zwischen dem Herberge suchenden heiligen Elternpaar und den hartherzigen Wirten zu Betlehem bringt, fügt den mitangeführten Gesängen und Tänzen beim Kindelwiegen sogar noch eine Prügelscene zwischen Vater Joseph und seinen Mägden hinzu.[4] Die schon in den alten Freisinger Herodesspielen vertretene Botenrolle scheint schon in einem St. Gallischen Weihnachtsdrama des 14. Jahrhs. komisch behandelt zu sein und wird in dem ältesten eigentlichen Dreikönigsspiel in deutscher Sprache[5] geradezu zur Narrenrolle.

Die Einführung der sündigen, der Weltlust ergebenen Maria Magdalena gab schon der Benediktbeurener Passion Gelegenheit zum Einlegen eines deutschen Liebesliedes, und die bezügliche Scene wurde dann weiterhin mit weltlichen Gesängen und Tänzen ausgeschmückt. — Es wird Sitte, dass die Soldaten, die das Grab des Heilandes zu hüten haben, sich in ihren Reden als Typen des miles gloriosus darstellen; ihre Furcht bei der Auferstehung tritt dann in komischen Gegensatz zu ihrem vorherigen Bramarbasieren. — Die schon im 13. Jahrhundert feststehende Rolle des Salbenkrämers, der am Ostermorgen den zum Grabe ziehenden Frauen seine Ware verkauft, wird unter Benutzung eines alten komischen Motivs mit besonderer Vorliebe ausgestaltet, durch Beigabe eines lustigen Knechtes und eines Weibes erweitert und zu Prügelscenen ausgenutzt. Die wiederum bereits durch Gerhoh bekämpfte Einführung von Teufelslarven wird gewiss schon früh eine Wendung ins Lächerliche erhalten haben; wie dort in den Antichristspielen so treten die Teufel jetzt auch bei der in die Auferstehungsspiele hineingezogenen Höllenfahrt Christi oder bei mancherlei andern Anlässen auf; sie werden zu einer bis zur Obscönität derben Satire auf einzelne Stände, die ihnen wie in *des Teufels Netz* (§ 71)

---

[1] Weinhold, *über das Komische im altd. Schauspiel,* Jahrb. f. Lit. Gesch. I, 1 f.

[2] Wirth, *Oster- u. Passionsspiele* S. 144 f. Ein i. J. 1391 aufgezeichnetes, mit einem Wiener und einem Berliner Fragmente nahe verwandtes Innsbrucker Osterspiel, in welchem die Komik besonders stark aufgetragen ist, schliesst mit einer Bitte um Bewirtung der armen Schüler, die das Stück aufführen: Mone, altd. Schausp. S. 109. Creizenach S. 114 Anm.

[3] Hoffman, *Kirchenlied* S. 417. Wackernagel, *Kirchenl.* II, 461 f.

[4] *Ein Weihnachtsspiel aus einer Hs. d. 15. Jahrhs.* hrsg. von Piderit, Parchim 1869. Auch bei Froning S. 902 ff. Ein Stück aus demselben Spiel findet sich auch in einer spätern Sterzinger Aufzeichnung: s. Köppen S. 29. AfdA 23, 68. Über das Verhältnis des hessischen Spiels zu späteren Volksschauspielen s. Vogt *schl. Weihnachtsp.* S. 138 f.

[5] St. Galler Kindheit Jesu bei Mone 1, 132. Das aus dem österreichischen Alpengebiet stammende Dreikönigsspiel bei Kummer, *Erlauer Spiele* 15 ff. In dieser Sammlung auch weitere Beispiele für grobe Komik. Über den Narren im Herodesspiel *schl. Weihnachtsp.* S. 286 f.

zulaufen, und zu allerlei Narrenpossen verwertet. Die Verspottung der Juden, ihres Glaubens, ihrer Sprache, ihrer Rassenfehler, bietet einen weiteren Beitrag zu der groben Komik dieser Stücke.

Treten in einzelnen Spielen solche Possen stark in den Vordergrund, so wird ihnen in anderen gegenüber den ernstreligiösen Scenen eine ganz untergeordnete Stellung angewiesen; auf alle Fälle aber war bei der volksmässigen Umbildung und Fortbildung der geistlichen Dramen im 14. und 15. Jahrh. die Kirche noch weniger als zu Gerhohs Zeit der passende Ort für ihre Darstellung. Während die alten Osterfeiern, das Kindelwiegen und mancherlei deutsche volkstümliche Weihnachtswechselgesänge noch bis weit in die Neuzeit hinein dort aufgeführt sind,[1] wurden die grossen Spiele, teils kirchlichen Verboten[2] zufolge, teils auch aus scenischen Gründen, in der Regel ins Freie verlegt. Frühe schon hatte man neben dem Innern der Kirche auch die Kirchhöfe für die Aufführungen benutzt; jetzt wurde auch wohl der Markt oder ein anderer offener Platz gewählt. Eine grosse Bühne wurde dort aufgeschlagen, auf welcher an verschiedenen Stellen durch höchst einfache, feststehende Dekorationen die einzelnen Orte angedeutet waren, an welchen sich der betreffende Teil der Handlung abspielen sollte.[3] Meist zogen dann die Darsteller in feierlicher Prozession unter Leitung des Präcursor auf, und jeder nahm seinen bestimmten Platz ein, den er nur zu verlassen hatte, sobald es die Handlung erforderte. Beim Wechsel der Scene begaben sich die Beteiligten von dem einen jener auf der Bühne markierten Orte zum andern. Abschnitte der Handlung werden vielfach durch Chorgesänge bezeichnet, während deren auch Wechsel in Requisiten und Kostümen vorgenommen werden konnten.[4] Diese Gesänge sind vielfach nicht dramatisch sondern episch und reflektierend, indem sie die Bibelworte und Hymnen der alten kirchlichen Feiern wiedergeben, eine Eigentümlichkeit, die auch in den geistlichen Volksschauspielen der Gegenwart noch fortdauert. Durch die zahlreichen Gesangseinlagen wie durch breite Ausführung der Dialoge wuchs der Umfang der Spiele nicht selten derartig, dass die Aufführung mehrere Tage in Anspruch nahm. Auch die Zahl der Darsteller wurde immer grösser, so dass z. B. bei einer Passionsvorstellung, welche i. J. 1498 zu Frankfurt veranstaltet wurde, 280 Personen mitwirkten.[5] Schüler, Lehrer und Geistliche waren nach wie vor an diesen Aufführungen beteiligt, aber auch die verschiedensten Klassen der Bürgerschaft,[6] unter denen bei dem singspielartigen Charakter dieser geistlichen Dramen naturgemäss die Meistersinger in späterer Zeit besonders hervortreten, und die überall notwendige Mitwirkung der Spielleute wird sich nicht immer nur auf die Instrumentalmusik beschränkt haben.

Nächst dem Weihnachts- und Ostercyklus wurde auch die Himmelfahrt[7] durch geistliche Spiele begangen, besonders aber die mit dem

[1] Weinhold, *Weihnachtsspiele* S. 78 f. Vogt, 144 f.
[2] Vgl. Hoffmann, *Fundgruben* II, 241 f.
[3] Plan einer Bühne aus einer Hs. des 14. Jahrhs. bei Mone, Schausp. d. MA. 2, 156; aus dem 16. Jahrh. bei Pichler S. 63, Leibing, *Inscenierung d. Luzerner Ostersp.* 1869.
[4] B. Venzmer, *Die Chöre im geistl. Drama des Mittelalters* Rostock Diss. 1897.
[5] Fichard, *Frankf. Archiv* III, 133 f. Froning S. 542.
[6] Über Darsteller und Regie vgl. besonders Wackernell, *altd. Passionsspiele* Einleitung. (Für das 16. Jahrh. Brandstetter Germ. 30, 205 f., 325 f., 31, 249 f. Ders. *Die Regenz bei den Luzerner Osterspielen.* Luzern Progr. 1886). — Brüderschaften zur Pflege der geistlichen Spiele seit der Mitte des 15. Jahrhs. nachgewiesen ZfdA 32, 3 f. (Meistersinger vgl. *Germ. Stud.* 2, 197 f.).
[7] Pichler S. 51 f. Mone, Schausp. d. MA. 1, 254.

Jahre 1264 eingeführte Fronleichnamsfeier Aus den Prozessionen, welche bei diesem Feste Hauptscenen aus dem christlichen Weltdrama durch kostümierte Gruppen andeuteten, entwickelten sich wirkliche, auf bestimmte Stationen des Umzuges verteilte Aufführungen. Ein Stück für das Fronleichnamsfest vom J. 1391 enthält nur eine Reihe von Einzelreden der Vorboten und Zeugen Christi und seines Opfertodes von Adam bis auf die Apostel und wird durch eine Erörterung des Papstes über die Bedeutung der Hostie und über die Vorbereitung des neuen Bundes durch den alten beschlossen.[1] Zwei Fronleichnamsspiele des 15. Jahrhs. stellen dagegen schon in ausführlicher Weise die Heilsgeschichte alten und neuen Testamentes dar; das eine, aus Eger stammend,[2] behandelt sie von der Erschaffung der Engel bis zu Christi Auferstehung, während das andere, aus Künzelsau in Schwaben,[3] sie gar bis zum jüngsten Gerichte verfolgt: also Verbindungen des Stoffes jenes Regensburger Spieles vom Jahr 1194 mit dem Weihnachts- und Ostercyclus, und mit dem Stoff der *Spiele vom Weltende,*[4] die übrigens auch in diesem Zeitraum noch selbständig gepflegt wurden.

Seltener wurden einzelne Erzählungen des alten Testamentes dramatisiert. Dass man auch sie in Beziehung zur Heilsgeschichte zu setzen liebte, zeigt uns das dem Ende des 12. Jahrhunderts angehörige Bruchstück eines lateinischen Scholarendramas von Isaak und seinen Söhnen mit allegorischer Auslegung, während uns über den Charakter einer Comoedia de Josepho vendito et exaltato, welche im J. 1264 von jüngeren Mönchen in Heresburg gespielt wurde,[5] nichts näheres bekannt ist (über eine Susanna s. § 74). — Auch für die Bearbeitung neutestamentlicher Parabeln existiert, abgesehen von dem unbedeutenden Fragmente eines Stückes vom reichen Mann und armen Lazarus,[6] nur ein Beispiel, das Drama *von den klugen und thörichten Jungfrauen*. Der in den eschatologischen Kreis gehörige Stoff, der in Frankreich schon in der ersten Hälfte des 12. Jahrhunderts dramatisiert worden war, wurde in Deutschland zu einem noch reich mit lateinischen Partieen durchsetzten Spiele ausgestaltet, welches im Jahre 1322 von Schülern und Dominikanermönchen im Tiergarten zu Eisenach vor dem Landgrafen Friedrich aufgeführt wurde.[7] Lyrische Partien dieses Stückes sind in der Nibelungenstrophe und in der aus den Fragmenten von Walther und Hildegund bekannten Erweiterung derselben gedichtet. Die in diesen Formen gehaltene Klage der vom Bräutigam verstossenen Thörinnen und ihre Verurteilung zu ewiger Verdammnis trotz der Fürsprache der heiligen Jungfrau wirkte so erschütternd auf den Fürsten, dass man ein tödliches Siechtum, welches ihn wenige Tage darauf befiel, damit in Verbindung brachte. — Andere Stücke sind einer grösseren und einseitigeren Ver-

[1] Mone, *Altd. Schsp.* S. 145.

[2] Hrsg. von Milchsack Lit. Ver. 156. Angesichts der Thatsache, dass gerade das Fronleichnamsspiel in Eger von 1443—1500 in der Regel ein Jahr ums andere, von da bis 1517 in grösseren Zwischenräumen nachweislich aufgeführt wurde (Mitteilungen d. Ver. f. Gesch. d. Deutschen i. Böhmen 33, 232), glaube ich doch an der von Creizenach u. anderen bezweifelten Bestimmung des grossen Egerer Spiels für das Fronleichnamsfest festhalten zu müssen.

[3] Auszug Germ. 4, 338. Mansholt, *Das Künzelsauer Fronleichnamsspiel* Diss. Marburg 1892.

[4] Mone 1, 273. ZfdPh 23, 426.

[5] Der Isaak: *Anz. f. d. Vorzeit* 1877, 169. Über den Joseph Fundgr. 2, 242.

[6] In dem aus verschiedenen Stücken geistlicher Spiele zusammengestellten Spiegelbuch Germ. 16, 173 f., bes. 178, 195 f.

[7] Hrsg. von L. Bechstein *(Wartburgbibliothek 1)*, Halle 1855. Vgl. Germ. 10, 311 f., 11, 120 f.

ehrung der Gottesmutter gewidmet. Ihre Vergöttlichung wird in einem Spiele von *Marien Himmelfahrt* aus dem J. 1391 gefeiert;[1] die alles überwindende Kraft ihrer Fürbitte wird in dem i. J. 1480 von dem Mülhäuser Geistlichen Theoderich Schernberg verfassten Spiel von *Frau Jutten* verherrlicht. Frau Jutta ist die 'Päpstin Johanna', das Weib, das, vom Ehrgeiz und durch Teufelseingebungen verlockt, Männertracht anlegt und unter dem Namen Johannes zu den höchsten geistlichen Würden emporsteigt, ja sogar trotz ihren geheimen Sünden zum Papste gewählt wird; schliesslich entlarvt, nimmt Jutta willig die öffentliche Schande auf sich, und aus den Höllenqualen, denen sie verfallen ist, wird sie durch die Intervention der heiligen Jungfrau erlöst.[2] — Legendarische Stoffe werden auch sonst mehrfach dramatisch verarbeitet, so im 14. Jahrh. die Legenden der *Katharina*[3] und der *Dorothea*,[4] im 15. die *Auffindung des heiligen Kreuzes*[5] und das *Leben des heiligen Georg*.[6] Von einer dramatischen Apostellegende sind interessante Fragmente einer für den Darsteller des Boten geschriebenen Rolle überliefert.[7] — Bezüglich des dramatischen Aufbaues, der Charakteristik, der psychologischen Motivierung stehen alle diese Dichtungen auf niederer Stufe. Was sie poetisch Wirksames besitzen, liegt einerseits in einzelnen durch die Tradition gegebenen, hie und da glücklich verwerteten Situationen, andrerseits in den lyrischen Partien, in denen die religiöse Empfindung stellenweise einen ergreifenden Ausdruck gewinnt. Die Musik verhalf hier natürlich erst dem Texte zu seiner vollen Wirkung, und den Eindruck des Ganzen kann man erst ermessen, wenn man sich die Vorgänge auf der Bühne mit jener Fülle realistischer Gestalten vergegenwärtigt, wie sie uns in der durch die geistlichen Spiele zweifellos vielfach beeinflussten religiösen Malerei jener Zeit entgegentreten.

WELTLICHES DRAMA.

Hauptsammlung: *Fastnachtsspiele aus dem 15. Jahrh.* (hrsg. von Keller T. I—III u. Nachlese. Lit. Ver. 28—30. 46. Einige Stücke auch Archiv f. Lit. Gesch. 3, 1. — Die *Sterzinger Spiele* hrsg. von O. Zingerle Bd. 1. 2 (Wien 1886), i. d. J. 1510—35 aufgezeichnet, enthalten auch Älteres, teilweise mit Keller Übereinstimmendes. — L. Lier, *Studien z. Gesch. d. Nürnberger Fastnachtspiels*. Leipz. Diss. 1889. — Creizenach I S. 379 f. V. Michels, *Studien über die ältesten deutschen Fastnachtspiele* (QF 77) Strassb. 1896 vgl. AfdA 24, 65.

Während die Entwickelung des geistlichen Dramas von seinem Ursprunge bis zur Gegenwart fast Schritt für Schritt an literarischen Denkmälern zu verfolgen ist, liegen die Anfänge des weltlichen Schauspiels im Dunkeln. Texte für derartige Aufführungen sind uns erst seit dem 14. und 15. Jahrhundert überliefert, aber sie sind augenscheinlich nur die Ergebnisse einer langen Entwickelung. Mit der Darstellung lächerlicher Typen mögen schon römische Mimen die Gesellschaft altgermanischer Fürstenhöfe belustigt haben. Die alte Bezeichnung des deutschen Spielmanns als *mimus* und *histrio* deutet darauf, dass er ähnliche Künste getrieben habe. Einer alten selbständigen Vorführung dieser Art wird die in Frankreich seit

[1] Mone, *Altd. Schsp.* S. 22.
[2] Hrsg. Keller, *Fastnachtsp.* 2 S. 900. R. Haage, Dietrich Schernberg u. sein Spiel von Frau Jutten Marburg Diss. 1891.
[3] Hrsg. Stephan, *Neue Stofflieferungen z. deutsch. Gesch.* 2, 173.
[4] Hrsg. Fundgr. 2, 285.
[5] Hrsg. Keller, *Fastnsp.* Nachlese S. 54.
[6] Ebenda S. 130 und Germ. 1, 171.
[7] Hrsg. v. Bartsch, *Beitr. z. Quellenkunde d. altd. Lit.* S. 355; ZfdA 38, 222.

dem 12. Jahrhundert bezeugte Rolle des Quacksalbers in den Osterspielen ihren Ursprung verdanken. Wenn Hans Folz in einer seiner Reimreden als griechischer Arzt, Rosenplüt als Tausendkünstler auftritt, ein älterer Spielmann in der Rolle des Meister Irrgang die komische Vielseitigkeit seiner Künste anpreist, so zeigt sich, wie nahe sich die poetische Rede der Spielleute und Reimsprecher mit der dramatischen Soloscene berühren konnte. Andere Dichtungen der Sänger und Sprecher waren sicher für den Wechselvortrag bestimmt. Aus dem Wettsingen der Meister sahen wir schon im Wartburgkriege ein Singspiel mit verteilten Rollen entstehen; wie die geteilten Spiele oder poetischen Disputationen so wurden auch die Rätselstreite sicher dialogisch vorgetragen. So lebt eins der ältesten und beliebtesten Streitgedichte, die Disputation zwischen Sommer und Winter, noch heute im Volke als Dialogscene zwei kostümierter Personen fort, der Spruchstreit Salomos und Markolfs aber und das Rätselgedicht vom Meister Traugemund konnten im 15. Jahrhundert auf die einfachste Weise in ein Fastnachtspiel umgesetzt werden. Und so zeigen auch sonst diese kleinen weltlichen Schauspiele des ausgehenden Mittelalters ihren engen Zusammenhang mit der Reimrede in ihren verschiedenen Gattungen, weiterhin auch einen Zusammenhang mit gewissen Formen der lyrischen wie der erzählenden Dichtung. Nehmen wir hinzu, dass manche unter ihnen auch in unmittelbarer Beziehung zum geistlichen Drama stehen, so liegt der Gedanke nahe, das weltliche Schauspiel in seinen verschiedenen Spielarten einfach aus jenen andern Dichtungsgattungen abzuleiten.

Aber gerade für den Ursprung des eigentlich Dramatischen in diesen Spielen reicht doch diese Erklärung nicht aus. So gut wie am geistlichen Drama haben auch am weltlichen alte Festbräuche einen wesentlichen Anteil. Von ältesten Zeiten her ist es bei den Germanen ebensowohl wie bei andern Völkern üblich gewesen, besonders wichtige Einschnitte im Leben der Natur durch maskierte Umzüge und Tänze zu begehen, welche vielfach auch bestimmte Handlungen darstellten. Vor allem sind dergleichen Bräuche für die Wintersonnenwende und für das Frühjahr bezeugt. Am reichsten entwickelten sie sich vor Beginn der Fastenzeit, wo in mannigfach ausstaffierten Umzügen und lustigen Kostümtänzen noch einmal tollste Lebenslust aufflackerte, ehe die vorgeschriebene Enthaltsamkeit begann. Alte Frühlingsbräuche treten teilweise in diesen Fastnachtssitten, teilweise in selbständigen Scenen und Umzügen zu Tage; sie stellen meist das Unterliegen des Winters und der bösen Dämonen dar, die mit ihm verbündet sind, mögen nun Winter und Sommer miteinander kämpfen, mag der in Moos gehüllte „wilde Mann“ gejagt und hingerichtet, eine Strohpuppe als Tod oder als Hexe ausgetragen und verbrannt oder ertränkt werden. Aber auch andere symbolische Frühlingsbräuche, wie das Ziehen des Pfluges durch ledig gebliebene Mädchen und ähnlicher Schabernack wurden in dieser Zeit geübt. Dazu gesellen sich pantomimische Tänze, wie vor allem der Schwerttanz und später der verwandte Moreskentanz, die teilweise auch mit der beliebten Hinrichtungsscene der Frühlingsbräuche verbunden werden. Alles das hat in den Fastnachtsspielen seine Spuren hinterlassen. Dass aber andrerseits auch aus grossen öffentlichen Fastnachtsumzügen auf ähnliche Weise wie beim Fronleichnamsfeste dramatische Darstellungen entstanden, zeigt sich, wenn Gruppen von Verkleideten, die nach sehr alter Sitte auf Schiffen, Schlitten oder Wagen einhergezogen wurden, in Aktion traten und auf dieser beweglichen Bühne kleine Stücke spielten. Das galt im J. 1413 in dem niederländischen Dendermond schon als alter Brauch und ist für das 15. Jahrhundert auch in Eger und namentlich in Lübeck bezeugt.[1] Derartige Fastnachtsaufzüge wurden in Nürnberg als Schembartlauf im grossen Stile aufgeführt; doch waren hier auf dem Schlitten, der sogenannten Hölle, augenscheinlich meist groteske, ausgestopfte Figuren, seltener agierende Gruppen zu sehen. In Nürnberg vor allem war es dagegen Sitte, dass beim Umgang kleinerer maskierter Haufen die üblichen mimischen Tänze und komische Scenen in Privatwohnungen und Wirtshäusern aufgeführt wurden.

Eine vermummte Gesellschaft zieht, von Pfeifern begleitet, von Haus zu Haus. Beim Eintritt begrüsst einer, der Präcursor oder Ausschreier, in Versen den Hauswirt und fordert die Versammelten zum Zuhören auf; nun sagt jede der Masken ihren Reimspruch her, eine komische Schilderung des Typus, den sie vertritt, oder die Erzählung eines lächerlichen Erlebnisses, mit dem ihre Verkleidung in Zusammenhang gebracht wird. Eine Aufforderung zum gemeinsamen Tanz, eine Ansprache an Wirt und Gäste beschliesst das kurze Stück.

Aber auch mit bestimmten Handlungen aus dem Leben verbindet sich die Darstellung dieser Typen. Die Spieler treten als Verkäufer auf, die ihre Waren anpreisen, oder eine lustige Kauf- und Feilschscene spielt sich zwischen zwei Personen ab; ein Quacksalber schreit nicht nur seine Kunst aus, er betrügt oder kuriert auch einen herbeigebrachten Kranken unter allerlei Narrenpossen; eine Kupplerin sucht eins ihrer Geschäfte zu machen; zwei Eheleute keifen miteinander; eine junge Dirne soll an den Mann gebracht werden und ihre kuriose Mitgift wird aufgezählt, ihre Vorzüge werden im einzelnen dargelegt, oder die Werber suchen die ihrigen um die Wette hervorzukehren, wobei denn wohl ein Stand auf Kosten des andern herausgestrichen wird. Ganz besonders beliebt sind Gerichtsscenen, in denen vor allem wieder Eheleute und Brautpaare[2] als streitende Parteien auftreten. Denn um geschlechtliche Verhältnisse dreht sich hauptsächlich die rohe Komik gerade des Nürnberger Fastnachtsspiels, und sie versinkt dabei nur allzu oft in einen geradezu unergründlichen Schmutz. Zugleich gewinnt die Satire auf die menschlichen Thorheiten und Fehler und die auf einzelne Stände wie in der didaktischen Dichtung so auch in diesen dramatischen Scenen und Typen ihren Ausdruck. Jene nimmt besonders den Liebesnarren, diese den Bauern zur Zielscheibe, und der städtische Charakter dieser Dichtungsgattung zeigt sich dann nicht minder in der groben Verspottung und Verachtung des Dörpertums, als in jenen aus dem Strassen- und Marktleben, aus der Gerichtsstube und dem Bürgerhause herausgegriffenen Situationen. Nur selten ziehen die Dichter der Fastnachtsspiele politische Ereignisse herbei, wie z. B. Hans Rosenplüt eine Verhandlung zwischen dem nach Deutschland gekommenen Grosstürken und seinen Räten einerseits und den Abgesandten des Kaisers und des Papstes andrerseits vorführt, um seinem Groll gegen den Feind der Christenheit, aber auch zugleich dem Unmut über die Zustände im Reiche Luft zu machen (Keller Nr. 39).

Recht nahe ist die Berührung des Fastnachtsspiels mit der didaktischen Poesie. Die Priamel wird häufig angewendet, das Rätselstellen und -lösen, das sich Überbieten in komischen Übertreibungen und dgl. wird wie im Streitgedichte so auch hier geübt. Auch die Allegorie spielt eine Rolle. Frau Venus erscheint als Richterin über die Liebesnarren; die Fastnacht hat mit dem Fasten einen Streit auszufechten, oder sie hat

---

[1] Creizenach I, 405. 425.

[2] Ad. Kaiser, *Die Fastnachtspiele von der actio de sponsu* Göttingen 1899.

sich gegen die Anschuldigungen verschiedener Stände zu verantworten; die sieben Farben streiten unter Erörterung ihrer symbolischen Beziehungen um den Vorzug — alles Formen, die durch die einfachste Umwandelung der allegorischen erzählenden oder lehrhaften Gattung zu gewinnen waren.

Auf die Darstellung einer einzelnen Situation oder Scene beschränkt sich das Fastnachtspiel in der Regel. So wird auch wohl aus dem Stoffkreise der geistlichen Spiele ein einzelnes Motiv herausgegriffen, eine Teufelsscene, oder der Streit zwischen Christentum und Judentum, der sich zu unsäglich gemeiner Verhöhnung der Juden versteigt; oder aus der Bibel wird das Urteil Salomons über die beiden streitenden Weiber entnommen. Selten nur wird eine Folge von Begebenheiten vorgeführt, und auch hier schliesst man sich teilweise dem geistlichen Drama an; so wenn die Disputation zwischen Juden und Christen nach der Silvesterlegende in Verbindung mit der Bekehrungsgeschichte des Kaisers Constantin ausgeführt oder wenn sie mit dem Auftreten des Antichrist in Zusammenhang gesetzt wird (Keller Nr. 106. 20); ja es wird — schon zur Zeit Karls IV. — auch geradezu ein Antichristspiel ohne die üblichen Possen für die Fastnacht hergerichtet (Nr. 68), und auch die ernstgehaltene dramatische Legende der Susanne (Nachlese Nr. 129) scheint als Fastnachtspiel gegeben zu sein, da am Schlusse derselben zu dem für diese Gattung typischen Tanz aufgefordert wird.

Auch die weltliche Literatur gab sowohl einzelne Scenen, als auch umfassendere Stoffe her. Das einzige deutsche komische Spiel, dessen Aufzeichnung noch ins 14. Jahrhundert zurückreicht, ist die Dramatisierung des Schwankes von *Neidhart und dem Veilchen* in denkbar knappster Form und sie knüpft dabei zugleich an den Frühlingstanz und die herkömmliche feierliche Begrüssung des ersten Veilchens an.[1] An das ganz einfache Stückchen wird später die dramatische Bearbeitung einer ganzen Reihe anderer Schwänke des berühmten Bauernfeindes angegliedert, wobei deren Beziehungen zum bäuerlichen Reigen reiche Gelegenheit zur Einfügung weiterer Tanzscenen bieten. So entsteht im Anfang des 15. Jahrhunderts in Tirol das *grosse Neidhartspiel,* von dem eine umfängliche Fassung aus einem Sterzinger Scenar erkennbar, eine andere von mehr als 2000 Versen handschriftlich überliefert ist.[2] Mit einem Bestand von etwa 100 Personen, mannigfachen Requisiten und verschiedenen Standorten, hat das auf grosser freier Bühne aufgeführte Spiel schon einen ähnlichen Apparat erfordert, wie die grossen geistlichen Volksschauspiele, deren Einfluss auch der Text verrät. In der Komposition kunstlos, zeichnet es sich durch stilistische Charakteristik aus. Die blumenreichen Reden der Ritter und Damen mit Nachklängen althöfischer Dichtung bilden einen guten Kontrast zu den ungefügen Worten der Dörper. Die Entwickelung dieses Dramas aus Frühlingstanz und höfischer Dorfpoesie bietet eine merkwürdige Parallele zu einem französischen Schäferspiel des 13. Jahrhunderts, dem Robin und Marion des Adam de la Halle.[3] Die weitere Umgestaltung seines Textes in einem *dritten Neidhartspiel* (Keller 21) zeigt deutlich den Unterschied der roheren Nürnberger Fastnachtsposse von dem gebildeteren oberdeutschen Drama.

---

[1] ZfdA 40, 368. Über alle Neidhartspiele und ihren literarhistorischen Zusammenhang: K. Gusinde, *Neidhart mit dem Veilchen* Germ. Abh. XVII 1899.

[2] Sterzinger Spiele II S. 236. Keller Nr. 53.

[3] Creizenach 1, 395 f. Gusinde 47.

Aus der Volksepik wurde der Rosengarten[1] und das Gedicht vom Wunderer (K. 62) vielleicht deshalb besonders zur dramatischen Bearbeitung gewählt, weil sie Gelegenheit zur Darstellung der bei den Frühlingspielen beliebten Fecht- und Hinrichtungsscenen gaben. Aber auch Stoffe aus der antiken und keltoromanischen Sage fanden aus der epischen Tradition Eingang, wie das Urteil des Paris (Archiv f. Literaturgeschichte 3, 5 f.). Aristoteles als Liebesnarr (Keller 128), die Keuschheitsprobe an Artus Hof (Keller 80. 81). Einen bemerkenswerten Ansatz zum wirklichen Lustspiel mit einem einheitlichen, in zusammenhängender Entwickelung durchgeführten Motive finden wir in dem schweizerischen Spiele von dem *klugen Knechte,* der seine Herrin, seinen Herrn, einen Kaufmann und schliesslich gar den Anwalt betrügt, der ihm vor Gericht durchgeholfen hat. Der Stoff war schon früher in einem italienischen Volksschauspiel und nach diesem in dem französischen Monsieur Pathelin behandelt, den Reuchlin bei seinem 1497 aufgeführten und wohl später als das deutsche Stück verfassten lateinischen Henno benutzte, während dieses in keiner direkten Beziehung zum Pathelin steht.[2]

Während alle diese Stücke zweifellos für die Aufführung bestimmt waren, sind die ersten Übertragungen klassischer Stücke, die wir aus diesem Zeitraum besitzen, Albrechts von Eyb Prosaübersetzungen von Plautus *Menaechmi* und *Bacchides* sowie seine Verdeutschung von Ugolinos *Philogenia* lediglich Buchdramen (§ 75, 18); und nicht anders wird es sich mit den in Ulm 1486 und in Strassburg 1499 erschienenen Terenzübertragungen verhalten, deren erste, von Hans Nythart verfasst, den *Eunuchus* wiedergiebt, während die andere alle 6 Komödien enthält und unter ihnen Nytharts Eunuchus fast unverändert übernommen hat.[3]

Das weltliche Spieldrama sehen wir im 15. Jahrh. in der Schweiz wie in den österreichischen Alpenländern, in schwäbischen wie in bairisch-fränkischen Gebieten verbreitet. Natürlich waren die Städte die eigentlichen Pflegestätten auch dieser dramatischen Gattung; mitten in die Lebenskreise, das Standesbewusstsein und die Standesvorurteile des Bürgertums führt sie uns hinein. Sterzing und Luzern, Augsburg und Bamberg lassen sich als Aufführungsorte nachweisen, vor allem aber ist, wie wir sahen, Nürnberg unter den überlieferten Spielen durch einen bestimmten, übrigens keineswegs ansprechenden Typus vertreten. Bei der nahen Berührung des Fastnachtspieles mit Reimrede und Schwank ist es natürlich genug, dass wir jene beiden Nürnberger, welche in der zweiten Hälfte des 15. Jahrhs. hauptsächlich diese Gattungen vertraten, Hans Rosenplüt[4] und Hans Folz,[5] auch als Fastnachtspieldichter wiederfinden. Und es sind dies die beiden einzigen Verfassernamen, welche diese ganze Literaturgattung, soweit bisher bekannt, aufzuweisen hat. Ein Stück ist uns als Rosenplüts,[6] sieben, zu denen auch das Markolfspiel gehört, sind

[1] Sterzinger Sp. I, S. 146.

[2] Keller Nr. 107. Vgl. *Zs. f. neufranz. Sprache u. Lit.* 9, 1. 10, 93 f. bes. 101 f. Die dort vorgebrachten Aufstellungen über Alter und Vorgänger dieses Spiels werden hinfällig durch die bestimmte Angabe Bächtolds, dass die Niederschrift des Stückes noch aus dem 15. Jahrh. stammt (*Lit. Gesch. d. Schweiz* S. 211).

[3] Vgl. Cholevius, *Geschichte der deutschen Poesie nach ihren antiken Elementen* 1, 281 f. Goedeke, *Grundr.* I[2] S. 444. Wunderlich in: Studien z. Literaturgesch. Festschr. f. Bernays 1893, S. 203. — Mitteil. d. Gesellsch. f. deutsche Erziehungs- u. Schulgesch. 3 (1893) 1 ff.

[4] u. [5] Literatur vgl. § 66.

[6] *Des künig von Engellant hochzeit* Keller N. 100. Über Rosenplüts weiteres Eigentum s. Keller S. 1081 f., Euling, Göttinger Beitr. 2, 21 f. ADB 29, 232 u. besonders Michels S. 182 f.

uns als Folzens Eigentum[1] ausdrücklich überliefert, beiden ist mit mehr oder weniger Bestimmtheit noch gar manches andere zuzuweisen; das meiste aber ist und bleibt anonym, und die unbekannten Verfasser dieser Stücke, die sich in typischen Situationen und Witzen bewegen, die ohne Bedenken einer dem andern ganze Partien entlehnen, werden so wenig wie andere Volksdichter ein Eigentumsrecht beansprucht haben.

PROSA.

§ 75. Dass im Laufe des 14. und 15. Jahrhs. die deutsche Prosaliteratur einen sehr beträchtlichen Umfang gewinnt, ist zunächst durch die populäre Richtung dieser Zeit bedingt. Historische, wissenschaftliche, geistliche Gegenstände, für welche von jeher die Prosa, aber bisher die lateinische, die gebräuchlichste Form war, werden jetzt teilweise nach lateinischer Vorlage, teilweise auch selbständig in deutscher Sprache behandelt und so den weitesten Kreisen zugänglich gemacht. Aber auch für die Unterhaltungslektüre kommt die ungebundene Rede mehr und mehr in Brauch. In Frankreich hatte man schon seit der Mitte des 13. Jahrhs. vielfach die alten Epen in Prosa aufgelöst. Das Beispiel der massgebenden Nation, das mehr auf das Stoffliche als auf die Formgebung gerichtete Interesse der Zeit, das durch die leichtere und wohlfeilere Vervielfältigung der Literatur, sowie durch die grössere Verbreitung der Schulbildung begünstigte stille Lesen, welches gegen die nur dem Ohre voll wahrnehmbaren Reize des Rhythmus und des Reimes verschliesst — das alles vereinigte sich, um auch in Deutschland im Laufe des 15. Jahrhs. die Epopoeie durch den Prosaroman[2] allmählich zu verdrängen, ein Prozess, der schon im Beginne des 16. Jahrhs. seinen Abschluss erreicht, nachdem im Jahre 1517 mit dem Theuerdank das letzte Epos erschienen ist, wenn anders diese an den allegorischen Faden kümmerlich aufgereihte Sammlung kleiner Erzählungen jenen Namen noch verdient.

An den Höfen werden beide Gattungen, die absterbende wie die aufblühende, gepflegt, und höfisch ist der Charakter auch der prosaischen Erzählungen. Aber durch den Druck leicht zugänglich gemacht, verbreiten sich die letzteren bald auch in die mittleren Gesellschaftsschichten, und schliesslich, als der Geschmack der gebildeten Klassen längst eine andere Richtung eingeschlagen hat, hält das Volk noch an den alten, immer aufs neue, teilweise bis in unser Jahrhundert aufgelegten Historien fest, die denn in diesem Sinne nicht unrichtig als *Volksbücher* bezeichnet werden.

Der *Lanzelotroman* wurde im 15. Jahrh. in den vornehmsten Kreisen gelesen. Püterich weiss im Jahre 1462 unter verschiedenen, teils erhaltenen,

---

[1] Keller Nr. 1. 7. 38. 43. 44. 60. 112. Michels S. 214 f.

[2] Die älteste Sammlung von Prosaromanen ist das *Buch der Liebe*. Frankfurt 1578, wiederholt 1587. Das *Buch der Liebe* von v. d. Hagen und Büsching Berlin 1809 enthält aus der alten Sammlung nur den Tristan und Pontus und Sidonia, ausserdem den Fierabras. — *Bibliothek älterer deutscher Übersetzungen* hrsg. von Sauer Weimar 1894 ff. — Modernisierte Texte bietet die 57 Hefte (nicht nur Romane) enthaltende Sammlung von Simrock, *Deutsche Volksbücher nach den ächtesten Ausgaben hergestellt*. Berlin und Frankfurt 1839 ff. (Auch unt. d. T. . . . *in ihrer urspr. Echtheit hergest.* in 13 Bänden. Frankf. 1845—67). — Zur Geschichte und Bibliographie: Görres, *Die teutschen Volksbücher*. Heidelberg 1807. Bobertag, *Geschichte des Romans und der ihm verwandten Dichtungsgattungen i. Deutschl.* Abt. I, Bd. 1. Breslau 1876. Scherer, QF 21. Goedeke, Grundriss I² S. 339 f. Bezüglich der Originaldrucke der in diesem Paragraphen genannten Denkmäler verweise ich ein für allemal auf Goedekes bibliographische Nachweise, auf welche sich auch meine Angaben über die ersten, bezw. letzten Drucke stützen.

teils verlorenen Romanen 'fünf Lanzelundt' im Besitz der Erzherzogin Mathilde, darunter vermutlich vier Texte oder doch Bände in Prosa, und jene alte, aus dem 13. Jahrh. stammende, durch Hss. des 15. und 16. auf uns gekommene Version wurde von Füetrer für Herzog Albrecht von Baiern wiederum in Prosa neu bearbeitet, ehe er an die poetische Behandlung des Stoffes ging.[1] Fürstliche Frauen beteiligten sich jetzt sogar als Schriftstellerinnen an der neuen Literaturgattung. Im Jahre 1405 hatte die Gräfin Margareta von Vaudemont, Gemahlin Herzog Friedrichs von Lothringen, eine abenteuerliche Erzählung von *Loher* (Lother), einem natürlichen Sohne Karls des Grossen, und von seinem treuen Genossen *Maller* aus dem Lateinischen ins Französische übersetzt; im Jahre 1437 übertrug ihre Tochter Elisabeth Gräfin von Nassau-Saarbrücken das Werk ins Deutsche.[2] Handschriften aus dem 15. Jahrh. und Drucke aus den Jahren 1513—1613 haben uns ihre Arbeit überliefert. Dieselbe Elisabeth bearbeitete nach einer Abschrift, welche ihr Sohn, Graf Johann von Nassau aus Paris mitgebracht hatte, die romanhafte Geschichte von *Huge Scheppel* oder *Hug Schapler*, d. i. Hugo Capet, also wiederum einen Stoff aus der französischen Nationalsage, in deren Kreis sich auch jene poetischen Übersetzungen in den Rheinlanden während dieses Zeitraumes bewegten (§ 56). Die einzige bekannte Handschrift stimmt in ihrer Ausführung so genau mit einer Handschrift des Loher und Maller überein, welche nachweislich für Johann von Nassau nach 1455 und vor 1472 (Johanns Todesjahr) angefertigt wurde, dass man für die des Huge Scheppel dieselbe Entstehung annehmen muss.[3] Der erste Druck erschien als 'Hug Schöpler' im Jahre 1500, die letzten 1604 und 1794. Besonderer Beliebtheit hatte sich der Liebes- und Abenteuerroman von *Pontus und Sidonia* zu erfreuen, den die Herzogin Eleonore von Vorderösterreich (1448—80) aus dem Französischen übertrug und der sich in Hss. seit dem Jahre 1465, in Drucken bis zu den Jahren 1670 und 1769 vorfindet. Aber noch weiter verbreitete sich die Erzählung von der schönen Fee *Melusine,* welche Herr Türing von Ringoltingen, Schultheiss zu Bern, im Jahre 1456 für den Markgrafen Rudolf von Hochberg nach einem französischen Gedichte aus dem Anfang des 15. Jahrhs. bearbeitete; sie wurde zu einem der bekanntesten Volksbücher und bis weit in die Neuzeit hinein immer wieder aufgelegt.[4] Unbekannt ist der Verfasser des Romanes vom Herzog *Herpin* und seinem Sohne *Löw;* jedenfalls ist aber auch dieses in einer Heidelberger Hs. des 15. Jahrhs. überlieferte, vermutlich schon in Erzherzogin Mathildens Sammlung vertretene und zuerst in Strassburg (1514) gedruckte Werk ebenso wie die vorhin genannten im westlichen Deutschland entstanden, welches wie ehedem den poetischen so jetzt den prosaischen Roman aus dem Nachbarlande einführte.

Aber auf Übersetzungen aus dem Französischen beschränkte sich diese Literatur nicht. Einerseits schlug man auch in Deutschland den in Frankreich schon früher betretenen Weg ein: man löste die Verse der alten

---

[1] Germ. 28, 141 f., wo übrigens — ich weiss nicht aus welchem Grunde — das sonst allgemein 'um 1300' angesetzte niederdeutsche Fragment unter den Hss. des 15. Jahrhs. aufgeführt wird. Vgl. auch § 53.

[2] Loher und Maller erneuert von Simrock, Stutg. 1868. Vgl. Bolte, *Die schöne Magelone* (Sauers Bibliothek I.) S. XXXIII Anm.

[3] Beide Handschriften auf der Hamburger Stadtbibliothek. Die Angaben über sie, durch welche die in Eyssenhardts Mitteilungen aus der Hamburger Stadtbibliothek XI, 27 f. teilweise berichtigt werden, verdanke ich Fritz Burgs freundlicher Mitteilung.

[4] Vgl. Bächtold LG. d. Schweiz S. 240 f. und Anm. ADB 28, 634 (Roethe).

Epen in Prosa auf, ein Verfahren, das nun am deutlichsten zeigt, wie man jetzt diese Form der poetischen vorzog. So wurde aus einem niederdeutsch verfassten, dann ins Mitteldeutsche umgeschriebenen Gedichte die in einer mitteldeutschen Hs. vom Jahre 1465 vorliegende prosaische Erzählung von *Valentin und Namelos* verfertigt, welche wiederum dem karolingischen Kreise angehört.[1] Eine Prosaauflösung von Konrad Fleks *Flore und Blancheflore* bildet die genealogische Vorgeschichte einer aus verschiedenen Quellen geschöpften Nacherzählung sagenhafter Überlieferungen von *Karl dem Grossen,* die ebenso wie eine prosaische Bearbeitung von *Wolframs Willehalm* mit Türlins Vorgeschichte und Türheims Fortsetzung in einer Zürcher Handschrift v. J. 1475 vorliegt.[2] Im Jahre 1472 wurde Wirnts *Wigalois* zu einer zuerst im Jahre 1493, zuletzt im Jahre 1664 gedruckten Prosa verarbeitet, und eine bänkelsängerische Umdichtung in jüdisch-deutschem Jargon aus dem 17. Jahrh. wurde noch im Jahr 1786 die Grundlage einer abermaligen prosaischen Erneuerung des alten Romans. Aus Eilharts *Tristan* floss ein Prosatext, der zuerst 1483, zuletzt in der als Buch der Liebe 1578 und 1587 veröffentlichten Romansammlung erschien,[3] während die Prosaauflösung von Johanns v. Würzburg *Wilhelm von Österreich* nur einmal, im Jahre 1481, gedruckt wurde.

Andrerseits schloss man sich auch lateinischen Quellen an, denen man nun teilweise dieselben Stoffe entnahm, welche früher in deutschen Versen bearbeitet waren. Aus einem lateinischen Texte vom *Herzog Ernst,* der selbst erst aus dem deutschen Gedichte entstanden war, floss im 15. Jahrh. die deutsche Prosa (§ 8); aus den lateinischen Grundlagen mittelhochdeutscher Epen erwuchsen die deutschen Erzählungen vom *trojanischen Kriege,* von *Alexander dem Grossen,* von *Apollonius von Tyrus,* von den 7 *weisen Meistern,* alle in mehr als einer Fassung vertreten. Eine solche des letztgenannten Werkes sahen wir schon durch Hans von Bühel benutzt;[4] zahlreiche spätere, auf ihr gegenseitiges Verhältnis noch nicht geprüfte Texte treten hinzu; denn die sieben Meister wurden ein sehr beliebtes, bis ins 19. Jahrhundert hinein gedrucktes Volksbuch. Teilweise vereinigte man es mit einer anderen, schon im 14. Jahrh. übersetzten Sammlung von Erzählungen, den verdeutschten *Gesta Romanorum,*[5] und wiederum wurden auch Einzelhandschriften und Drucke der 7 Meister als *Historien aus den Geschichten der Römer* bezeichnet. Unter den deutschen Bearbeitungen des *Trojanerromans* hat sich diejenige, welche Hans Mair von Nördlingen im Anschluss an Guidos von Columna *historia de excidio Trojae* (1287) im Jahre 1392 verfasste, am meisten verbreitet,[6] unter denen des *Alexander* die von dem herzoglich bairischen Leibarzt und Rat Dr. Johann Hartlieb[7] wohl im Jahre 1444 geschriebene, in den Jahren

---

[1] Hrsg. von Seelmann in *Niederdeutsche Denkmäler* hrsg. vom *Ver. f. niederd. Sprachforsch.* Bd. IV. 1884.

[2] *Deutsche Volksbücher aus einer Zürcher Handschrift* hrsg. von Bachmann und Singer Lit. Ver. 185. Eine Zürcher Hs. des Karl v. J. 1551 enthält noch einen 2. Teil — *Morgant* — der Lit. Ver. 189 herausgegeben ist.

[3] Hrsg. von Pfaff, Lit. Ver. 152.

[4] Vgl. *Strassburger Studien* 3, 319 f.

[5] *Gesta Romanorum d. i. des Roemer tât* hrsg. von Keller, Quedlinb.-Leipz. 1841. Über die Vereinigung mit den 7 Meistern vgl. Görres, *Volksbücher* S. 157 f. Ausg. der lat. Quelle (mit Verzeichnis deutscher Hss. S. 197 f.) von Oesterley 1872.

[6] Dunger, *Sage vom troj. Kr.* S. 65 f.

[7] ADB 10, 670 (Oefele). Die der Erzherzogin Mathilde und ihrem Kämmerer Jörg gewidmeten Übersetzungen der Epistel des heil. Bernhard *vom Haushaben* und der *Ratschläge der athenischen Räte,* welche Riezler, *bairische Geschichte* 4, 868 dem Hartlieb zuschreibt, bilden vielmehr die 7. und 8. der Wylschen Translationen.

1472 bis 1514 elfmal gedruckte. Hartlieb, den Herzog Ludwig VII. von Baiern vermutlich in Wien hatte studieren lassen, wo er dann zum Hofe Herzog Albrechts VI. von Österreich Beziehungen hatte, tritt vom Jahre 1440 bis zu seinem zwischen 1471 und 74 erfolgten Tode in der erwähnten Stellung am Münchner Hofe auf. Er ist ein fleissiger Übersetzer, der auch seine schriftstellerischen Bemühungen seinen Herren und Gönnern, erst den beiden genannten, dann Herzog Albrecht III. von Baiern und seiner Gemahlin, und schliesslich dessen Sohn, dem Herzog Siegmund widmet. Mit seinen Schriften astrologischen, chiromantischen, mnemotechnischen und gynaekologischen Inhaltes, mit einer Übersetzung der Brandanlegende, einer Abhandlung von Unglauben und Zauberei, steckt er noch recht in den mittelalterlichen Traditionen. Auch ein Albrecht VI. gewidmetes Buch von der Liebe und den Heilmitteln wider sie hat er nicht, wie der Titel desselben glauben machen will, aus dem Ovid, sondern aus einem mittelalterlichen Autor geschöpft; es ist eine Übersetzung jenes schon von Eberhard Cersne poetisch bearbeiteten *Tractatus amoris* des französischen Kaplans Andreas und einer dazu gehörigen Abhandlung *de fuga amoris*.

Während in Baiern die deutsche Prosa nach Form und Inhalt noch durchaus das mittelalterliche Gepräge trägt, zeigt sie in anderen Landschaften neben dem Fortwirken der mittelalterlichen Traditionen auch den Einfluss der humanistischen Bewegung. In Böhmen gewinnt seit dem Verkehr Karls IV. mit Petrarka vor allem durch Petrarkas überschwänglichen Verehrer, den Kanzler Johannes von Neumarkt, die humanistische Eloquenz schon im 14. Jahrh. Einfluss auf die kaiserliche Kanzlei.[1] Im 15. Jahrh. tauchen dann Übersetzungen italienischer Renaissanceliteratur in Tirol, in Schwaben[2] und in Ostfranken[3] auf, und schliesslich reihen sich hier auch einige Übersetzungen klassischer Autoren an, während in grösserem Umfange erst das 16. Jahrh. antike Literatur durch Verdeutschungen dem Volk erschliesst.

Einen Bruch mit den Überlieferungen des Mittelalters darf man bei diesen Prosaikern wegen ihrer humanistischen Neigungen so wenig erwarten wie bei Sebastian Brant. Bei den meisten vereint sich die Renaissanceliteratur ganz friedlich mit der mittelalterlichen. So auch in den Übersetzungen Heinrich Steinhöwels, der unter den schwäbischen Humanisten dieser Zeit verhältnismässig das beste Deutsch schreibt. Steinhöwel (geb. 1412) war in Wien und Padua in artistischen und medizinischen Studien ausgebildet und in Padua zum Doktor der Medizin promoviert. Anfang 1443 wurde er Arzt in Esslingen, 1450 Stadtarzt in Ulm und zugleich Leibarzt der Grafen von Württemberg; gegen 1482 starb er.[4] In einer *deutschen Weltchronik* nach des Minoriten Martin *flores temporum* (1473) und in einer Übersetzung des *Speculum humanae vitae* von Rodericus de Arevalo, Bischof von Zamora, wandelt er auf mittelalterlichen Bahnen, und auch in seiner ersten Schrift, einer Über-

---

[1] G. Voigt, *Die Wiederbelebung des klassischen Altertums*[3] II, 261 f. K. Burdach, *Vom Mittelalter zur Reformation* S. 21 f. R. Wolkan, *Geschichte der deutschen Literatur i. Böhmen* S. 95 f.

[2] Ph. Strauch, *Pfalzgräfin Mechtild* Tüb. 1883. P. Joachimsohn, *Frühhumanismus in Schwaben:* Württemberg. Vierteljahrshefte f. Landesgesch. N. F. 5, 63 f. 257 f.

[3] M. Herrmann, *Albrecht v. Eyb und die Frühzeit des deutschen Humanismus:* Berlin 1893. Ders. *Die Rezeption des Humanismus i. Nürnberg* 1898.

[4] Keller, in der Ausgabe des irrtümlich dem Steinhöwel beigelegten deutschen Decameron, Lit. Ver. 51 S. 673 f. — Germ. 14, 411 f. — Vierteljahrsschr. f. Literaturgesch. 6, 277; ADB 35, 728 (Strauch); Württemberg. Vierteljahrshefte f. Landesgesch. NF. 5, 116.

setzung des *Apolloniusromans* (1461) sehen wir ihn mit einem der beliebtesten Erzählungsstoffe des Mittelalters beschäftigt.[1] Aber es ist doch schon ein Roman antiken Stils, den er da ohne die früher übliche Beseitigung des antiken Kostüms unters Publikum bringt, und in seinem letzten Werke, dem *Esopus*,[2] den er zwischen 1474 und 1480 dem Herzog Siegmund von Österreich widmete, bietet er nicht nur eine vermutlich selbständige Kompilation von lateinischen Bearbeitungen und Nachahmungen äsopischer Fabeln mit beigefügter Übertragung, sondern er giebt ihr in der lateinischen und deutschen *Vita Aesopi* auch wieder eine Erzählung bei, die sich in antiken Lebensverhältnissen bewegt, und dem Ganzen hängt er — gleichfalls lateinisch und deutsch — einige Geschichtchen an, die er teilweise allerdings einer mittelalterlichen Sammlung, der *disciplina clericalis* des Petrus Alfonsi, teilweise aber auch einem in Deutschland wohlbekannten italienischen Humanisten, dem Poggio entlehnte. Seine Zusammenstellung fand ausserordentlichen Anklang und wurde für die Folgezeit die Grundlage der beliebtesten Fabelsammlungen. Erzeugnisse der italienischen Renaissance hatte Steinhöwel schon zwischen dem Apollonius und dem Esopus durch Übertragung der durch Petrarka latinisierten *Griseldis* des Boccaccio[3] (Hs. vom Jahre 1464 gedr. 1471) und der Schrift des Boccaccio *De claris mulieribus* (gedr. zuerst 1473, zuletzt 1576) der deutschen Literatur zugeführt. Dies Buch *von den sinnrychen erluchten wyben*[4] widmete Steinhöwel der Gattin Herzog Siegmunds von Vorderösterreich, eben jener Eleonore, welche den Roman von Pontus und Sidonia übertrug. Denn das Interesse für diese neuerschlossene Literatur vereinigte sich auch bei jenen fürstlichen Damen mit dem für die Erzählungen alten Stiles. Erzherzogin Mathildens Bibliothek umfasste so gut Rittermären wie humanistische Übersetzungen, und nicht nur mit Leuten wie Püterich und Hermann von Sachsenheim stand die vielseitige Frau in Beziehung, sondern auch mit demjenigen unter den humanistischen Übersetzern, der am entschiedensten und bewusstesten die fremden Vorbilder nicht nur ihrem Inhalt, sondern auch ihrer Form nach zu kopieren suchte, mit Niklas von Wyl.[5]

Wyl stammte aus Bremgarten im Aargau. Nach Vollendung seiner Universitätsstudien wurde er Schulrektor in Zürich, im März 1447 Stadtschreiber in Nürnberg, vertauschte jedoch dies Amt noch im Dezember desselben Jahres mit der gleichen Stellung in Esslingen, wo er daneben auch Unterricht erteilte. Von Esslingen aus trat er gegen 1461 mit der zu Rottenburg residierenden Mathilde in persönlichen Verkehr und geistigen Austausch. Im Jahre 1469 wurde er Kanzler des Grafen Ulrich von Württemberg und seines Sohnes Eberhart, und als solcher tritt er zuletzt im Jahre 1478 auf. Fruchtbar für seine Studien wurde zunächst in Zürich der Verkehr mit dem Chorherren und Schriftsteller Felix Hemmerlin; humanistische Anregungen empfing er zuerst in Nürnberg durch den gründlich humanistisch gebildeten, aber humanistischen Phrasen und Anmassungen abholden Juristen Gregor Heimburg; von entscheidendem Einfluss

[1] Hrsg. von C. Schröder in *Mitteilungen der deutsch. Gesellsch.* i. Leipz. Bd. 5, 2 (1872), S. 85 f. St.s Autorschaft und die Abfassungszeit ergiebt sich aus einem von Bartsch, Germ. Stud. 2, 305 f. gewiss richtiger als von Scherer QF 21, 76 gedeuteten Akrostichon.

[2] Hrsg. von Oesterley, Lit. Ver. 117. Vgl. ZfdPh 19, 197 f.

[3] Vgl. Schröder a. a. O. S. VII f. Scherer QF 21, 12. 73 f. Drucke bei Goedeke S. 365 unter Niklas v. Wyl.

[4] Hrsg. von Drescher Lit. Ver. 205.

[5] Vgl. Strauch, *Pfalzgräfin Mechthild,* S. 14 f. Bächtold LG 224 f. und Anm. Württemberg. Vierteljahrshefte f. Landesgesch. NF 5, 74—116.

aber wurde für ihn in dieser Richtung vor allem der eifrigste Beförderer der humanistischen Studien in Deutschland, der kaiserliche Kanzleibeamte Aeneas Silvius Piccolomini, nachheriger Papst Pius II., und durch wiederholte Gesandtschaftsreisen nach Italien wurde Wyl weiter in diesen Bestrebungen gefördert. Von Aeneas Silvius selbst angefeuert die verbannte Wohlredenheit in Deutschland wiederherzustellen, von Gregor Heimburg zu der Meinung angeregt, dass die Übersetzung eines guten und zierlichen Latein auch ein gutes und zierliches Deutsch geben müsse, suchte er durch genaue Nachbildung des lateinischen Stiles in der Übersetzung humanistischer Autoren eine deutsche Mustersprache und Literatur zu schaffen, und er interessierte vor allem den ihm zunächst erreichbaren fürstlichen Kreis, Mathilden und ihre Verwandtschaft, für seine Bestrebungen. Er übersetzte, teilweise im Auftrage seiner Gönnerin, lateinische Originalschriften und Übertragungen des Aeneas Silvius, des Poggio, Petrarka, Lionardo Aretino, des Felix Hemmerlin, und er fügte einiges wenige selbständig hinzu. Diese *Translationen,*[1] deren älteste vom Jahre 1461 datiert ist und deren drei Püterich bereits im folgenden Jahre in Mathildens Bibliothek wusste, liess er zunächst einzeln ausgehen, bis er sie dann, 18 an der Zahl, im Jahre 1478 in eine Sammlung fasste. Den Inhalt bilden teils lehrhafte, teils novellistische Stoffe, in der Form von Gesprächen, Erörterungen, Briefen und Erzählungen. Aus dem Altertum stammt nur der *goldene Esel* nach Poggios Übersetzung des Pseudo-Lucian; das andere ist Renaissanceliteratur; darunter vor allem die Novelle von *Euriolus und Lucretia*, welche Aeneas Silvius im Jahre 1444 in Wien lateinisch verfasst hatte. Ein galantes Abenteuer seines Freundes und Gönners, des kaiserlichen Kanzlers Kaspar Schlick, mit einer Dame aus Siena hatte Aeneas seiner Erzählung zu Grunde gelegt. Der Inhalt erinnert in seinen Hauptzügen an Tristan und Isolde: das Liebesverhältnis mit der Gattin eines anderen, die Betrügereien gegen den Ehemann, die belauschte und verfolgte Liebe, die Trennung und nach ihr der Tod der in Gram verzehrten Frau. Aber die sinnlich plastischere Darstellungsweise, die feste Concentrierung der Novelle um das eine psychologische Motiv, das durch die Behandlung des allmählichen Sichanspinnens des Verhältnisses und durch die Hereinziehung des Konfliktes zwischen Leidenschaft und Pflicht bereichert, durch Beiseitelassen alles Abenteuerwesens zum alleinigen Gegenstand des Interesses erhoben wird — das alles steht dem modernen Geschmack schon näher. Ist auch die Erzählung von Lüsternheit, der Stil von Überschwenglichkeit nicht frei, man freut sich doch in dieser sonst so am Stoffe klebenden Zeit wieder ein Denkmal zu finden, in dem die künstlerische Gestaltung die Hauptsache ist. Und das Gleiche gilt zum guten Teile für die übrigen Translationen, zumal solche, bei welchen, wie in Poggios Tischgespräch von der Gastfreundschaft, der Gegenstand als solcher nichts, die Behandlungsweise alles ist. Zweifellos hat sich auch Wyl hauptsächlich von diesem Gesichtspunkte aus seine Vorlagen ausgesucht. Aber seine eigenen formalen Leistungen sind freilich gegenüber der Art wie ein Gottfried von Strassburg seinen Stoff umzudeutschen wusste, unerfreulich genug. Nicht aus Unvermögen, aber aus verkehrtem Grundsatze bildet er seinen Stil sklavisch dem lateinischen nach, erborgt er seine Phrasen fremden Vorbildern, bedient er sich latinisierender Wortstellungen, Wendungen und Wortbildungen in einer Ausdehnung, dass dadurch seine Sprache ein recht undeutsches Gepräge erhält. Und so

[1] Hrsg. von Keller, Lit. Ver. 57.

sehen wir hier schon gleich mit den Anfängen der humanistischen Bewegung jenen Wahn von der unumschränkten Mustergiltigkeit antiker Rede und Kunst seinen Einzug halten, der den reichen Segnungen der neuen Bildungselemente noch schwere Schädigung für unsere Sprache und Literatur zugesellen sollte. Durch persönlichen Unterricht wie durch rhetorische Musterstücke hat Wyl seine Lehren einem Kreise von Schülern vermittelt und so einen weiteren Einfluss auf den Brief- und Kanzleistil des 15. und 16. Jahrhs. gewonnen.

Von Boccaccios Novellen hatte Wyl die seinerzeit sehr beliebte tragische Liebesgeschichte von *Guiscardo und Sigismonda* nach Lionardo Aretinos lateinischer Übersetzung einer seiner Translationen zu Grunde gelegt. Auch der alte Stoff von *Flore und Blancheflor* wurde noch in einem zuerst 1499 erschienenen Drucke nach Boccaccios Erzählung im *Filocopo* von einem Unbekannten erneuert, nachdem schon im J. 1436, also auch schon vor Steinhöwel, die *Griseldis (Grisardis)* von dem Nürnberger Karthäuserpriester Erhart Gross unter Einlegung moralischer Excurse lateinisch und deutsch bearbeitet[1] und um 1460 gleichfalls in Nürnberg oder dessen Nachbarschaft das gesamte *Decamerone* in ein ungelenkes und ziemlich stark latinisierendes Deutsch durch einen Arigo gebracht worden war, der dann im J. 1468 auch den früher von Vintler in Reimen bearbeiteten *fiore di virtù* mit Beigaben prosaisch übertrug.[2]

Einen viel freieren und natürlicheren Stil als Wyl und Arigo weiss der Würzburger Archidiakonus und Bamberg-Eichsteter Domherr Albrecht von Eyb zu handhaben (geb. 1420 † 1475). Er hatte in Bologna und Pavia die Rechte studiert, hatte an letzterer Universität daneben auch Plautusvorlesungen gehört, war ebendort zum Dr. jur. promoviert und stand mit Bologna noch später in Verbindung. So ist auch in ihm das Interesse für Literatur der Renaissance und des Altertums rege geworden, und auch er sucht sie unter seinen Landsleuten heimisch zu machen.[3] Aber Eyb verfährt selbständiger als Wyl und Genossen mit seinen Vorlagen und er bringt seine Verdeutschungen italienisch-lateinischer Erzählungen in einen lehrhaften Zusammenhang, fügt sie didaktischen Schriften ein und an, für welche er seine auch durch eine Chrestomathie der Stilistik und Rhetorik, die *Margarita poetica,* bewiesene Belesenheit in der lateinischen Literatur reichlich verwertet. Das Thema der Einleitung von Gross' Grisardis *Ob einem manne sey zu nemen ein eelichs weyb oder nicht* erörterte er unter Benutzung der Gross'schen Arbeit ausführlich in einem besonderen Buche, welches er zu Neujahr 1472 erscheinen liess und in welches er eine kürzende Übersetzung der Novellen von *Guiscardo und Sigismunda* und von der *Marina,*[4] sowie eine solche der *Albanuslegende* aufnahm. Im Jahre 1474 verfasste er einen auch wesentlich auf seine Excerpten-

[1] ZfdA 36, 241. 29, 373.

[2] K. Drescher, *Arigo* QF 86, (1900) identifiziert den A. mit Heinrich Leubing, Pfarrer zu Nürnberg, H. Möller, *Arigo* Leipz. Diss. 1896, mit einem Humanisten Ariginus. Sein *Decameron* ist älterer Anschauung gemäss als Steinhöwels Werk hrsg. von Keller Lit. Ver. 51, vgl. dageg. Archiv f. d. Stud. d. n. Spr. 83, 167. 84, 241. — *Fiore di virtù* und die Identität seines Verf. mit dem des Decameron: ZfdPh 28, 448. 31, 336. Zf vgl. Literaturgesch. 13, 447.

[3] O. Günther, *Plautuserneuerungen i. d. deutsch. Lit. d. 15.—17. Jahrhs.* Leipz. Diss. 1886. J. Fey, *Albrecht v. Eyb als Übersetzer.* Halle Diss. 1888. AfdA 14, 147 f. Herrman, *Albr. v. Eyb* Berl. 1893 (vgl. AfdA 21, 82. Gött. gel. A. 1895, 318) *Deutsche Schriften des A. v. Eyb* (Ehebüchlein, Dramen) hrsg. von Herrmann i. Schriften z. germ. Philol. H. 4. 5 (vgl. AfdA 17, 80). Über Eybs Einfluss im 16. Jahrh. s. auch ZfdA 36, 225.

[4] Eine von Eyb unabhängige Übersetzung derselben lateinischen Marina, die Eyb benutzte, s. ZfdA 29, 325; vgl. Vierteljahrsschr. f. Literaturgesch. 3, 1. 4, 355.

sammlungen gegründeten *Spiegel der Sitten*, in welchem jedoch mehr als im Ehebuch die kirchlichen Schriftsteller auf Kosten der weltlichen bevorzugt werden. Auch hier legte er die Übersetzung einer in Wyls Translationen ebenfalls verdeutschten Schrift ein, die einer von Bonacursius (oder Leonardus Aretinus?) herrührenden *Disputation zweier römischen Jünglinge* über den Vorzug des Geburtsadels oder des Gemütsadels; und der erst nach Eybs Tode (1511) erschienenen Druckausgabe wurden jene § 74 erwähnten 3 Übersetzungen lateinischer Komödien angehängt, in welchen er unter Einsetzung deutscher Namen an Stelle der lateinischen, unter Einführung volksmässiger Redensarten, unter Ersetzung fremdartiger Vorstellungen durch geläufige, die Vorlagen *nit als gar von worten* verdeutscht *sunder nach dem synn vnd mainung der materien, als sy am verstendlichsten vnd besten lauten mügen.*

Mit einer so freien Behandlung antiker Vorlagen, einer derartigen Verdeutschung im vollsten Sinne des Wortes, steht Albrecht von Eyb vereinzelt unter den deutschen Übersetzern seiner Zeit. Weder der deutsche Terenz (74), noch das wenige, was zu Übertragungen alter Prosaiker vor dem 16. Jahrh. verfasst wurde, zeigt eine ähnliche Praxis. Zu anonymen Übersetzungen von Boethius *de consolatione philosophiae* (Nürnberg 1473), Vegetius' Kriegswesen, Hygins Astronomie (Augsburg 1491), Cicero *de officiis* (Augsburg 1488) gesellten sich zuerst in dem schwäbischen Humanistenkreise Verdeutschungen griechischer Schriften, als Reuchlin für Eberhart I. von Württemberg i. J. 1495 die erste Olynthische[1] und die beiden ersten Philippischen Reden des Demosthenes sowie das 12. Totengespräch des Lucian[2] in die Muttersprache übertrug. Nach Eberharts I. Tode (1496) setzte er zunächst in Heidelberg auf Veranlassung seines Gönners, des grossen Humanistenfreundes Johann von Dalberg, die Thätigkeit in Übersetzungen aus dem Griechischen fort.[3] Eine Übersetzung des 1. Buchs von Ciceros Tuskulanen, die er dann i. J. 1501 in Stuttgart für den humanistisch interessierten Kurfürsten Philipp von der Pfalz verfasste, liegt ebenso wie die Verdeutschungen anderer Mitglieder des pfälzischen Humanistenkreises, Wimphelings, Werners von Themar, Dietrichs von Pleningen über die uns gesteckte Zeitgrenze hinaus.

Mit einer Übersetzung aus Lucian hat Reuchlin ein besonders häufig nachgeahmtes Vorbild der Renaissanceliteratur, welches vor allem in Huttens Dialogen neues Leben gewinnen sollte, zuerst den Deutschen nahezubringen gesucht. Nicht der satirische, aber doch der lehrhafte Dialog war schon längst eine beliebte Gattung der deutschen humanistischen Prosa, und häufig kehrten in ihr dieselben Themen wieder. Wie den Streit über den Adel der Geburt und den des Gemütes, so hat Niklas von Wyl auch die Frage, ob es besser sei zu heiraten oder ledig zu bleiben, neben Albrecht von Eyb, und zwar im Anschluss an eine Schrift des Poggio (in der 6. Translation) behandelt. Ein gern ausgeführter Gegenstand wie dieser war auch die gesprächsweise Entwickelung von Klage und Trost eines verwitweten Mannes. Diesem von Hugo von Montfort auch poetisch verwerteten Motive ist eine der Wylschen Translationen, die 15., aus dem Dialog des Petrarka *de remediis utriusque fortunae* gewidmet, der andrerseits wohl schon in der ersten Hälfte des 15. Jahrhs.

---

[1] Hrsg. von Poland: Sauers Bibliothek VI (1900).

[2] Zs. f. vgl. Literaturgesch. 8, 408.

[3] Hartfelder, *Deutsche Übersetzungen klassischer Schriftsteller aus dem Heidelberger Humanistenkreis.* Heidelberg Progr. 1884 S. 8 (18).

in Tirol vollständig verdeutscht war;[1] und schon im Jahre 1399 war durch Johann von Saaz der bei Petrarka-Wyl zwischen Leid und Vernunft erörterte Vorwurf einem kunstvollen Gespräche, dem *Ackermann aus Böhmen*, zu Grunde gelegt, welches der seiner Gattin beraubte Verfasser selbst mit dem Tode führt;[2] der lebhafte, blühende Stil dieser interessanten Schrift steht der späteren deutsch-humanistischen Prosa schon nahe. Und wiederum ist in die Form eines Dialoges, zwischen *Melibeus* und seinem Weibe *Prudencia*, ein Rat und Trost in den Widerwärtigkeiten des Lebens gekleidet, der sich wesentlich auf Sprüchen und Lehren aus biblischen und klassischen Schriften aufbaut. Das lateinische Original war als *liber consolationis* im Jahre 1246 (oder 1248) von Albertanus von Brescia verfasst,[3] die deutsche Übersetzung ist in Handschriften und Drucken des 15. Jahrhs. überliefert. — Auf eine indische Quelle geht dagegen — durch ein hebräisches und ein arabisches Zwischenglied hindurch — das *Directorium humanae vitae* des Johannes von Capua zurück, eine Sammlung von Erzählungen, Fabeln und Sentenzen in dialogischem Rahmen, welche Antonius von Pforr (urk. 1455—77) als *Buch der Beispiele der alten Weisen* verdeutschte.[4] Und doch ist auch diese geschickte Übertragung von humanistischem Einfluss berührt, wie denn auch der Verfasser, erst als Rat Siegmunds von Österreich, dann als Kaplan Mathildens, mit jenen vom popularisierten Humanismus berührten Höfen in Verbindung stand. Für Mathildens Sohn aus erster Ehe, den Grafen Eberhart I. von Württemberg, hat er sein Werk geschrieben, welches, um 1470 zuerst gedruckt, grosse, selbst über die Grenzen Deutschlands hinausreichende Verbreitung fand.

Mit Erzählungen illustrierte Lehren, wie Pforrs Buch, bietet auch der *Ritter vom Turn*, jedoch nach einer französischen Vorlage, dem *Livre* du Chevalier de la Tour Landry *pour l'enseignement de ses filles*; der Übersetzer Markuard vom Stein, den der erste, 1493 erschienene Druck Landvogt zu Mömpelgart nennt,[5] hatte als solcher gleichfalls Beziehungen zum württembergischen Hofe. Und wiederum in denselben Kreis führen uns die für eben jenen Eberhart, Grafen von Württemberg und Mömpelgart, im Jahre 1486 geschriebenen *Facetien Augustin Tüngers*, in Deutschland das erste Beispiel dieser durch Poggios Facetiae angeregten Gattung, vom Verfasser sowohl in lateinischer als in deutscher Fassung aufgezeichnet.[6] Doch ist auf Poggios Vorgang nur das Interesse humanistischer Kreise für die Veranstaltung derartiger Sammlungen, sowie die dabei beliebte Art der Auswahl und der Darstellung zurückzuführen, die Bevorzugung der knapp gefassten Anekdote mit witziger Pointe, bei späteren auch das Gefallen am Frivolen, von dem sich der mehr zu ernster Lehre geneigte Tünger noch frei hält.

Dagegen waren natürlich kleine Erzählungen und Schwänke von jeher neben den Gedichten dieser Gattung auch in prosaischer Fassung mündlich

---

[1] Bruchstücke einer Innsbrucker Hs. ZfdA 35, 227.

[2] *Der Ackermann aus Böhmen* hrsg. von Knieschek, Prag 1877. Vgl. AfdA 4, 352 f. Wolkan a. a. O. 239. Burdach *vom Mittelalter z. Reform.*, S. 29 Anm. sieht in William Langlands Piers Plowman das Vorbild für Titel und Anlage des Werkes.

[3] Vgl. Gaspary, *Gesch. d. ital. Lit.* I, 189, 191. Albertanus Brixiensis, *liber consolationis* ed. Sundby, Havniae 1873. Über deutsche Drucke (o. J. und 1473—1520) Sundby S. XVIII. Proben bei Vetter, *lehrhafte Lit. d. 14. u. 15. Jahrhs.*, S. 456 f. Unter den Hss. ein Cgm. (756) v. J. 1465.

[4] Hrsg. von Holland, Lit. Ver. 56. Vgl. Strauch, *Mechtild* S. 26 f. und Anm.

[5] Er kann daher nicht, wie Gödeke will, mit dem Archiv f. Lit. Gesch. 7, 451 nachgewiesenen gleichnamigen Augsburger Kanonikus (geb. 1476, † 1559) identifiziert werden.

[6] Hrsg. von Keller, Lit. Ver. 118.

in Umlauf, mochten sie nun ursprünglich aus schriftlichen Quellen stammen, auf freiere Ausbildung und Variation alter Motive zurückgehen, oder auch aus dem Leben gegriffen sein, wie denn auch Tünger sagt, dass er nach Erinnerungen aus seiner Jugendzeit erzähle. Schon seit dem 13. Jahrh. wurden solche *Märlein* auch von Predigern als Beispiele verwertet;[1] noch im 14. ward aus derartigen Exempeln eine erbauliche Sittenlehre, *Der Seele Trost,* zusammengestellt, die in der Folgezeit in Handschriften und Drucken verbreitet wurde;[2] an einen geschichtlichen Faden wird eine Sammlung von Erzählungen in einer deutschen ungereimten Chronik aufgereiht gewesen sein, aus welcher Herrand von Wildonie (1248/78) den Inhalt eines Gedichtes schöpfte,[3] und ein ähnliches, wenn nicht dasselbe Werk, wird dem Dichter des Mai und Beaflor seinen Stoff geliefert haben (Mai 3, 14 f.). Aber auch einzeln oder in ganz beliebiger Zusammenstellung wurden deutsche Novellen und Erzählungen in Prosa aufgezeichnet, wie z. B. in einer aus dem 15. Jahrh. stammenden Leipziger Handschrift, die in mitteldeutscher Mundart unter mancherlei kleineren Stücken dieser Gattung auch eine *Griseldis* und einen *Apollonius* enthält.[4]

Wie sich andererseits in mündlicher Überlieferung lebende Schwänke allmählich um eine bestimmte Persönlichkeit konzentrieren, zeigt als prosaisches Seitenstück zum Amis, Kalenberger und Neidhart Fuchs jetzt das Buch von *Till Eulenspiegel,* einem Bauernsohne aus dem Braunschweigischen, der im 14. Jahrh. wirklich gelebt haben wird und dessen Schalkstreiche in die Volkssage übergingen, wo sie nun variiert und mit ähnlichen Erzählungen vermischt wurden. Die so entstandene Sammlung wurde in niedersächsischer Sprache nach Angabe eines Druckes im Jahre 1483 aufgezeichnet; doch ist sie nicht in der Originalmundart, sondern nur in zahlreichen hochdeutschen Ausgaben auf uns gekommen, unter denen jetzt als älteste eine zu Strassburg im Jahre 1515 erschienene vorliegt,[5] während schon früher ein Druck existiert haben muss. Nach einer alten Angabe wäre Thomas Murner Verfasser des hochdeutschen Textes. — Unter den prosaischen Volksbüchern ist das von Salomon und Markolf (§ 69) dem Eulenspiegel am nächsten verwandt. Beide stellen den Triumph des groben aber schlauen Bauern über Leute, die sich ihm überlegen dünken, dar. Der beliebteste Typus der Eulenspiegelschwänke, nach welchem der Schalk durch wörtliche, aber nicht sinngemässe Ausführung eines Auftrages den Auftraggeber narrt, findet sich auch schon in zwei Streichen Markolfs, und einen Schwank anderer Art hat der gereimte Marolf mit dem Eulenspiegel gemein. Aber — von anderen Differenzen abzusehen — während Markolf sich nur die höfische Gesellschaft zum Ziel seiner Narrenpossen wählt, hat Eulenspiegel es vor allem auf die Handwerker abgesehen, und die tollen Streiche, die er ihnen spielt, während er in ihrem Dienste steht,

---

[1] Germ. 3, 407 f., wo auch Proben aus einer umfänglichen Sammlung des 15. Jahrhs.; für den gleichen Gebrauch mag eine ältere Sammlung kleiner deutscher, aus dem *Vitas patrum* gezogener Erzählungen bestimmt gewesen sein; hrsg. von Palm, *der veter buoch* Lit. Ver. 72.

[2] Eine niederd. Hs. schon v. J. 1407; 1. Druck 1474; umfängliche Proben aus einer niederrhein. Hs. *Zeitschr. f. deutsche Mundarten* 1, 174 f., 2, 1 f., 289 f.; vgl. Anz. f. deutsche Vorz. 13 (1866) S. 307. ZfdPh 6, 424.

[3] Kummer, *Herrand von Wildonie* S. 148, V. 4 f.

[4] *Altd. Blätter* 1, 113 f., 300 f. Griseldis und Apollonius hrsg. von Schröder, Mitteil. d. deutsch. Gesellsch. i. Leipz. Bd. 5, 2, S. 1—81.

[5] Hrsg. von Knust, *Neudrucke deutscher Literaturwerke des 16. und 17. Jahrhs.* Nr. 55—6 (1885). Vgl. Scherer QF 21, 26 f., 78 f. Walter, Niederd. Jahrb. 19, 1. *Dr. Thomas Murners Ulenspiegel* hrsg. von Lappenberg, Leipzig 1854.

scheinen den Spott heimzuzahlen, mit dem die Bürger den Bauernstand bedachten. Übrigens waren auch die Geschichten von Amis und dem Kalenberger nahe genug verwandt, um aus ihnen einiges in die Drucke des Eulenspiegel mit aufzunehmen, die nun eine viel weitere Verbreitung fanden als jene gereimten Schwanksammlungen und die Erinnerung an Eulenspiegels Namen und Thaten in und ausser Deutschland bis auf die Gegenwart fortleben liessen.

§ 76. Auch die deutsche historische Prosa[1] lehnt sich wie die Unterhaltungsliteratur noch mehrfach an lateinische Vorlagen oder an die alten Reimgedichte an. So werden im 14. und 15. Jahrh. die Kaiserchronik, Rudolfs von Ems, Enenkels, Heinrichs von München Weltchroniken teilweise in engerem Anschluss an die Originale, teilweise in freierer Weise und unter Herbeiziehung anderer Quellen prosaisch bearbeitet, und auch das Alexanderlied und Strickers Karl werden für die Chroniken dieser Art verwertet.[2] — Andrerseits aber geht man doch hier schon früher und in ausgedehnterem Masse als auf dem Gebiete der Unterhaltungsliteratur zu selbständigerer Produktion über.

Im Jahre 1335 setzt Christian Küchenmeister aus St. Gallen die alten *Casus* des St. Gallener Klosters unter Berücksichtigung der Reichsgeschichte für die Zeit von 1228—1329 in deutscher Sprache fort,[3] und ein Strassburger Geistlicher, Fritsche Closener, verbindet in einer bis zum J. 1362 geführten deutschen *Chronik* die Geschichte seiner Heimatstadt mit derjenigen der Kaiser und Päpste.[4] Die erste *deutsche Weltchronik* war schon zwischen 1237 und 51 von einem Angehörigen des Repgauischen Geschlechtes in niedersächsischer Sprache geschrieben; sie hatte sich auch in Mittel- und Oberdeutschland verbreitet, wurde in Thüringen bis zur Mitte des 14. Jahrhs., in Baiern viermal im Laufe des 14. und 15. Jahrhs. fortgesetzt und gewann auch sonst auf die oberdeutsche Geschichtschreibung Einfluss. Auch Closener hat sie neben anderen Quellen verwertet; und wiederum ist Closeners Werk nicht nur benutzt, sondern ausgeschrieben in der *Chronik* seines jüngeren Landsmannes Jakob Twinger von Königshofen, der auf breiterer Grundlage dieselbe Aufgabe wie Closener verfolgte und seine an die allgemeine Welt- und Kirchenhistorie geknüpfte Darstellung der strassburgisch-elsässischen Geschichte in drei verschiedenen Fassungen entwarf, deren ausführlichste, jüngste und verbreitetste bis zum J. 1415 reicht.[5] Twinger hat es schon mehr auf die Unterhaltung seiner Leser abgesehen und seine viel umfänglichere Erzählung ist mit allerlei frommen und weltlichen, ernsten und kurzweiligen Histörchen reich ausgestattet. Das Bestreben, auch in die engere und engste Lokalgeschichte erst von dem allgemeinen Entwicklungsgange der christlichen Weltgeschichte aus einzuführen, zeigte sich, wenn auch in viel engerem Rahmen, schon im Annoliede. Und wie dort, so wird auch jetzt wieder, aber in ganz anderer, viel umfassenderer Ausführung, Kölns Geschichte in diesen grossen Zusammenhang gestellt in der 1499 gedruckten *Cronica van der hilliger Stat van Cöllen,* die unter

[1] Für die historische Prosa vgl. bes. O. Lorenz, Deutschlands Geschichtsquellen im MA. seit der Mitte des 13. Jahrhs. 3. Aufl. II. Berlin 1887.

[2] Vgl. Massmann *Kaiserchronik* 3, 44 f., ders. Heidelberger Jahrbücher 1828, 194 f., ders. *Eraclius* 372 f. Rudolfs Weltchronik in den *Historienbibeln,* in 2 Fassungen hrsg. von Merzdorf Lit. Ver. 100. 101. Das Alexanderlied in einer *Baseler Weltchronik,* vgl. ZfdPh 10, 89—112; *(Der Basler Alexander* hrsg. von Werner Lit. Ver. 154).

[3] Bächtold Lit. Gesch. S. 220 f. und Anm.

[4] Hrsg. in *Chroniken der deutschen Städte* Bd. 8.

[5] Hrsg. a. a. O. Bd. 8. 9.

anderm auch Twingers Werk benutzt, in der Darstellung der Lokalgeschichte für die von Gottfried Hagen behandelten Ereignisse dessen Reimchronik umschreibt und auch andere historische Gedichte verwertet.[1] Auch im übrigen mittleren und oberen Deutschland treten im Laufe des 14. und 15. Jahrhs. städtische Historiographen auf, die teils ebenfalls unter Beigabe einer weit zurückgreifenden Einleitung, teils unter Beschränkung auf das was sie selbst erlebt und gehört haben, die Geschichte ihrer Heimat behandeln; abgesehen von der schon erwähnten, bis zum J. 1398 reichenden *Limburger Chronik* des Tilemann Elhen von Wolfhagen, sind besonders Bern, Augsburg, Nürnberg, Breslau durch die eine oder die andere Gattung der Geschichtschreibung in deutscher Sprache vertreten. — Die halbgelehrte Geschichtsfabelei, die schon in den Erzählungen vom Ursprung der Städte eine Rolle spielt, wuchert am üppigsten in den Darstellungen ältester Stammes- und Landesgeschichte, wie sie für *Schwaben* Thomas Lirer von Rankweil[2] in einer Sammlung von legendarischen, sagenhaften und historischen Erzählungen liefert, welche, bis in die Mitte des 14. Jahrhs. reichend, besonders die schwäbischen Adelsgeschlechter betreffen, wie sie ferner für *Österreich* im Auftrage und mit Unterstützung Herzog Albrechts III. Gregor Hagen in einer bis zum J. 1398 geführten Chronik bietet, deren Kritiklosigkeit und Willkür schon im 15. Jahrh. übel berüchtigt war,[3] und wie sie endlich für die *Schweiz* zum Gegenstande einer besonderen Abhandlung vom *Herkommen der Schwyzer*[4] durch Eulogius Kiburger († 1506) gemacht wird, der auch in einer Chronik des Geschlechtes der Herren von *Stretlingen*[4] allerlei Sagen und Historien zusammentrug. Auch in einer Welt- und Landesgeschichte verbindenden *thüringischen Chronik,* welche Johannes Rothe im J. 1421 vollendete,[5] mischt sich die Geschichte mit der Stamm- und Lokalsage; aber Auffassung, Anlage und Darstellung ist bei ihm eine verständigere und gebildetere, und die ansprechende und kunstvolle Art der Erzählung rückt die Prosa Rothes auch über das, was er selbst auf poetischem Gebiete geleistet hatte, hinaus. Sein Werk wurde vielfach benutzt und ausgeschrieben.[6] Eine fabulose Urgeschichte leitet dann wiederum jene *bairische Chronik* ein, die Ulrich Füetrer auf Veranlassung Herzogs Albrecht von Baiern im Jahre 1478 begann und unter Benutzung eines von seinem Zeitgenossen Hans Ebran von Wildenberg verfassten bedeutenderen Werkes gleichen Inhaltes im Jahre 1481 vollendete.[7]

Andere griffen ein bestimmtes Thema aus der Geschichte ihrer Zeit heraus. So gab der Constanzer Bürger Ulrich von Richental († 1437) als Augenzeuge eine vortreffliche Schilderung und Erzählung vom Concil von Constanz[8], und Eberhart von Windeck verfasste das *Buch von Kaiser Sigismund,* dessen Gefolge er zeitweilig angehört hatte, eine ziemlich ungeordnete Zusammenstellung aus eigenen Erinnerungen und gesammeltem Material,[9] während Ludwig von Eyb, Albrechts

[1] Hrsg. a. a. O. Bd. 13 S. 211 f. Bd. 14.
[2] ADB 18, 746 f. (Frank).
[3] Lorenz a. a. O. I, 263 f.
[4] Beides hrsg. von Bächtold in *Bibliothek älterer Schriftwerke der deutschen Schweiz* Bd. I. 1877.
[5] Hrsg. von Liliencron in *Thüringische Geschichtsquellen* Bd. III. Jena 1859.
[6] So z. B. in Stolles thür. Chronik: Lit. Ver. 32.
[7] Vgl. Riezler, *Bairische Geschichte* B. III (1889) S. 908 ff., ADB 42, 498.
[8] Hrsg. von Buck Lit. Ver. 158. Vgl. Z. f. Gesch. d. Ob.-Rheins 53, 13.
[9] Eberhard Windeckes *Denkwürdigkeiten* hrsg. v. W. Altmann Berlin 1893. Vgl. Gött. gel. Anz. 1898, 379. A. Wyss, *E. Windecks Buch v. Kaiser Sigismund* Leipz. 1894, ADB 43, 381.

Bruder, der treue Rat und Feldhauptmann des Markgrafen Albrecht Achilles, in seinen *Denkwürdigkeiten brandenburgischer Fürsten* ein bedeutendes Denkmal historisch-politischer Memoirenliteratur hinterlassen hat.[1]

Unter den biographischen Denkwürdigkeiten erfreuen sich die Erzählungen von Reiseerlebnissen im 15. Jahrh. bereits grosser Beliebtheit. Es sind das wiederum teilweise Übersetzungen, wie die Bücher von der Orientreise des Venezianers Marco Polo (1271—95) und der des Engländers Johannes Mandeville (1322—55), letzteres mit den abenteuerlichsten Fabeln ausgeschmückt und in Deutschland in verschiedenen Fassungen weit verbreitet;[2] teilweise sind es Originale, wie der auf Grund eigener, in den Jahren um 1338—48 gewonnener Anschauungen verfasste *Bericht* eines unbekannten Kölners *über den Orient*,[3] oder die Aufzeichnungen des Müncheners Johann Schiltperger über das, was ihm in den Jahren 1395—1427 als Gefangenem und als Reisendem im Morgenlande widerfahren ist;[4] und ebenso werden auch mancherlei Berichte von Jerusalempilgern aus dem Lateinischen übersetzt oder deutsch niedergeschrieben.[5]

Wissen schon diese Reisebeschreibungen von mancherlei Naturmerkwürdigkeiten zu erzählen oder zu fabeln, so werden nun andrerseits naturgeschichtliche Gegenstände auch in besonderer Darstellung behandelt. Das bemerkenswerteste Beispiel bietet das aus des Dominikaners Thomas v. Cantimpré *liber de naturis rerum* durch Konrad von Megenberg i. J. 1349/50 frei übersetzte, dabei auch selbständig gekürzte und erweiterte *Buch der Natur*,[6] welches, in Handschriften und seit 1475 in Drucken stark vervielfältigt, auch excerpiert und in einem solchen unter Albertus Magnus Namen gehenden Auszuge zum Volksbuche wurde. — Die Heilkunde wird in diesem umfänglichen Werke mit der Naturlehre vereinigt; was sonst im 14. und 15. Jahrh. an medizinischen Schriften in deutscher Sprache verfasst wird, kann, wie alles was lediglich praktischen Zwecken dient, bei dem Reichtum dieser Periode an literarhistorisch weit wichtigeren Prosadenkmälern hier nicht weiter berücksichtigt werden. Und so genügt es auch bezüglich der Urkunden- und Rechtsliteratur darauf hinzuweisen, dass schriftliche Aufzeichnungen in deutscher Sprache auch auf diesen Gebieten im 14. und 15. Jahrh. immer häufiger werden. (Vgl. Abschnitt IX. A § 9—17 dieses Grundrisses.)

§ 77. Ganz besonders wächst in diesem Zeitraume die deutsche Prosa geistlichen Inhaltes nicht allein an Ausdehnung sondern auch an Bedeutung. Die Wahrnehmung, dass in der Behandlung derselben Stoffe, welche man früher in poetischer Fassung hören wollte, jetzt die prosaische Form vorgezogen wird, drängt sich wiederum bei zahlreichen Prosalegenden auf, die bald aus älteren Gedichten aufgelöst, bald

---

[1] Hrsg. von Höfler, Quellensamml. f. fränk. Gesch. 1. Baireuth 1849. ADB 6, 449 (Vogel). Herrmann, *Albrecht v. Eyb*, 27 f.

[2] Vgl. Goedeke I[2] 376 f. Eine Übersetzung Mandevilles durch Michel Velser schon in einem von Goedeke nicht aufgeführten cgm. 332 von 1409. Eine andere von Otto von Diemeringen.

[3] ZfdPh 19, 1 ff.

[4] Hrsg. Lit. Ver. 172.

[5] *Deutsche Pilgerreisen nach dem heil. Lande* hrsg. von Röhricht und Meisner Berlin 1880. (Daselbst auch weitere literar. Nachweise). Reisebuch der Familie Rieter Lit. Ver. 168.

[6] Hrsg. von Pfeiffer Stuttg. 1861. Neuhochdeutsch mit Anmerkungen von H. Schulz Greifsw. 1897. (Vgl. auch ADB 16, 648 f.)

aus deren lateinischen Quellen übersetzt werden; und auch in dieser jüngeren Gattung treten dann neben die Einzellegenden die grossen, nach dem Heiligenkalender geordneten Cyklen, zunächst in Handschriften (eine Heidelberger trägt das Datum 1419), dann auch in Drucken, die nun das alte gereimte *Passional* verdrängen; und ebenso wird das poetische *Leben der Altväter* jetzt durch prosaische Übertragungen seiner lateinischen Quelle ersetzt, welche in Schrift und Druck überliefert werden.[1] Die biblische Prosaerzählung sahen wir schon in den Historienbibeln vertreten, welche neben Rudolfs Weltchronik und anderen Quellen auch unmittelbar die Vulgata benutzten.[2] Den Inbegriff der ganzen christlichen Heilsgeschichte mit dem Leiden Christi als Mittelpunkt und den vorbedeutenden Stellen des alten Testamentes macht die Verdeutschung des *Speculum humanae salvationis* auch in Prosa und mit Bildern geschmückt seit dem 14. Jahrh. der Laienwelt vertraut, wie schon vor und neben ihr die *Biblia pauperum*, die in gleicher Weise populäre Zwecke erfüllte und das Muster für den Heilspiegel abgegeben hatte. Aber auch durch Originalübertragungen wird die heilige Schrift den Laien zugänglich gemacht: nicht nur durch solche der Perikopen und einzelner biblischer Bücher, besonders der Psalmen und Evangelien;[3] auch Übersetzungen des ganzen alten und neuen Testamentes nach der Vulgata entstehen im 14. und 15. Jahrh.;[4] die prächtigste deutsche Bibelhandschrift wurde in den Jahren 1389—1400 mit reichem Bilderschmuck für König Wenzel angefertigt. Im J. 1466 wurde von Joh. Mentel in Strassburg die erste deutsche Bibel gedruckt, und in schneller Folge schlossen sich dieser bis zum Jahre 1518 dreizehn neue hochdeutsche Auflagen an, deren Text seit dem vierten, um 1473 erschienenen Drucke einer durchgreifenden Revision unterzogen war.[5]

Schon bevor so durch die Bibelübersetzung den Laien die Möglichkeit gegeben wurde, ohne priesterliche Vermittelung sich mit den ältesten und echtesten Urkunden der Religion bekannt zu machen, waren theosophische Spekulationen und war insbesondere die Idee von einem unmittelbaren Erfassen und Erleben der Gottheit durch die deutschen Schriften der Mystiker popularisiert.[6] Es ist eine reiche Literatur von Predigten und Traktaten, religiösen Herzensgeschichten und Briefen, Visionen und Offenbarungen, die seit dem Anfange des 14. Jahrhs. aus jener mystischen Grundidee erblühte. In den Frauenklöstern, wo die Vorstellung von

---

[1] Nähere Angaben über diese Legendenliteratur bei Wackernagel I[2] 451 f. (über das dort erwähnte *Veter Buoch* hrsg. von Palm s. oben § 75).

[2] Vgl. § 76, Anm. 2.

[3] E. Mourek, *Krumauer altd. Perikopen* v. J. 1388. SB. d. Böhm. Gesellsch. d. Wissensch. 1892, 176. Deutsche Psalmenübersetzungen d. 14. Jahrhs.: Schönbach, *Miscellen aus Grazer Hss.* II (1899). Matthias v. Beheim, *Evangelienbuch in mitteldeutscher Sprache* hrsg. von Bechstein Leipz. 1867.

[4] *Codex Teplensis* Augsburg und München 1881. (Der Herausgeber überschätzt das Alter.) Über eine nahe verwandte Handschrift M. Rachel Freiberger Progr. 1886. Schellhorn, *Über d. Verhältnis der Freiberger und der Tepler Bibelhandschrift zu einander und zum ersten vorlutherischen Bibeldrucke* Freiberg 1896. — Fr. Jellinek, *Die Sprache der Wenzelsbibel* Görz 1898.

[5] W. Walther, *Die deutsche Bibelübersetzung des Mittelalters.* T. 1—3. Braunschweig 1889—92. Jostes Histor. Jahrb. 15, 771. 18, 133 meint, dass die Vorlage des ältesten Druckes bald nach 1450 von Johann Rellach, Magister in einem Dominikaner- oder Franziskanerkloster der Diözese Konstanz, verfasst worden sei.

[6] *Deutsche Mystiker des 14. Jahrhs.* hrsg. von Pfeiffer Bd. I. II. Leipz. 1845—57. W. Preger, *Geschichte der deutschen Mystik im Mittelalter* T. I—III. Leipz. 1874—93; vgl. AfdA 9. 113 f. D. Literaturzeit. 1893, 717.

der Brautschaft der Seele mit Gott von je am lebendigsten wirkte, war auch der fruchtbarste Boden für mystische Theorien, Empfindungen und Phantasieen.

Seit gegen Ende des 13. Jahrhs. den Dominikanern die Seelsorge und insbesondere gelehrten Brüdern die Predigt unter den Ordensschwestern übertragen war, entwickelte sich zunächst in diesem Kreise die auf einer Vermittelung scholastischer Spekulation mit den Bedürfnissen religiösen Empfindungsdranges ruhende mystische Predigtweise und Schriftstellerei.[1] Aber die Erscheinung bleibt nicht auf jenen Bezirk beschränkt. Zu den Predigten der Dominikaner hatten auch Laien Zutritt, und auch Weltpriester, Beginen und andere fromme Frauen, welche keinem Orden angehören, Männer die im Gefühl inniger Gemeinschaft mit Gott sich Gottesfreunde nennen, empfangen und pflegen die mystischen Lehren. Die Städte Köln, Erfurt, Strassburg und Basel sind die Centren dieser Bewegung.

Der spekulative Ausbau der deutschen Mystik ist vor allem das Werk Meister Eckharts, eines Dominikaners, der, aus Hochheim bei Gotha stammend, in den letzten Jahren des 13. Jahrhs. als Prior in Erfurt und Vikar in Thüringen fungierte, i. J. 1300 die Universität Paris bezog, dort i. J. 1302 die Licentiatenwürde erhielt, i. J. 1304 als Provinzialprior von Sachsen bestätigt wurde, 1314 als Magister und Professor der Theologie in Strassburg auftritt[2] und in der gleichen Eigenschaft in Köln wirkte, wo er i. J. 1327 starb. In seinen lateinischen Schriften[3] geht Eckhart von scholastischen Lehren aus und operiert mit scholastischen Begriffen, zeigt sich zugleich von neuplatonisierenden, durch Augustin vermittelten Ideen beeinflusst und bildet das Übernommene selbständig fort. In seinen deutschen *Predigten* und *Traktaten*, die eine philosophische Terminologie in der Nationalsprache schaffen,[4] sucht er nicht nur durch populärere Ausführung seiner Spekulationen das religiöse Denken weiterer Kreise zu vertiefen, sondern auch im unmittelbarsten Zusammenhange damit das religiöse Leben zu verinnerlichen und eines wie das andere vom Haften am Äusserlichen, an der Materie, zu befreien. Gott ist das Sein, welches auch das Sein der Kreatur bedingt; aber er ist das absolut einheitliche Sein, dem als solchem die Mannigfaltigkeit, das Zerteilte, die Besonderheit der Dinge entgegengesetzt ist; in der menschlichen Seele ist Gott auch mit seinem Wesen, ohne dass dadurch an seiner Einheit etwas geändert würde, vielmehr ist auch am Menschen das Besondere, Persönliche, das Selbst dasjenige, was ihn von Gott trennt. Alle Vorstellungen, die wir uns von Gott machen, sind irreführend, da sie von dem hergenommen sind, was dem Wesen Gottes nicht entspricht, von den Dingen und dem Selbst. Vielmehr ist Gott gerade die Negation alles dessen, und wir kommen ihm um so näher, je mehr wir 'in ein Vergessen aller Dinge und unseres Selbst kommen', alle unsere Kräfte nach innen, nicht nach aussen kehren; gelingt das vollständig, so erfolgt auch die völlige Vereinigung mit Gott. In diesem Sinne lehrt Eckhart 'verstehe nichts von dem ungeworteten Gott

[1] Denifle im Archiv f. Literatur- u. Kirchengesch. des Mittelalt. Bd. 2 S. 641 f.
[2] A. a. O. Bd. 5 S. 349 f. Bd. 2 S. 211 Nr. 51 und Anm.
[3] Mitteilungen aus ihnen a. a. O. S. 417 f.
[4] Eckharts deutsche Schriften bei Pfeiffer a. a. O. II. *Meister Eckhart und seine Jünger. Ungedruckte Texte zur Geschichte der deutschen Mystik* hrsg. von F. Jostes (Collectanea Friburgensia IV) 1895. (Vgl. D. Literaturz. 1896, 233). ZfdA 15, 373 f. 35, 215. Seine Terminologie ZfdPh 16, 1 f. Anderweitige Literatur ADB 5, 625 f. (Preger), Goedeke I² 209 f.

(d. h. suche nicht vermittels deiner stets unadæquaten Begriffe das in Worte nicht zu fassende Wesen Gottes zu ergründen). Du sollst allzumal entsinken deiner Deinheit und sollst zerfliessen in seine Seinheit und soll dein Dein in seinem Mein ein Mein werden, so vollkommen, dass du mit ihm verstehest ewiglich seine ungewordene Istheit und seine ungenannte Nichtheit' (d. h. das Unbenennbare, alle menschlichen Vorstellungen Negierende). Die Einschärfung dieses allen anthropomorphistischen Vorstellungen entgegengesetzten, durchaus formlosen und darum unmessbaren Wesens Gottes lässt Eckhart sich immer wieder und unter Anwendung der kühnsten Paradoxien angelegen sein, ebenso wie er gegenüber der Werkheiligkeit das nach innen gekehrte Streben zur Vereinigung mit Gott als den Kern alles wahrhaft religiösen Lebens in den verschiedensten Ausführungen und Variationen auf das eindringlichste betont. Obwohl Eckhart seinen Gottesbegriff mit der Trinitätslehre in Einklang zu bringen suchte, obwohl er seine religionsphilosophischen und ethischen Theorien auf Bibel und Kirchenschriftsteller zu gründen strebte, seine Auffassung vom Wesen Gottes und von Gottes Verhältnis zur Kreatur, vor allem zum Menschen, näherte sich in einigen Punkten doch pantheistischen Vorstellungen; seine zahlreichen Paradoxien, die er als energische Negation von ihm bekämpfter Vorstellungen meinte, konnten selbst im Zusammenhange seiner Ausführungen irreführen, wenn er sie, wie das nach ausdrücklichem Zeugnis geschah, in seinen Predigten auch vor einem Laienauditorium vorbrachte; wurden sie aus dem Zusammenhange herausgegriffen, so konnten sie geradezu als Blasphemien erscheinen. So ist es kein Wunder, dass er sich einen Inquisitionsprozess zuzog. Die Zuständigkeit eines durch den Erzbischof von Köln i. J. 1326 gegen ihn eingesetzten Gerichts bestritt er, indem er gleichzeitig an den Papst appellierte. Ehe die Entscheidung erfolgte, erklärte er am Schluss einer Predigt (13. Febr. 1327) in feierlicher Form gemäss einer noch erhaltenen Urkunde, dass er stets die Glaubensirrtümer verabscheut habe und dass er das, was man ihm als solche nachweisen würde, zu widerrufen bereit sei. In drei Punkten suchte er dabei die Deutung, welche seine Aussprüche gefunden hatten, zu berichtigen. Bald darauf starb er. Zwei Jahre nach seinem Tode erschien eine päpstliche Bulle, in welcher 26 Sätze, die Eckhart nach eigenem Geständnis gelehrt hätte, und 2, welche ihm ausserdem vorgeworfen wurden, teils als ketzerisch, teils als der Ketzerei verdächtig verdammt wurden; zugleich wurde in derselben behauptet, Eckhart habe, wie durch eine darüber ausgefertigte Urkunde beglaubigt sei, bei seinem Lebensende jene 26 einzeln aufgeführten Sätze und was er sonst Glaubensgefährliches gelehrt und gepredigt, widerrufen.[1] — Der kirchliche Urteilsspruch vermochte der Verbreitung von Eckharts Lehren in Deutschland nicht Einhalt zu thun. Man sammelte Aussprüche von ihm, die teilweise aus seinen lateinischen Schriften frei übertragen wurden und man vervielfältigte die Traktate und die Predigten des *meister Eckhart, dem got nie niht verbarc.* Was unter ihnen auf deutsche Originalaufzeichnungen zurückgeht, wieviel überhaupt als sein Eigentum betrachtet werden darf, darüber herrscht noch wenig Gewissheit. Mancherlei wurde in Sammelwerke aufgenommen; so ist er z. B. auch in einer Sammlung mitvertreten, welche nach 1323 wahrscheinlich der Dominikaner-Lesemeister Giselher von Slatheim in Erfurt aus eigenen und fremden Predigten mystischer Richtung veranstaltete, ein Werk, dem Giselher im Auftrage Hermanns

[1] Die Prozessakten bei Denifle a. a. O. 627 f.

von Fritzlar eine Sammlung von Heiligenpredigten folgen liess, welche mit einigen Zuthaten Hermanns i. J. 1343—49 als *buch von der heiligen lebine* niedergeschrieben wurde.[1]

Deutlich verraten Eckharts Einfluss die beiden nächst ihm bedeutendsten deutschen Mystiker, Seuse und Tauler, die in Köln den Meister selbst gehört hatten. Heinrich Seuse, geb. 1295/1300, hat den grössten Teil seines Lebens dem Dominikanerkloster zu Konstanz angehört, nur die letzten Jahre brachte er im Ulmer Kloster zu, wo er am 25. Jan. 1366 starb. In einer nach seinen Mitteilungen von der schweizerischen Nonne Elsbeth Stagel aufgezeichneten, dann von ihm selbst übersehenen *Geschichte seines geistlichen Lebens* hat er ein schönes Bild von dem seelischen Zustande und den inneren Erfahrungen einer edlen Natur gegeben, die ganz in jenem mystischen Drange nach der unmittelbaren Vereinigung mit Gott aufgeht. Und sein poetisches Gemüt kleidet diese geistliche Liebe in Formen, die lebhaft an den weltlichen Minnegesang erinnern. Er widmet sich dem Dienst einer 'hohen Minnerin', der ewigen Weisheit; er weiss, dass der Minne von altem Rechte Leiden zugehört und er nimmt es willig auf sich; von Sehnsucht getrieben, sein Lieb einmal zu sehen und zu sprechen, wird er durch eine Erscheinung begnadigt, die sie seinem Auge 'bisweilen als eine weise Meisterin, bisweilen als eine weidliche Minnerin' vorführt; wenn die weltlichen Minner Abzeichen ihrer Dame an der Kleidung tragen, so sticht er die Zeichen des Namens Jesu über dem Herzen in seinen Leib; singen in der Neujahrsnacht die Jünglinge bei ihren Liebsten um einen Kranz, so singt und sagt er vor dem Bilde der Maria mit dem Kinde das Lob der ewigen Weisheit, indem er sie über alle schönen Jungfrauen dieser Welt erhebt und um ein Kränzlein zum Lohne bittet; wenn die thörichten Leute dieser Welt die Fastnacht mit Ausgelassenheit begehen, so feiert er eine geistliche Fastnacht, und als der Mai kommt, setzt er einen geistlichen Maibaum, das Kreuz, und preist es in einem schönen Liede über alle Blumen, über aller Vögel Sang und über alle Zier, die je einen Maibaum schmückte. So vollzieht sich hier vor unseren Augen die geistliche Parodie der weltlichen Lyrik, und das ganze Büchlein, wohl das poesievollste Prosadenkmal dieser Periode, ist gewissermassen das fromme Contrafaktum der Darstellung einer sich selbst belauschenden irdischen Minne, eine geistliche *vita nuova*. — Durch harte Askese den sinnlichen Begierden abgestorben, durch mancherlei Lebensprüfungen als geistlicher Ritter bewährt, zieht er nun auch andere Seelen auf den von ihm beschrittenen Weg zur völligen 'Gelassenheit seiner selbst' und zur minniglichen Vereinigung mit der ewigen Weisheit. Von dem geistigen Austausch, den er mit der Elsbeth Stagel in Briefen und Unterredungen über diese Dinge gepflogen, giebt uns das zweite Buch seines Lebens schöne Proben; zwei in Gesprächsform gehaltene Büchlein, von der ewigen Weisheit und von der Wahrheit, und eine Sammlung seelsorgerischer Briefe, die er an die Stagel und andere seiner geistlichen Kinder gerichtet, sind den gleichen frommen Bestrebungen gewidmet und von ihm selbst mit dem Lebensbilde um das Jahr 1362 zu einem Buche vereinigt.[2] Seine Spekulationen, wie er sie

---

[1] Preger, *Mystik* II, 103 f. AfdA 9, 123/130. 144 f. Pfeiffer, *Mystiker* I, 1 f. ADB 31, 551 (Strauch). Herzog, *Realencykl.*[2] 7, 708.

[2] Hrsg. von Denifle, *Die deutschen Schriften des H. Seuse* B. 1. München 1880 (in modernisierter Sprache). W. Preger, *eine unbekannte Schrift Seuses, der Seele Trost.* Abh. d. Münchner Akademie 21, 428. — *Heinrich Susos Leben u. Schriften* (neuhochdeutsch) hrsg. von Diepenbrock Regensb. 1829.

besonders im Buche der Wahrheit und auch im Verkehr mit der Stagel entwickelt, stehen in steter Beziehung zu Eckhart, dem seligen Meister, der ihm im Leben Trost gespendet hatte, der ihm nach dem Tode erschienen war und ihn belehrt hatte, wie nun seine Seele vergottet sei in Gott und wie man zu der Eingenommenheit in die unmessbare Abgründigkeit Gottes gelange. Aber das Charakteristische in Seuses Schriften ist doch die Vertretung nicht sowohl der philosophischen, als der poetischen, asketischen und ethischen Seite der Mystik. — Das Ethische steht auch in des Dominikaners Johannes Tauler (geb. um 1300, † 1361) hauptsächlich in Strassburg gehaltenen *Predigten*[1] entschieden im Vordergrund. Ziel und Höhepunkt des religiösen Lebens bildet auch für ihn das sich Verlieren, das minnigliche Versinken in den unaussprechlichen Abgrund der Gottheit; aber weniger das phantasievolle Ausmalen dieses Zustandes, weniger das Spekulieren über die damit verbundenen philosophischen Probleme, als die praktische Lehre, wie man den 'Kehr' von allem Kreatürlichen zur Gottheit hin vollziehe, betrachtet er als seine Aufgabe. Übertreibungen ist er feind. Er warnt auf das entschiedenste vor dem Ausarten der kontemplativen Richtung ins Quietistische, dem dagegen ein ihm früher mit Unrecht zugeschriebenes *Buch von geistlicher Armut* nicht fern steht,[2] und er scheidet nachdrücklich die Vereinigung der menschlichen Seele mit Gott von einer Wesensvermischung der beiden. So hält er sich mehr auf dem Boden des kirchlich Zulässigen, und die kühn bis zum Äussersten dringende Art Eckharts, die keinen Anstoss scheut, wo es gilt den Bann beschränkter Vorstellungen zu brechen, ist ihm fremd. — Einer gemässigteren und vorsichtigeren, zugleich recht schlichten und schmucklosen Sprache bedient sich auch das von Luther zuerst in Druck gegebene Büchlein eines Priesters und Custos des Hauses der Deutschherren zu Frankfurt, die *deutsche Theologie,* in welchem Tauler einmal zitiert wird, welches auch in besonnener Weise einzelne Ausschreitungen des Mystizismus bekämpft, im übrigen aber mit Eckharts Lehre in allen den oben dargelegten Punkten wesentlich übereinstimmt.[3]

Das Beispiel eines der Mystik ergebenen Weltpriesters bietet Heinrich von Nördlingen, der in den Jahren 1332—51 in verschiedenen Gegenden Deutschlands, besonders in seiner Heimat und in Basel als Prediger wirkte. Eine überschwengliche Natur, fand er besonders in weiblichen Kreisen viel Anklang, scharte eine ganze Anzahl von Gottesfreundinnen um sich und zollte selbst wieder visionären Frauen eine schwärmerische Verehrung. Den niederdeutschen *Offenbarungen* jener Mechtild von Magdeburg (§ 52) gab er die hochdeutsche Fassung, in der sie allein auf uns gekommen sind; mit den Dominikaner-Nonnen Margareta und Christina Ebner (1291—1351 und 1277—1355), die gleichfalls Berichte über ihre geistlichen Erlebnisse und Verzückungen hinterlassen haben, stand er in persönlichem Verkehr, und an Margareta, den 'liebsten Schatz der seiner Seele von Christo gegeben', richtet er eine Reihe empfindsamer Briefe, die einen lebendigen Einblick in diese mystischen Seelenbündnisse und zugleich eine Vorstellung davon gewähren, welche Bedeutung den Hallucinationen frommer Dulderinnen von den Gottesfreunden, wenigstens von

[1] Neuhochdeutsch hrsg. von Hamberger Frankf. 1864. Weitere Literatur bei Goedeke I² 210 f. Vgl. Preger in Herzogs theol. Realencyklopädie² Bd. 15. S. 261 f. und besonders Preger, *Mystik* III, 1 ff.

[2] Hrsg. von Denifle München 1877.

[3] Neu hrsg. von Pfeiffer Stuttg. 1851 und 55 (nach einer Hs. des 15. Jahrhs.).

einem so leicht erregbaren wie Heinrich von Nördlingen, beigemessen wurde.[1]

Wenn man so den Höhepunkt nicht allein religiösen Empfindens, sondern auch religiöser Erkenntnis in der unmittelbaren Vereinigung der Seele mit Gott und der daraus fliessenden inneren Erleuchtung suchte, so lag es nahe genug, dass auch gottergebene Laien vermöge solcher Begnadigungen eine leitende Rolle im geistlichen Leben übernehmen zu können meinten. Ein solcher war Rulman Merswin, ein wohlhabender Strassburger Bürger (geb. 1308, † 1382), der, Taulers Beichtkind, auch mit Heinrich von Nördlingen und Margareta Ebner Beziehungen unterhielt. Ohne in ein Kloster zu gehen, hatte er sich, der Welt abgewandt, in ein fromm beschauliches Leben zurückgezogen, und nachdem er im Jahre 1371 für die Strassburger Johanniter ein Haus gegründet hatte, verbrachte er in und bei dieser Stiftung den Rest seines Lebens. Nach seinem Tode kam ein Bericht *von den vier Jahren seines anfangenden Lebens* zum Vorschein, in dem er erzählte, wie er durch Entsagung und Askese, durch allerlei Versuchungen und Verzückungen hindurch zu Gott gelangt sei, und zugleich sein *Buch von den 9 Felsen,* d. i. von den 9 Stufen, auf welchen die Seele durch verschiedene Reinigungsprozesse hindurch bis zu jenem Höhepunkte emporsteigt, auf dem die kleine Schar der wahren Gottesfreunde, der Grundpfeiler der Christenheit, steht und auf dem die Gottheit sich der Seele erschliesst: eine Vision, welche durch Strafreden wider die Verderbnis aller Stände eingeleitet wird. Aber es genügte Rulman nicht, seiner Entrüstung über die Gebrechen der Zeit und seiner Ansicht über den Weg der allein zur Vereinigung mit Gott führe in dieser Weise Ausdruck zu geben. Ganz von religiösen Interessen erfüllt, von unüberwindlichem Drange beseelt, in geistlichen Dingen Einfluss zu üben, schuf er sich die Phantasiegestalt eines *grossen Gottesfreundes,* der, ein frommer Laie wie er selbst, von einem Bunde gleichgesinnter Genossen umgeben, durch göttliche Offenbarungen und durch innere Erleuchtung wunderbar begnadigt wird und nun die Gemüter derartig beherrscht, dass selbst ein berühmter Prediger und Meister der heiligen Schrift sich demütig seiner Leitung unterwirft, dass hohe geistliche Würdenträger sich bei ihm Rats erholen, dass er mit seinen Reformvorschlägen vor den Papst selbst treten darf — kurz, diese Idealfigur erfreut sich eines Einflusses auf die Christenheit und sogar auch auf ausserhalb derselben Stehende, wie Rulman Merswin ihn jedenfalls am liebsten selbst ausgeübt hätte. Aber er weiss sich auch seinen Anteil daran zu verschaffen. Jener grosse Unbekannte steht nach seiner Darstellung mit ihm in engstem Verkehr, er besucht ihn insgeheim, er schickt ihm Briefe und Büchlein, in denen er seine und seiner Genossen Bekehrungsgeschichten erzählt, von seiner grossartigen Wirksamkeit berichtet, seine Offenbarungen mitteilt, Vorschläge oder Vorschriften giebt, die teilweise Rulmans nächste Umgebung, die Strassburger Johanniter betreffen, und indem Rulmann diesen letzteren die Schriften mitteilt, welche von dem Gottesfreunde herrühren sollen, sorgt er auch dafür, dass jene seinem eigenen Kopfe entsprungenen Anweisungen befolgt werden. Denn man schenkte seinen Fälschungen Glauben. Schon früh

[1] Ausg. und Untersuchung von Strauch, *Margaretha Ebner u. Heinrich v. Nördlingen.* Freib. u. Tüb. 1882. Lochner, *Leben und Geschichte der Christina Ebnerin* Nürnb. 1872. Berichte Christinas üb. d. geistliche Leben ihrer Klosterschwestern zu Engeltal in bair. Franken in *Der Nonne von Engelthal Büchlein von der genaden überlast* hrsg. von Schröder Lit. Ver. 108. Aus demselben (fränkischen) Kloster die *Offenbarungen* der Adelheid Langmann (hrsg. von Strauch (QF 26). Anderes der Art s. AfdA 5, 260. Alemannia 21, 103 f.

sah man in jenem grossen Prediger, dem erst in den Lehren des Gottesfreundes das wahre Licht aufgegangen sein sollte, Tauler, und schickte daher diese Bekehrungsgeschichte seinen Predigten in den Druckausgaben voran. Erst durch die Untersuchungen Denifles wurde das Irrige jener Beziehung und der literarische Betrug Rulman Merswins aufgedeckt.[1] — Rulman hat mit seiner Schriftstellerei einen Beweis geliefert, zu wie hochfliegenden Phantasien sich das religiöse Selbstbewusstsein des Laientumes gegenüber dem Priestertum im Verfolge der mystischen Lehren steigern konnte, und somit verdienen seine Produktionen als merkwürdige Zeugnisse einer für die weitere kirchliche Entwickelung sehr bedeutsamen Geistesströmung alle Beachtung; als literarische Leistungen stehen sie auf ziemlich niedriger Stufe. Er ist arm an eigenen Gedanken, dürftig und ungelenk im Ausdruck. Von der Feinheit, dem Reichtum und der Lebendigkeit einer aus inbrünstiger Überzeugung und Empfindung quellenden Darstellung, wie sie den grossen Mystikern eigen ist, von der Poesie, wie sie besonders Seuses Schriften verschönt, findet sich nichts bei ihm.

Diese Vorzüge kehren auch in der Folgezeit in den Schriften mystischer Richtung nicht wieder: weder in dem Buche *die vierundzwanzig Alten oder der goldene Thron*, einer aus Sentenzen der Bibel sowie kirchlicher und einiger weltlicher Schriftsteller aufgebauten christlichen Sittenlehre, welche der Franziskaner Otto von Passau, weiland Lesemeister in Basel vor dem Jahre 1383 allen Gottesfreunden, geistlichen und weltlichen, Männern und Frauen, widmete,[2] noch in den diesem Werke nachgeahmten *vierundzwanzig goldenen Harfen* des Dominikaners Johannes Nider († 1438), der Seuse benutzt, ohne ihm ähnlich zu sein.[3] — Jenes mystische Schwelgen in empfindsamer Contemplation wird dem realistischen 15. Jahrh. fremd. Auch die Predigt wendet sich, wo sie nicht die scholastisch gelehrte Richtung verfolgt, mehr den Verhältnissen und Bedürfnissen der Wirklichkeit zu. Die Ausdrucksweise wird derber und volkstümlicher; um recht lebendige Beziehung auf konkrete, den Zuhörern geläufige Vorstellungen zu gewinnen, zugleich unter dem Einfluss der jetzt wieder in Blüte stehenden allegorischen Schriftauslegung, werden mitten aus dem täglichen Leben herausgegriffene Dinge geistlich umgedeutet, und es entsteht dann auch hier jene merkwürdige Mischung von Hohem und Trivialem, die wir an der Dichtung dieser Zeit mehrfach zu bemerken hatten.

Der bedeutendste Vertreter dieser Gattung ist Johann Geiler von Keisersberg, der, am 16. März 1445 in Schaffhausen geboren, in Freiburg studierte und zum Magister promoviert wurde, dann dort, in Basel und wiederum in Freiburg als Universitätslehrer, seit 1478 aber in Strassburg als Prediger wirkte, wo er am 10. März 1510 starb. Seine Predigten

---

[1] Buch von den 9 Felsen hrsg. von Ka. Schmidt, Leipz. 1859. Von den 4 Jahren des anf. Lebens in Ka. Schmidt, *Die Gottesfreunde im 14. Jahrh.* Jena 1854. Schriften des Gottesfreundes ebenda u. bes. in Ka. Schmidt, *Nikolaus von Basel* Wien 1866. *Des Gottesfreundes im Oberland [= Rulman Merswins] Buch von den 2 Mannen* hrsg. von F. Lauchert Bonn 1896. — Über Taulers Bekehrung Denifle QF 36. — Über Rulmans weitere Fälschungen ders. ZfdA 24, 200 f. 280 f. 463 f. 25, 101 f. — Preger, *Gesch. d. d. Mystik* III, 245 f. verficht die Echtheit der Schriften des Gottesfreundes. Seine Ausführungen haben mich nicht überzeugt.

[2] ADB 24, 741 f. (Strauch). Die Datierung ergiebt sich aus der Jahreszahl 1383 einer Hs., welche nicht Original ist: Längin, *Die Handschriften der Hof- u. Landesbibliothek z. Karlsruhe* (Festschrift f. d. Neuphilologentag (1894) Beil. II, S. 16.

[3] ADB 24, S. 743 und 23, 645.

schrieb Geiler selbst lateinisch auf. Von deutschen Sammlungen ist unter seiner Mitwirkung nur diejenige entstanden, welche sein Amts- und Hausgenosse Jak. Otther als *der seelen paradiß* Strassb. 1510 erscheinen liess; auf 'Meinung und Unterweisung eigener Handschrift' Geilers beruft sich derselbe Otther in der Basel 1512 herausgegebenen Sammlung *Christenlich bilgerschafft,* welche er der ohne Geilers Zuthun nach Aufzeichnungen von Zuhörern und Zuhörerinnen Augsburg 1494 veröffentlichten *Der Bilger* und deren Wiederholung in *Predigen teutsch und vil gutter leeren* Augspurg 1508 als besser verbürgte Fassung gegenüberstellt. Das meiste ist erst nach Geilers Tode, teilweise wiederum auf Grund von Niederschriften seiner Zuhörer, teilweise als Übersetzung aus seinen lateinischen Aufzeichnungen erschienen.[1] — Gelehrt gebildet, dem Humanismus nicht fremd, ein Freund Brants und Wimphelings, ist Geiler doch ein echter Volksprediger. Er bedient sich gerne sprichwörtlicher Redensarten und scheut keine Derbheit des Ausdruckes, er liebt ein halb scherzhaftes Etymologisieren und Spielen mit den Worten und er ist unerschöpflich in der überraschenden, oft überaus seltsamen Anwendung von Bildern und Vergleichen aus dem gewöhnlichen Leben. Hatte schon Jakob von Cessolis das Schachspiel moralisch und geistlich ausgelegt, hatte schon ein älterer Strassburger Prediger, der Dominikaner Meister Ingold unter Benutzung von Cessolis-Ammenhusen in seinem Buche *das guldin spil* (1432/3) an die verschiedensten Arten von Spielen fromme Deutungen und Strafreden geknüpft,[2] so legt nun auch Geiler ein Kinderspiel einem Cyklus von Predigten zu Grunde, deutet die Einzelheiten des Kartenspiels auf die Zustände der Zeit und leitet anderwärts mit besonderer Vorliebe aus Dingen und Ereignissen der unmittelbaren Gegenwart und Umgebung seine geistlichen Erörterungen ab. Die Strassburger Messe giebt ihm Gelegenheit und Unterlage für eine Reihe von Predigten über den Kaufmannsstand; ein Löwe wird auf der Messe gezeigt — Geiler legt in einem Cyklus die wunderbaren Eigenschaften des Tieres geistlich aus; in der Fastenzeit beschenkt man sich mit Lebkuchen — als die einzelnen Partikel eines solchen bietet er seinen Zuhörern Betrachtungen über die einzelnen Momente der Passion dar; seine Predigten über Brants Narrenschiff wurden schon erwähnt. Selbst vor den Klosterfrauen legt er seine populäre Art nicht ab; so bildet z. B. in einer Reihe vor ihnen gehaltener Predigten *der Has im Pfeffer* den Mittelpunkt seiner Betrachtungen, indem er den Eigenschaften des Hasen die der Christen und besonders der Klosterleute parallel setzt, den Einzelheiten seiner Zubereitung die verschiedenen Stadien geistlichen Lebens und schliesslich gar seiner Verspeisung die himmlische Vereinigung der Seele mit Gott vergleicht. So wunderlich Geiler in diesen und ähnlichen Allegorien und in mancherlei Bildern und Wendungen erscheint, er verfolgt doch dabei sehr ernsthafte Ziele. Angeregt vor allem durch Gersons, des Pariser Kanzlers Schriften, aus denen sieben deutsche als Predigten verwertete Traktate Geilers stammen und die er auch sonst mehrfach benutzte, vertritt er bei aller Gegnerschaft

[1] Dacheux, *Un réformateur catholique à la fin du XV*e *siècle. J. Geiler de Kaysersberg.* Strassb. 1876 (deutsch bearb. von Lindemann Freib. 1877). ADB 8, 509 f. (Martin). Charles Schmidt Histoire litt. de l'Alsace 1, 335 f. Paris 1879. Cruel, *Gesch. der deutsch. Predigt* S. 538 f. 573 f. 589 f. — *Die ältesten Schriften* Geilers v. K. (hrsg. von Dacheux) Freiburg 1877 und 82. Geilers v. K. *Ausgewählte Schriften* (übersetzt) *nebst einer Abhandlung über G.s Leben* von Ph. de Lorenzi Bd. 1—4. Trier 1881—3. — Bibliographie der Ausgaben bei Goedeke I[2] 398 f.; vgl. *Centralbl. f. Bibliothekswesen* 5, 79 f.

[2] Hrsg. von E. Schröder in *Elsässische Literaturdenkmäler* III Strassb. 1882.

gegen ketzerische Bestrebungen eine Erneuerung des religiösen und kirchlichen Lebens. Er sieht mit dem Mystizismus nicht im Dienen um den himmlischen Lohn, sondern in der selbstlosen Liebe zu Gott den Kern der Frömmigkeit; aber mit aller Energie dringt er auf eine ernsthafte Bethätigung derselben im Lebenswandel. Mit Ironie, Satire und zornigem Eifer verfolgt er die Unsitten der weltlichen und nicht am wenigsten auch der geistlichen Stände. Denn er hat ein offenes Auge für die schlimmen Schäden der Kirche. Den Schacher, des mit geistlichen Ämtern und Pfründen getrieben wird, die Missbräuche, die in der geistlichen Rechtsprechung und in dem Ablasswesen eingerissen sind, die betrügerische Erfindung von Wundern, und vor allem die Verweltlichung, die Hoffahrt und Unsittlichkeit des gesamten Klerus vom Papst bis zum Pfarrer und Mönch greift er ohne Scheu und Schonung an; mit Ernst ermahnt er jeden, nach seinen Kräften zu bessern, was zu bessern ist; aber an der Möglichkeit einer allgemeinen Reformation verzweifelt er, da die Konzilien eine solche nicht haben zu Wege bringen können.

Freilich war sie nicht möglich, ohne einen rücksichtslosen Bruch mit den Traditionen, auf welchen die geistige Verfassung des Mittelalters ruhte

Kolibri 360 GmbH
Ferdinand-Jühlke-Straße 7
99095 Erfurt, Deutschland
produktsicherheit@kolibri360.de